はじめに

『1対1対応の演習』シリーズは，入試問題から基本的あるいは典型的で重要な意味を持っていて，得るところが大きいものを精選し，その問題を通して

入試の標準問題を確実に解ける力

をつけてもらおうというねらいで作った本です．

さらに，難関校レベルの問題を解く際の足固めをするのに最適な本になることを目指しました．

解説においては，分かりやすさを心がけました．学校で一つの単元を学習した後でなら，その単元について，本書で無理なく入試のレベルを知ることができるでしょう．

また，数学Ｃで扱う曲線は，数学Ⅲとの融合問題も多いこともあり，数学Ⅲ・Ｃでやや応用的なものや総合的な問題は，本書の“いろいろな 関数・曲線”，“数ⅢＣ総合問題”に掲載しました．

問題のレベルについて，もう少し具体的に述べましょう．水準以上の大学で出題される10題を易しいものから順に1，2，3，…，10として，

1～5の問題……Ａ（基本）
6～7の問題……Ｂ（標準）
8～9の問題……Ｃ（発展）
10の問題………Ｄ（難問）

とランク分けします．

この基準で本書と，本書の前後に位置する月刊「大学への数学」の増刊号（↗）

「入試数学の基礎徹底」（「基礎徹底」と略す）
「数学ⅢＣスタンダード演習」
（「ⅢＣスタ」と略す）
「新数学演習」（「新数演」と略す）

順に3月増刊（2月末日発売予定），
5月増刊（4月末日発売予定），
10月増刊（9月末日発売予定）

のレベルを示すと，次のようになります．（濃い網目の問題を主に採用）

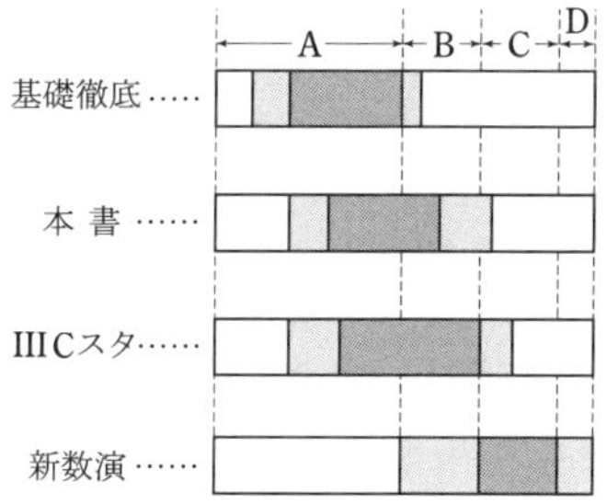

さて，本書は，入試の標準問題を確実に解ける力を，問題を精選してできるだけ少ない題数（本書で取り上げた例題は61題，演習題は75題です）になるように心がけ，そのレベルまで，

効率よく到達してもらうこと

を目標に編集しました．

本書を活用して，数Ｃの入試への足固めをしていってください．

皆さんの目標達成に本書がお役に立てれば幸いです．

本書の構成と利用法

坪田三千雄

本書のタイトルにある‘1対1対応’の意味から説明しましょう．

まず例題(四角で囲ってある問題)によって，例題のテーマにおいて必要になる知識や手法を確認してもらいます．その上で，例題と同じテーマで1対1に対応した演習題によって，その知識，手法を問題で適用できる程に身についたかどうかを確認しつつ，一歩一歩前進してもらおうということです．この例題と演習題，さらに各分野の要点の整理（2または4ページ）などについて，以下，もう少し詳しく説明します．

要点の整理：　その分野の問題を解くために必要な定義，用語，定理，必須事項などをコンパクトにまとめました．入試との小さくはないギャップを埋めるために，一部，教科書にない事柄についても述べていますが，ぜひとも覚えておきたい事柄のみに限定しました．

例題：　原則として，基本～標準の入試問題の中から

・これからも出題される典型問題
・一度は解いておきたい必須問題
・幅広い応用がきく汎用問題
・合否への影響が大きい決定問題

の61題を精選しました（出典のないものは新作問題，あるいは入試問題を大幅に改題した問題）．そして，どのようなテーマかがはっきり分かるように，一題ごとにタイトルをつけました（大きなタイトル／細かなタイトル の形式です）．なお，問題のテーマを明確にするため原題を変えたものがありますが，特に断っていない場合もあります．

解答の**前文**として，そのページのテーマに関する重要手法や解法などをコンパクトにまとめました．前文を読むことで，一題の例題を通して得られる理解が鮮明になります．入試直前期にこの部分を一通り読み直すと，よい復習になるでしょう．

解答は，試験場で適用できる，ごく自然なものを採用し，計算は一部の単純計算を除いては，ほとんど省略せずに目で追える程度に詳しくしました．また解答の右側には，傍注（⇦ではじまる説明）で，解答の補足や，使った定理・公式等の説明を行いました．どの部分についての説明かはっきりさせるため，原則として，解答の該当部分にアンダーライン（――）を引きました（容易に分かるような場合は省略しました）．

演習題：　例題と同じテーマの問題を選びました（ただし，「数ⅢC総合問題」では対応する例題がないものが14題あります）．例題よりは少し難し目ですが，例題の解答や解説，傍注等をじっくりと読みこなせば，解いていけるはずです．最初はうまくいかなくても，焦らずにじっくりと考えるようにしてください．また横の枠囲みをヒントにしてください．

そして，例題の解答や解説を頼りに解いた問題については，時間をおいて，今度は演習題だけを解いてみるようにすれば，一層確実な力がつくでしょう．

演習題の解答：　解答の最初に各問題のランクなどを表の形で明記しました（ランク分けについては前ページを見てください）．その表にはA*，B*°というように*や°マークもつけてあります．これは，解答を完成するまでの受験生にとっての“目標時間”であって，*は1つにつき10分，°は5分です．たとえばB*°の問題は，標準問題であって，15分以内で解答して欲しいという意味です．

ミニ講座：　例題の前文で詳しく書き切れなかった重要手法や，やや発展的な問題に対する解法などを1～2ページで解説したものです．

コラム：　その分野に関連する話題の紹介です．

本書で使う記号など：　上記で，問題の難易や目標時間で使う記号の説明をしました．それ以外では，⇨注は初心者のための，➡注はすべての人のための，➡注は意欲的な人のための注意事項です．▨は関連する事項の補足説明などです．また，

∴　ゆえに
∵　なぜならば

1対1対応の演習

数学C 三訂版

目 次

ベクトル

本書の前文の解説などを教科書的に詳しくまとめた本として，「教科書Next ベクトルの集中講義」(小社刊)があります．是非ともご活用ください．

ベクトル
要点の整理

1. ベクトルの基本

1・1　ベクトルと有向線分

「向き」と「大きさ」という2つの要素をもつ量をベクトルという．ベクトルは有向線分（向きを指定した線分）で表すことができる．

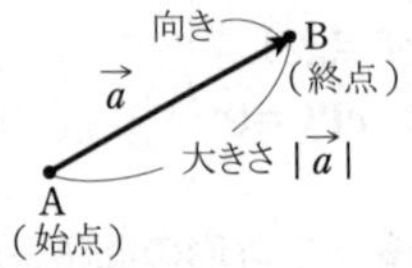

ベクトル $\vec{a}$ の始点をAとしたときに終点がBになる，つまり，$\vec{a}$ の向きがAからBへ向かう向きであって大きさが線分ABの長さであるとき，$\vec{a}=\overrightarrow{AB}$ と表す．$\vec{a}$ の大きさを $|\vec{a}|$ で表す．

1・2　単位ベクトルと零ベクトル

大きさが1のベクトルを**単位ベクトル**という．大きさが0のベクトルを**零ベクトル**といい，$\vec{0}$ で表す．なお，$\vec{0}=\overrightarrow{AA}$ である．

1・3　ベクトルの演算

$\vec{a}$，$\vec{b}$ をベクトル，k を実数とする．

$\vec{a}+\vec{b}$ は，$\vec{a}=\overrightarrow{OA}$，$\vec{b}=\overrightarrow{AB}$ とする（$\vec{a}$ の終点と $\vec{b}$ の始点を一致させる）とき $\overrightarrow{OB}$ である．

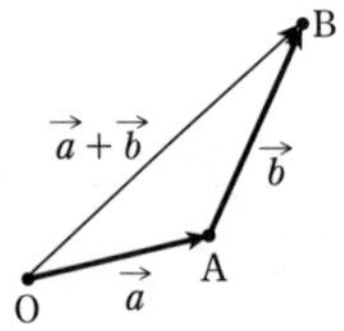

よって，$\overrightarrow{AB}=\overrightarrow{OB}-\overrightarrow{OA}$．

$k\vec{a}$ は，$k>0$ のとき $\vec{a}$ と同じ向きで大きさが k 倍のベクトルを表す．$k<0$ のとき $\vec{a}$ と逆向きで大きさが $-k$ $(=|k|)$ 倍のベクトルを表す．

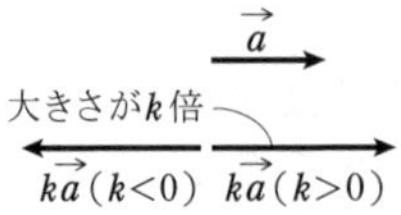

1・4　1次独立

$\vec{a}$ と $\vec{b}$ が

$\vec{a}\neq\vec{0}$，$\vec{b}\neq\vec{0}$，$\vec{a}\not\parallel\vec{b}$

を満たすとき，すなわち

$\vec{a}=\overrightarrow{OA}$，$\vec{b}=\overrightarrow{OB}$ である3点O，A，Bが三角形を作る

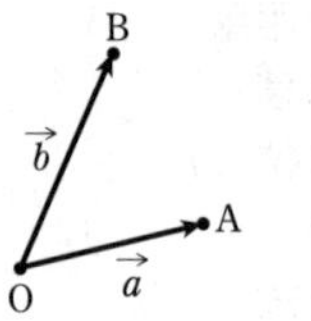

とき，$\vec{a}$ と $\vec{b}$ は**1次独立**であるという．

なお，$\vec{a}$ と $\vec{b}$ が同じ方向（同じ向きか逆向き）のとき，$\vec{a}$ と $\vec{b}$ は平行であるといい，$\vec{a}\parallel\vec{b}$ と書く．

$\vec{a}$，$\vec{b}$，$\vec{c}$ を空間のベクトルとし，始点をOにそろえて

$\overrightarrow{OA}=\vec{a}$，$\overrightarrow{OB}=\vec{b}$，$\overrightarrow{OC}=\vec{c}$

とする．4点O，A，B，Cが四面体を作るとき，

$\vec{a}$，$\vec{b}$，$\vec{c}$ は1次独立

という．

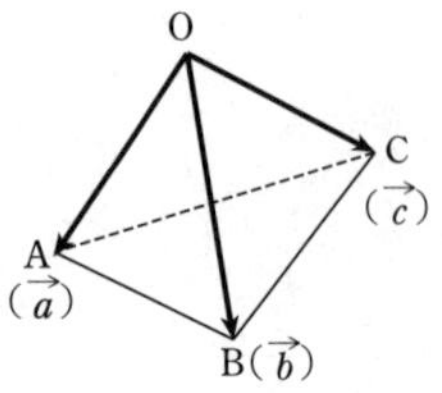

2. 点の表現

2・1　平面上の点の表現

平面上にO，A，Bが与えられていて，$\overrightarrow{OA}$（$=\vec{a}$ とおく）と $\overrightarrow{OB}$（$=\vec{b}$ とおく）は1次独立であるとする．

Pをこの平面上の点として，右図のように P_1，P_2 を定める．すると

$\overrightarrow{OP}=\overrightarrow{OP_1}+\overrightarrow{OP_2}$

であるが，

$\overrightarrow{OP_1}=s\vec{a}$，$\overrightarrow{OP_2}=t\vec{b}$

（s，t は実数）と書けるから

$\overrightarrow{OP}=s\vec{a}+t\vec{b}$

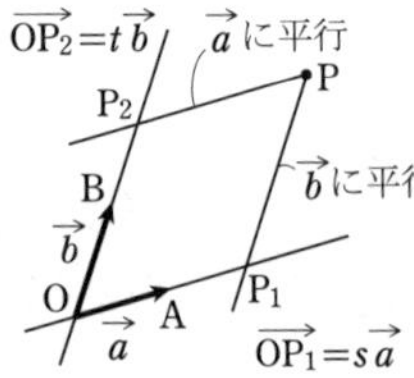

と表せる．図から，異なるPに対して異なる s，t の組が対応する，すなわち

$\overrightarrow{OP}=s\vec{a}+t\vec{b}$，$\overrightarrow{OP'}=s'\vec{a}+t'\vec{b}$，$P\neq P'$

ならば $(s,\ t)\neq(s',\ t')$ [$s\neq s'$ または $t\neq t'$]

であることはわかるだろう．

逆に，実数 s，t に対して，$\overrightarrow{OP}=s\vec{a}+t\vec{b}$ を満たす点Pが一つ定まる．従って，

$\vec{a}$ と $\vec{b}$ が1次独立のとき，

$s\vec{a}+t\vec{b}=s'\vec{a}+t'\vec{b} \iff s=s'$ かつ $t=t'$

である．

2・2　空間内の点の表現

空間内に点O，A，B，Cが与えられていて，$\overrightarrow{OA}=\vec{a}$，$\overrightarrow{OB}=\vec{b}$，$\overrightarrow{OC}=\vec{c}$ が1次独立であるとする．

この空間内の点Pに対し，Pを通り平面OBCに平行な平面と直線OAの交点を P_1，Pを通り平面OCAに平

行な平面と直線 OB の交点を P_2，P を通り平面 OAB に平行な平面と直線 OC の交点を P_3 とすると，定め方から

$\overrightarrow{OP}=\overrightarrow{OP_1}+\overrightarrow{OP_2}+\overrightarrow{OP_3}$

となり，平面と同様，

$\overrightarrow{OP}=s\vec{a}+t\vec{b}+u\vec{c}$ ………①

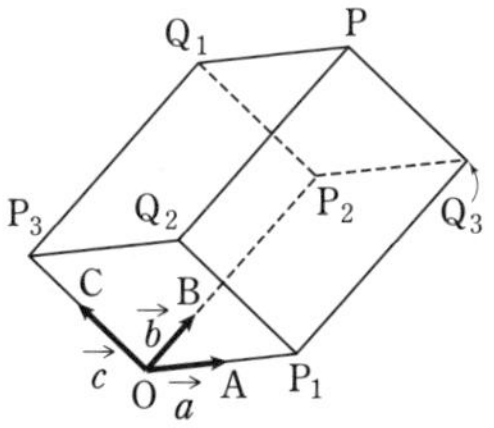

と表せる．異なる P に対して①の s，t，u の組は異なる（$s\neq s'$ または $t\neq t'$ または $u\neq u'$）こと，および，逆に s，t，u の組を決めれば①の P が決まることから，

$\vec{a}$，$\vec{b}$，$\vec{c}$ が 1 次独立のとき，

$$\boldsymbol{s\vec{a}+t\vec{b}+u\vec{c}=s'\vec{a}+t'\vec{b}+u'\vec{c}}$$

$$\boldsymbol{\Longleftrightarrow s=s' \text{ かつ } t=t' \text{ かつ } u=u'}$$

図の立体 $OP_1Q_2P_3$-$P_2Q_3PQ_1$ は，3 組の向かい合う面が平行であり，このような立体を平行六面体という．

2・3　直線上の点の表現

直線 AB 上の点 X の表現について考えよう．

まず，実数 t を用いて

$\overrightarrow{AX}=t\overrightarrow{AB}$

と表される．

次に，直線 AB 上にない点 O をとり，$\overrightarrow{OX}$ を，$\vec{a}=\overrightarrow{OA}$，$\vec{b}=\overrightarrow{OB}$ と上の t を用いて表そう．

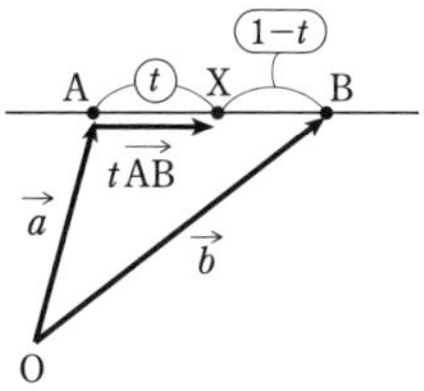

$$\overrightarrow{OX}=\overrightarrow{OA}+\overrightarrow{AX}=\overrightarrow{OA}+t\overrightarrow{AB}=\overrightarrow{OA}+t(\overrightarrow{OB}-\overrightarrow{OA})$$
$$=\vec{a}+t(\vec{b}-\vec{a})=(1-t)\vec{a}+t\vec{b}$$

となるから，$s=1-t$ とおけば

$$\boldsymbol{\overrightarrow{OX}=s\vec{a}+t\vec{b},\ s+t=1}\text{ **（係数の和が 1）**}$$

となる．これは逆も成り立つ．つまり，この形で表される点 X は直線 AB 上にある．

2・4　分点の公式

2・3 において，点 X が線分 AB を $m:n$ に内分する点であるとすると，$t=\dfrac{m}{m+n}$ であるから，

$$\overrightarrow{OX}=\frac{n}{m+n}\overrightarrow{OA}+\frac{m}{m+n}\overrightarrow{OB}\left(=\frac{n\vec{a}+m\vec{b}}{m+n}\right)$$

である．外分の場合，例えば AB を 2：3 に外分するときは，一方にマイナスをつけて「(−2)：3 に内分する点」と考えて上の公式を使えばよい．

2・5　空間における平面上の点の表現

OABC を四面体とし，

$\vec{a}=\overrightarrow{OA}$，$\vec{b}=\overrightarrow{OB}$，$\vec{c}=\overrightarrow{OC}$

とする．

平面 OAB 上の点 P は，

$\overrightarrow{OP}=s\vec{a}+t\vec{b}$

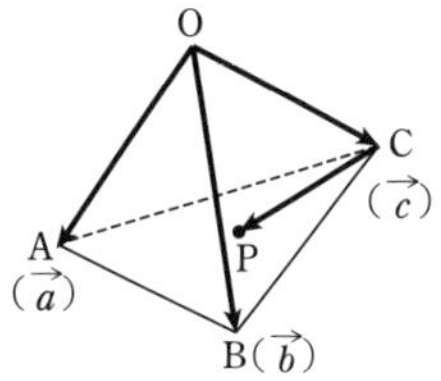

と表されるが，これは

$\overrightarrow{OP}=s\vec{a}+t\vec{b}+u\vec{c}$ と表すとき $u=0$

ということである．平面 OBC，平面 OCA 上の点についても同様（それぞれ $s=0$，$t=0$）である．

次に，平面 ABC 上の点 P について考えよう．

$\overrightarrow{CP}=s\overrightarrow{CA}+t\overrightarrow{CB}$（$s$，$t$ は実数）と書けるから，

$$\overrightarrow{OP}=\overrightarrow{OC}+\overrightarrow{CP}=\overrightarrow{OC}+s\overrightarrow{CA}+t\overrightarrow{CB}$$
$$=\vec{c}+s(\vec{a}-\vec{c})+t(\vec{b}-\vec{c})$$
$$=s\vec{a}+t\vec{b}+(1-s-t)\vec{c}$$

となり，$u=1-s-t$ とおけば

$$\boldsymbol{\overrightarrow{OP}=s\vec{a}+t\vec{b}+u\vec{c},\ s+t+u=1}$$

となる．これは逆も成り立つ．まとめると

$\overrightarrow{OP}=s\vec{a}+t\vec{b}+u\vec{c}$ を満たす点 P が平面 ABC 上にある $\Longleftrightarrow$ $s+t+u=1$

である．

3．ベクトルの成分表示

3・1　平面

座標平面において，原点を O，A$(a,\ b)$ とするとき，

$\overrightarrow{OA}=\begin{pmatrix}a\\b\end{pmatrix}$ [または $(a,\ b)$]

と表す．これをベクトルの成分表示という．

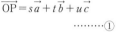

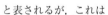

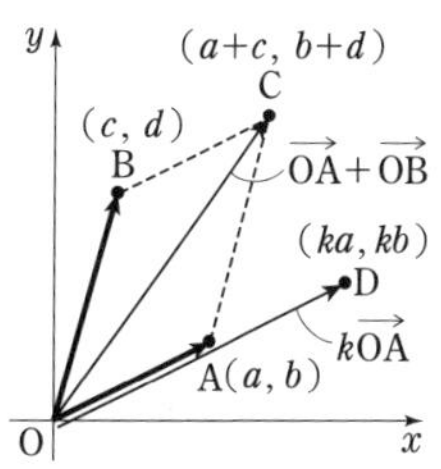

成分表示されたベクトルの和と実数倍は，図の $\overrightarrow{OA}+\overrightarrow{OB}=\overrightarrow{OC}$，$k\overrightarrow{OA}=\overrightarrow{OD}$ に対

応して

$$\begin{pmatrix}a\\b\end{pmatrix}+\begin{pmatrix}c\\d\end{pmatrix}=\begin{pmatrix}a+c\\b+d\end{pmatrix},\ k\begin{pmatrix}a\\b\end{pmatrix}=\begin{pmatrix}ka\\kb\end{pmatrix}$$

となる（成分ごとに和，実数倍）．

3・2 空間

空間内に定点O（原点）をとり，Oにおいて直交する3本の数直線を考え，x軸，y軸，z軸（座標軸）とする．

空間の点Xからx軸，y軸，z軸に下ろした垂線の足をそれぞれA，B，Cとし，それらの各座標軸での座標がa，b，cであるとき，実数の組（a，b，c）を点Xの座標という．このとき，

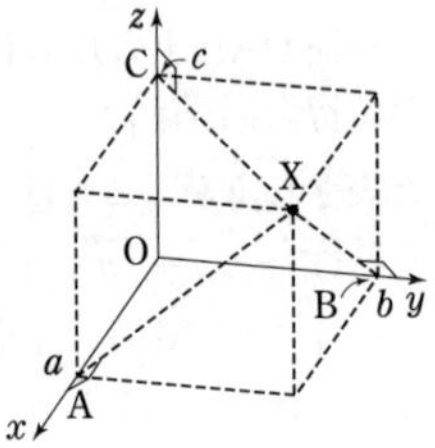

$$\overrightarrow{\mathrm{OX}}=\begin{pmatrix}a\\b\\c\end{pmatrix}\ [\text{または }(a,\ b,\ c)]$$

と表す．演算（和と実数倍）は，平面と同様

$$\begin{pmatrix}a\\b\\c\end{pmatrix}+\begin{pmatrix}a'\\b'\\c'\end{pmatrix}=\begin{pmatrix}a+a'\\b+b'\\c+c'\end{pmatrix},\ k\begin{pmatrix}a\\b\\c\end{pmatrix}=\begin{pmatrix}ka\\kb\\kc\end{pmatrix}$$

となる．

▨ 成分を縦に並べて書く方が見やすく，計算も（段ごとなので）やりやすい．

4. 内積

4・1 内積の定義

$\vec{0}$でない2つのベクトル$\vec{a}$，$\vec{b}$のなす角をθとする（$0^\circ\leqq\theta\leqq180^\circ$）．$\vec{a}$と$\vec{b}$の内積を$|\boldsymbol{\vec{a}}||\boldsymbol{\vec{b}}|\boldsymbol{\cos\theta}$で定め，$\boldsymbol{\vec{a}\cdot\vec{b}}$と書く．$\vec{a}=\vec{0}$または$\vec{b}=\vec{0}$のときは$\vec{a}\cdot\vec{b}=0$とする．

$\vec{a}(\neq\vec{0})$，$\vec{b}$の始点をOにそろえ，$\vec{a}=\overrightarrow{\mathrm{OA}}$，$\vec{b}=\overrightarrow{\mathrm{OB}}$とする．Bから直線OAに下ろした垂線の足をHとすると，

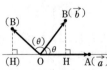

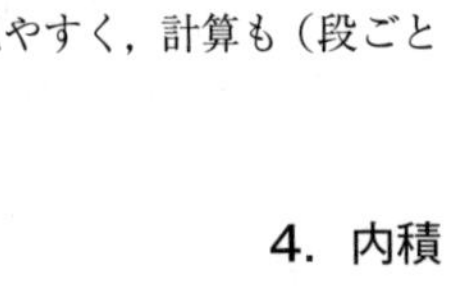

$0^\circ\leqq\theta\leqq90^\circ$のとき

$\vec{a}\cdot\vec{b}=\mathrm{OA}\cdot\mathrm{OH}$（2線分の長さの積）

$90^\circ<\theta\leqq180^\circ$のとき$\vec{a}\cdot\vec{b}=-\mathrm{OA}\cdot\mathrm{OH}$

となる．

この定義を逆に使うと，大きさと内積の値から2つのベクトルのなす角θを求めることができ，

$$\boldsymbol{\cos\theta=\frac{\vec{a}\cdot\vec{b}}{|\vec{a}||\vec{b}|}}$$

4・2 内積の計算法則

［1］ $\vec{a}\cdot\vec{b}=\vec{b}\cdot\vec{a}$（交換法則）

［2］ $\vec{a}\cdot(\vec{b}+\vec{c})=\vec{a}\cdot\vec{b}+\vec{a}\cdot\vec{c}$（分配法則）

［3］ $(k\vec{a})\cdot\vec{b}=\vec{a}\cdot(k\vec{b})=k(\vec{a}\cdot\vec{b})$（$k$は実数）

4・3 内積の成分での表示

［平面］ $\vec{a}=\begin{pmatrix}a_1\\a_2\end{pmatrix}$，$\vec{b}=\begin{pmatrix}b_1\\b_2\end{pmatrix}$のとき，

$$\boldsymbol{\vec{a}\cdot\vec{b}=a_1b_1+a_2b_2}$$

［空間］ $\vec{a}=\begin{pmatrix}a_1\\a_2\\a_3\end{pmatrix}$，$\vec{b}=\begin{pmatrix}b_1\\b_2\\b_3\end{pmatrix}$のとき，

$$\boldsymbol{\vec{a}\cdot\vec{b}=a_1b_1+a_2b_2+a_3b_3}$$

➾**注** 定義式の$\cos\theta$に余弦定理を用いると，

$$\begin{aligned}\vec{a}\cdot\vec{b}&=|\vec{a}||\vec{b}|\cos\theta\\&=|\vec{a}||\vec{b}|\cdot\frac{|\vec{a}|^2+|\vec{b}|^2-|\vec{a}-\vec{b}|^2}{2|\vec{a}||\vec{b}|}\\&=\frac{1}{2}(|\vec{a}|^2+|\vec{b}|^2-|\vec{a}-\vec{b}|^2)\end{aligned}$$

これを成分で表すと上の式を得る．

4・4 内積と大きさ

定義から，$|\vec{a}|^2=\vec{a}\cdot\vec{a}$，$|\vec{a}|=\sqrt{\vec{a}\cdot\vec{a}}$である．

成分で表すと，

［平面］ $\vec{a}=\begin{pmatrix}a_1\\a_2\end{pmatrix}$のとき$|\vec{a}|=\sqrt{a_1^2+a_2^2}$

［空間］ $\vec{a}=\begin{pmatrix}a_1\\a_2\\a_3\end{pmatrix}$のとき$|\vec{a}|=\sqrt{a_1^2+a_2^2+a_3^2}$

5. ベクトルの垂直と平行

ここでは，$\vec{a}\neq\vec{0}$，$\vec{b}\neq\vec{0}$とする．

5・1 垂直

$\vec{a} \perp \vec{b} \iff \boldsymbol{\vec{a}\cdot\vec{b}=0}$

$\vec{a}=\begin{pmatrix}a_1\\a_2\end{pmatrix}$, $\vec{b}=\begin{pmatrix}b_1\\b_2\end{pmatrix}$ のとき，$\vec{a}\cdot\vec{b}=0$ は

$a_1b_1+a_2b_2=0$

5・2 平行

$\vec{a} /\!/ \vec{b}$

$\iff \vec{a}=t\vec{b}$（t は 0 でない実数）と表される

$\vec{a}=\begin{pmatrix}a_1\\a_2\end{pmatrix}$, $\vec{b}=\begin{pmatrix}b_1\\b_2\end{pmatrix}$ として，上の条件を成分で表そう．

t を消去という方針でよいが，$\vec{b}$ に垂直なベクトルの一つが $\vec{c}=\begin{pmatrix}b_2\\-b_1\end{pmatrix}$ ［$\vec{b}\cdot\vec{c}=0$ となる］

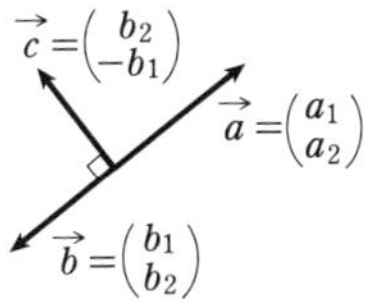

であることを用いると，

$\vec{a} /\!/ \vec{b} \iff \vec{a}\perp\vec{c} \iff a_1b_2-a_2b_1=0$

6. 平面の方程式

ここでは，座標空間における平面の方程式（平面を表す x, y, z の関係式）を扱う．

6・1 標準形

平面 α に対して，α に垂直な方向のベクトルを α の法線ベクトルという．

いま，平面 α の法線ベクトル（の一つ）$\vec{n}=\begin{pmatrix}a\\b\\c\end{pmatrix}$ と，

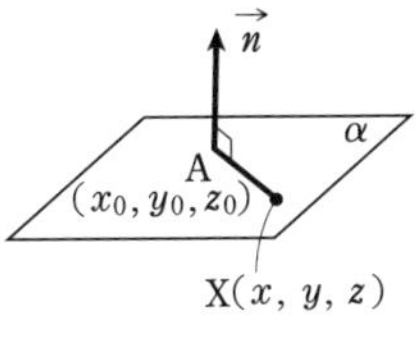

α が通る点 $\mathrm{A}(x_0,\ y_0,\ z_0)$ が与えられたとする．

点 X が α 上の点 $\iff \vec{n}\perp\overrightarrow{\mathrm{AX}}$ または X＝A

$\iff \vec{n}\cdot\overrightarrow{\mathrm{AX}}=0$ …………………①

であるから，

$$\vec{n}=\begin{pmatrix}a\\b\\c\end{pmatrix},\ \overrightarrow{\mathrm{AX}}=\begin{pmatrix}x\\y\\z\end{pmatrix}-\begin{pmatrix}x_0\\y_0\\z_0\end{pmatrix}=\begin{pmatrix}x-x_0\\y-y_0\\z-z_0\end{pmatrix}$$

を①に代入して，

$$\begin{pmatrix}a\\b\\c\end{pmatrix}\cdot\begin{pmatrix}x-x_0\\y-y_0\\z-z_0\end{pmatrix}=0$$

$\therefore\ a(x-x_0)+b(y-y_0)+c(z-z_0)=0$ ………②

となる．②左辺の定数項は $-ax_0-by_0-cz_0$ であり，これを d とおくと，②は

$\boldsymbol{ax+by+cz+d=0}$（$a$, b, c, d は定数）…③

と書ける．これが平面 α の方程式であり，通常，この形を標準形と呼ぶ．一般に，③の形で表される図形は

法線ベクトルの一つが $\begin{pmatrix}\boldsymbol{a}\\\boldsymbol{b}\\\boldsymbol{c}\end{pmatrix}$ である平面

である．

法線ベクトルと通る点がわかっている場合，まず②の式を書くとよい．

6・2 切片形

3 点 $(p,\ 0,\ 0)$, $(0,\ q,\ 0)$, $(0,\ 0,\ r)$（ただし，p, q, r はいずれも 0 でない）を通る平面の方程式は，

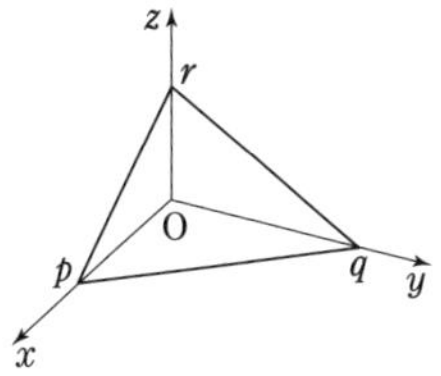

$$\boldsymbol{\frac{x}{p}+\frac{y}{q}+\frac{z}{r}=1}$$

である（☞空間の ○11）．

7. 公式など

7・1 三角形の面積

一般に，△OAB の面積は

$$\boldsymbol{\frac{1}{2}\sqrt{|\overrightarrow{\mathrm{OA}}|^2|\overrightarrow{\mathrm{OB}}|^2-(\overrightarrow{\mathrm{OA}}\cdot\overrightarrow{\mathrm{OB}})^2}}$$

7・2 空間内の 2 点間の距離

2 点 A $(x_1,\ y_1,\ z_1)$, B $(x_2,\ y_2,\ z_2)$ 間の距離は

$\mathrm{AB}=|\overrightarrow{\mathrm{AB}}|=\sqrt{(x_1-x_2)^2+(y_1-y_2)^2+(z_1-z_2)^2}$

7・3 球面の方程式

点 C $(a,\ b,\ c)$ を中心とする半径 r の球面の方程式は

［球面上の点を X $(x,\ y,\ z)$ として CX＝r の各辺を 2 乗したものだから］

$$\boldsymbol{(x-a)^2+(y-b)^2+(z-c)^2=r^2}$$

1 内分点，交点（1）

三角形ABCにおいて，辺ABを1：2に内分する点をD，辺ACを3：5に内分する点をEとし，線分BEと線分CDの交点をPとする．

このとき，$\overrightarrow{\mathrm{AP}}=\boxed{}\,\overrightarrow{\mathrm{AB}}+\boxed{}\,\overrightarrow{\mathrm{AC}}$ となる．　（立正大・地理／右ページに続く）

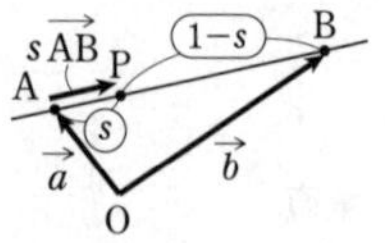

（直線上の点の表現）　直線ABとその上にない点Oがあり，$\overrightarrow{\mathrm{OA}}=\vec{a}$，$\overrightarrow{\mathrm{OB}}=\vec{b}$ とする．Pを直線AB上の点とすると，実数 s を用いて $\overrightarrow{\mathrm{AP}}=s\overrightarrow{\mathrm{AB}}$ と表せるから，$\overrightarrow{\mathrm{OP}}=\overrightarrow{\mathrm{OA}}+s\overrightarrow{\mathrm{AB}}=\vec{a}+s(\vec{b}-\vec{a})=(1-s)\vec{a}+s\vec{b}$ ……☆

となる．$\vec{a}$，$\vec{b}$ の**係数の和が1**であることに注意しよう．

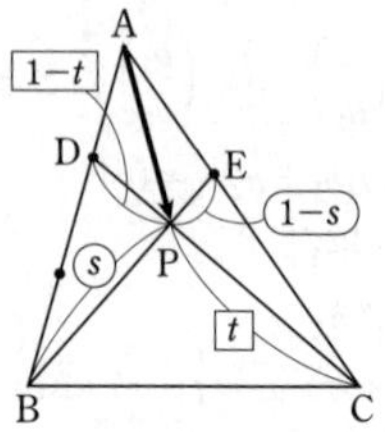

（交点の求め方）　本問のような構図では，まず線分比（内分比）をおいて

$\overrightarrow{\mathrm{AP}}=(1-s)\overrightarrow{\mathrm{AB}}+s\overrightarrow{\mathrm{AE}}$，　$\overrightarrow{\mathrm{AP}}=(1-t)\overrightarrow{\mathrm{AC}}+t\overrightarrow{\mathrm{AD}}$　［右図参照］

とする．次に，登場するベクトルを $\overrightarrow{\mathrm{AB}}$ と $\overrightarrow{\mathrm{AC}}$ に統一して（例題であれば $\overrightarrow{\mathrm{AD}}=\frac{1}{3}\overrightarrow{\mathrm{AB}}$ などを用いる），上の2式を $\overrightarrow{\mathrm{AP}}=\alpha\overrightarrow{\mathrm{AB}}+\beta\overrightarrow{\mathrm{AC}}$ の形にする．そうすると"係数比較"ができて s と t についての連立方程式が得られ，（連立方程式を解くと）値が求められる．

解答

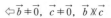

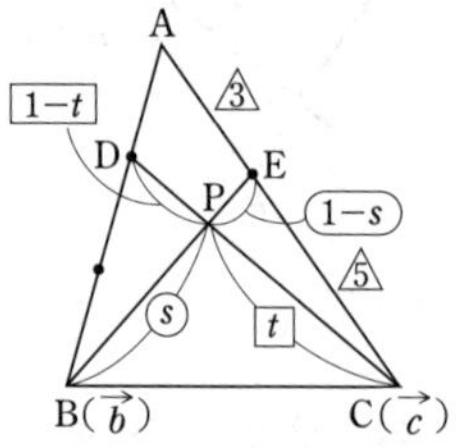

$\vec{b}=\overrightarrow{\mathrm{AB}}$，$\vec{c}=\overrightarrow{\mathrm{AC}}$ とおく．Pは線分BE上にあるので，BP：PE$=s:(1-s)$ とおくと

$$\overrightarrow{\mathrm{AP}}=(1-s)\overrightarrow{\mathrm{AB}}+s\overrightarrow{\mathrm{AE}}=(1-s)\vec{b}+s\cdot\frac{3}{8}\vec{c}\quad\cdots\cdots①$$

と表せる．また，Pは線分CD上にあるので，CP：PD$=t:(1-t)$ とおくと

$$\overrightarrow{\mathrm{AP}}=(1-t)\overrightarrow{\mathrm{AC}}+t\overrightarrow{\mathrm{AD}}=(1-t)\vec{c}+t\cdot\frac{1}{3}\vec{b}\quad\cdots\cdots②$$

$\vec{b}$，$\vec{c}$ は1次独立だから①と②の $\vec{b}$，$\vec{c}$ の係数はそれぞれ等しく，　⇦ $\vec{b}\neq\vec{0}$，$\vec{c}\neq\vec{0}$，$\vec{b}\not\parallel\vec{c}$

$$1-s=\frac{1}{3}t\ \cdots\cdots③,\qquad \frac{3}{8}s=1-t\ \cdots\cdots④$$

④より $t=1-\frac{3}{8}s$ で，これを③に代入して，

$$1-s=\frac{1}{3}\left(1-\frac{3}{8}s\right)\quad\therefore\quad\frac{2}{3}=\frac{7}{8}s\quad\therefore\quad s=\frac{16}{21}$$

これを①に代入して，$\overrightarrow{\mathrm{AP}}=\left(1-\frac{16}{21}\right)\vec{b}+\frac{16}{21}\cdot\frac{3}{8}\vec{c}=\boldsymbol{\frac{5}{21}\overrightarrow{\mathrm{AB}}+\frac{2}{7}\overrightarrow{\mathrm{AC}}}$

1 演習題（解答は p.24）

正八角形ABCDEFGHにおいて，$\overrightarrow{\mathrm{AB}}=\vec{a}$，$\overrightarrow{\mathrm{AH}}=\vec{b}$ とする．またAFとCH，DHとの交点をそれぞれI，Jとするとき，

$\overrightarrow{\mathrm{AI}}=\boxed{\text{ア}}\,\vec{a}+\boxed{\text{イ}}\,\vec{b}$，$\overrightarrow{\mathrm{AD}}=\boxed{\text{ウ}}\,\vec{a}+\boxed{\text{エ}}\,\vec{b}$

である．

また，$\overrightarrow{\mathrm{AJ}}=\boxed{\text{オ}}\,\overrightarrow{\mathrm{AH}}+\boxed{\text{カ}}\,\overrightarrow{\mathrm{AD}}$ であるから，HJ：JD$=\boxed{\text{キ}}$：1である．

（立命館大・文系）

ア～エ：
$\overrightarrow{\mathrm{AI}}=\overrightarrow{\mathrm{AH}}+\overrightarrow{\mathrm{HI}}$，
$\overrightarrow{\mathrm{AD}}=\overrightarrow{\mathrm{AH}}+\overrightarrow{\mathrm{HC}}+\overrightarrow{\mathrm{CD}}$
オ～キ：
HJ：JD$=s:(1-s)$とおく．また，$\overrightarrow{\mathrm{AJ}}=k\overrightarrow{\mathrm{AI}}$

2 内分点，交点(2)

○1の例題で，線分 AP の延長が辺 BC と交わる点を F とするとき，

BF：FC＝□：□，$\overrightarrow{AF}$＝□$\overrightarrow{AB}$＋□$\overrightarrow{AC}$ である．（立正大・地理／後半を追加）

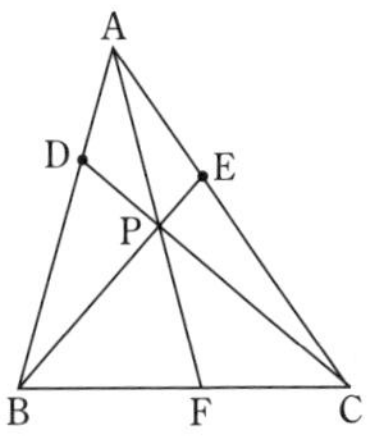

(線分の延長と直線の交点の場合) $\overrightarrow{AF}$ を2通りに表現して求める，という意味では，考え方は例題1と同じである．F が AP の延長上にあることから $\overrightarrow{AF}=k\overrightarrow{AP}$，BC 上にあることから $\overrightarrow{AF}=(1-s)\overrightarrow{AB}+s\overrightarrow{AC}$ と書けることを利用する．答案は，後者の式を書くかわりに

F が BC 上 $\iff \overrightarrow{AF}=x\overrightarrow{AB}+y\overrightarrow{AC}$ と表したとき $x+y=1$

を用いて，「$\overrightarrow{AF}=k\overrightarrow{AP}$ を $\overrightarrow{AB}$ と $\overrightarrow{AC}$ で表したときの**係数の和が1**」から k を決める，とするとよいだろう（解答参照）．

(内分比が先に求められる) この例題では，$k\overrightarrow{AP}=k\left(\frac{5}{21}\overrightarrow{AB}+\frac{2}{7}\overrightarrow{AC}\right)=\frac{5}{21}k\overrightarrow{AB}+\frac{2}{7}k\overrightarrow{AC}$ の係数の和が1になるように $\left(\frac{5}{21}k+\frac{2}{7}k=1\right)$ k を決める．この k に対して，F は BC を $\frac{2}{7}k：\frac{5}{21}k$ に内分する点となるが，この比は k によらないから k を求めずに内分比を求めることができる．$\overrightarrow{AF}$ を求める場合は，k を求めるか，あるいは内分点の公式：右図で $\overrightarrow{OQ}=\frac{n}{m+n}\overrightarrow{OA}+\frac{m}{m+n}\overrightarrow{OB}$ $\left(\text{左ページの☆で } s=\frac{m}{m+n}\right)$ を用いる．

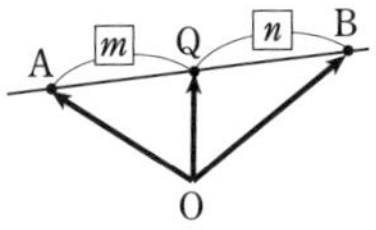

解 答

［例題1の解答の続き］

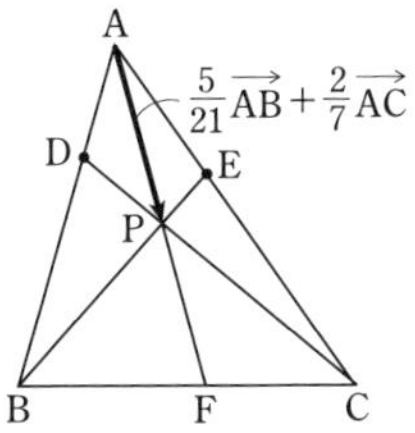

F は直線 AP 上にあるので，実数 k を用いて

$$\overrightarrow{AF}=k\overrightarrow{AP}=\frac{5}{21}k\overrightarrow{AB}+\frac{2}{7}k\overrightarrow{AC} \quad \cdots\cdots①$$

と書ける．また，F は直線 BC 上にあるので，①の $\overrightarrow{AB}$ と $\overrightarrow{AC}$ の係数の和 $\frac{5}{21}k+\frac{2}{7}k$ は1となる．この k に対して，BF：FC＝$\frac{2}{7}k：\frac{5}{21}k=\frac{6}{21}：\frac{5}{21}$＝**6：5**

よって，内分点の公式から

$$\overrightarrow{AF}=\frac{5}{6+5}\overrightarrow{AB}+\frac{6}{6+5}\overrightarrow{AC}=\mathbf{\frac{5}{11}\overrightarrow{AB}+\frac{6}{11}\overrightarrow{AC}}$$

⇨**注** k を求めると，$\frac{5+6}{21}k=1$ より $k=\frac{21}{11}$

一般に，$\overrightarrow{AP}=\alpha\overrightarrow{AB}+\beta\overrightarrow{AC}$ のとき $\overrightarrow{AP}$

$=(\alpha+\beta)\left(\frac{\alpha}{\alpha+\beta}\overrightarrow{AB}+\frac{\beta}{\alpha+\beta}\overrightarrow{AC}\right)$

⇦と変形できる．〰〰は，係数の和が1になっているから，〰〰＝$\overrightarrow{AG}$ とおくと G は BC 上の点となる．

上のように係数の和でくくると交点を見つけることができる．この方法は α，β の分母が同じときには（この変形がしやすいので）有力である．答案としても問題ない．

2 演習題（解答は p.24）

a，b を正の数とする．平行四辺形 ABCD の辺 AB を $a:b$ に内分する点を E，辺 BC を 3:5 に内分する点を F とする．また，線分 AF と線分 DE の交点を P，対角線 AC と線分 DF の交点を Q とする．

（1） $\overrightarrow{AP}$ を $\overrightarrow{AB}$ と $\overrightarrow{AD}$ を用いて表すと $\overrightarrow{AP}$＝□$\overrightarrow{AB}$＋□$\overrightarrow{AD}$ である．

（2） $\overrightarrow{AQ}$ を $\overrightarrow{AB}$ と $\overrightarrow{AD}$ を用いて表すと $\overrightarrow{AQ}$＝□$\overrightarrow{AB}$＋□$\overrightarrow{AD}$ である．

（3） $a：b$＝□：□のとき，点 P は線分 AF の中点となる．

（4） $a：b$＝□：□のとき，辺 AD と線分 PQ は平行になる．

（東京工科大・応生，コンピュータ）

（1） $\overrightarrow{AP}=s\overrightarrow{AF}$ かつ P は DE 上．（2）も同様．
（3） 上の s が 1/2．
（4） $\overrightarrow{PQ}$ が $\overrightarrow{AD}$ の実数倍になる．

3 $a\overrightarrow{PA}+b\overrightarrow{PB}+c\overrightarrow{PC}=\vec{0}$

三角形 ABC の内部に点 P があり，等式 $6\overrightarrow{AP}+3\overrightarrow{BP}+2\overrightarrow{CP}=\vec{0}$ をみたす．また，線分 BC を 3：2 に内分する点を Q とする．次の問いに答えよ．

（1） $\overrightarrow{AQ}$ を $\overrightarrow{AB}$ と $\overrightarrow{AC}$ を用いて表すと $\overrightarrow{AQ}=\boxed{}\overrightarrow{AB}+\boxed{}\overrightarrow{AC}$ である．

（2） $\overrightarrow{AP}$ を $\overrightarrow{AB}$ と $\overrightarrow{AC}$ を用いて表すと $\overrightarrow{AP}=\boxed{}\overrightarrow{AB}+\boxed{}\overrightarrow{AC}$ である．

（3） 三角形 ABC の面積を S，三角形 APQ の面積を T とするとき，$S=\boxed{}T$ である．

（国士舘大・理工）

$a\overrightarrow{PA}+b\overrightarrow{PB}+c\overrightarrow{PC}=\vec{0}$ を満たす点 P のとらえ方　（2）のように A を始点にして条件式を書き直すのがよいだろう（そうすると 3 か所にあった P が 1 か所になる）．このあと，直線 AP と BC の交点を R として，$\overrightarrow{AP}=\alpha\overrightarrow{AB}+\beta\overrightarrow{AC}$ を $k\overrightarrow{AR}$ の形にする（☞ ○2）と R の“位置”がわかる．

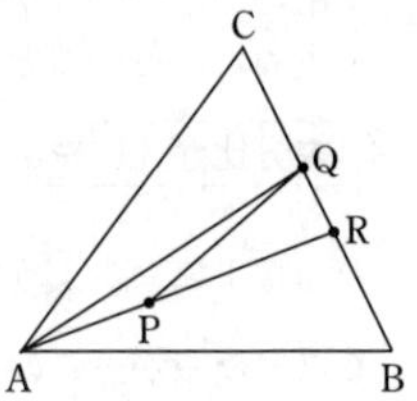

面積比を求めるときは底辺か高さが等しい三角形の組を見つける　例えば右図で △ARQ：△APQ＝AR：AP となる（底辺が AR，AP で高さが共通）．

（3）は $\triangle ARQ=\dfrac{AR}{AP}\triangle APQ$，$\triangle ABC=\dfrac{BC}{RQ}\triangle ARQ$ から求める．

解 答

（1） $\boldsymbol{\overrightarrow{AQ}=\dfrac{2}{5}\overrightarrow{AB}+\dfrac{3}{5}\overrightarrow{AC}}$

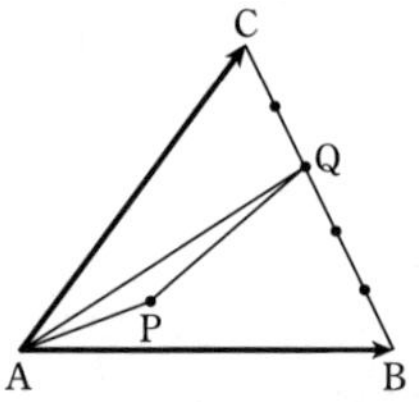

（2） 条件式を，A を始点に書き直すと，

$$6\overrightarrow{AP}+3(\overrightarrow{AP}-\overrightarrow{AB})+2(\overrightarrow{AP}-\overrightarrow{AC})=\vec{0}$$

$$\therefore\quad 11\overrightarrow{AP}=3\overrightarrow{AB}+2\overrightarrow{AC}$$

よって，$\boldsymbol{\overrightarrow{AP}=\dfrac{3}{11}\overrightarrow{AB}+\dfrac{2}{11}\overrightarrow{AC}}$

（3） $\overrightarrow{AP}=\dfrac{3+2}{11}\left(\dfrac{3}{5}\overrightarrow{AB}+\dfrac{2}{5}\overrightarrow{AC}\right)$ と書ける．$\overrightarrow{AR}=\dfrac{3}{5}\overrightarrow{AB}+\dfrac{2}{5}\overrightarrow{AC}$ とおくと，（$\overrightarrow{AB}$，$\overrightarrow{AC}$ の係数の和が 1 だから R は BC 上にあり）R は線分 BC を 2：3 に内分する点である．また，$\overrightarrow{AP}=\dfrac{5}{11}\overrightarrow{AR}$ であるから，

⇦AP の延長と BC の交点を R として，R を求める．R は BC 上の点だから $\overrightarrow{AB}$，$\overrightarrow{AC}$ の係数の和は 1．この変形については，○2 の傍注を参照．

R は直線 AP 上の点で

$$AP：AR=5：11$$

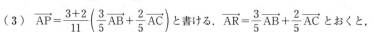

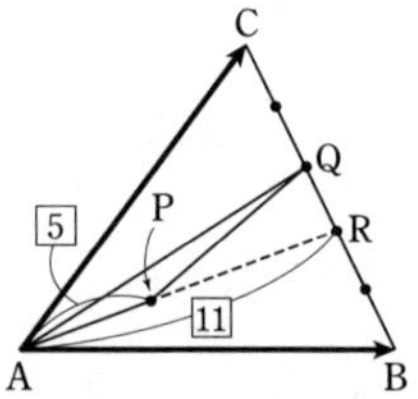

よって，

$$S=\triangle ABC=\frac{BC}{RQ}\triangle ARQ$$

$$=\frac{BC}{RQ}\cdot\frac{AR}{AP}\triangle APQ=\frac{5}{1}\cdot\frac{11}{5}T=\boldsymbol{11T}$$

⇦△ABC，△ARQ の底辺を BC，RQ とみる（高さが共通）．

⇦△ARQ，△APQ の底辺を AR，AP とみる（高さが共通）．

3 演習題 （解答は p.25）

△ABC の内部に点 P があって，$l\overrightarrow{AP}+m\overrightarrow{BP}+n\overrightarrow{CP}=\vec{0}$ を満たすとする．ただし，l，m，n は正の数とする．

（1） $\overrightarrow{AP}$ を $\overrightarrow{AB}$ と $\overrightarrow{AC}$ を用いて表せ．

（2） △ABC の面積を 1 とするとき，△BCP，△CAP，△ABP それぞれの面積を求めよ．

（群馬大・教，医，工）

（1） 例題と同様．
（2） 共通の底辺に対する高さの比を求める．

4 内心

AB=5, BC=7, CA=6 である三角形 ABC がある．∠BAC の角の二等分線と BC との交点を D, ∠ABC の角の二等分線と AD との交点を E とする．このとき，$\overrightarrow{AD}$，$\overrightarrow{AE}$ を $\overrightarrow{AB}$，$\overrightarrow{AC}$ を用いて表せ．

（長崎総科大）

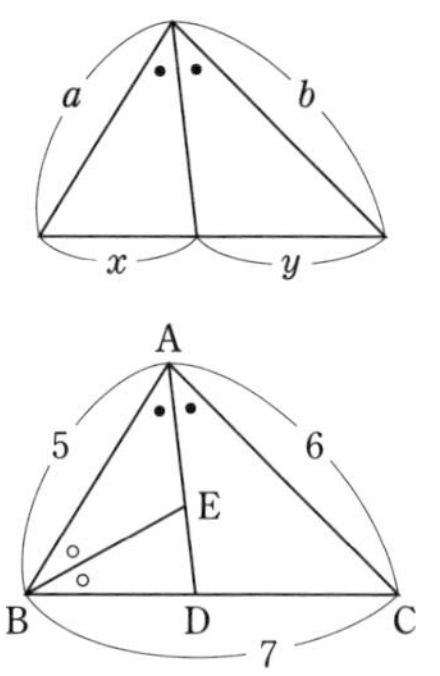

角の二等分線の定理　右図で $x:y=a:b$［内分比は長さの比］が成り立つ．

内心の求め方　この例題は，角の二等分線の定理を 2 回使って解く（標準的な解法）．まず，AD が ∠A の二等分線であることから $\overrightarrow{AD}$ を $\overrightarrow{AB}$ と $\overrightarrow{AC}$ で表す．ここで BD の長さを計算しておくことがポイントで，再び角の二等分線の定理を用いると AE : ED(＝BA : BD) が計算できて $\overrightarrow{AE}=\dfrac{AE}{AD}\overrightarrow{AD}$ から $\overrightarrow{AE}$ が求められる．

なお，E は △ABC の内心である．「△ABC の内心を E として，$\overrightarrow{AE}$ を $\overrightarrow{AB}$ と $\overrightarrow{AC}$ で表せ．」というような問題文になっても同じ解法で解けるようにしておきたい．

解 答

角の二等分線の定理より，

BD : DC＝AB : AC＝5 : 6

内分点の公式を用いて，

$$\overrightarrow{\mathbf{AD}}=\frac{6}{5+6}\overrightarrow{AB}+\frac{5}{5+6}\overrightarrow{AC}=\frac{\mathbf{6}}{\mathbf{11}}\overrightarrow{\mathbf{AB}}+\frac{\mathbf{5}}{\mathbf{11}}\overrightarrow{\mathbf{AC}}$$

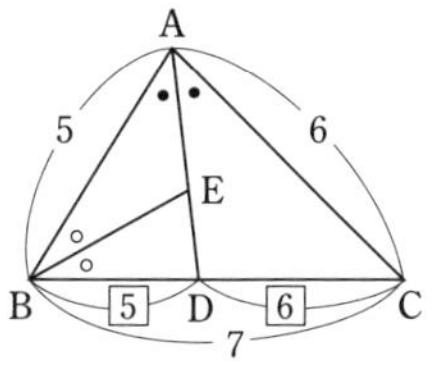

また，$BD=7\times\dfrac{5}{5+6}$ であるから，再び角の二等分線の定理を用いると，

$$AE:ED=BA:BD=5:7\cdot\frac{5}{11}=11:7$$

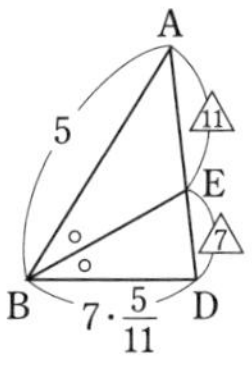

よって，

$$\overrightarrow{\mathbf{AE}}=\frac{AE}{AD}\overrightarrow{AD}=\frac{AE}{AE+ED}\overrightarrow{AD}=\frac{11}{11+7}\overrightarrow{AD}$$

$$=\frac{11}{18}\left(\frac{6}{11}\overrightarrow{AB}+\frac{5}{11}\overrightarrow{AC}\right)=\frac{\mathbf{1}}{\mathbf{3}}\overrightarrow{\mathbf{AB}}+\frac{\mathbf{5}}{\mathbf{18}}\overrightarrow{\mathbf{AC}}$$

4 演習題（解答は p.26）

△ABC があり，AB=3, BC=7, CA=5 を満たしている．△ABC の内心を I，$\overrightarrow{AB}=\vec{b}$，$\overrightarrow{AC}=\vec{c}$ とおく．次の問いに答えよ．

（1）$\overrightarrow{AI}$ を $\vec{b}$ と $\vec{c}$ を用いて表せ．

（2）△ABC の面積を求めよ．

（3）辺 AB 上に点 P，辺 AC 上に点 Q を，3 点 P，I，Q が一直線上にあるようにとるとき，△APQ の面積 S のとりうる値の範囲を求めよ．

（横浜国大・経済）

（1）は例題と同様．（3）は，$\overrightarrow{AP}=p\vec{b}$，$\overrightarrow{AQ}=q\vec{c}$，$\overrightarrow{AI}=(1-t)\overrightarrow{AP}+t\overrightarrow{AQ}$ とおいて一直線上の条件を p，q，t で表す．どの文字を残すか？

5 領域の表現，三角形の面積

(ア) △OABの面積は$2\sqrt{5}$とする．点Pが$\overrightarrow{OP}=s\overrightarrow{OA}+t\overrightarrow{OB}$，$s\geqq 0$，$t\geqq 0$，$1\leqq s+t\leqq 3$を満たしながら動くとき，点Pが動く領域の面積$S$は$S=$［　　］である．　(大阪工大／一部略)

(イ) △ABCにおいて，AB=3，AC=4であって，$\overrightarrow{AB}$と$\overrightarrow{AC}$の内積が$\overrightarrow{AB}\cdot\overrightarrow{AC}=4\sqrt{5}$を満たす．点Pが次の条件を満たしながら動くとき，点Pの存在範囲の面積を求めよ．

$$\overrightarrow{AP}=s\overrightarrow{AB}+t\overrightarrow{AC},\ s\geqq 0,\ t\geqq 0,\ 1\leqq \frac{3}{2}s+\frac{4}{3}t\leqq 2$$

(福岡教大)

$s\geqq 0$が表す領域　(ア)のPについて，図1より，「$s\geqq 0$，tは全実数」のときにPが動く領域は図2のようになる（直線OBの右側）ことがわかるだろう．同様に，「$t\geqq 0$，sは全実数」のときは図3．

図 1

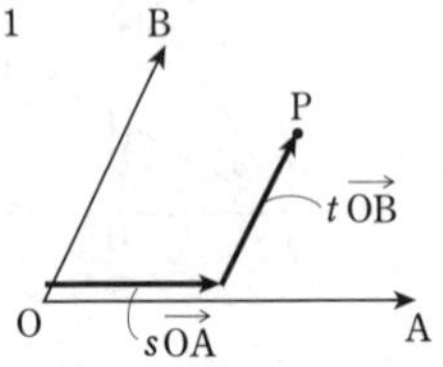

図 2

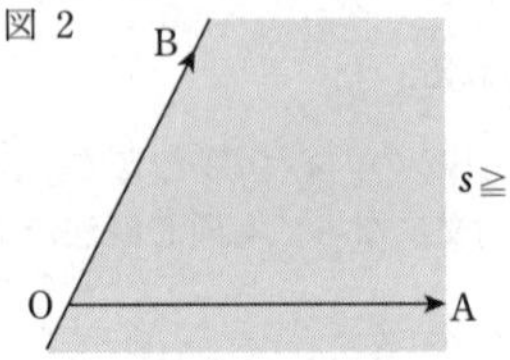

図 3

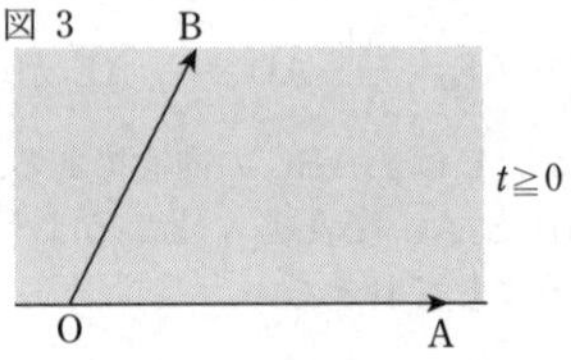

$s+t=k$が表す図形　まず$k=1$の場合（$\overrightarrow{OP}=s\overrightarrow{OA}+t\overrightarrow{OB}$，$s+t=1$）を考えよう．この場合は係数の和が1だからPが描く図形は直線ABとなる（図4）．$k\neq 0$の場合は，$\overrightarrow{OP}=s\overrightarrow{OA}+t\overrightarrow{OB}$，$s+t=k$から係数の和が1の形を作る．$s+t=k$の両辺を$k$で割って$\frac{s}{k}+\frac{t}{k}=1$とし，$\frac{s}{k}$と$\frac{t}{k}$が係数になるように$\overrightarrow{OP}=\frac{s}{k}\cdot k\overrightarrow{OA}+\frac{t}{k}\cdot k\overrightarrow{OB}$（$k\overrightarrow{OA}$と$k\overrightarrow{OB}$の係数の和が1）と変形する．すると，Pが描く図形は図5の直線A′B′（$\overrightarrow{OA'}=k\overrightarrow{OA}$，$\overrightarrow{OB'}=k\overrightarrow{OB}$）になることがわかる．なお，A′B′∥ABである．

図 4

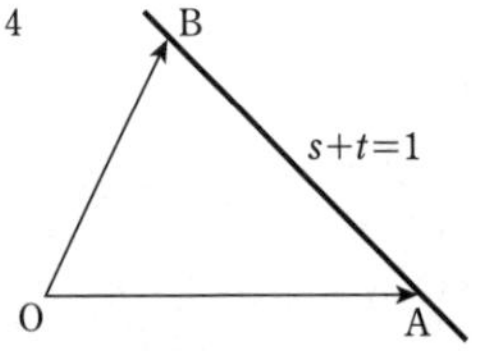

図 5

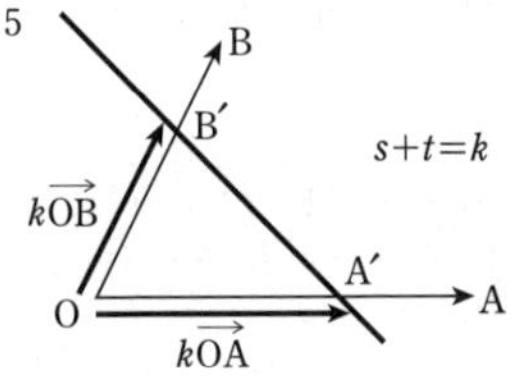

$0\leqq s+t\leqq 1$が表す領域　$\overrightarrow{OP}=s\overrightarrow{OA}+t\overrightarrow{OB}$，$s+t=k$の$k$を$0\leqq k\leqq 1$の範囲で動かせばよい．つまり，図5の$k$（直線A′B′）を$0\leqq k\leqq 1$で動かせばよく，右図の網目部（境界含む）となる．$k=0$の場合は，$\overrightarrow{OP}=s\overrightarrow{OA}+(-s)\overrightarrow{OB}=s(\overrightarrow{OA}-\overrightarrow{OB})=s\overrightarrow{BA}$であるから，Oを通りABに平行な直線である．

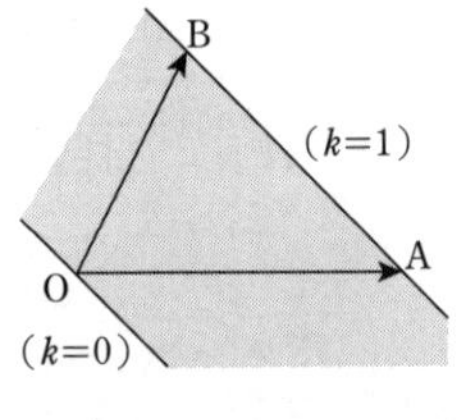

(イ)は$\frac{3}{2}s=s'$，$\frac{4}{3}t=t'$とおいてこの形を作る．

三角形の面積　(ア)(イ)とも，Pの存在範囲が基準となる三角形の何倍になるかを求める．(イ)のように内積が与えられている場合，cos∠BACが求められるので，そこからsin∠BACを計算して$\triangle ABC=\frac{1}{2}AB\cdot AC\cdot \sin\angle BAC$とするか，この過程を逆にたどって作られる

$$\triangle \mathbf{ABC}=\frac{1}{2}AB\cdot AC\sqrt{1-\cos^2\angle BAC}=\frac{1}{2}\sqrt{AB^2\cdot AC^2-(AB\cdot AC\cos\angle BAC)^2}$$

$$=\frac{1}{2}\sqrt{|\overrightarrow{AB}|^2|\overrightarrow{AC}|^2-(\overrightarrow{AB}\cdot\overrightarrow{AC})^2}\quad（公式）$$

を利用する．

▤解 答▤

（ア） $s+t=k$（0 でない定数）のとき，

$$\overrightarrow{\mathrm{OP}}=\frac{s}{k}\cdot k\overrightarrow{\mathrm{OA}}+\frac{t}{k}\cdot k\overrightarrow{\mathrm{OB}},\ \ \frac{s}{k}+\frac{t}{k}=1$$

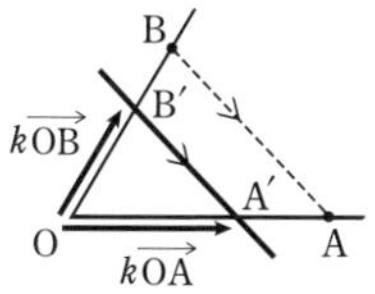

であるから，$\overrightarrow{\mathrm{OA'}}=k\overrightarrow{\mathrm{OA}}$，$\overrightarrow{\mathrm{OB'}}=k\overrightarrow{\mathrm{OB}}$ で A′，B′ を定めると，P は直線 A′B′ 上を動く．k を $1\leqq k\leqq 3$ の範囲で動かし，また，$s\geqq 0$，$t\geqq 0$ より P は ∠AOB 内にあることから，P が動く範囲は右図の網目部（ただし，$\overrightarrow{\mathrm{OC}}=3\overrightarrow{\mathrm{OA}}$，$\overrightarrow{\mathrm{OD}}=3\overrightarrow{\mathrm{OB}}$）．△OAB と △OCD の相似比が 1：3 であることから，網目部の面積 S は

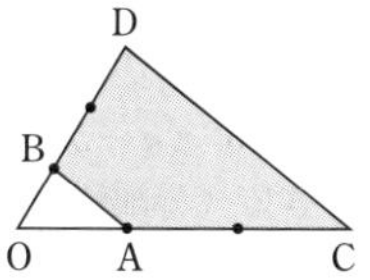

⇦∠AOB 内とは，左ページの図 2 かつ図 3

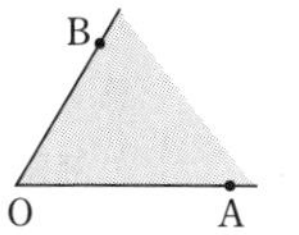

$$\boldsymbol{S}=(3^2-1)\triangle\mathrm{OAB}=8\cdot 2\sqrt{5}=\boldsymbol{16\sqrt{5}}$$

（イ） $\overrightarrow{\mathrm{AP}}=s\overrightarrow{\mathrm{AB}}+t\overrightarrow{\mathrm{AC}}=\dfrac{3}{2}s\cdot\dfrac{2}{3}\overrightarrow{\mathrm{AB}}+\dfrac{4}{3}t\cdot\dfrac{3}{4}\overrightarrow{\mathrm{AC}}$

⇦$\dfrac{3}{2}s$，$\dfrac{4}{3}t$ をそれぞれかたまりとみて，係数を調整して(ア)と同じ形を作る．

であるから，$s'=\dfrac{3}{2}s$，$t'=\dfrac{4}{3}t$，$\overrightarrow{\mathrm{AB'}}=\dfrac{2}{3}\overrightarrow{\mathrm{AB}}$，$\overrightarrow{\mathrm{AC'}}=\dfrac{3}{4}\overrightarrow{\mathrm{AC}}$ で s'，t'，B′，C′ を定めると，条件は

$$\overrightarrow{\mathrm{AP}}=s'\overrightarrow{\mathrm{AB'}}+t'\overrightarrow{\mathrm{AC'}},\ \ s'\geqq 0,\ \ t'\geqq 0,\ \ 1\leqq s'+t'\leqq 2$$

よって，$\overrightarrow{\mathrm{AE}}=2\overrightarrow{\mathrm{AB'}}$，$\overrightarrow{\mathrm{AF}}=2\overrightarrow{\mathrm{AC'}}$ で E，F を定めると，P の存在範囲は四角形 B′EFC′（右図網目部）となり，その面積を T とすると，△AB′C′ と △AEF の相似（相似比 1：2）から

⇦(ア)と同様

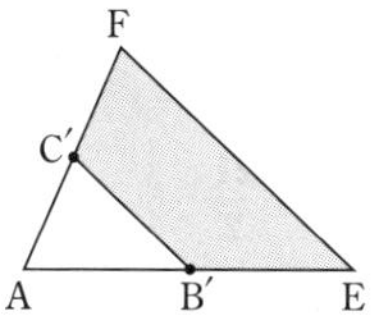

$$T=(2^2-1)\triangle\mathrm{AB'C'}=3\triangle\mathrm{AB'C'}$$

ここで，△ABC と △AB′C′ において

$$\mathrm{AB'}=\frac{2}{3}\mathrm{AB},\ \ \mathrm{AC'}=\frac{3}{4}\mathrm{AC}$$

が成り立つことから，$\triangle\mathrm{AB'C'}=\dfrac{2}{3}\cdot\dfrac{3}{4}\triangle\mathrm{ABC}$

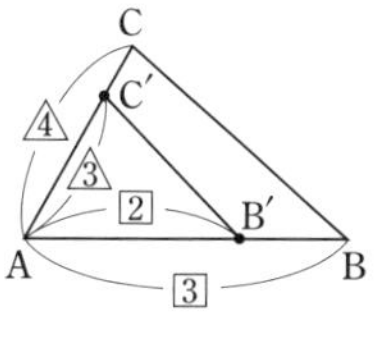

以上より，

$$T=3\triangle\mathrm{AB'C'}=3\cdot\frac{2}{3}\cdot\frac{3}{4}\triangle\mathrm{ABC}=\frac{3}{2}\triangle\mathrm{ABC}$$

$$=\frac{3}{2}\cdot\frac{1}{2}\sqrt{|\overrightarrow{\mathrm{AB}}|^2|\overrightarrow{\mathrm{AC}}|^2-(\overrightarrow{\mathrm{AB}}\cdot\overrightarrow{\mathrm{AC}})^2}$$

⇦面積の公式

$$=\frac{3}{4}\sqrt{3^2\cdot 4^2-(4\sqrt{5})^2}=3\sqrt{3^2-5}=\boldsymbol{6}$$

⇦4^2 をルートの外へ出す

5 演習題（解答は p.26）

平面上に 3 点 O，A，B があり，$|\overrightarrow{\mathrm{OA}}|=4$，$|\overrightarrow{\mathrm{OB}}|=5$，$|\overrightarrow{\mathrm{AB}}|=7$ を満たしている．このとき，内積 $\overrightarrow{\mathrm{OA}}\cdot\overrightarrow{\mathrm{OB}}$ は［(1)］であり，三角形 OAB の面積は［(2)］である．

また，実数 s，t に対して点 P を $\overrightarrow{\mathrm{OP}}=s\overrightarrow{\mathrm{OA}}+t\overrightarrow{\mathrm{OB}}$ により定めると，s，t が

$$s\geqq 0,\ \ t\geqq 0,\ \ 1\leqq s+t\leqq 3$$

を満たすとき，点 P が存在する範囲の面積は［(3)］であり，s，t が

$$s\geqq 0,\ \ t\geqq 0,\ \ 0\leqq s+t\leqq 1,\ \ 0\leqq s+4t\leqq 2$$

を満たすとき，点 P が存在する範囲の面積は［(4)］である． （明治学院大）

（4） $0\leqq s+t\leqq 1$，$0\leqq s+4t\leqq 2$ をそれぞれ図示して共通部分を考える．

6 内積／大きさ

$|\vec{a}|=5$, $|\vec{b}|=4$, $|\vec{a}-\vec{b}|=2\sqrt{5}$ のとき，$\vec{a}\cdot\vec{b}=$ [(1)] であり，$|\vec{a}-t\vec{b}|$ を最小にする t の値は [(2)] である． （大同大）

大きさと内積 ベクトル $\vec{a}$ の大きさ $|\vec{a}|$ は，内積を用いて $|\vec{a}|^2=\vec{a}\cdot\vec{a}$ $(|\vec{a}|=\sqrt{\vec{a}\cdot\vec{a}})$ と表される．大きさの条件を使う場合は内積の形に翻訳 $(|\vec{a}|=5 \Rightarrow \vec{a}\cdot\vec{a}=5^2)$ し，大きさを計算する場合は内積を計算する $(|\vec{a}-t\vec{b}|^2=(\vec{a}-t\vec{b})\cdot(\vec{a}-t\vec{b})=\cdots)$ のが原則である．

例題の(1)では，$\vec{a}\cdot\vec{a}=25$, $\vec{b}\cdot\vec{b}=16$, $(\vec{a}-\vec{b})\cdot(\vec{a}-\vec{b})=20$ から $\vec{a}\cdot\vec{b}$ を求める．第3の条件は，普通の文字のように展開することができて（分配法則，交換法則は成り立つ）

$$(\vec{a}-\vec{b})\cdot(\vec{a}-\vec{b})=\vec{a}\cdot\vec{a}-\vec{a}\cdot\vec{b}-\vec{b}\cdot\vec{a}+\vec{b}\cdot\vec{b}=\vec{a}\cdot\vec{a}-2\vec{a}\cdot\vec{b}+\vec{b}\cdot\vec{b}\,(=20) \cdots\cdots ☆$$

となるから，これに残りの2条件を代入すればよい．(2)も同様に計算すると t の2次関数になる．

☆式を，（再び）大きさで書くと $|\vec{a}|^2-2\vec{a}\cdot\vec{b}+|\vec{b}|^2$ となる．答案では，この式を書くのがよいだろう $(|\vec{a}|^2-2\vec{a}\cdot\vec{b}+|\vec{b}|^2=20$ に $|\vec{a}|=5$, $|\vec{b}|=4$ を代入；解答参照)．

解 答

(1) $|\vec{a}-\vec{b}|=2\sqrt{5}$ より，$|\vec{a}-\vec{b}|^2=(\vec{a}-\vec{b})\cdot(\vec{a}-\vec{b})=20$

$$\therefore\ |\vec{a}|^2-2\vec{a}\cdot\vec{b}+|\vec{b}|^2=20$$

⇦これくらいのテンポで答案が書けるように練習しよう．2乗の展開とほとんど同じ式．

これに $|\vec{a}|=5$, $|\vec{b}|=4$ を代入して，

$$25-2\vec{a}\cdot\vec{b}+16=20 \qquad \therefore\ \boldsymbol{\vec{a}\cdot\vec{b}=\frac{21}{2}}$$

(2) $|\vec{a}-t\vec{b}|^2=\underline{(\vec{a}-t\vec{b})\cdot(\vec{a}-t\vec{b})}=|\vec{a}|^2-2t\vec{a}\cdot\vec{b}+t^2|\vec{b}|^2 \cdots\cdots ☆$

⇦この式は省略してかまわない．

$$=25-2\cdot\frac{21}{2}t+t^2\cdot16=16t^2-21t+25$$

⇦$|\vec{a}|=5$, $|\vec{b}|=4$, $\vec{a}\cdot\vec{b}=\frac{21}{2}$ を代入．

$$=16\left(t-\frac{21}{32}\right)^2+25-16\cdot\left(\frac{21}{32}\right)^2$$

よって，$|\vec{a}-t\vec{b}|$ を最小にする t は $\boldsymbol{\frac{21}{32}}$

➡注 Oを始点として $\overrightarrow{OA}=\vec{a}$, $\overrightarrow{OB}=\vec{b}$ と定めると $\vec{a}-\vec{b}=\overrightarrow{BA}$, $|\vec{a}-\vec{b}|=AB$ となるので △OAB は右図のようになる．

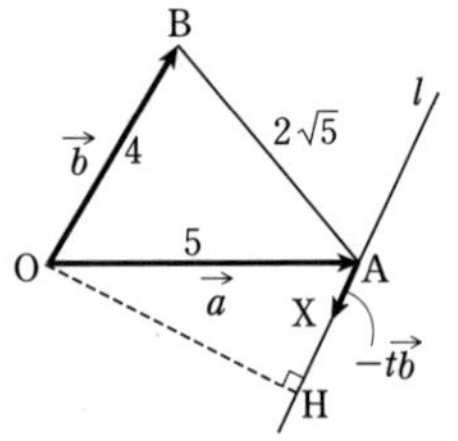

(1) $|\vec{a}-\vec{b}|^2=|\vec{a}|^2-2\vec{a}\cdot\vec{b}+|\vec{b}|^2$ は

$AB^2=OA^2+OB^2-2OA\cdot OB\cos\angle AOB$

と書ける．これは余弦定理に相当する式である．

(2) $\overrightarrow{OX}=\vec{a}-t\vec{b}$ で点Xを定めると，(tが動くとき) Xは，Aを通りOBに平行な直線 l の上を動く．$|\overrightarrow{OX}|$ が最小になるのは，XがOから l に下ろした垂線の足Hになるときである．例題(2)の結果によれば，$\overrightarrow{AH}=-\frac{21}{32}\vec{b}$

☆に数値を代入せず平方完成すると，

$$|\vec{b}|^2\left(t-\frac{\vec{a}\cdot\vec{b}}{|\vec{b}|^2}\right)^2+(\text{定数})$$

となって $t=\frac{\vec{a}\cdot\vec{b}}{|\vec{b}|^2}$ で最小．

同じ式が $\overrightarrow{OH}\cdot\vec{b}=0$ からも得られる．

⇦$(\vec{a}-t\vec{b})\cdot\vec{b}=0$ より

$$t=\frac{\vec{a}\cdot\vec{b}}{|\vec{b}|^2}\left(=\frac{21}{32}\right)$$

6 演習題 （解答は p.27）

△OAB において，OA=2, OB=3, AB=4 とする．$\overrightarrow{OA}=\vec{a}$, $\overrightarrow{OB}=\vec{b}$ とおくとき，$\vec{a}$ と $\vec{b}$ の内積は $\vec{a}\cdot\vec{b}=$ [(1)] となる．また，∠AOB の2等分線と辺 AB の交点を C とすると，$\overrightarrow{OC}=$ [(2)] $\vec{a}+$ [(3)] $\vec{b}$ となり，$|\overrightarrow{OC}|=$ [(4)] となる．

（大阪電通大）

(1)は例題(1)と同様．
(4)は $\overrightarrow{OC}\cdot\overrightarrow{OC}$ を計算する．

7 内積／垂直(1)

△OABの3辺OA，AB，BOを$t:1-t$に内分する点をそれぞれP，Q，Rとする．

(1) $\overrightarrow{PR}$を$\overrightarrow{OA}$，$\overrightarrow{OB}$を用いて表せ．

(2) $\overrightarrow{PQ}$を$\overrightarrow{OA}$，$\overrightarrow{OB}$を用いて表せ．

(3) $\angle AOB=90^\circ$，OA=5，OB=4とする．$\angle QPR=90^\circ$となるtの値を求めよ．ただし，$0<t<1$とする．

（大阪工大）

垂直と内積 2つのベクトル$\vec{a}$，$\vec{b}$のなす角の大きさをθとすると，$\boldsymbol{\vec{a}\cdot\vec{b}=|\vec{a}||\vec{b}|\cos\theta}$となる．特に$\theta=90^\circ$（$\vec{a}$と$\vec{b}$が垂直）であれば，$\vec{a}$，$\vec{b}$の大きさにかかわらず，$\vec{a}\cdot\vec{b}=0$である．逆に，$|\vec{a}|\neq0$，$|\vec{b}|\neq0$のもとで$\vec{a}\cdot\vec{b}=0$であれば$\cos\theta=0$となるから$\vec{a}$と$\vec{b}$は垂直である．

つまり，$|\vec{a}|\neq0$，$|\vec{b}|\neq0$のとき　$\vec{a}$と$\vec{b}$が垂直 $\iff$ $\vec{a}\cdot\vec{b}=0$

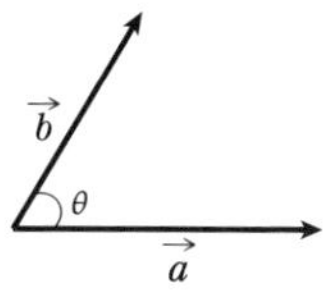

解答

(1) $\overrightarrow{PR}=\overrightarrow{PO}+\overrightarrow{OR}$

$\quad=\boldsymbol{-t\overrightarrow{OA}+(1-t)\overrightarrow{OB}}$

⇦ベクトルはどこを中継してもよい．なお，$\overrightarrow{PR}=\overrightarrow{OR}-\overrightarrow{OP}$と同じ．

(2) $\overrightarrow{PQ}=\overrightarrow{PA}+\overrightarrow{AQ}$

$\quad=(1-t)\overrightarrow{OA}+t\overrightarrow{AB}$

$\quad=(1-t)\overrightarrow{OA}+t(\overrightarrow{OB}-\overrightarrow{OA})$

$\quad=\boldsymbol{(1-2t)\overrightarrow{OA}+t\overrightarrow{OB}}$

⇦$\overrightarrow{PQ}=\overrightarrow{PO}+\overrightarrow{OQ}$
$=-t\overrightarrow{OA}+(1-t)\overrightarrow{OA}+t\overrightarrow{OB}$
としてもよい．

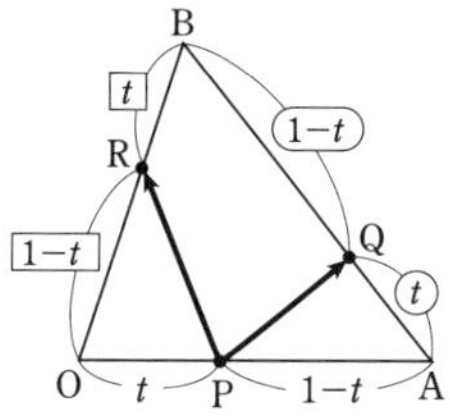

(3) $\angle AOB=90^\circ$，OA=5，OB=4より

$\overrightarrow{OA}\cdot\overrightarrow{OB}=0$，$|\overrightarrow{OA}|=5$，$|\overrightarrow{OB}|=4$

このとき，

$\overrightarrow{PQ}\cdot\overrightarrow{PR}$

$=((1-2t)\overrightarrow{OA}+t\overrightarrow{OB})\cdot(-t\overrightarrow{OA}+(1-t)\overrightarrow{OB})$

$=-(1-2t)t|\overrightarrow{OA}|^2+t(1-t)|\overrightarrow{OB}|^2$

$=-25t(1-2t)+16t(1-t)$

$=t(34t-9)$ ……①

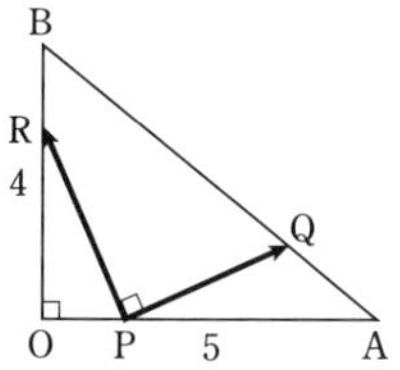

⇦$\overrightarrow{OA}\cdot\overrightarrow{OB}=0$なので，$\overrightarrow{OA}\cdot\overrightarrow{OA}$，$\overrightarrow{OB}\cdot\overrightarrow{OB}$の項だけが残る．

$\angle QPR=90^\circ$のとき①=0であるから，$0<t<1$より $\boldsymbol{t=\frac{9}{34}}$

⇦正確には，$\overrightarrow{PQ}\neq\vec{0}$，$\overrightarrow{PR}\neq\vec{0}$だから$\angle QPR=90^\circ \iff \overrightarrow{PQ}\cdot\overrightarrow{PR}=0$
$\overrightarrow{PQ}\neq\vec{0}$，$\overrightarrow{PR}\neq\vec{0}$は図からほとんど明らかだから断らなくてよいだろう．

7 演習題（解答は p.27）

OA=4，OB=1，$\angle AOB=60^\circ$である三角形OABにおいて，$\overrightarrow{OA}=\vec{a}$，$\overrightarrow{OB}=\vec{b}$とする．また，辺OAを$s:(1-s)$に内分する点をC，辺ABを$t:(1-t)$に内分する点をDとする．ただし$0<s<1$，$0<t<1$である．以下の問いに答えよ．

(1) $\overrightarrow{CD}$をs，t，$\vec{a}$，$\vec{b}$を用いて表せ．

(2) $\overrightarrow{CD}$が$\vec{b}$と垂直のとき，sをtで表せ．

(3) (2)の条件の下で$|\overrightarrow{CD}|=\dfrac{1}{\sqrt{3}}$が成り立つとき，$t$の値を求めよ．

（工学院大）

(2) $\overrightarrow{CD}\cdot\vec{b}=0$．
$\vec{a}\cdot\vec{b}$を求めて$\overrightarrow{CD}\cdot\vec{b}$を計算する．

8 内積／垂直(2)

三角形OABにおいて$\overrightarrow{OA}=\vec{a}$，$\overrightarrow{OB}=\vec{b}$とし，$|\vec{a}|=5$，$|\vec{b}|=4$，$\angle AOB=60°$とする．点Aから対辺OBに下ろした垂線をAHとし，$\angle AOB$の2等分線が線分AHと交わる点をCとする．さらに，線分BCの延長が辺OAと交わる点をDとする．このとき，

(1) $\vec{a}\cdot\vec{b}=$ ☐　　(2) $\overrightarrow{OH}=$ ☐ $\vec{b}$

(3) $\overrightarrow{OC}=$ ☐ $\vec{a}+$ ☐ $\vec{b}$　　(4) $\overrightarrow{OD}=$ ☐ $\vec{a}$

（日大・生産工）

垂線の足のとらえ方　右図のように，直線OXに点Yから垂線を下ろし，その足をHとする．$\overrightarrow{OH}$を$\overrightarrow{OX}$と$\overrightarrow{OY}$で表そう．$\overrightarrow{OH}=t\overrightarrow{OX}$とおくと，$\overrightarrow{HY}=\overrightarrow{OY}-\overrightarrow{OH}$と$\overrightarrow{OX}$が垂直だから，$(\overrightarrow{OY}-t\overrightarrow{OX})\cdot\overrightarrow{OX}=0$　$\therefore$　$\overrightarrow{OY}\cdot\overrightarrow{OX}=t|\overrightarrow{OX}|^2$

これより$t=\dfrac{\overrightarrow{OX}\cdot\overrightarrow{OY}}{|\overrightarrow{OX}|^2}$（これは実数），$\overrightarrow{OH}=\dfrac{\overrightarrow{OX}\cdot\overrightarrow{OY}}{|\overrightarrow{OX}|^2}\overrightarrow{OX}$となる．

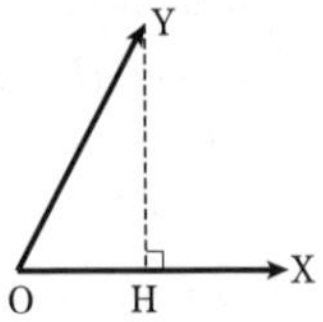

解答

$|\vec{a}|=5$，$|\vec{b}|=4$，$\angle AOB=60°$

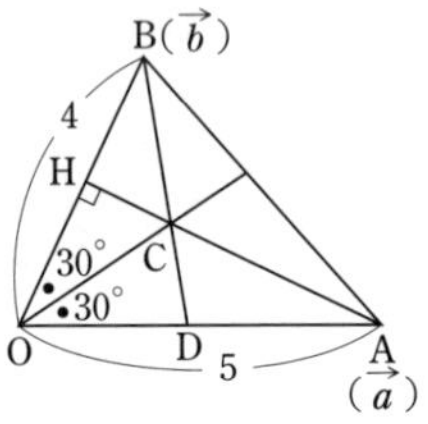

(1) $\vec{a}\cdot\vec{b}=|\vec{a}||\vec{b}|\cos 60°=5\cdot 4\cdot\dfrac{1}{2}=\mathbf{10}$

(2) $\overrightarrow{OH}=s\vec{b}$とおく．$AH\perp OB$より$\overrightarrow{AH}\cdot\overrightarrow{OB}=0$

$\therefore$　$(\overrightarrow{OH}-\overrightarrow{OA})\cdot\overrightarrow{OB}=0$　　$\therefore$　$(s\vec{b}-\vec{a})\cdot\vec{b}=0$

よって，$s=\dfrac{\vec{a}\cdot\vec{b}}{|\vec{b}|^2}=\dfrac{10}{4^2}=\dfrac{5}{8}$，$\boldsymbol{\overrightarrow{OH}=\dfrac{5}{8}\vec{b}}$

(3) OCは$\angle AOB$の2等分線であるから
AC：CH＝OA：OHであり，$\angle AOH=60°$よりOA：OH＝2：1である．

つまりAC：CH＝2：1で(2)より$\overrightarrow{OH}=\dfrac{5}{8}\vec{b}$だから

$$\overrightarrow{OC}=\frac{1}{3}\overrightarrow{OA}+\frac{2}{3}\overrightarrow{OH}=\boldsymbol{\frac{1}{3}\vec{a}+\frac{5}{12}\vec{b}}$$

(4) Dは直線BC上にあるので，

$$\overrightarrow{OD}=\overrightarrow{OB}+t\overrightarrow{BC}=\overrightarrow{OB}+t(\overrightarrow{OC}-\overrightarrow{OB})=\vec{b}+t\left(\frac{1}{3}\vec{a}+\frac{5}{12}\vec{b}-\vec{b}\right)\cdots\cdots\text{①}$$

と表すことができる．Dは直線OA上にあるから①の$\vec{b}$の係数は0であり，

$$1+t\left(\frac{5}{12}-1\right)=0\qquad\therefore\quad t=\frac{12}{7}$$

これを①に代入すると，$\boldsymbol{\overrightarrow{OD}}=\dfrac{1}{3}t\vec{a}=\boldsymbol{\dfrac{4}{7}\vec{a}}$

前文の$\overrightarrow{OH}$の式を正確に覚えられるならそれを使ってもよいが，
⇦$\overrightarrow{OH}=s\vec{b}$とおいて（前文の式を）導くように解く方が間違えにくいだろう．なお，△AOHに着目するとOH＝OA$\cos 60°=\dfrac{5}{2}$となる．
これを用いて，
「$\overrightarrow{OH}$は$\overrightarrow{OB}$と同じ向きで大きさが$\dfrac{5}{2}$のベクトル．$\overrightarrow{OB}$と同じ向きの単位ベクトルは$\dfrac{1}{4}\overrightarrow{OB}$だから$\overrightarrow{OH}=\dfrac{5}{2}\cdot\dfrac{1}{4}\overrightarrow{OB}=\dfrac{5}{8}\overrightarrow{OB}$」
としてもよい．

➡**注**　解答前文の$\overrightarrow{OH}$には名前がついていて，「$\overrightarrow{OH}$は，$\overrightarrow{OY}$の$\overrightarrow{OX}$への正射影ベクトル」（$\overrightarrow{OX}$に垂直な方向から$\overrightarrow{OY}$に光を当てたときに$\overrightarrow{OX}$上にできる$\overrightarrow{OY}$の影が$\overrightarrow{OH}$，という意味）．

8 演習題 （解答は p.28）

三角形OABについて，OA＝$\sqrt{2}$，OB＝$\sqrt{3}$，AB＝2とする．点Oから辺ABに下ろした垂線の足をL，辺OBに関してLと対称な点をPとする．$\vec{a}=\overrightarrow{OA}$，$\vec{b}=\overrightarrow{OB}$とおく．

(1) $\vec{a}\cdot\vec{b}$を求めよ．また$\overrightarrow{OL}$を$\vec{a}$と$\vec{b}$で表せ．

(2) $\overrightarrow{OP}$を$\vec{a}$と$\vec{b}$で表せ．

（兵庫県立大・理）

（2） LからOBに下ろした垂線の足をHとすると，HはLPの中点になる．

9 多角形

1辺の長さが1である正五角形ABCDEがある．ベクトル $\overrightarrow{AB}=\vec{a}$，$\overrightarrow{AD}=\vec{b}$ とおく．BD＝AD であるから，$\vec{a}$ と $\vec{b}$ の内積 $\vec{a}\cdot\vec{b}$ は $\vec{a}\cdot\vec{b}=$ [ア] である．

ベクトル $\vec{b}$ の長さを x とおく．$\overrightarrow{AC}$ を $\vec{a}$，$\vec{b}$，x を用いて表すと，$\overrightarrow{AC}=$ [イ] である．AC＝AD であるので，これから x を求めると $x=$ [ウ] である．$\vec{a}$ と $\vec{b}$ のなす角は72° であるので，$\cos 72°=$ [エ] である．　（関大・総情）

平行な辺を見つける　正多角形（正五角形，正六角形が題材になることが多い）の問題では，平行な辺や線分を見つけるのがポイントになる．正五角形では，辺に平行な対角線が1本ずつあり，例えば右図で AB∥EC，BC∥AD などとなる（他の辺と対角線の組についても同様）．従って，AB＝1 として AD＝x とおけば $\overrightarrow{AD}=x\overrightarrow{BC}$ であり，他の頂点についても $\overrightarrow{AC}=\overrightarrow{AB}+\overrightarrow{BC}$，

$\overrightarrow{AE}=\overrightarrow{AC}+\overrightarrow{CE}=\overrightarrow{AB}+\overrightarrow{BC}+x\overrightarrow{BA}=(1-x)\overrightarrow{AB}+\overrightarrow{BC}$ ［CE＝AD＝x に注意］

と，2つのベクトル $\overrightarrow{AB}$，$\overrightarrow{BC}$ で表される．例題では，$\overrightarrow{AC}$ を $\overrightarrow{AB}$ と $\overrightarrow{AD}$ で表し，AC＝AD を利用して対角線の長さを求める．

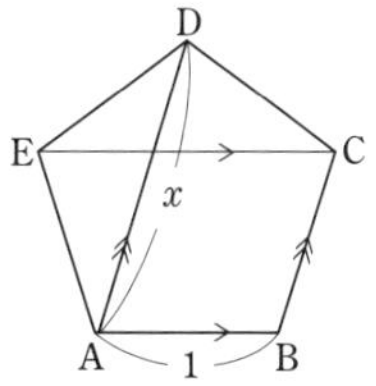

解 答

ア：　$|\overrightarrow{BD}|=|\overrightarrow{AD}|$ より，$|\vec{b}-\vec{a}|=|\vec{b}|$

$\therefore\ |\vec{b}-\vec{a}|^2=|\vec{b}|^2$

$\therefore\ |\vec{b}|^2-2\vec{a}\cdot\vec{b}+|\vec{a}|^2=|\vec{b}|^2$

$\therefore\ -2\vec{a}\cdot\vec{b}+1=0 \qquad \therefore\ \boldsymbol{\vec{a}\cdot\vec{b}=\dfrac{1}{2}}$

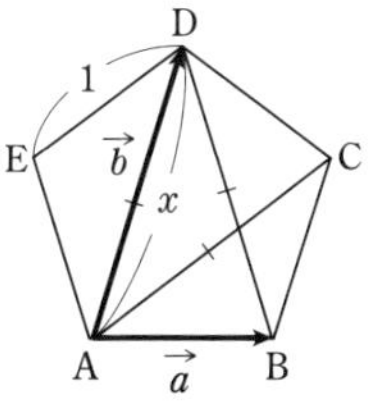

イ：　$\overrightarrow{AC}=\overrightarrow{AB}+\overrightarrow{BC}$ である．BC∥AD，BC：AD＝1：x であるから，

$\overrightarrow{BC}=\dfrac{1}{x}\overrightarrow{AD} \qquad \therefore\ \boldsymbol{\overrightarrow{AC}=\vec{a}+\dfrac{1}{x}\vec{b}}$

ウ：　$|\overrightarrow{AC}|=|\overrightarrow{AD}|$ より，$\left|\vec{a}+\dfrac{1}{x}\vec{b}\right|=|\vec{b}| \qquad \therefore\ \left|\vec{a}+\dfrac{1}{x}\vec{b}\right|^2=|\vec{b}|^2$

$\therefore\ |\vec{a}|^2+\dfrac{2}{x}\vec{a}\cdot\vec{b}+\dfrac{1}{x^2}|\vec{b}|^2=|\vec{b}|^2$

$\therefore\ 1+\dfrac{2}{x}\cdot\dfrac{1}{2}+\dfrac{1}{x^2}\cdot x^2=x^2 \qquad \therefore\ 2+\dfrac{1}{x}=x^2$

$\therefore\ x^3-2x-1=0 \qquad \therefore\ \underline{(x+1)(x^2-x-1)}=0$

$x>1$ より，$x^2-x-1=0$，$x>1$ の解が求めるもので，$\boldsymbol{x=\dfrac{1+\sqrt{5}}{2}}$

エ：　$\cos 72°=\dfrac{\vec{a}\cdot\vec{b}}{|\vec{a}||\vec{b}|}=\dfrac{1}{2x}=\dfrac{1}{\sqrt{5}+1}=\boldsymbol{\dfrac{\sqrt{5}-1}{4}}$

⇦［別解］
BD＝AD であるから，D から AB に下ろした垂線の足 M は AB の中点．

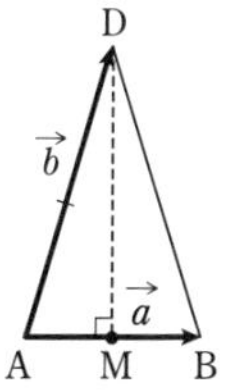

ADcos∠A＝AM なので，

$\vec{a}\cdot\vec{b}=\mathrm{AB}\cdot\mathrm{AD}\cos\angle\mathrm{A}$

$=\mathrm{AB}\cdot\mathrm{AM}=1\cdot\dfrac{1}{2}=\dfrac{1}{2}$

⇦ $(-1)^3-2(-1)-1=0$ なので $x=-1$ が解の一つ．

対角線 AC，AD が ∠BAE＝108°
⇦を3等分するから，$\vec{a}$ と $\vec{b}$ のなす角の大きさは72°

9 演習題（解答は p.28）

図のような1辺の長さが2の正六角形 ABCDEF の2辺 BC，CD の中点をそれぞれ M，N とし，線分 MF と AN の交点を P とする．また，$\overrightarrow{AB}=\vec{a}$，$\overrightarrow{AF}=\vec{b}$ とする．

（1）　$\overrightarrow{AM}$，$\overrightarrow{AN}$，$\overrightarrow{AP}$ をそれぞれ $\vec{a}$，$\vec{b}$ を用いて表せ．

（2）　∠NAE＝θ とする．$\cos\theta$ の値を求めよ．

（静岡文化芸術大）

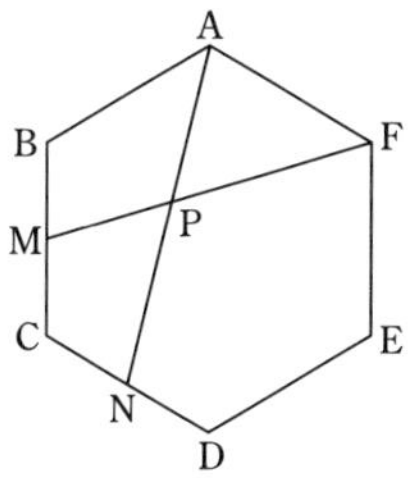

（1）　FC∥AB，FC＝2AB である．
（2）　$\overrightarrow{AE}$ を求める．

10 外心

三角形ABCの3辺の長さを AB=4, BC=3, CA=2 とする．この三角形の外心を O とおく．

(1) ベクトル $\overrightarrow{CA}$ と $\overrightarrow{CB}$ の内積 $\overrightarrow{CA}\cdot\overrightarrow{CB}$ を求めよ．

(2) $\overrightarrow{CO}=a\overrightarrow{CA}+b\overrightarrow{CB}$ をみたす実数 a, b を求めよ． (信州大・理－後)

外心の求め方 外心の定義(OA=OB=OC)を用いて求めてみよう．例題では $|\overrightarrow{OA}|^2=|\overrightarrow{OB}|^2=|\overrightarrow{OC}|^2$ を $\overrightarrow{CA}$, $\overrightarrow{CB}$, a, b で表して a, b を求めればよいのであるが，素直に $\overrightarrow{OA}=\overrightarrow{CA}-\overrightarrow{CO}=(1-a)\overrightarrow{CA}-b\overrightarrow{CB}$ として計算すると式が膨れてしまう．

$|\overrightarrow{OA}|^2=|\overrightarrow{CA}-\overrightarrow{CO}|^2=|\overrightarrow{CA}|^2-2\overrightarrow{CA}\cdot\overrightarrow{CO}+|\overrightarrow{CO}|^2$ としておくことがポイントで，これが $|\overrightarrow{CO}|^2$ に等しいことから $2\overrightarrow{CA}\cdot\overrightarrow{CO}=|\overrightarrow{CA}|^2$ となる．これに $\overrightarrow{CO}=a\overrightarrow{CA}+b\overrightarrow{CB}$ を代入する(a と b の関係式が得られる)．

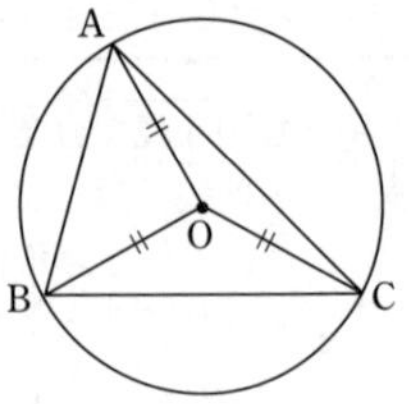

同様に $|\overrightarrow{OB}|^2=|\overrightarrow{OC}|^2$ からも a と b の関係式が得られ，この連立方程式を解けばよい．

解 答

(1) $|\overrightarrow{CA}-\overrightarrow{CB}|^2=|\overrightarrow{BA}|^2$ であるから，

$$|\overrightarrow{CA}|^2-2\overrightarrow{CA}\cdot\overrightarrow{CB}+|\overrightarrow{CB}|^2=|\overrightarrow{BA}|^2$$

$$\therefore\ 2^2-2\overrightarrow{CA}\cdot\overrightarrow{CB}+3^2=4^2$$

$$\therefore\ \overrightarrow{CA}\cdot\overrightarrow{CB}=\frac{2^2+3^2-4^2}{2}=-\mathbf{\frac{3}{2}}$$

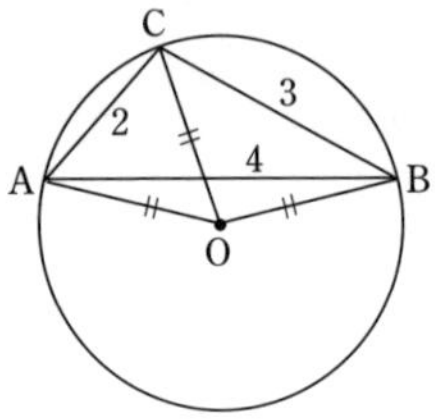

(2) Oから A, B, C までの距離が等しいので，

$$|\overrightarrow{OA}|^2=|\overrightarrow{OB}|^2=|\overrightarrow{OC}|^2$$

$$\therefore\ |\overrightarrow{CA}-\overrightarrow{CO}|^2=|\overrightarrow{CB}-\overrightarrow{CO}|^2=|\overrightarrow{CO}|^2$$

⇦問題文の $\overrightarrow{CA}$, $\overrightarrow{CB}$ を見て，C を始点に書き直す．

$$\therefore\ |\overrightarrow{CA}|^2-2\overrightarrow{CA}\cdot\overrightarrow{CO}+|\overrightarrow{CO}|^2=|\overrightarrow{CB}|^2-2\overrightarrow{CB}\cdot\overrightarrow{CO}+|\overrightarrow{CO}|^2=|\overrightarrow{CO}|^2$$

最左辺＝最右辺，中辺＝最右辺 より，

$$2\overrightarrow{CA}\cdot\overrightarrow{CO}=|\overrightarrow{CA}|^2,\ 2\overrightarrow{CB}\cdot\overrightarrow{CO}=|\overrightarrow{CB}|^2$$

⇦この式は次のようにして導くこともできる．

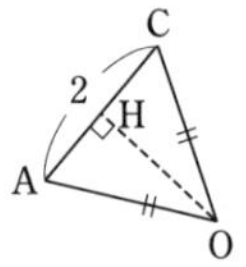

$\overrightarrow{CA}\cdot\overrightarrow{CO}=\text{CA}\cdot\text{CO}\cdot\cos\angle\text{C}$ である．

O から CA に下ろした垂線の足を H とすると，H は CA の中点で

$\text{CO}\cos\angle\text{C}=\text{CH}=\text{CA}/2$

よって，

$\overrightarrow{CA}\cdot\overrightarrow{CO}=\text{CA}\cdot\text{CH}=\text{CA}^2/2$

$\overrightarrow{CB}\cdot\overrightarrow{CO}$ も同様．

これらに $\overrightarrow{CO}=a\overrightarrow{CA}+b\overrightarrow{CB}$ を代入すると，

$$2(a|\overrightarrow{CA}|^2+b\overrightarrow{CA}\cdot\overrightarrow{CB})=|\overrightarrow{CA}|^2,\ 2(a\overrightarrow{CA}\cdot\overrightarrow{CB}+b|\overrightarrow{CB}|^2)=|\overrightarrow{CB}|^2$$

(1)で求めた値などを代入して，

$$2\left\{a\cdot 4+b\cdot\left(-\frac{3}{2}\right)\right\}=4,\ 2\left\{a\cdot\left(-\frac{3}{2}\right)+b\cdot 9\right\}=9$$

$$\therefore\ 8a-3b=4\ \cdots\cdots\cdots\cdots①,\ -3a+18b=9\ \cdots\cdots\cdots\cdots②$$

②÷3 より $a=6b-3$ ……③ で，これを①に代入すると

$$8(6b-3)-3b=4\quad\therefore\ 45b=28\quad\therefore\ \boldsymbol{b}=\mathbf{\frac{28}{45}}$$

これを③に代入して，$\boldsymbol{a}=6\cdot\frac{28}{45}-3=\mathbf{\frac{11}{15}}$

10 演習題 (解答は p.29)

△ABC において AB=1, AC=2 とし，∠BAC=θ とおく．また，辺 BC を 3:2 に内分する点を D，△ABC の外心を E とする．

(1) $\overrightarrow{AD}$ を $\overrightarrow{AB}$ と $\overrightarrow{AC}$ を用いて表せ．

(2) $\overrightarrow{AE}=x\overrightarrow{AB}+y\overrightarrow{AC}$ (x, y は実数) と表したとき，x, y を $\cos\theta$ を用いて表せ．

(3) 外心 E が線分 AD 上にあるとき，$\cos\theta$ の値を求めよ． (広島市立大－後)

(2)は例題と同様．内積 $\overrightarrow{AB}\cdot\overrightarrow{AC}$ が $\cos\theta$ で表される．(3)は，$\overrightarrow{AE}$ が $\overrightarrow{AD}$ の実数倍．

◆11 $a\overrightarrow{OA}+b\overrightarrow{OB}+c\overrightarrow{OC}=\vec{0}$

平面において，点Oを中心とする半径1の円周上に異なる3点A, B, Cがある．$\vec{a}=\overrightarrow{OA}$, $\vec{b}=\overrightarrow{OB}$, $\vec{c}=\overrightarrow{OC}$ とおくとき，$2\vec{a}+3\vec{b}+4\vec{c}=\vec{0}$ が成り立つとする．次の問いに答えよ．

（1） 内積 $\vec{a}\cdot\vec{b}$，$\vec{b}\cdot\vec{c}$，$\vec{c}\cdot\vec{a}$ をそれぞれ求めよ．

（2） △ABCの面積を求めよ．（名古屋市大・理，経－後）

$a\overrightarrow{OA}+b\overrightarrow{OB}+c\overrightarrow{OC}=\vec{0}$ の使い方 ○3の $a\overrightarrow{PA}+b\overrightarrow{PB}+c\overrightarrow{PC}=\vec{0}$ と同じ形であるが，この例題では，Oを中心とする半径1の円周上にA，B，Cがある……☆ という条件が効いてきて△ABCの形状が決まる（○3では△ABCの形状は決まらない）．☆，すなわちOA＝OB＝OC＝1を使うために $2\vec{a}+3\vec{b}=-4\vec{c}$ などと変形（どれか1つを移項）し，各辺の大きさの2乗を考えると $\vec{a}\cdot\vec{b}$ が求められる（$|\vec{a}|=|\vec{b}|=|\vec{c}|=1$ に注意）.（2）の求め方はいろいろあるが，△ABC＝△OAB＋△OBC＋△OCA と分割すると（1）が使える．面積の公式 $\triangle OAB=\frac{1}{2}\sqrt{|\vec{a}|^2|\vec{b}|^2-(\vec{a}\cdot\vec{b})^2}$ を利用する．

解 答

（1） $2\vec{a}+3\vec{b}=-4\vec{c}$ の各辺の大きさの2乗を考え，

$$|2\vec{a}+3\vec{b}|^2=|-4\vec{c}|^2 \quad \therefore\ 4|\vec{a}|^2+12\vec{a}\cdot\vec{b}+9|\vec{b}|^2=16|\vec{c}|^2$$

$|\vec{a}|=|\vec{b}|=|\vec{c}|=1$ だから，

$$4+12\vec{a}\cdot\vec{b}+9=16 \quad \therefore\ \boldsymbol{\vec{a}\cdot\vec{b}}=\frac{1}{12}(16-9-4)=\boldsymbol{\frac{1}{4}}$$

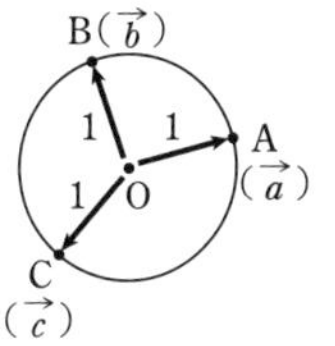

同様に，$3\vec{b}+4\vec{c}=-2\vec{a}$，$2\vec{a}+4\vec{c}=-3\vec{b}$ から

$$3^2+24\vec{b}\cdot\vec{c}+4^2=2^2 \quad \therefore\ \boldsymbol{\vec{b}\cdot\vec{c}}=\frac{1}{24}(4-9-16)=-\boldsymbol{\frac{7}{8}}$$

$$2^2+16\vec{a}\cdot\vec{c}+4^2=3^2 \quad \therefore\ \boldsymbol{\vec{c}\cdot\vec{a}}=\frac{1}{16}(9-4-16)=-\boldsymbol{\frac{11}{16}}$$

（2） $\overrightarrow{OC}=-\frac{1}{2}\vec{a}-\frac{3}{4}\vec{b}$ の $\vec{a}$，$\vec{b}$ の係数はともに負だから，Cは右図網目部にあり，従ってOは△ABCの内部にある．よって，

△ABC＝△OAB＋△OBC＋△OCA

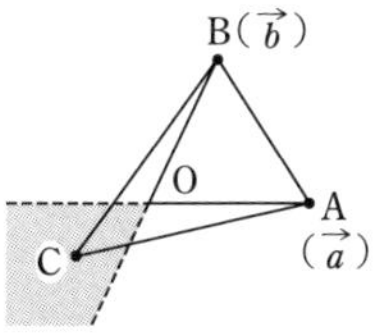

ここで，

$$\triangle OAB=\frac{1}{2}\sqrt{|\vec{a}|^2|\vec{b}|^2-(\vec{a}\cdot\vec{b})^2}=\frac{1}{2}\sqrt{(1+\vec{a}\cdot\vec{b})(1-\vec{a}\cdot\vec{b})}$$

⇦ $|\vec{a}|^2|\vec{b}|^2=1^2$

となることから，他も同様に計算して

$$\triangle ABC=\frac{1}{2}\sqrt{\frac{5}{4}\cdot\frac{3}{4}}+\frac{1}{2}\sqrt{\frac{1}{8}\cdot\frac{15}{8}}+\frac{1}{2}\sqrt{\frac{5}{16}\cdot\frac{27}{16}}$$

$$=\frac{1}{8}\sqrt{15}+\frac{1}{16}\sqrt{15}+\frac{3}{32}\sqrt{15}=\boldsymbol{\frac{9}{32}\sqrt{15}}$$

○11 演習題（解答は p.30）

t を正の実数とする．平面上に点Oを中心とする半径1の円がある．その円周上の異なる3点A，B，Cが $t\overrightarrow{OA}+(t+1)\overrightarrow{OB}=-(t+2)\overrightarrow{OC}$ をみたしているとする．

（1） 内積 $\overrightarrow{OA}\cdot\overrightarrow{OB}$ を t を用いて表せ．

（2） $t>1$ であることを示せ．

（3） $t=3$ のとき，三角形ABCの面積を求めよ．（奈良女大・生活）

（2）（1）の値の範囲を考える．十分性は示さなくてよい．

12 座標とベクトル

平面上に3点 A(1, 1), B(2, −1), C(−2, 2)がある.

(1) $\overrightarrow{AB}$ と $\overrightarrow{AC}$ の内積を求めよ.

(2) ∠BACの大きさを求めよ.

(3) 線分BCを $s:(1-s)$ $(0<s<1)$ に内分する点をPとする. $\overrightarrow{AP}$ を s で表せ.

(4) $\overrightarrow{AP}\perp\overrightarrow{BC}$ であるとき, 点Pの座標を求めよ. (福岡工大)

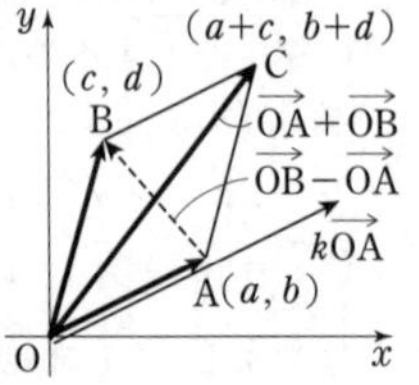

ベクトルの成分表示 xy 平面において, 点Aの座標を $(a,\ b)$ とする. このとき $\overrightarrow{OA}=\begin{pmatrix}a\\b\end{pmatrix}$ と表し, これをベクトルの成分表示という. 成分表示されたベクトルどうしの和・差・実数倍を計算するときは, 成分ごとに和・差・実数倍を計算すればよい. 例えば, $\overrightarrow{OA}=\begin{pmatrix}a\\b\end{pmatrix}$, $\overrightarrow{OB}=\begin{pmatrix}c\\d\end{pmatrix}$, 実数 k について

$$\overrightarrow{OA}+\overrightarrow{OB}=\begin{pmatrix}a\\b\end{pmatrix}+\begin{pmatrix}c\\d\end{pmatrix}=\begin{pmatrix}a+c\\b+d\end{pmatrix},\ \overrightarrow{AB}=\overrightarrow{OB}-\overrightarrow{OA}=\begin{pmatrix}c-a\\d-b\end{pmatrix},\ k\overrightarrow{OA}=k\begin{pmatrix}a\\b\end{pmatrix}=\begin{pmatrix}ka\\kb\end{pmatrix}$$ となる.

成分表示されたベクトルの内積と大きさ $\vec{x}=\begin{pmatrix}a\\b\end{pmatrix}$, $\vec{y}=\begin{pmatrix}c\\d\end{pmatrix}$ とする. $\vec{x}$ と $\vec{y}$ の内積は

$\vec{x}\cdot\vec{y}=\begin{pmatrix}a\\b\end{pmatrix}\cdot\begin{pmatrix}c\\d\end{pmatrix}=ac+bd$ [成分ごとの積の和], 大きさは $|\vec{x}|=\left|\begin{pmatrix}a\\b\end{pmatrix}\right|=\sqrt{a^2+b^2}$ である.

解答

(1) $\overrightarrow{AB}\cdot\overrightarrow{AC}=\begin{pmatrix}1\\-2\end{pmatrix}\cdot\begin{pmatrix}-3\\1\end{pmatrix}=1\cdot(-3)+(-2)\cdot 1$

$=\mathbf{-5}$

⇦ $\overrightarrow{AB}=\begin{pmatrix}2\\-1\end{pmatrix}-\begin{pmatrix}1\\1\end{pmatrix}=\begin{pmatrix}1\\-2\end{pmatrix}$

$\overrightarrow{AC}=\begin{pmatrix}-2\\2\end{pmatrix}-\begin{pmatrix}1\\1\end{pmatrix}=\begin{pmatrix}-3\\1\end{pmatrix}$

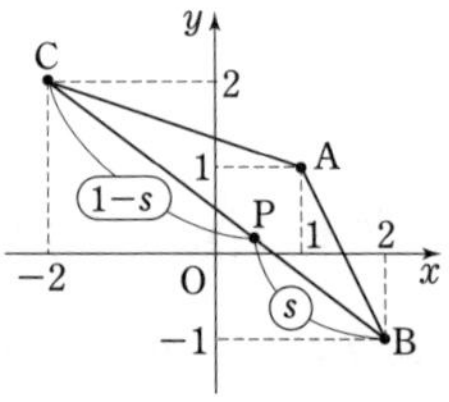

(2) $\cos\angle BAC=\dfrac{\overrightarrow{AB}\cdot\overrightarrow{AC}}{|\overrightarrow{AB}||\overrightarrow{AC}|}$

$=\dfrac{-5}{\sqrt{1^2+(-2)^2}\sqrt{(-3)^2+1^2}}=\dfrac{-5}{\sqrt{5}\cdot\sqrt{10}}=-\dfrac{1}{\sqrt{2}}$

よって, $\mathbf{\angle BAC=135^\circ}$

(3) $\overrightarrow{AP}=(1-s)\overrightarrow{AB}+s\overrightarrow{AC}=(1-s)\begin{pmatrix}1\\-2\end{pmatrix}+s\begin{pmatrix}-3\\1\end{pmatrix}=\begin{pmatrix}\mathbf{1-4s}\\\mathbf{3s-2}\end{pmatrix}$

(4) $\overrightarrow{AP}\cdot\overrightarrow{BC}=\begin{pmatrix}1-4s\\3s-2\end{pmatrix}\cdot\begin{pmatrix}-4\\3\end{pmatrix}=-4(1-4s)+3(3s-2)=25s-10$

⇦ $\overrightarrow{BC}=\begin{pmatrix}-2\\2\end{pmatrix}-\begin{pmatrix}2\\-1\end{pmatrix}=\begin{pmatrix}-4\\3\end{pmatrix}$

$\overrightarrow{AP}\perp\overrightarrow{BC}$ のとき $\overrightarrow{AP}\cdot\overrightarrow{BC}=0$ だから, $25s-10=0$ $\quad\therefore\ s=\dfrac{2}{5}$

このとき $\overrightarrow{OP}=\overrightarrow{OA}+\overrightarrow{AP}=\begin{pmatrix}1\\1\end{pmatrix}+\underline{\begin{pmatrix}-3/5\\-4/5\end{pmatrix}}=\begin{pmatrix}2/5\\1/5\end{pmatrix}$ だから $\mathbf{P\left(\dfrac{2}{5},\ \dfrac{1}{5}\right)}$

⇦ $1-4\cdot\dfrac{2}{5}=-\dfrac{3}{5}$, $3\cdot\dfrac{2}{5}-2=-\dfrac{4}{5}$

12 演習題 (解答は p.30)

原点をOとして, 座標平面上に2点 A(7, 1)とB(2, 6)をとる. 線分OBの中点をCとして, 線分OAを $t:1-t$ $(0<t<1)$ に内分する点をDとする. また, 直線BDとACの交点をEとする. 直線BDとOAが直交するとき, 次の各問いに答えよ.

(1) ベクトル $\overrightarrow{OA}$ とベクトル $\overrightarrow{OB}$ の内積を求めよ.

(2) t の値を求めよ.

(3) 点Eの座標を求めよ. (宮崎大・教育文化−後)

(2) ○8の手法を使うとよい. 成分計算はなるべく後回しにする.

13 円のベクトル方程式

△OAB において，$|\overrightarrow{OA}|=2$，$|\overrightarrow{OB}|=3$，$|2\overrightarrow{OA}-\overrightarrow{OB}|=\sqrt{19}$ のとき，$\cos\angle AOB$ の値は［(1)］である．次に，ベクトル方程式

$$(\overrightarrow{OP}-\overrightarrow{OA})\cdot(\overrightarrow{OP}+\overrightarrow{OB})=0$$

を満たす点 P の描く図形は円であり，その中心を C とする．$\overrightarrow{OC}$ を $\overrightarrow{OA}$，$\overrightarrow{OB}$ を用いて表すと，$\overrightarrow{OC}=$［(2)］であり，この円の半径の値は［(3)］である．（立命館大・文系／一部省略）

（円のベクトル方程式） 中心 C，半径 r の円上の点 P は，$|\overrightarrow{CP}|=r$ と表される（この式を満たす P 全体が円全体）．これを円のベクトル方程式という．

例題では，$\overrightarrow{OC}$ を $\overrightarrow{OA}$ と $\overrightarrow{OB}$ で表すので，上のベクトル方程式を 2 乗した $|\overrightarrow{CP}|^2=r^2$ の始点を O にし，$|\overrightarrow{OP}-\overrightarrow{OC}|^2=r^2$ の左辺を内積で書いた $(\overrightarrow{OP}-\overrightarrow{OC})\cdot(\overrightarrow{OP}-\overrightarrow{OC})=r^2$ と条件式を比較する（双方を展開する）．答案は，解答のように条件式を平方完成するイメージで書く（変形していく）とスマートに見えるであろう．

解 答

（1） $|2\overrightarrow{OA}-\overrightarrow{OB}|^2=19$，$|\overrightarrow{OA}|=2$，$|\overrightarrow{OB}|=3$ より

$$2^2\cdot2^2-4\overrightarrow{OA}\cdot\overrightarrow{OB}+3^2=19 \qquad \therefore\ \overrightarrow{OA}\cdot\overrightarrow{OB}=\frac{1}{4}(16+9-19)=\frac{3}{2}$$

よって，$\cos\angle AOB=\dfrac{\overrightarrow{OA}\cdot\overrightarrow{OB}}{|\overrightarrow{OA}||\overrightarrow{OB}|}=\dfrac{3}{2}\cdot\dfrac{1}{2}\cdot\dfrac{1}{3}=\boldsymbol{\dfrac{1}{4}}$

⇦ $\cos\theta=\dfrac{\vec{a}\cdot\vec{b}}{|\vec{a}||\vec{b}|}$

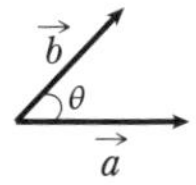

（2） 条件式 $(\overrightarrow{OP}-\overrightarrow{OA})\cdot(\overrightarrow{OP}+\overrightarrow{OB})=0$ を変形すると，

$$\overrightarrow{OP}\cdot\overrightarrow{OP}-(\overrightarrow{OA}-\overrightarrow{OB})\cdot\overrightarrow{OP}-\overrightarrow{OA}\cdot\overrightarrow{OB}=0 \cdots\cdots ※$$

⇦これと，前文の $\overrightarrow{OP}\cdot\overrightarrow{OP}-2\overrightarrow{OC}\cdot\overrightarrow{OP}+\overrightarrow{OC}\cdot\overrightarrow{OC}=r^2$ を比較すると，$2\overrightarrow{OC}=\overrightarrow{OA}-\overrightarrow{OB}$

$$\therefore\ \left\{\overrightarrow{OP}-\frac{1}{2}(\overrightarrow{OA}-\overrightarrow{OB})\right\}\cdot\left\{\overrightarrow{OP}-\frac{1}{2}(\overrightarrow{OA}-\overrightarrow{OB})\right\}=\overrightarrow{OA}\cdot\overrightarrow{OB}+\frac{1}{4}|\overrightarrow{OA}-\overrightarrow{OB}|^2$$

$$\therefore\ \left|\overrightarrow{OP}-\frac{1}{2}(\overrightarrow{OA}-\overrightarrow{OB})\right|^2=\overrightarrow{OA}\cdot\overrightarrow{OB}+\frac{1}{4}|\overrightarrow{OA}-\overrightarrow{OB}|^2 \cdots\cdots ①$$

①の右辺は定数なので，$\overrightarrow{OC}=\boldsymbol{\frac{1}{2}(\overrightarrow{OA}-\overrightarrow{OB})}$ で C を定めると，P は C を中心とする円を描く．

⇦このとき①は $|\overrightarrow{CP}|^2=$（定数）

（3） ①の右辺は，（1）の過程を用いると

$$\overrightarrow{OA}\cdot\overrightarrow{OB}+\frac{1}{4}(|\overrightarrow{OA}|^2-2\overrightarrow{OA}\cdot\overrightarrow{OB}+|\overrightarrow{OB}|^2)$$

$$=\frac{1}{4}(|\overrightarrow{OA}|^2+2\overrightarrow{OA}\cdot\overrightarrow{OB}+|\overrightarrow{OB}|^2)=\frac{1}{4}(4+3+9)=4$$

となるので，P が描く円の半径は $\sqrt{4}=\boldsymbol{2}$.

➡**注** $\overrightarrow{OP}=\vec{p}$ などと文字をおき直すのもよい．※は $\vec{p}\cdot\vec{p}-(\vec{a}-\vec{b})\cdot\vec{p}-\vec{a}\cdot\vec{b}=0$ で，ベクトル（矢印）を無視した $p^2-(a-b)p-ab=0$ を p について平方完成した式と対応する，とみることができる．

13 演習題（解答は p.31）

平面上の 2 点 A と B を考える．

$$2\overrightarrow{AB}\cdot\overrightarrow{AB}+9\overrightarrow{AP}\cdot\overrightarrow{BP}=3\overrightarrow{AB}\cdot(\overrightarrow{AP}+2\overrightarrow{BP})$$

が成り立つとき，点 P が描く図形は，［ア］を中心とする半径［イ］の円になる．

（産業医大）

始点をそろえれば前文の形にできる

平面のベクトル 演習題の解答

1…B**◦	**2**…B**◦	**3**…B**◦
4…B***	**5**…B**◦	**6**…A*◦
7…A*◦	**8**…B**	**9**…B***
10…B***	**11**…B**◦	**12**…B**
13…B*◦		

1 アイは，$\overrightarrow{\mathrm{AI}}$ を $\vec{a}(=\overrightarrow{\mathrm{AB}})$ に平行なベクトルと $\vec{b}(=\overrightarrow{\mathrm{AH}})$ に平行なベクトルに“分解”して $\overrightarrow{\mathrm{AI}}=\overrightarrow{\mathrm{AH}}+\overrightarrow{\mathrm{HI}}$ とする．ウエは，$\overrightarrow{\mathrm{AD}}=\overrightarrow{\mathrm{AH}}+\overrightarrow{\mathrm{HC}}+\overrightarrow{\mathrm{CD}}$ として $\overrightarrow{\mathrm{CD}}$ についてはAI：CDを計算して $\overrightarrow{\mathrm{CD}}/\!/\overrightarrow{\mathrm{AI}}$ から求める．オカは，JがHD上にあることと $\overrightarrow{\mathrm{AJ}}/\!/\overrightarrow{\mathrm{AI}}$ であることから求める．

解 **アイ**： $\overrightarrow{\mathrm{AI}}=\overrightarrow{\mathrm{AH}}+\overrightarrow{\mathrm{HI}}$ である．△AHIは直角二等辺三角形だから

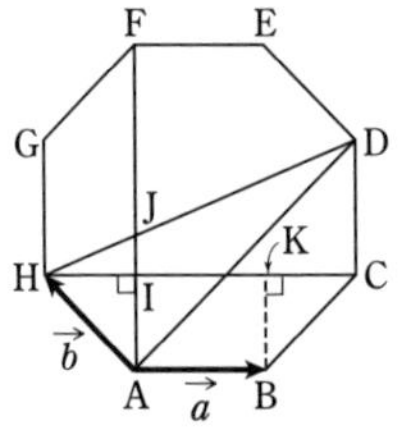

$\mathrm{HI}=\dfrac{1}{\sqrt{2}}\mathrm{AH}$ で，AH＝AB

と合わせて $\overrightarrow{\mathrm{HI}}=\dfrac{1}{\sqrt{2}}\overrightarrow{\mathrm{AB}}$

となる．よって，

$$\boldsymbol{\overrightarrow{\mathrm{AI}}=\frac{1}{\sqrt{2}}\vec{a}+\vec{b}}$$

ウエ： $\overrightarrow{\mathrm{AD}}=\overrightarrow{\mathrm{AH}}+\overrightarrow{\mathrm{HC}}+\overrightarrow{\mathrm{CD}}$ である．BからHCに下ろした垂線の足をKとすると

$$\mathrm{HC}=\mathrm{HI}+\mathrm{IK}+\mathrm{KC}=\frac{1}{\sqrt{2}}\mathrm{AB}+\mathrm{AB}+\frac{1}{\sqrt{2}}\mathrm{AB}$$
$$=(1+\sqrt{2})\mathrm{AB}$$

であり，また

$$\mathrm{AI}:\mathrm{CD}=\mathrm{AI}:\mathrm{AH}=\frac{1}{\sqrt{2}}:1=1:\sqrt{2}$$

であるから，

$$\overrightarrow{\mathrm{AD}}=\vec{b}+(1+\sqrt{2})\vec{a}+\sqrt{2}\left(\frac{1}{\sqrt{2}}\vec{a}+\vec{b}\right)$$
$$=\boldsymbol{(2+\sqrt{2})\vec{a}+(1+\sqrt{2})\vec{b}}$$

オカキ： HJ：JD＝s：$(1-s)$ とおくと，

$$\overrightarrow{\mathrm{AJ}}=(1-s)\overrightarrow{\mathrm{AH}}+s\overrightarrow{\mathrm{AD}}\ \cdots\cdots①$$
$$=(1-s)\vec{b}+s\{(2+\sqrt{2})\vec{a}+(1+\sqrt{2})\vec{b}\}$$
$$=(2+\sqrt{2})s\vec{a}+(\sqrt{2}s+1)\vec{b}\ \cdots\cdots②$$

と書ける．

一方，$\overrightarrow{\mathrm{AJ}}/\!/\overrightarrow{\mathrm{AI}}$ だから，実数 k を用いて

$$\overrightarrow{\mathrm{AJ}}=k\overrightarrow{\mathrm{AI}}=k\left(\frac{1}{\sqrt{2}}\vec{a}+\vec{b}\right)=\frac{k}{\sqrt{2}}\vec{a}+k\vec{b}$$

と表すことができる．よって，

$$\therefore\ \frac{k}{\sqrt{2}}=(2+\sqrt{2})s,\ k=\sqrt{2}s+1$$
$$\therefore\ (k=)\sqrt{2}(2+\sqrt{2})s=\sqrt{2}s+1$$

これより，

$$(\sqrt{2}+2)s=1,\ s=\frac{1}{2+\sqrt{2}}=\frac{1}{2}(2-\sqrt{2})$$

①に代入して，

$$\overrightarrow{\mathrm{AJ}}=\boldsymbol{\frac{\sqrt{2}}{2}\overrightarrow{\mathrm{AH}}+\frac{1}{2}(2-\sqrt{2})\overrightarrow{\mathrm{AD}}}$$

また，

$$\mathrm{HJ}:\mathrm{JD}=\frac{1}{2}(2-\sqrt{2}):\frac{\sqrt{2}}{2}=\boldsymbol{(\sqrt{2}-1):1}$$

⇨注 オカ：「$\overrightarrow{\mathrm{AJ}}/\!/\overrightarrow{\mathrm{AI}}$ だから②の $\vec{a}$ と $\vec{b}$ の係数の比は $\overrightarrow{\mathrm{AI}}$ のそれに等しく $1:\sqrt{2}$」とすると少し早い．
キ： JI//DCよりHJ：JD＝HI：ICとなることを用いてもよい．ウエの経過から，
$\mathrm{HI}:\mathrm{IC}=\dfrac{1}{\sqrt{2}}:\left(1+\dfrac{1}{\sqrt{2}}\right)$ である．

2 （1） $\overrightarrow{\mathrm{AP}}=s\overrightarrow{\mathrm{AF}}$ と $\overrightarrow{\mathrm{AP}}=(1-t)\overrightarrow{\mathrm{AD}}+t\overrightarrow{\mathrm{AE}}$ を $\overrightarrow{\mathrm{AB}}$，$\overrightarrow{\mathrm{AD}}$ で表す．注も参照．

（2） $\overrightarrow{\mathrm{AQ}}=u\overrightarrow{\mathrm{AC}}$ と $\overrightarrow{\mathrm{AQ}}=(1-v)\overrightarrow{\mathrm{AD}}+v\overrightarrow{\mathrm{AF}}$ を $\overrightarrow{\mathrm{AB}}$，$\overrightarrow{\mathrm{AD}}$ で表す．

（3） （1）の s が1/2.

（4） $\overrightarrow{\mathrm{PQ}}/\!/\overrightarrow{\mathrm{AD}}$ だから $\overrightarrow{\mathrm{PQ}}=x\overrightarrow{\mathrm{AB}}+y\overrightarrow{\mathrm{AD}}$ と表すと $x=0$.

解 （1） PはAF上の点だから，

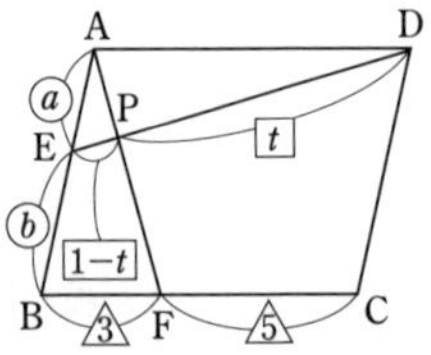

$$\overrightarrow{\mathrm{AP}}=s\overrightarrow{\mathrm{AF}}$$
$$=s\left(\overrightarrow{\mathrm{AB}}+\frac{3}{8}\overrightarrow{\mathrm{AD}}\right)$$

と書ける．PはDE上の点でもあるから，DP：PE＝t：$(1-t)$ として

$$\overrightarrow{\mathrm{AP}}=(1-t)\overrightarrow{\mathrm{AD}}+t\overrightarrow{\mathrm{AE}}$$
$$=\frac{a}{a+b}t\overrightarrow{\mathrm{AB}}+(1-t)\overrightarrow{\mathrm{AD}}$$

と表せる．よって，

$$s=\frac{at}{a+b},\ \frac{3}{8}s=1-t$$

t を消去して，$\dfrac{3}{8}s+\dfrac{a+b}{a}s=1$

$\therefore\ \dfrac{11a+8b}{8a}s=1,\ s=\dfrac{8a}{11a+8b}$

従って，$\boldsymbol{\overrightarrow{AP}=\dfrac{8a}{11a+8b}\overrightarrow{AB}+\dfrac{3a}{11a+8b}\overrightarrow{AD}}$

(2) 実数 u, v を用いて

$\overrightarrow{AQ}=u\overrightarrow{AC}$

$=u(\overrightarrow{AB}+\overrightarrow{AD})$

$\overrightarrow{AQ}=(1-v)\overrightarrow{AD}+v\overrightarrow{AF}$

$=(1-v)\overrightarrow{AD}$

$+v\left(\overrightarrow{AB}+\dfrac{3}{8}\overrightarrow{AD}\right)$

$=v\overrightarrow{AB}+\left(1-\dfrac{5}{8}v\right)\overrightarrow{AD}$

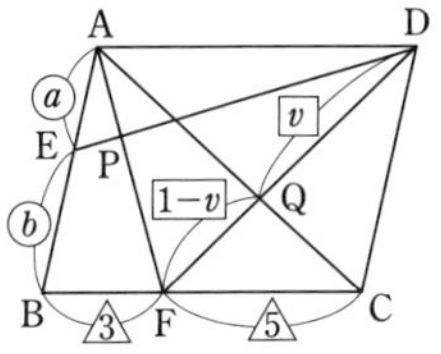

と書けるので，$u=v$, $u=1-\dfrac{5}{8}v$

$\therefore\ v=1-\dfrac{5}{8}v,\ v=\dfrac{8}{13}(=u)$

よって，$\boldsymbol{\overrightarrow{AQ}=\dfrac{8}{13}\overrightarrow{AB}+\dfrac{8}{13}\overrightarrow{AD}}$

(3) (1)の s が $\dfrac{1}{2}$ となる場合だから，

$\dfrac{8a}{11a+8b}=\dfrac{1}{2}\quad \therefore\ 16a=11a+8b$

よって $5a=8b$ となり，$\boldsymbol{a:b=8:5}$

(4) (1), (2)より

$\overrightarrow{PQ}=\left(\dfrac{8}{13}-\dfrac{8a}{11a+8b}\right)\overrightarrow{AB}+\left(\dfrac{8}{13}-\dfrac{3a}{11a+8b}\right)\overrightarrow{AD}$

これが $\overrightarrow{AD}$ に平行のとき，$\overrightarrow{AB}$ の係数は0だから

$\dfrac{8}{13}=\dfrac{8a}{11a+8b}\quad \therefore\ 13a=11a+8b$

よって $2a=8b$ となり，$\boldsymbol{a:b=4:1}$

⇨**注** (1) $\overrightarrow{AP}=s\overrightarrow{AF}$ を $\overrightarrow{AE}$ と $\overrightarrow{AD}$ で表すと

$\overrightarrow{AP}=s\left(\overrightarrow{AB}+\dfrac{3}{8}\overrightarrow{AD}\right)=s\left(\dfrac{a+b}{a}\overrightarrow{AE}+\dfrac{3}{8}\overrightarrow{AD}\right)$

PはDE上にあるから，$\overrightarrow{AE}$ と $\overrightarrow{AD}$ の係数の和は1.

よって，$s\left(\dfrac{a+b}{a}+\dfrac{3}{8}\right)=1$ （以下略）

3 (1) Aを始点に書き直す.

(2) 例題と同様，APを延長して考えてみる．なお，$\overrightarrow{AP}=●\overrightarrow{AB}+▲\overrightarrow{AC}$ の▲から，ABを底辺とみたときの△ABPの高さ（△ABCとの高さの比）を求めることもできる（☞別解）.

解 (1) $l\overrightarrow{AP}+m\overrightarrow{BP}+n\overrightarrow{CP}=\vec{0}$ より

$l\overrightarrow{AP}+m(\overrightarrow{AP}-\overrightarrow{AB})+n(\overrightarrow{AP}-\overrightarrow{AC})=\vec{0}$

$\therefore\ (l+m+n)\overrightarrow{AP}=m\overrightarrow{AB}+n\overrightarrow{AC}$

$\therefore\ \boldsymbol{\overrightarrow{AP}=\dfrac{m}{l+m+n}\overrightarrow{AB}+\dfrac{n}{l+m+n}\overrightarrow{AC}}$

(2) 直線APと辺BCの交点をDとする.

$\overrightarrow{AP}=\dfrac{m+n}{l+m+n}\left(\dfrac{m}{m+n}\overrightarrow{AB}+\dfrac{n}{m+n}\overrightarrow{AC}\right)$

[例題と同様，カッコ内の係数の和が1になるように変形した] と書けるから，

$\overrightarrow{AD}=\dfrac{m}{m+n}\overrightarrow{AB}+\dfrac{n}{m+n}\overrightarrow{AC}$,

$\overrightarrow{AP}=\dfrac{m+n}{l+m+n}\overrightarrow{AD}$

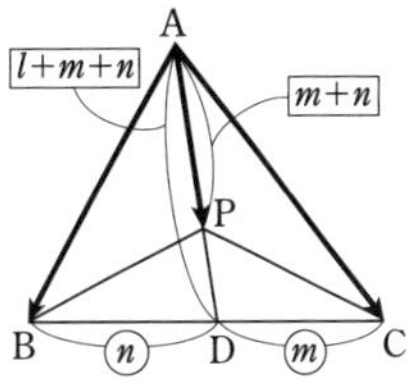

である．よって

CD : DB $=m:n$

AD : AP $=(l+m+n):(m+n)$

となり，

$\triangle\mathbf{CAP}=\dfrac{AP}{AD}\triangle CAD=\dfrac{AP}{AD}\cdot\dfrac{CD}{CB}\triangle CAB$

$=\dfrac{m+n}{l+m+n}\cdot\dfrac{m}{m+n}\cdot 1=\boldsymbol{\dfrac{m}{l+m+n}}$

$\triangle\mathbf{ABP}=\dfrac{AP}{AD}\cdot\dfrac{BD}{BC}\triangle ABC=\boldsymbol{\dfrac{n}{l+m+n}}$

$\triangle\mathbf{BCP}=\triangle ABC-\triangle CAP-\triangle ABP$

$=1-\dfrac{m}{l+m+n}-\dfrac{n}{l+m+n}=\boldsymbol{\dfrac{l}{l+m+n}}$

[△CAPを求めたあと，△CAP : △ABP＝DC : DB（$=m:n$）に着目して△ABPを求めてもよい．また，$\triangle BCP=\dfrac{PD}{AD}\triangle ABC$（BCを底辺とみる）とすることもできる]

別解 Pを通りACに平行な直線とABとの交点をQ，Pを通りABに平行な直線とACの交点をRとすると，(1)より

$\overrightarrow{AQ}=\dfrac{m}{l+m+n}\overrightarrow{AB}$ ……①

$\overrightarrow{AR}=\dfrac{n}{l+m+n}\overrightarrow{AC}$ ……②

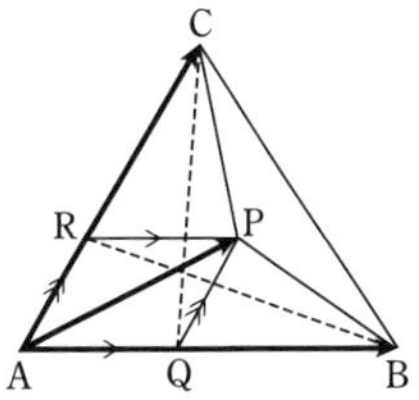

である.

△CAPについて.

CA∥PQより（CAを底辺とみて）△CAP＝△CAQである．また，①よりAB : AQ＝$1:\dfrac{m}{l+m+n}$ であるから，

△CAB : △CAQ＝AB : AQ＝$1:\dfrac{m}{l+m+n}$

△CAB＝1なので，$\triangle\mathbf{CAP}=\triangle CAQ=\boldsymbol{\dfrac{m}{l+m+n}}$

△ABP について．同様に △ABP＝△ABR であり，

②から AC：AR＝1：$\dfrac{n}{l+m+n}$ なので

$$\triangle\mathbf{ABP}=\triangle\mathrm{ABR}=\boldsymbol{\frac{n}{l+m+n}}$$

$$\triangle\mathbf{BCP}=\triangle\mathrm{ABC}-\triangle\mathrm{CAP}-\triangle\mathrm{ABP}=\boldsymbol{\frac{l}{l+m+n}}$$

➡**注**　△BCP：△CAP：△ABP＝l：m：n
となっていて，一般にこの面積比は条件式
$l\overrightarrow{\mathrm{AP}}+m\overrightarrow{\mathrm{BP}}+n\overrightarrow{\mathrm{CP}}=\vec{0}$ の係数の比になる．

4　（1）　角の二等分線の定理を用いて例題と同様に求める．

（3）　$\overrightarrow{\mathrm{AP}}=p\vec{b}$，$\overrightarrow{\mathrm{AQ}}=q\vec{c}$，PI：IQ＝$t$：$(1-t)$ とおき，（1）で求めた $\overrightarrow{\mathrm{AI}}$ と比較して p，q，t の関係式を導く．S は t だけで書ける．t の範囲に注意．

解　（1）　直線 AI と BC の交点を D とする．AD は ∠A の二等分線だから，

BD：DC＝3：5

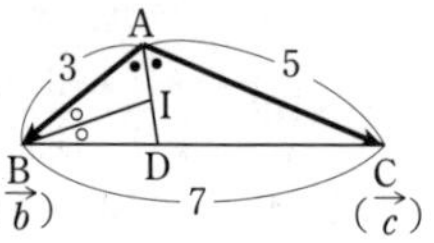

$$\overrightarrow{\mathrm{AD}}=\frac{5}{8}\vec{b}+\frac{3}{8}\vec{c},$$

$$\mathrm{BD}=7\times\frac{3}{3+5}=\frac{3\cdot7}{8}$$

BI は ∠B の二等分線だから，

$$\mathrm{DI}:\mathrm{IA}=\mathrm{BD}:\mathrm{BA}=\frac{3\cdot7}{8}:3=7:8$$

よって，

$$\overrightarrow{\mathrm{AI}}=\frac{8}{7+8}\overrightarrow{\mathrm{AD}}=\frac{8}{15}\left(\frac{5}{8}\vec{b}+\frac{3}{8}\vec{c}\right)$$

$$=\boldsymbol{\frac{1}{3}\vec{b}+\frac{1}{5}\vec{c}}\ \cdots\cdots\cdots①$$

（2）　余弦定理より，

$$\cos A=\frac{3^2+5^2-7^2}{2\cdot3\cdot5}=\frac{9+25-49}{2\cdot3\cdot5}=\frac{-15}{2\cdot3\cdot5}=-\frac{1}{2}$$

よって，$\sin A=\sqrt{1-\cos^2 A}=\dfrac{\sqrt{3}}{2}$

$$\therefore\quad \triangle\mathrm{ABC}=\frac{1}{2}\cdot3\cdot5\cdot\frac{\sqrt{3}}{2}=\boldsymbol{\frac{15}{4}\sqrt{3}}$$

（3）　$\overrightarrow{\mathrm{AP}}=p\vec{b}$，$\overrightarrow{\mathrm{AQ}}=q\vec{c}$
とおくと，

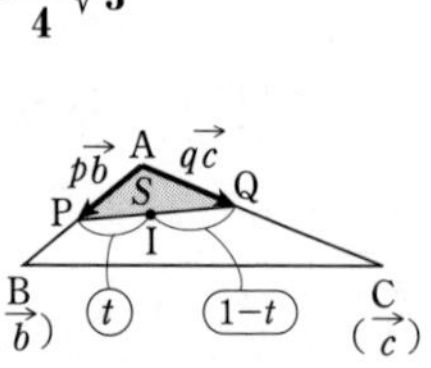

$$S=pq\triangle\mathrm{ABC}$$

$$=\frac{15}{4}\sqrt{3}\,pq\cdots\cdots②$$

PI：IQ＝t：$(1-t)$ とおくと，

$$\overrightarrow{\mathrm{AI}}=(1-t)\overrightarrow{\mathrm{AP}}+t\overrightarrow{\mathrm{AQ}}=(1-t)p\vec{b}+tq\vec{c}$$

これが①と等しいから，

$$(1-t)p=\frac{1}{3}\cdots\cdots③,\quad tq=\frac{1}{5}\cdots\cdots\cdots④$$

よって $pq=\dfrac{1}{15t(1-t)}$ で，②に代入して

$$S=\frac{\sqrt{3}}{4t(1-t)}\ \cdots\cdots\cdots⑤$$

t の範囲を求めよう．③，④により $p\neq0$，$q\neq0$ である．

③より $1-t=\dfrac{1}{3p}$ で，$0<p\leqq1$ だから $1-t\geqq\dfrac{1}{3}$

④より $t=\dfrac{1}{5q}$ で，$0<q\leqq1$ だから $t\geqq\dfrac{1}{5}$

従って，$\dfrac{1}{5}\leqq t\leqq\dfrac{2}{3}$

このとき，$t(1-t)$ のとりうる値の範囲は，右図より

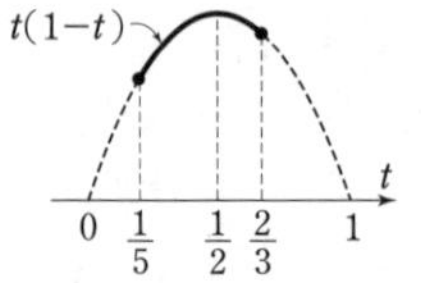

$$\frac{1}{5}\cdot\frac{4}{5}\leqq t(1-t)\leqq\frac{1}{2}\cdot\frac{1}{2}$$

$$\therefore\quad \frac{4}{25}\leqq t(1-t)\leqq\frac{1}{4}$$

よって $4\leqq\dfrac{1}{t(1-t)}\leqq\dfrac{25}{4}$ となり，⑤より

$$\boldsymbol{\sqrt{3}\leqq S}=\frac{\sqrt{3}}{4t(1-t)}\leqq\boldsymbol{\frac{25}{16}\sqrt{3}}$$

➡**注**　前問の注との関連を考えてみよう．

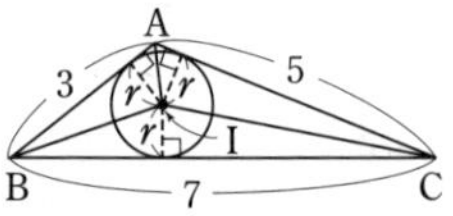

①：$\overrightarrow{\mathrm{AI}}=\dfrac{1}{3}\overrightarrow{\mathrm{AB}}+\dfrac{1}{5}\overrightarrow{\mathrm{AC}}$
を，始点を I に書き直すと

$7\overrightarrow{\mathrm{IA}}+5\overrightarrow{\mathrm{IB}}+3\overrightarrow{\mathrm{IC}}=\vec{0}$ となる．係数に辺の長さがあらわれるのは，△IBC：△ICA：△IAB＝7：5：3［高さがいずれも内接円の半径 r になるので面積比は △ABC の辺の長さの比］となるからである．

5　（3）までは例題と同様．

（4）　$0\leqq s+t\leqq1$，$0\leqq s+4t\leqq2$ をそれぞれ図示して共通部分を考える．両者の境界の交点（OA 上にも OB 上にもない点）は，$s+t=1$ かつ $s+4t=2$ を満たす s，t に対応する．面積は，△OAB から除かれる部分が計算しやすい．

解　$|\overrightarrow{\mathrm{OA}}|=4$，$|\overrightarrow{\mathrm{OB}}|=5$，$|\overrightarrow{\mathrm{AB}}|=7$

（1）　$|\overrightarrow{\mathrm{AB}}|^2=7^2$，すなわち $|\overrightarrow{\mathrm{OB}}-\overrightarrow{\mathrm{OA}}|^2=49$ より

$$|\overrightarrow{\mathrm{OB}}|^2-2\overrightarrow{\mathrm{OA}}\cdot\overrightarrow{\mathrm{OB}}+|\overrightarrow{\mathrm{OA}}|^2=49$$

$$\therefore\quad 5^2-2\overrightarrow{\mathrm{OA}}\cdot\overrightarrow{\mathrm{OB}}+4^2=49$$

$$\therefore\quad \overrightarrow{\mathrm{OA}}\cdot\overrightarrow{\mathrm{OB}}=\frac{1}{2}(25+16-49)=\mathbf{-4}$$

(2) $\triangle OAB=\frac{1}{2}\sqrt{|\overrightarrow{OA}|^2|\overrightarrow{OB}|^2-(\overrightarrow{OA}\cdot\overrightarrow{OB})^2}$

$=\frac{1}{2}\sqrt{4^2\cdot5^2-(-4)^2}=\frac{1}{2}\cdot4\sqrt{5^2-1}=\mathbf{4\sqrt{6}}$

(3) $s+t=k$ (0でない定数) のとき,

[$\overrightarrow{OP}=s\overrightarrow{OA}+t\overrightarrow{OB}$ を, ベクトルの係数の和が1になるように変形すると]

$$\overrightarrow{OP}=\frac{s}{k}\cdot k\overrightarrow{OA}+\frac{t}{k}\cdot k\overrightarrow{OB},\ \ \frac{s}{k}+\frac{t}{k}=1$$

であるから, $s\geqq0$, $t\geqq0$ の範囲で動かすとPは右図の太線分上を動く. これを $1\leqq k\leqq3$ で動かすと, Pが動く領域は図の網目部となる. △OABと△OA′B′は相似で相似比が1:3であることから, 求める面積は

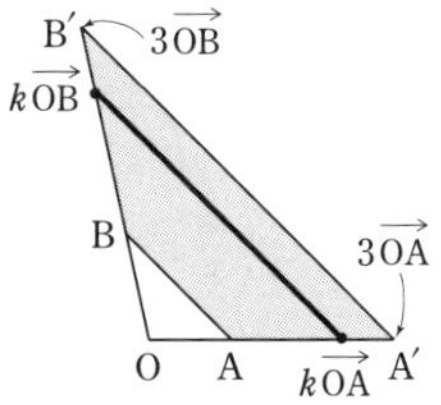

$(3^2-1)\triangle OAB=8\cdot4\sqrt{6}=\mathbf{32\sqrt{6}}$

(4) (3)で $k=0$ のときは $s=t=0$ でP=Oだから, $s\geqq0$, $t\geqq0$, $0\leqq s+t\leqq1$ を満たして動くとき, (3)と同様にPは△OABの内部および境界を動く.

次に, [$0\leqq s+4t\leqq2$ の各辺を2で割ると

$0\leqq\frac{s}{2}+2t\leqq1$ で上と同じ形. ベクトルの係数が $\frac{s}{2}$, $2t$ になるように変形すると]

$$\overrightarrow{OP}=\frac{s}{2}\cdot2\overrightarrow{OA}+2t\cdot\frac{1}{2}\overrightarrow{OB},\ \ 0\leqq\frac{s}{2}+2t\leqq1$$

と書けることから, $s\geqq0$, $t\geqq0$ のとき, 上と同様にPは右の△OQRの内部および境界を動く. 両方を満たすのは網目部で, Sは $s+t=1$ かつ $s+4t=2$ を満たす点だから, この解 $s=\frac{2}{3}$, $t=\frac{1}{3}$ に対応し, $\overrightarrow{OS}=\frac{2}{3}\overrightarrow{OA}+\frac{1}{3}\overrightarrow{OB}$.

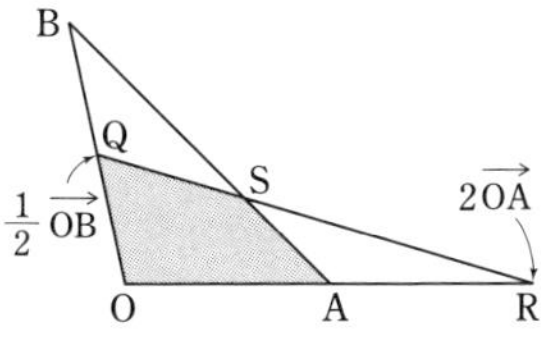

これによりBS:SA=2:1となるので, 求める面積は

$$\triangle OAB-\triangle BQS=\left(1-\frac{BQ}{BO}\cdot\frac{BS}{BA}\right)\triangle OAB$$

$$=\left(1-\frac{1}{2}\cdot\frac{2}{3}\right)\triangle OAB=\frac{2}{3}\triangle OAB=\mathbf{\frac{8}{3}\sqrt{6}}$$

6 (1) $|\vec{a}|=2$, $|\vec{b}|=3$, $|\vec{a}-\vec{b}|=4$ なので例題(1)と同様に求められる.

(2)(3) 角の二等分線の定理を用いる.

(4) $|\overrightarrow{OC}|^2=\overrightarrow{OC}\cdot\overrightarrow{OC}$ を計算する.

解 (1): $|\vec{a}-\vec{b}|=|\overrightarrow{BA}|=4$ すなわち $|\vec{a}-\vec{b}|^2=16$ より,

$|\vec{a}|^2-2\vec{a}\cdot\vec{b}+|\vec{b}|^2=16$

$|\vec{a}|=2$, $|\vec{b}|=3$ だから

$4-2\vec{a}\cdot\vec{b}+9=16$

よって, $\boldsymbol{\vec{a}\cdot\vec{b}=-\frac{3}{2}}$

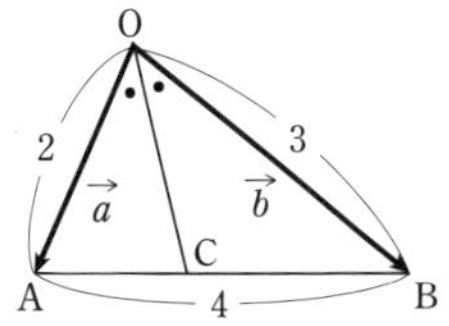

(2)(3) 角の二等分線の定理より

AC:CB=OA:OB=2:3

であるから, $\boldsymbol{\overrightarrow{OC}=\frac{3}{5}\vec{a}+\frac{2}{5}\vec{b}}$

(4): $|\overrightarrow{OC}|^2=\left|\frac{3}{5}\vec{a}+\frac{2}{5}\vec{b}\right|^2$

$=\frac{9}{25}|\vec{a}|^2+2\cdot\frac{3}{5}\cdot\frac{2}{5}\vec{a}\cdot\vec{b}+\frac{4}{25}|\vec{b}|^2$

$=\frac{9}{25}\cdot4+\frac{12}{25}\cdot\left(-\frac{3}{2}\right)+\frac{4}{25}\cdot9$

$=\frac{1}{25}(36-18+36)=\frac{54}{25}$

よって, $|\overrightarrow{OC}|=\sqrt{\frac{54}{25}}=\mathbf{\frac{3\sqrt{6}}{5}}$

7 (2) $\vec{a}\cdot\vec{b}$ を求めて $\overrightarrow{CD}\cdot\vec{b}$ を計算し, =0とする.

(3) (2)を用いて s を消去し, $|\overrightarrow{CD}|$ を t で表す.

解 (1) $\overrightarrow{OC}=s\vec{a}$,

$\overrightarrow{OD}=(1-t)\vec{a}+t\vec{b}$

より

$\overrightarrow{CD}=\overrightarrow{OD}-\overrightarrow{OC}$

$=(1-t)\vec{a}+t\vec{b}-s\vec{a}$

$=\boldsymbol{(1-s-t)\vec{a}+t\vec{b}}$

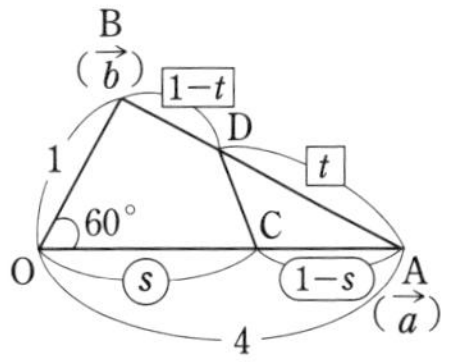

(2) $\overrightarrow{CD}$ が $\vec{b}$ と垂直なので $\overrightarrow{CD}\cdot\vec{b}=0$ である.

$|\vec{a}|=4$, $|\vec{b}|=1$, $\vec{a}\cdot\vec{b}=|\vec{a}||\vec{b}|\cos60^\circ=2$ より

$\overrightarrow{CD}\cdot\vec{b}=\{(1-s-t)\vec{a}+t\vec{b}\}\cdot\vec{b}$

$=(1-s-t)\vec{a}\cdot\vec{b}+t|\vec{b}|^2$

$=2(1-s-t)+t$

$=2-2s-t$

これが0なので, $\boldsymbol{s=\frac{2-t}{2}}$

(3) (2)を用いて(1)の答えから s を消去すると,

$\overrightarrow{CD}=\left(1-\frac{2-t}{2}-t\right)\vec{a}+t\vec{b}$

$=-\frac{t}{2}\vec{a}+t\vec{b}=\frac{t}{2}(-\vec{a}+2\vec{b})$

ここで,

$$|-\vec{a}+2\vec{b}|^2=|\vec{a}|^2-4\vec{a}\cdot\vec{b}+4|\vec{b}|^2$$
$$=16-8+4=12$$

であることから,

$$|\overrightarrow{\mathrm{CD}}|=\left|\frac{t}{2}(-\vec{a}+2\vec{b})\right|=\frac{t}{2}|-\vec{a}+2\vec{b}|\quad(t>0)$$
$$=\frac{t}{2}\cdot\sqrt{12}=\sqrt{3}\,t$$

これが $\dfrac{1}{\sqrt{3}}$ なので, $\sqrt{3}\,t=\dfrac{1}{\sqrt{3}}$ $\quad\therefore\ \boldsymbol{t=\frac{1}{3}}$

➡注　一般に, 実数 k とベクトル $\vec{c}$ に対して

$|k\vec{c}|=|k||\vec{c}|$

↑ 実数の絶対値　↑ ベクトルの大きさ

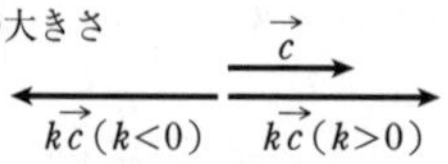

8 (1) $\vec{a}\cdot\vec{b}$ は ○6 と同様, $\overrightarrow{\mathrm{OL}}$ については, $\overrightarrow{\mathrm{AL}}=t\overrightarrow{\mathrm{AB}}$ とおいて $(\overrightarrow{\mathrm{OL}}\perp\overrightarrow{\mathrm{AB}}\iff)\ \overrightarrow{\mathrm{OL}}\cdot\overrightarrow{\mathrm{AB}}=0$ から t を求める (☞注).

(2) L から OB に下ろした垂線の足を H として $\overrightarrow{\mathrm{OH}}$ を求める (求め方は(1)と同じ). $\overrightarrow{\mathrm{OP}}$ は, H が LP の中点であることから計算する.

解 (1) $|\overrightarrow{\mathrm{BA}}|^2=|\vec{a}-\vec{b}|^2=4$ より,

$|\vec{a}|^2-2\vec{a}\cdot\vec{b}+|\vec{b}|^2=4$

$|\vec{a}|^2=2$, $|\vec{b}|^2=3$ だから

$2-2\vec{a}\cdot\vec{b}+3=4$

$\therefore\ \boldsymbol{\vec{a}\cdot\vec{b}=\frac{1}{2}}$

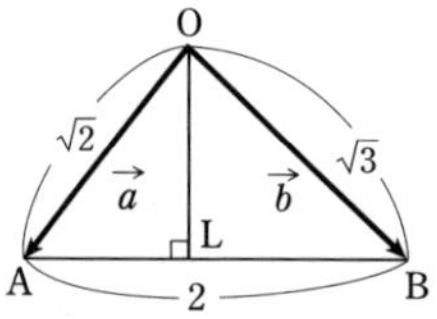

次に, $\overrightarrow{\mathrm{AL}}=t\overrightarrow{\mathrm{AB}}$ とすると,

$\overrightarrow{\mathrm{OL}}\perp\overrightarrow{\mathrm{AB}}$ すなわち $\overrightarrow{\mathrm{OL}}\cdot\overrightarrow{\mathrm{AB}}=0$ であるから,

$(\overrightarrow{\mathrm{OA}}+\overrightarrow{\mathrm{AL}})\cdot\overrightarrow{\mathrm{AB}}=0$

$\therefore\ (\vec{a}+t\overrightarrow{\mathrm{AB}})\cdot\overrightarrow{\mathrm{AB}}=0$ ……………………………①

よって,

$$t=-\frac{\vec{a}\cdot\overrightarrow{\mathrm{AB}}}{|\overrightarrow{\mathrm{AB}}|^2}=-\frac{\vec{a}\cdot(\vec{b}-\vec{a})}{|\overrightarrow{\mathrm{AB}}|^2}$$
$$=-\frac{\vec{a}\cdot(\vec{b}-\vec{a})}{4}=\frac{1}{4}\vec{a}\cdot(\vec{a}-\vec{b})$$
$$=\frac{1}{4}(|\vec{a}|^2-\vec{a}\cdot\vec{b})=\frac{1}{4}\left(2-\frac{1}{2}\right)=\frac{3}{8}$$

これより,

$$\overrightarrow{\mathrm{OL}}=\overrightarrow{\mathrm{OA}}+\overrightarrow{\mathrm{AL}}=\overrightarrow{\mathrm{OA}}+t\overrightarrow{\mathrm{AB}}=\vec{a}+\frac{3}{8}(\vec{b}-\vec{a})$$
$$=\boldsymbol{\frac{5}{8}\vec{a}+\frac{3}{8}\vec{b}}$$

➡注　①を $\vec{a}$ と $\vec{b}$ で書くと $\{(1-t)\vec{a}+t\vec{b}\}\cdot(\vec{b}-\vec{a})=0$ となる. これを展開してもよいが, 上のように $\overrightarrow{\mathrm{AB}}$ をかたまりのままにしておくと, 求めたい t が1か所にしか出てこないので $t=\cdots$ の形の式がすばやく書ける.

(2) L から OB に下ろした垂線の足を H とし, $\overrightarrow{\mathrm{OH}}=u\overrightarrow{\mathrm{OB}}$ とおく.

$\overrightarrow{\mathrm{HL}}\cdot\overrightarrow{\mathrm{OB}}=0$ より,

$(\overrightarrow{\mathrm{OL}}-u\vec{b})\cdot\vec{b}=0$

$\therefore\ u=\dfrac{\overrightarrow{\mathrm{OL}}\cdot\vec{b}}{|\vec{b}|^2}$

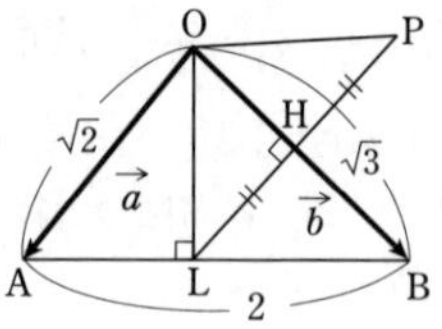

$$=\frac{1}{3}\left(\frac{5}{8}\vec{a}+\frac{3}{8}\vec{b}\right)\cdot\vec{b}$$
$$=\frac{1}{3}\left(\frac{5}{8}\vec{a}\cdot\vec{b}+\frac{3}{8}|\vec{b}|^2\right)$$
$$=\frac{1}{3}\left(\frac{5}{8}\cdot\frac{1}{2}+\frac{3}{8}\cdot3\right)=\frac{5+3\cdot3\cdot2}{3\cdot8\cdot2}=\frac{23}{48}$$

よって, $\overrightarrow{\mathrm{OH}}=\dfrac{23}{48}\vec{b}$

H は LP の中点だから $\overrightarrow{\mathrm{OH}}=\dfrac{1}{2}(\overrightarrow{\mathrm{OL}}+\overrightarrow{\mathrm{OP}})$

$$\therefore\ \overrightarrow{\mathrm{OP}}=2\overrightarrow{\mathrm{OH}}-\overrightarrow{\mathrm{OL}}=2\cdot\frac{23}{48}\vec{b}-\left(\frac{5}{8}\vec{a}+\frac{3}{8}\vec{b}\right)$$
$$=\boldsymbol{-\frac{5}{8}\vec{a}+\frac{7}{12}\vec{b}}$$

9 (1) FC∥AB, FC=2AB より $\overrightarrow{\mathrm{FC}}=2\overrightarrow{\mathrm{AB}}$ となる. よって, $\overrightarrow{\mathrm{AC}}=\overrightarrow{\mathrm{AF}}+\overrightarrow{\mathrm{FC}}=\vec{b}+2\vec{a}$ となる. $\overrightarrow{\mathrm{AD}}$ については $\overrightarrow{\mathrm{AD}}=\overrightarrow{\mathrm{AC}}+\overrightarrow{\mathrm{CD}}$, $\overrightarrow{\mathrm{CD}}=\overrightarrow{\mathrm{AF}}$

(2) $\overrightarrow{\mathrm{AE}}$ を $\vec{a}$ と $\vec{b}$ で表し, $\cos\theta=\dfrac{\overrightarrow{\mathrm{AN}}\cdot\overrightarrow{\mathrm{AE}}}{|\overrightarrow{\mathrm{AN}}||\overrightarrow{\mathrm{AE}}|}$ を計算する.

解 (1) FC∥AB, FC=2AB より $\overrightarrow{\mathrm{FC}}=2\vec{a}$

よって,

$\overrightarrow{\mathrm{AC}}=\overrightarrow{\mathrm{AF}}+\overrightarrow{\mathrm{FC}}=\vec{b}+2\vec{a}$

$\therefore\ \overrightarrow{\mathbf{AM}}=\dfrac{1}{2}(\overrightarrow{\mathrm{AB}}+\overrightarrow{\mathrm{AC}})$

$=\dfrac{1}{2}\{\vec{a}+(\vec{b}+2\vec{a})\}$

$=\boldsymbol{\dfrac{3}{2}\vec{a}+\dfrac{1}{2}\vec{b}}$

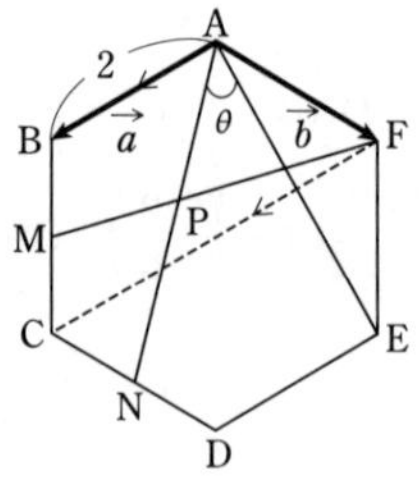

また, $\overrightarrow{\mathrm{CD}}=\overrightarrow{\mathrm{AF}}$ だから

$\overrightarrow{\mathrm{AD}}=\overrightarrow{\mathrm{AC}}+\overrightarrow{\mathrm{CD}}=\vec{b}+2\vec{a}+\vec{b}=2\vec{a}+2\vec{b}$

$\therefore\ \overrightarrow{\mathbf{AN}}=\dfrac{1}{2}(\overrightarrow{\mathrm{AC}}+\overrightarrow{\mathrm{AD}})$

$=\dfrac{1}{2}\{(\vec{b}+2\vec{a})+(2\vec{a}+2\vec{b})\}$

$=\boldsymbol{2\vec{a}+\dfrac{3}{2}\vec{b}}$

P はAN上にあることから $\overrightarrow{AP}=k\overrightarrow{AN}$ と書け，FM 上にあることから $\overrightarrow{AP}=(1-t)\overrightarrow{AF}+t\overrightarrow{AM}$ と書けるので，

$k\left(2\vec{a}+\dfrac{3}{2}\vec{b}\right)=(1-t)\vec{b}+t\left(\dfrac{3}{2}\vec{a}+\dfrac{1}{2}\vec{b}\right)$

$\vec{a}$ と $\vec{b}$ は１次独立だから，

$2k=\dfrac{3}{2}t$ ……①，$\dfrac{3}{2}k=1-t+\dfrac{1}{2}t$ ……②

①から $t=\dfrac{4}{3}k$ で，②：$\dfrac{3}{2}k=1-\dfrac{t}{2}$ に代入すると

$\dfrac{3}{2}k=1-\dfrac{1}{2}\cdot\dfrac{4}{3}k \qquad \therefore \quad \left(\dfrac{3}{2}+\dfrac{2}{3}\right)k=1$

よって $\dfrac{13}{6}k=1$，$k=\dfrac{6}{13}$ となり，

$\overrightarrow{\mathbf{AP}}=\dfrac{6}{13}\left(2\vec{a}+\dfrac{3}{2}\vec{b}\right)=\boldsymbol{\dfrac{12}{13}\vec{a}+\dfrac{9}{13}\vec{b}}$

（２） $|\vec{a}|=|\vec{b}|=2$，$\vec{a}\cdot\vec{b}=2\cdot2\cdot\cos120°=-2$ であるから，

$|\overrightarrow{AN}|^2=\left|2\vec{a}+\dfrac{3}{2}\vec{b}\right|^2$

$=4|\vec{a}|^2+2\cdot2\cdot\dfrac{3}{2}\vec{a}\cdot\vec{b}+\dfrac{9}{4}|\vec{b}|^2$

$=4\cdot4+6\cdot(-2)+9=13$

次に，［$\overrightarrow{FC}$ と同様に］$\overrightarrow{BE}=2\overrightarrow{AF}=2\vec{b}$ だから

$\overrightarrow{AE}=\overrightarrow{AB}+\overrightarrow{BE}=\vec{a}+2\vec{b}$

よって，

$|\overrightarrow{AE}|^2=|\vec{a}+2\vec{b}|^2=|\vec{a}|^2+4\vec{a}\cdot\vec{b}+4|\vec{b}|^2$

$=4+4\cdot(-2)+4\cdot4=12$

$\overrightarrow{AN}\cdot\overrightarrow{AE}=\left(2\vec{a}+\dfrac{3}{2}\vec{b}\right)\cdot(\vec{a}+2\vec{b})$

$=2|\vec{a}|^2+\left(4+\dfrac{3}{2}\right)\vec{a}\cdot\vec{b}+3|\vec{b}|^2$

$=2\cdot4+\dfrac{11}{2}\cdot(-2)+3\cdot4=9$

従って，

$\cos\theta=\dfrac{\overrightarrow{AN}\cdot\overrightarrow{AE}}{|\overrightarrow{AN}||\overrightarrow{AE}|}=\dfrac{9}{\sqrt{13}\cdot\sqrt{12}}$

$=\dfrac{3\sqrt{3}}{2\sqrt{13}}=\boldsymbol{\dfrac{3\sqrt{39}}{26}}$

➡注　各辺を表すベクトル（$\overrightarrow{AB}$，$\overrightarrow{BC}$，$\overrightarrow{CD}$ など）を求める，というのも有力な方針である．これらが求められる（$\vec{a}$ と $\vec{b}$ で表される）と，それをつないでいけば次の $\overrightarrow{AM}$ のように周上の点が表せる．

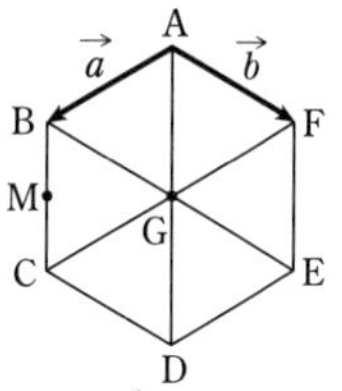

正六角形は正三角形を６個合わせた形であることに着目しよう．中心を G とすると，$\overrightarrow{FG}=\overrightarrow{AB}=\vec{a}$ であるから，$\overrightarrow{AG}=\overrightarrow{AF}+\overrightarrow{FG}=\vec{b}+\vec{a}$ となる．これを利用すると，

$\overrightarrow{AM}=\overrightarrow{AB}+\overrightarrow{BM}=\overrightarrow{AB}+\dfrac{1}{2}\overrightarrow{BC}=\overrightarrow{AB}+\dfrac{1}{2}\overrightarrow{AG}$

$=\vec{a}+\dfrac{1}{2}(\vec{b}+\vec{a})=\dfrac{3}{2}\vec{a}+\dfrac{1}{2}\vec{b}$

と計算できる．

10　（２） 例題と同様，$|\overrightarrow{AE}|^2=|\overrightarrow{BE}|^2=|\overrightarrow{CE}|^2$ を $|\overrightarrow{AE}|^2=|\overrightarrow{AE}-\overrightarrow{AB}|^2$，$|\overrightarrow{AE}|^2=|\overrightarrow{AE}-\overrightarrow{AC}|^2$ とする．

解　（１） $\overrightarrow{\mathbf{AD}}=\boldsymbol{\dfrac{2}{5}\overrightarrow{AB}+\dfrac{3}{5}\overrightarrow{AC}}$

（２） $|\overrightarrow{AE}|^2=|\overrightarrow{BE}|^2=|\overrightarrow{CE}|^2$ より，

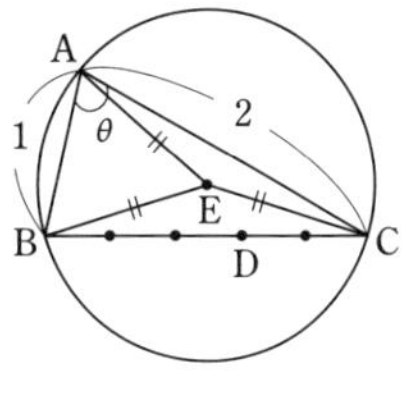

$|\overrightarrow{AE}|^2=|\overrightarrow{AE}-\overrightarrow{AB}|^2$，

$|\overrightarrow{AE}|^2=|\overrightarrow{AE}-\overrightarrow{AC}|^2$

よって，

$|\overrightarrow{AE}|^2$

$=|\overrightarrow{AE}|^2-2\overrightarrow{AE}\cdot\overrightarrow{AB}+|\overrightarrow{AB}|^2$ ……………………①

$|\overrightarrow{AE}|^2=|\overrightarrow{AE}|^2-2\overrightarrow{AE}\cdot\overrightarrow{AC}+|\overrightarrow{AC}|^2$ ……………②

①より　$2\overrightarrow{AE}\cdot\overrightarrow{AB}=|\overrightarrow{AB}|^2$

$\therefore \quad 2(x\overrightarrow{AB}+y\overrightarrow{AC})\cdot\overrightarrow{AB}=1$

$\overrightarrow{AB}\cdot\overrightarrow{AC}=1\cdot2\cdot\cos\theta=2\cos\theta$ だから，

$2(x\cdot1+y\cdot2\cos\theta)=1$

$\therefore \quad 2x+4\cos\theta\cdot y=1$ ……………………③

②より $2\overrightarrow{AE}\cdot\overrightarrow{AC}=|\overrightarrow{AC}|^2=4$ だから，２で割って

$\therefore \quad (x\overrightarrow{AB}+y\overrightarrow{AC})\cdot\overrightarrow{AC}=2$

$\therefore \quad 2\cos\theta\cdot x+4y=2$ ……………………④

③－④×$\cos\theta$ より $(2-2\cos^2\theta)x=1-2\cos\theta$

$\therefore \quad \boldsymbol{x=\dfrac{1-2\cos\theta}{2(1-\cos^2\theta)}}$

④－③×$\cos\theta$ より $(4-4\cos^2\theta)y=2-\cos\theta$

$\therefore \quad \boldsymbol{y=\dfrac{2-\cos\theta}{4(1-\cos^2\theta)}}$

（３） E が AD 上にあるのは $\overrightarrow{AE}$ が $\overrightarrow{AD}$ の実数倍になるとき，すなわち

$x\overrightarrow{AB}+y\overrightarrow{AC}=k\left(\dfrac{2}{5}\overrightarrow{AB}+\dfrac{3}{5}\overrightarrow{AC}\right)$

（k は実数）と書けるときである．

よって，$x:y=2:3 \qquad \therefore \quad 3x=2y$

(2)の結果を代入して，

$$3\cdot\frac{1-2\cos\theta}{2(1-\cos^2\theta)}=2\cdot\frac{2-\cos\theta}{4(1-\cos^2\theta)}$$

$$\therefore\quad 3(1-2\cos\theta)=2-\cos\theta$$

$$\therefore\quad \boldsymbol{\cos\theta=\frac{1}{5}}$$

11 (2) $\overrightarrow{OA}\cdot\overrightarrow{OB}=|\overrightarrow{OA}||\overrightarrow{OB}|\cos\angle AOB$ なので

$$-|\overrightarrow{OA}||\overrightarrow{OB}|\leqq\overrightarrow{OA}\cdot\overrightarrow{OB}\leqq|\overrightarrow{OA}||\overrightarrow{OB}|$$

だが，A と B は異なる（$\angle AOB\neq0^\circ$）ので右側の等号は成立しない．

(3) 例題と同様の計算で求められるが，問題の関係式を使うと △OAB と △ABC の面積比がわかる．

解 $t\overrightarrow{OA}+(t+1)\overrightarrow{OB}=-(t+2)\overrightarrow{OC}$ ……………………①

$|\overrightarrow{OA}|=|\overrightarrow{OB}|=|\overrightarrow{OC}|=1$ ……………………………②

(1) ①の各辺の 2 乗を考え，②を用いると，

$$|t\overrightarrow{OA}+(t+1)\overrightarrow{OB}|^2=|-(t+2)\overrightarrow{OC}|^2$$

$$\therefore\quad t^2+2t(t+1)\overrightarrow{OA}\cdot\overrightarrow{OB}+(t+1)^2=(t+2)^2$$

$$\therefore\quad \overrightarrow{OA}\cdot\overrightarrow{OB}=\frac{\{(t+2)^2-t^2\}-(t+1)^2}{2t(t+1)}$$

$$=\frac{(t+1)\{2\cdot2-(t+1)\}}{2t(t+1)}=\boldsymbol{\frac{3-t}{2t}}$$

(2) A と B は異なる点だから，$\angle AOB\neq0^\circ$．よって，

$$\overrightarrow{OA}\cdot\overrightarrow{OB}=|\overrightarrow{OA}||\overrightarrow{OB}|\cos\angle AOB<|\overrightarrow{OA}||\overrightarrow{OB}|=1$$

(1)より，$\dfrac{3-t}{2t}<1$

$t>0$ だから，

$$3-t<2t\qquad\therefore\quad t>1$$

(3) ①で $t=3$ とすると，$3\overrightarrow{OA}+4\overrightarrow{OB}=-5\overrightarrow{OC}$

[C の位置がわかるように変形]

$$\therefore\quad \overrightarrow{OC}=-\frac{1}{5}(3\overrightarrow{OA}+4\overrightarrow{OB})$$

$$=-\frac{7}{5}\left(\frac{3}{7}\overrightarrow{OA}+\frac{4}{7}\overrightarrow{OB}\right)$$

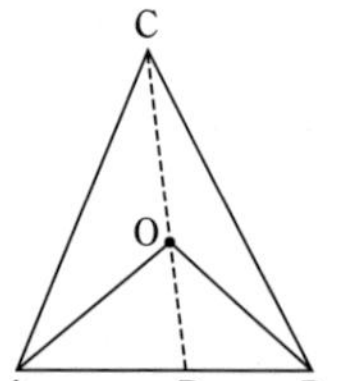

$\overrightarrow{OD}=\dfrac{3}{7}\overrightarrow{OA}+\dfrac{4}{7}\overrightarrow{OB}$ で D を定めると，D は線分 AB 上の点であって

$\overrightarrow{OC}=-\dfrac{7}{5}\overrightarrow{OD}$ であるから，OD : OC=5 : 7

従って，AB を底辺とみると，△OAB と △CAB の高さの比（すなわち面積の比）は

$$5:(5+7)=5:12$$

また，$t=3$ のとき(1)より $\overrightarrow{OA}\cdot\overrightarrow{OB}=0$，つまり $\angle AOB=90^\circ$ である．以上より，

$$\triangle ABC=\frac{12}{5}\triangle OAB=\frac{12}{5}\cdot\frac{1}{2}\cdot1\cdot1=\boldsymbol{\frac{6}{5}}$$

▨ (3)のとき，①は $3\overrightarrow{OA}+4\overrightarrow{OB}+5\overrightarrow{OC}=\vec{0}$

○3 の P を O と考えることで

△OBC : △OCA : △OAB=3 : 4 : 5

12 (2) $\overrightarrow{OD}=t\overrightarrow{OA}$（OA : OD=1 : t）と書いて，○8 と同様に $\overrightarrow{OA}\cdot\overrightarrow{BD}=0$ から t を求める．成分計算はなるべく後回しにするとよい．

(3) ○1 の例題と同じ方法で AE : EC が求められるが，このタイプ（2 つの辺で内分比がわかっている場合）はメネラウスの定理を使うのが早いだろう．△OAC と直線 BD に適用して AE : EC を求める．

解 (1) $\overrightarrow{OA}\cdot\overrightarrow{OB}=\begin{pmatrix}7\\1\end{pmatrix}\cdot\begin{pmatrix}2\\6\end{pmatrix}=7\cdot2+1\cdot6=\boldsymbol{20}$

(2) OA⊥BD より $\overrightarrow{OA}\cdot\overrightarrow{BD}=0$．これと $\overrightarrow{OD}=t\overrightarrow{OA}$ から，

$$\overrightarrow{OA}\cdot(\overrightarrow{OD}-\overrightarrow{OB})=0$$

$$\therefore\quad \overrightarrow{OA}\cdot(t\overrightarrow{OA}-\overrightarrow{OB})=0$$

よって，

$$t=\frac{\overrightarrow{OA}\cdot\overrightarrow{OB}}{|\overrightarrow{OA}|^2}=\frac{20}{7^2+1^2}$$

$$=\frac{20}{50}=\boldsymbol{\frac{2}{5}}$$

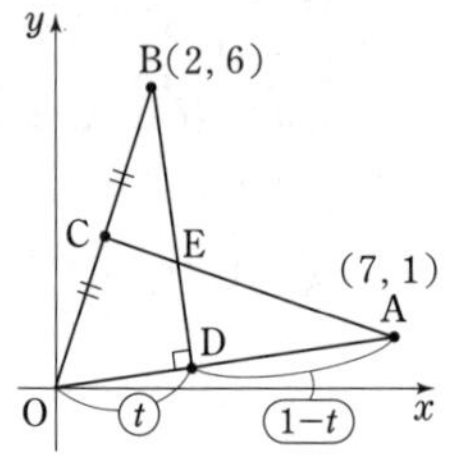

(3) △OAC と直線 BD にメネラウスの定理を適用すると，

$$\frac{OB}{BC}\cdot\frac{CE}{EA}\cdot\frac{AD}{DO}=1$$

C は OB の中点で，(2)より OD : DA=2 : 3 だから

$$\frac{2}{1}\cdot\frac{CE}{EA}\cdot\frac{3}{2}=1$$

$$\therefore\quad \frac{CE}{EA}=\frac{1}{3}$$

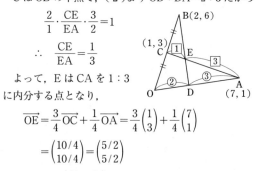

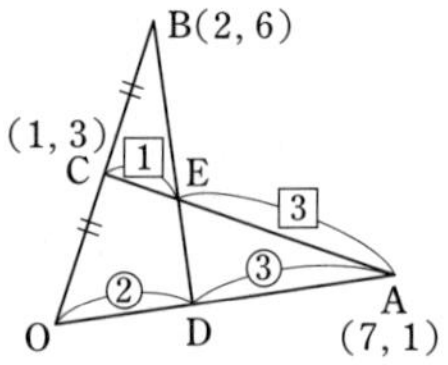

よって，E は CA を 1 : 3 に内分する点となり，

$$\overrightarrow{OE}=\frac{3}{4}\overrightarrow{OC}+\frac{1}{4}\overrightarrow{OA}=\frac{3}{4}\begin{pmatrix}1\\3\end{pmatrix}+\frac{1}{4}\begin{pmatrix}7\\1\end{pmatrix}$$

$$=\begin{pmatrix}10/4\\10/4\end{pmatrix}=\begin{pmatrix}5/2\\5/2\end{pmatrix}$$

答えは，$\boldsymbol{E\left(\frac{5}{2},\ \frac{5}{2}\right)}$

⇨注 (3)は，直線 BD，AC の式を求めてもよい．

BD : (2, 6) を通り傾き −7（OA に垂直）

$$y=-7(x-2)+6\qquad\therefore\quad y=-7x+20$$

AC : (7, 1) と (1, 3) を通る

$$y=\frac{1-3}{7-1}(x-1)+3\qquad\therefore\quad y=-\frac{1}{3}x+\frac{10}{3}$$

Eのx座標は，$-7x+20=-\frac{1}{3}x+\frac{10}{3}$ より $\frac{5}{2}$

13 始点を統一する．どの点にしてもよい（新たに点Oをとるなどしてもできる）が，条件式を見るとAが始点のベクトルが多いのでAを始点にするのが素直と言えるだろう．

解 $2\overrightarrow{AB}\cdot\overrightarrow{AB}+9\overrightarrow{AP}\cdot\overrightarrow{BP}=3\overrightarrow{AB}\cdot(\overrightarrow{AP}+2\overrightarrow{BP})$ ………①

［始点をAに統一する］$\overrightarrow{AB}=\vec{b}$，$\overrightarrow{AP}=\vec{p}$ とおくと，①は

$$2\vec{b}\cdot\vec{b}+9\vec{p}\cdot(\vec{p}-\vec{b})=3\vec{b}\cdot\{\vec{p}+2(\vec{p}-\vec{b})\}$$

$$\therefore\ 2\vec{b}\cdot\vec{b}+9\vec{p}\cdot\vec{p}-9\vec{p}\cdot\vec{b}=3\vec{b}\cdot\vec{p}+6\vec{b}\cdot(\vec{p}-\vec{b})$$

［$\vec{p}$ について整理する］

$$\therefore\ 9\vec{p}\cdot\vec{p}-18\vec{b}\cdot\vec{p}+8\vec{b}\cdot\vec{b}=0 \quad\cdots\cdots※$$

$$\therefore\ 9(\vec{p}-\vec{b})\cdot(\vec{p}-\vec{b})-\vec{b}\cdot\vec{b}=0$$

$$\therefore\ 9|\vec{p}-\vec{b}|^2=|\vec{b}|^2$$

$$\therefore\ |\vec{p}-\vec{b}|=\frac{1}{3}|\vec{b}| \quad\cdots\cdots②$$

$\vec{p}-\vec{b}=\overrightarrow{BP}$ であるから，②は $|\overrightarrow{BP}|=\frac{1}{3}|\overrightarrow{AB}|$ となり，

Pは**Bを中心とする半径 $\frac{1}{3}$AB の円**を描く．

⇒**注** ※の変形について．上では内積の式を書いたが，慣れてきたら，※を絶対値の式

$$9|\vec{p}-\vec{b}|^2-9|\vec{b}|^2+8|\vec{b}|^2=0$$

に変形しよう．

1 直線と平面の交点(1)

四面体OABCの辺OAを2：3の比に内分する点をP，辺OBを1：2に内分する点をQ，辺OCを2：1に内分する点をRとする．三角形PQRの重心をGとすると，
$\overrightarrow{OG}=\boxed{ア}\overrightarrow{OA}+\boxed{イ}\overrightarrow{OB}+\boxed{ウ}\overrightarrow{OC}$ である．また，点Cと点Gを通る直線が面OABと交わる点をHとすると，$\overrightarrow{OH}=\boxed{エ}\overrightarrow{OA}+\boxed{オ}\overrightarrow{OB}$ であり，CG：GH＝$\boxed{カ}$：$\boxed{キ}$ である．

（西南学院大・神，商，人科）

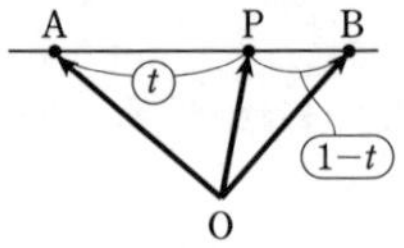

直線上の点の表現　平面の場合と同様である．直線AB上の点Pは，
$\overrightarrow{AP}=t\overrightarrow{AB}$ あるいは
$\overrightarrow{OP}=\overrightarrow{OA}+\overrightarrow{AP}=\overrightarrow{OA}+t(\overrightarrow{OB}-\overrightarrow{OA})=(1-t)\overrightarrow{OA}+t\overrightarrow{OB}$ と表される．

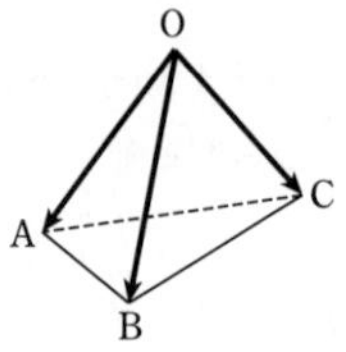

平面上の点の表現　4点O，A，B，Cが同一平面上にない（OABCが四面体をなす）とする．このとき，$\overrightarrow{OA}$，$\overrightarrow{OB}$，$\overrightarrow{OC}$ は1次独立という．

すると，この空間内の点Pは $\overrightarrow{OP}=s\overrightarrow{OA}+t\overrightarrow{OB}+u\overrightarrow{OC}$（$s$，$t$，$u$ は実数）と書け，Pを決めると s，t，u の組は1通りに決まる．点Pをこのように表すと，

$$\text{P が平面 OAB 上} \iff u=0$$

である．

解 答

アイウ：　$\overrightarrow{OP}=\dfrac{2}{5}\overrightarrow{OA}$，$\overrightarrow{OQ}=\dfrac{1}{3}\overrightarrow{OB}$，$\overrightarrow{OR}=\dfrac{2}{3}\overrightarrow{OC}$ より，

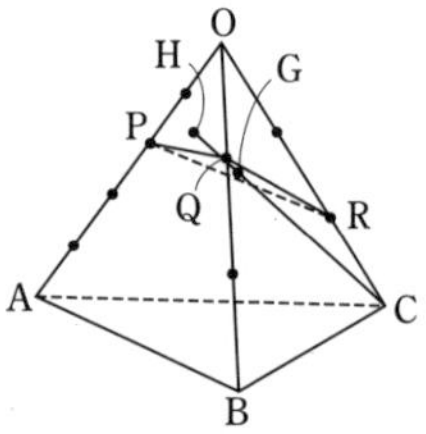

⇦Gは△PQRの重心

$$\begin{aligned}\overrightarrow{OG}&=\frac{1}{3}(\overrightarrow{OP}+\overrightarrow{OQ}+\overrightarrow{OR})\\&=\frac{1}{3}\left(\frac{2}{5}\overrightarrow{OA}+\frac{1}{3}\overrightarrow{OB}+\frac{2}{3}\overrightarrow{OC}\right)\\&=\boldsymbol{\frac{2}{15}\overrightarrow{OA}+\frac{1}{9}\overrightarrow{OB}+\frac{2}{9}\overrightarrow{OC}}\end{aligned}$$

エオ：　$\overrightarrow{CH}=k\overrightarrow{CG}$（$k$ は定数）とおくと，

$$\begin{aligned}\overrightarrow{OH}&=\overrightarrow{OC}+\overrightarrow{CH}=\overrightarrow{OC}+k\overrightarrow{CG}=\overrightarrow{OC}+k(\overrightarrow{OG}-\overrightarrow{OC})\\&=\overrightarrow{OC}+k\left(\frac{2}{15}\overrightarrow{OA}+\frac{1}{9}\overrightarrow{OB}-\frac{7}{9}\overrightarrow{OC}\right)=k\left(\frac{2}{15}\overrightarrow{OA}+\frac{1}{9}\overrightarrow{OB}\right)+\left(1-\frac{7}{9}k\right)\overrightarrow{OC}\end{aligned}$$

となる．Hは平面OAB上の点だから，上式の $\overrightarrow{OC}$ の係数は0である．よって，

$$1-\frac{7}{9}k=0 \qquad \therefore\quad k=\frac{9}{7}$$

従って，$\overrightarrow{OH}=\dfrac{9}{7}\left(\dfrac{2}{15}\overrightarrow{OA}+\dfrac{1}{9}\overrightarrow{OB}\right)=\boldsymbol{\dfrac{6}{35}\overrightarrow{OA}+\dfrac{1}{7}\overrightarrow{OB}}$

カキ：　エオの k の値より，CG：GH＝**7：2**

⇦ 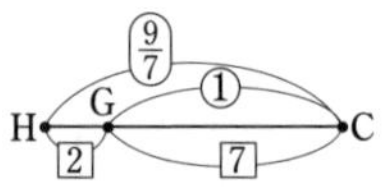

1 演習題（解答はp.44）

四面体OABCにおいて，辺ABの中点をP，線分PCの中点をQとする．また，$0<m<1$ に対し，線分OQを $m：(1-m)$ に内分する点をR，直線ARと平面OBCの交点をSとする．ただし，$\overrightarrow{OA}=\vec{a}$，$\overrightarrow{OB}=\vec{b}$，$\overrightarrow{OC}=\vec{c}$ とする．

（1）　$\overrightarrow{OP}$，$\overrightarrow{OQ}$，$\overrightarrow{OR}$ を $\vec{a}$，$\vec{b}$，$\vec{c}$ と m で表せ．
（2）　AR：RSを m で表せ．
（3）　辺OAと線分SQが平行となるとき，m の値を求めよ．　　（南山大・数理情報）

（2）　$\overrightarrow{OS}=\overrightarrow{OA}+k\overrightarrow{AR}$
これの $\vec{a}$ の係数が0．
（3）　$\overrightarrow{SQ}=l\vec{a}$

⬢ 2 直線と平面の交点(2)

平行六面体 ABCD−EFGH において，辺 CG の G を越える延長上に CG=3GP となるように点 P をとり，直線 AP と平面 BDE の交点を Q とする．このとき，

$\overrightarrow{AP}=$ ア $\overrightarrow{AB}+$ イ $\overrightarrow{AD}+$ ウ $\overrightarrow{AE}$,

$\overrightarrow{AQ}=$ エ $\overrightarrow{AB}+$ オ $\overrightarrow{AD}+$ カ $\overrightarrow{AE}$

となる． (北里大・医)

平面上の点の表現 4点 O，A，B，C が同一平面上にないとする．平面 ABC 上の点 P がどのように表されるかを考えよう．まず，

P が平面 ABC 上 $\iff$ $\overrightarrow{CP}=s\overrightarrow{CA}+t\overrightarrow{CB}$ と書ける ……………①

(s，t は実数) である．これを O を始点に書き直すと

$$\overrightarrow{OP}-\overrightarrow{OC}=s(\overrightarrow{OA}-\overrightarrow{OC})+t(\overrightarrow{OB}-\overrightarrow{OC})$$

$$\therefore\ \ \overrightarrow{OP}=s\overrightarrow{OA}+t\overrightarrow{OB}+(1-s-t)\overrightarrow{OC}$$

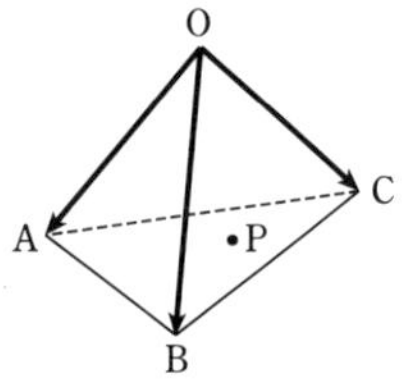

となり，$u=1-s-t$ とおけば $\overrightarrow{OP}=s\overrightarrow{OA}+t\overrightarrow{OB}+u\overrightarrow{OC}$，$s+t+u=1$ となる．つまり，

$\overrightarrow{OP}=s\overrightarrow{OA}+t\overrightarrow{OB}+u\overrightarrow{OC}$ を満たす点 P が平面 ABC 上にある $\iff$ $s+t+u=1$ ……………………②

($\Longleftarrow$ は，u を消去して上の式変形を逆にたどると①が得られて示される)

解 答

アイウ： CG：GP=3：1 より $\overrightarrow{CP}=\dfrac{4}{3}\overrightarrow{CG}$

であり，$\overrightarrow{CG}=\overrightarrow{AE}$ だから

$$\overrightarrow{AP}=\overrightarrow{AC}+\overrightarrow{CP}=\boldsymbol{\overrightarrow{AB}+\overrightarrow{AD}+\frac{4}{3}\overrightarrow{AE}}$$

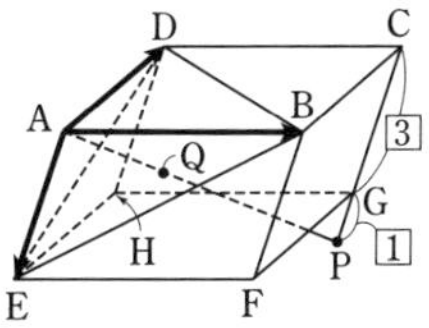

⇦平行六面体なので $\overrightarrow{CG}=\overrightarrow{AE}$

⇦ABCD は平行四辺形だから $\overrightarrow{AC}=\overrightarrow{AB}+\overrightarrow{AD}$

エオカ： $\overrightarrow{AQ}=k\overrightarrow{AP}$ (k は実数) とおける．
このとき

$$\overrightarrow{AQ}=k\left(\overrightarrow{AB}+\overrightarrow{AD}+\frac{4}{3}\overrightarrow{AE}\right)=k\overrightarrow{AB}+k\overrightarrow{AD}+\frac{4}{3}k\overrightarrow{AE}\ \cdots\cdots☆$$

であり，Q は平面 BDE 上にあるから☆の係数の和は 1 である．よって，

$$k+k+\frac{4}{3}k=1\qquad\therefore\ \ \frac{10}{3}k=1\qquad\therefore\ \ k=\frac{3}{10}$$

⇦この例題では前文の②を使う方がよいだろう．演習題(2)では，(1)の計算結果が使えるので①の方がよい．

これより，

$$\overrightarrow{AQ}=\frac{3}{10}\overrightarrow{AB}+\frac{3}{10}\overrightarrow{AD}+\frac{4}{3}\cdot\frac{3}{10}\overrightarrow{AE}=\boldsymbol{\frac{3}{10}\overrightarrow{AB}+\frac{3}{10}\overrightarrow{AD}+\frac{2}{5}\overrightarrow{AE}}$$

2 演習題 (解答は p.44)

平行六面体 OADB−CEGF において，辺 OA の中点を M，辺 AD を 2：3 に内分する点を N，辺 DG を 1：2 に内分する点を L とする．また，辺 OC を $k:1-k$ ($0<k<1$) に内分する点を K とする．

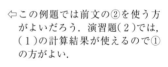

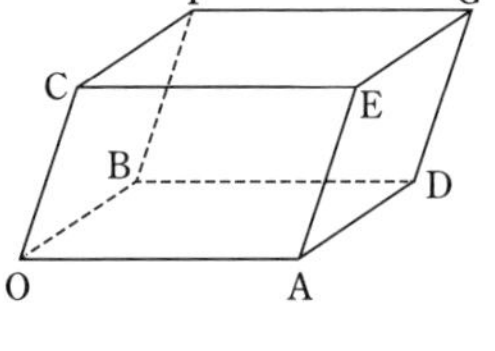

(1) $\overrightarrow{OA}=\vec{a}$，$\overrightarrow{OB}=\vec{b}$，$\overrightarrow{OC}=\vec{c}$ とするとき，$\overrightarrow{MN}$，$\overrightarrow{ML}$，$\overrightarrow{MK}$ を $\vec{a}$，$\vec{b}$，$\vec{c}$ を用いて表せ．

(2) 3点 M，N，K の定める平面上に点 L があるとき，k の値を求めよ．

(3) 3点 M，N，K の定める平面が辺 GF と交点をもつような k の値の範囲を求めよ．

(熊本大・医，理，薬，工)

(2) (1)を利用して，$\overrightarrow{ML}=s\overrightarrow{MN}+t\overrightarrow{MK}$ と表せる，と考える．
(3) 直線 GF 上の点 P は $\overrightarrow{OP}=\overrightarrow{OF}+w\overrightarrow{FG}$ とおける．このとき，P が辺 FG 上にあるための条件は $0\leqq w\leqq 1$．

◆3 長さと角度

1辺の長さが1の正四面体 OABC において，辺 OA を 1：3 に内分する点を P，辺 BC の中点を Q とする．

（1） $\overrightarrow{PQ}$ の大きさを求めよ．

（2） $\overrightarrow{AB}$ と $\overrightarrow{PQ}$ のなす角を求めよ．　　（奈良女大・理(数)－後／前半省略）

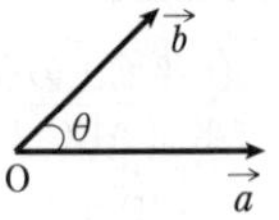

空間における長さと角度　平面の場合と同じである．大きさについては $|\vec{a}|^2=\vec{a}\cdot\vec{a}$，内積については，$\vec{a}$ と $\vec{b}$ のなす角の大きさを θ として，$\vec{a}\cdot\vec{b}=|\vec{a}||\vec{b}|\cos\theta$，$\cos\theta=\dfrac{\vec{a}\cdot\vec{b}}{|\vec{a}||\vec{b}|}$ である．

$|\vec{a}+\vec{b}+\vec{c}|$ の計算について　$|\vec{a}+\vec{b}+\vec{c}|^2=|\vec{a}|^2+|\vec{b}|^2+|\vec{c}|^2+2\vec{a}\cdot\vec{b}+2\vec{b}\cdot\vec{c}+2\vec{c}\cdot\vec{a}$

2乗の展開とよく似た式になる．係数がついた $|s\vec{a}+t\vec{b}+u\vec{c}|^2$ もほぼ同様である．空間でベクトルの大きさを計算するときは $|\vec{a}|$，$|\vec{b}|$，$|\vec{c}|$，$\vec{a}\cdot\vec{b}$，$\vec{b}\cdot\vec{c}$，$\vec{c}\cdot\vec{a}$ の6個の値が必要になる．

解 答

$\overrightarrow{OA}=\vec{a}$，$\overrightarrow{OB}=\vec{b}$，$\overrightarrow{OC}=\vec{c}$ とおく．正四面体の各面は1辺の長さが1の正三角形だから，

$$|\vec{a}|=|\vec{b}|=|\vec{c}|=1,$$

$$\vec{a}\cdot\vec{b}=1\cdot1\cdot\cos60^\circ=\frac{1}{2},\ \vec{b}\cdot\vec{c}=\frac{1}{2},\ \vec{c}\cdot\vec{a}=\frac{1}{2}$$

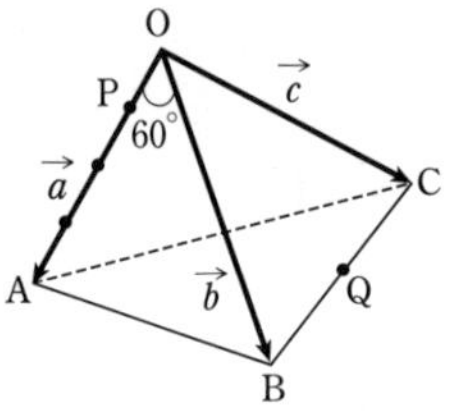

（1） $\overrightarrow{PQ}=\overrightarrow{PO}+\overrightarrow{OQ}=-\dfrac{1}{4}\vec{a}+\dfrac{1}{2}(\vec{b}+\vec{c})$ より

$|\overrightarrow{PQ}|=\left|\dfrac{1}{4}(-\vec{a}+2\vec{b}+2\vec{c})\right|=\dfrac{1}{4}|-\vec{a}+2\vec{b}+2\vec{c}|$ である．ここで，

$$|-\vec{a}+2\vec{b}+2\vec{c}|^2=|\vec{a}|^2+4|\vec{b}|^2+4|\vec{c}|^2-4\vec{a}\cdot\vec{b}+8\vec{b}\cdot\vec{c}-4\vec{c}\cdot\vec{a}$$
$$=1+4+4-2+4-2=9$$

⇦ $|\vec{a}|^2=1$，$\vec{a}\cdot\vec{b}=\dfrac{1}{2}$ などから．

となることから，$|\overrightarrow{PQ}|=\dfrac{1}{4}\sqrt{9}=\boldsymbol{\dfrac{3}{4}}$

（2） $\overrightarrow{AB}\cdot\overrightarrow{PQ}=(\vec{b}-\vec{a})\cdot\left(-\dfrac{1}{4}\vec{a}+\dfrac{1}{2}\vec{b}+\dfrac{1}{2}\vec{c}\right)$

$$=-\frac{1}{4}\vec{b}\cdot\vec{a}+\frac{1}{2}|\vec{b}|^2+\frac{1}{2}\vec{b}\cdot\vec{c}+\frac{1}{4}|\vec{a}|^2-\frac{1}{2}\vec{a}\cdot\vec{b}-\frac{1}{2}\vec{a}\cdot\vec{c}$$
$$=-\frac{1}{8}+\frac{1}{2}+\frac{1}{4}+\frac{1}{4}-\frac{1}{4}-\frac{1}{4}=\frac{3}{8}$$

よって，$\overrightarrow{AB}$ と $\overrightarrow{PQ}$ のなす角の大きさを θ とすると，

$$\cos\theta=\frac{\overrightarrow{AB}\cdot\overrightarrow{PQ}}{|\overrightarrow{AB}||\overrightarrow{PQ}|}=\frac{3/8}{1\cdot3/4}=\frac{1}{2}\qquad\therefore\ \theta=\mathbf{60^\circ}$$

⇦ AB は正四面体の1辺だから $|\overrightarrow{AB}|=1$

○3 演習題（解答は p.45）

一辺の長さが $\sqrt{2}$ の正四面体 OABC において，辺 AB の中点を M，辺 BC を 1：2 に内分する点を N，辺 OC の中点を L とする．$\vec{a}=\overrightarrow{OA}$，$\vec{b}=\overrightarrow{OB}$，$\vec{c}=\overrightarrow{OC}$ とおく．

（1） 3点 L，M，N を通る平面と直線 OA の交点を D とする．$\overrightarrow{OD}$ を $\vec{a}$，$\vec{b}$，$\vec{c}$ を用いて表せ．

（2） 辺 OB の中点 K から直線 DN 上の点 P へ垂線 KP を引く．$\overrightarrow{OP}$ を $\vec{a}$，$\vec{b}$，$\vec{c}$ を用いて表せ．　　（熊本大・医(医)）

（1） 平面 LMN 上の D を ○2 の②でとらえる．
（2） $\overrightarrow{DN}\cdot\overrightarrow{KP}=0$
$\overrightarrow{DP}=t\overrightarrow{DN}$ とおき，上の式を D を始点に書き直す．

4 空間座標／直線，平面

（ア） 座標空間において，2 点 A(1，2，1)，B(3，5，2) がある．直線 AB と平面 $y=8$ との交点の座標は［　　］である．（近大・理系）

（イ） 4 点 A(1，2，3)，B(2，1，0)，C(3，2，1)，D(−1，2，z) が同一平面上にあるとき，z の値は［　　］である．（立教大）

座標とベクトル 点 P の座標 (x，y，z) と，O を始点とするベクトル $\overrightarrow{\mathrm{OP}}=\begin{pmatrix}x\\y\\z\end{pmatrix}$ が対応する．成分計算のしかたは平面と同様で，和・差・実数倍は成分ごとの和・差・実数倍である．

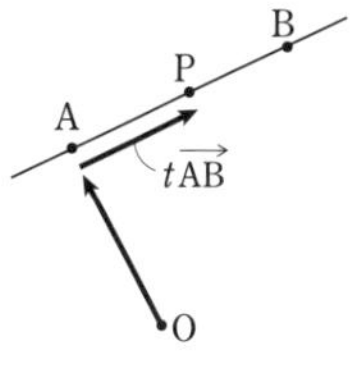

例題(ア)は，直線 AB 上の点 P を $\overrightarrow{\mathrm{AP}}=t\overrightarrow{\mathrm{AB}}$（$t$ は実数）と表し，P が平面 $y=8$ 上の点になるときの t を求める，という方針で解く．P が $y=8$ 上にあるとは，P の y 座標が 8 であることだから，$\overrightarrow{\mathrm{OP}}$ の y 成分が 8 である．

なお，上の t を求めるのであるから，$\overrightarrow{\mathrm{OP}}=(1-t)\overrightarrow{\mathrm{OA}}+t\overrightarrow{\mathrm{OB}}$（$t$ が 2 か所に出てくる）よりも $\overrightarrow{\mathrm{OP}}=\overrightarrow{\mathrm{OA}}+t\overrightarrow{\mathrm{AB}}$（$t$ が 1 か所のみ）とおく方がよい．

同一平面上のとらえ方 A，B，C，D が同一平面上にあることは，「$\overrightarrow{\mathrm{AD}}=s\overrightarrow{\mathrm{AB}}+t\overrightarrow{\mathrm{AC}}$（$s$，$t$ は実数）と書ける」ととらえられる．各辺を成分表示して比較し，s と t を求めよう．

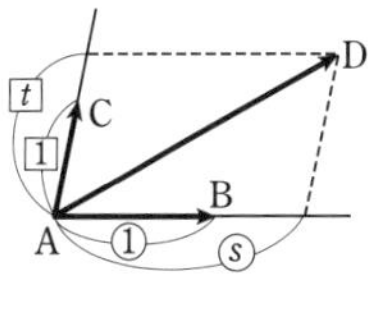

解 答

（ア） 直線 AB 上の点を P とすると，

$$\overrightarrow{\mathrm{OP}}=\overrightarrow{\mathrm{OA}}+t\overrightarrow{\mathrm{AB}}=\begin{pmatrix}1\\2\\1\end{pmatrix}+t\left\{\begin{pmatrix}3\\5\\2\end{pmatrix}-\begin{pmatrix}1\\2\\1\end{pmatrix}\right\}=\begin{pmatrix}1\\2\\1\end{pmatrix}+t\begin{pmatrix}2\\3\\1\end{pmatrix}$$

⇦ $\overrightarrow{\mathrm{AP}}=t\overrightarrow{\mathrm{AB}}$ と表すことができて，$\overrightarrow{\mathrm{OP}}=\overrightarrow{\mathrm{OA}}+\overrightarrow{\mathrm{AP}}=\overrightarrow{\mathrm{OA}}+t\overrightarrow{\mathrm{AB}}$

と表せる．これの y 成分が 8 のとき，$2+3t=8$

よって $t=2$ となり，このとき P(**5**，**8**，**3**) である．

⇦ $\overrightarrow{\mathrm{OP}}=\begin{pmatrix}1\\2\\1\end{pmatrix}+2\begin{pmatrix}2\\3\\1\end{pmatrix}=\begin{pmatrix}5\\8\\3\end{pmatrix}$

（イ） A，B，C を通る平面上に D があるとき，実数 s，t を用いて

$$\overrightarrow{\mathrm{AD}}=s\overrightarrow{\mathrm{AB}}+t\overrightarrow{\mathrm{AC}}\quad すなわち\quad \begin{pmatrix}-2\\0\\z-3\end{pmatrix}=s\begin{pmatrix}1\\-1\\-3\end{pmatrix}+t\begin{pmatrix}2\\0\\-2\end{pmatrix}$$

⇦ $\overrightarrow{\mathrm{AB}}=\begin{pmatrix}2\\1\\0\end{pmatrix}-\begin{pmatrix}1\\2\\3\end{pmatrix}=\begin{pmatrix}1\\-1\\-3\end{pmatrix}$

$\overrightarrow{\mathrm{AC}}=\begin{pmatrix}3\\2\\1\end{pmatrix}-\begin{pmatrix}1\\2\\3\end{pmatrix}=\begin{pmatrix}2\\0\\-2\end{pmatrix}$

と書ける．x 成分，y 成分を比較して，

$$\begin{cases}-2=s+2t\\ 0=-s\end{cases}\quad \therefore\quad \begin{cases}s=0\\ t=-1\end{cases}$$

このとき，z 成分について　$z-3=0\cdot(-3)+(-1)\cdot(-2)$

よって，$z=2+3=$**5**

4 演習題（解答は p.45）

a を定数とする．空間内の 4 点 A(1，0，3)，B(0，4，−2)，C(4，−3，0)，D($-7+5a$，$14-8a$，z) が同じ平面上にあるとき，

（1） z を a を用いて表せ．

（2） a の値を変化させたとき，点 D は直線 AB 上の点 P および直線 AC 上の点 Q を通る．P，Q の座標を求めよ．

（3） △ABC の面積を S_1，△APQ の面積を S_2 とするとき，$\dfrac{S_2}{S_1}$ の値を求めよ．

（滋賀大・教）

（1） $\overrightarrow{\mathrm{AD}}=s\overrightarrow{\mathrm{AB}}+t\overrightarrow{\mathrm{AC}}$
（2） $\overrightarrow{\mathrm{AP}}=u\overrightarrow{\mathrm{AB}}$ とおいて u と a を求めよう．Q も同じで $\overrightarrow{\mathrm{AQ}}=v\overrightarrow{\mathrm{AC}}$ とおく．
（3） 上の u，v について △APQ$=uv$△ABC となる．

5 内積／成分

空間内に3点A(1, 3, 2), B(4, 0, −1), C(4, 3, 2)がある．線分AB上の点Pに対して，ベクトル$\overrightarrow{CP}$と$\overrightarrow{AB}$が垂直であるとき，Pの座標を求めよ．（東京電機大）

成分表示されたベクトルの内積 座標が設定されているとき，内積は

$\vec{a}=\begin{pmatrix}a_1\\a_2\\a_3\end{pmatrix}$, $\vec{b}=\begin{pmatrix}b_1\\b_2\\b_3\end{pmatrix}$に対して，$\vec{a}\cdot\vec{b}=a_1b_1+a_2b_2+a_3b_3$ [各成分の積の和]

計算のポイント Pは線分AB上にあるから，$\overrightarrow{AP}=t\overrightarrow{AB}$ $(0\leqq t\leqq 1)$とおける．これを$\overrightarrow{CP}\cdot\overrightarrow{AB}=0$に代入して計算し，$t$を求めればよいが，解答のように$t$を$\overrightarrow{AB}$と$\overrightarrow{AC}$で表すと，数値計算のみですむ（$t$を含む式の計算をしない）ので少しやりやすい．

解 答

Pは線分AB上にあるから，$\overrightarrow{AP}=t\overrightarrow{AB}$ $(0\leqq t\leqq 1)$とおける．

⇦ 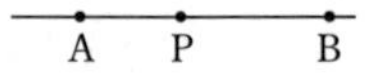

$\overrightarrow{CP}\perp\overrightarrow{AB}$のとき，$\overrightarrow{CP}\cdot\overrightarrow{AB}=0$だから

$(\overrightarrow{AP}-\overrightarrow{AC})\cdot\overrightarrow{AB}=0$　　$\therefore$ $(t\overrightarrow{AB}-\overrightarrow{AC})\cdot\overrightarrow{AB}=0$……①

$\therefore$ $t|\overrightarrow{AB}|^2-\overrightarrow{AC}\cdot\overrightarrow{AB}=0$　　$\therefore$ $t=\dfrac{\overrightarrow{AB}\cdot\overrightarrow{AC}}{|\overrightarrow{AB}|^2}$

A(1, 3, 2), B(4, 0, −1), C(4, 3, 2)より

$$\overrightarrow{AB}=\begin{pmatrix}3\\-3\\-3\end{pmatrix}=3\begin{pmatrix}1\\-1\\-1\end{pmatrix},\ \overrightarrow{AC}=\begin{pmatrix}3\\0\\0\end{pmatrix}$$

であるから，

$$|\overrightarrow{AB}|^2=3^2\{1^2+(-1)^2+(-1)^2\}=3^2\cdot 3$$

$$\overrightarrow{AB}\cdot\overrightarrow{AC}=3\{1\cdot 3+(-1)\cdot 0+(-1)\cdot 0\}=3^2$$

よって，$t=\dfrac{3^2}{3^2\cdot 3}=\dfrac{1}{3}$　（$0\leqq t\leqq 1$を満たすので適する）

⇦ 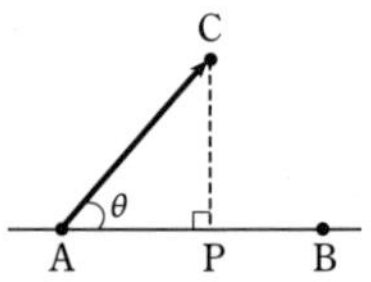

tの定め方から，$t=\dfrac{AP}{AB}$…②

内積の定義から

$\overrightarrow{AB}\cdot\overrightarrow{AC}=AB\cdot AC\cdot\cos\theta$

だが，$AC\cos\theta=AP$なので，

これを②に代入すると

$t=\dfrac{AP}{AB}=\dfrac{AC\cos\theta}{AB}=\dfrac{\overrightarrow{AB}\cdot\overrightarrow{AC}}{AB^2}$

（平面のベクトル ○8と同じ）

$$\overrightarrow{OP}=\overrightarrow{OA}+\overrightarrow{AP}=\overrightarrow{OA}+\frac{1}{3}\overrightarrow{AB}=\begin{pmatrix}1\\3\\2\end{pmatrix}+\frac{1}{3}\cdot 3\begin{pmatrix}1\\-1\\-1\end{pmatrix}=\begin{pmatrix}2\\2\\1\end{pmatrix}$$

となり，答えは**P(2, 2, 1)**

➡**注**　普通に①を成分計算すると

$\begin{pmatrix}3t-3\\-3t\\-3t\end{pmatrix}\cdot\begin{pmatrix}3\\-3\\-3\end{pmatrix}=0$　　$\therefore$ $3(3t-3)-3(-3t)-3(-3t)=0$

[9で割ると $t-1-(-t)-(-t)=0$]

なのでこの問題は$t=\cdots$の形にしてもメリットは少ないが，文字が増えると（右ページ）変数をバラさずに計算する方が見通しがよい．

5 演習題（解答は p.46）

2点A(3, 1, 2), B(1, 0, 3)を通る直線をlとする．点C(4, 4, 1)からlへ引いた垂線とlとの交点をHとするとき，Hの座標と線分CHの長さを求めよ．

（愛知医大・医（推薦））　例題と同じ．

6 2直線間の距離

空間内の4点O(0, 0, 0), A(1, 0, 0), B(0, 0, 2), C(2, 2, 4)を考える．点Pが直線OA上を動き，点Qが直線BC上を動くとする．

(1) $\mathrm{PQ} \geqq \sqrt{2}$ であることを示せ．

(2) $\mathrm{PQ}=\sqrt{2}$ となる点P，Qを求めよ．　(津田塾大・数／数値変更，(2)の後半省略)

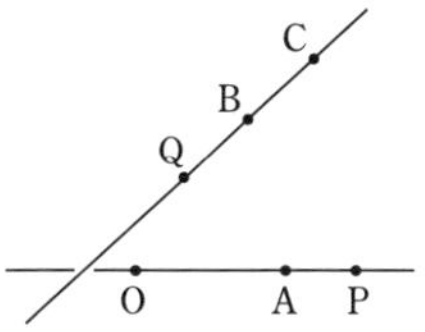

直線の方向ベクトル　$\overrightarrow{\mathrm{OP}}=s\overrightarrow{\mathrm{OA}}$，$\overrightarrow{\mathrm{OQ}}=\overrightarrow{\mathrm{OB}}+t\overrightarrow{\mathrm{BC}}$ とおいて $|\overrightarrow{\mathrm{PQ}}|^2$ を計算すればよいのであるが，$\overrightarrow{\mathrm{BC}}=\begin{pmatrix}2\\2\\2\end{pmatrix}=2\begin{pmatrix}1\\1\\1\end{pmatrix}$ であるから，$\vec{l}=\begin{pmatrix}1\\1\\1\end{pmatrix}$ とおいて $\overrightarrow{\mathrm{OQ}}=\overrightarrow{\mathrm{OB}}+t\vec{l}$ [$t\overrightarrow{\mathrm{BC}}=2t\vec{l}$ の $2t$ を改めて t] とする方が計算が簡単である．$\vec{l}$ を直線BCの方向ベクトルという(解答の傍注も参照)．方向ベクトルを用いて $\overrightarrow{\mathrm{OQ}}=\overrightarrow{\mathrm{OB}}+t\vec{l}$ とおくおき方も頭に入れておこう．

なお，$\overrightarrow{\mathrm{OP}}=s\overrightarrow{\mathrm{OA}}$，$\overrightarrow{\mathrm{OQ}}=\overrightarrow{\mathrm{OB}}+s\vec{l}$ と同じ s を使うと，PとQが連動してしまうので正しくない．

解答

(1) $\overrightarrow{\mathrm{OA}}=\begin{pmatrix}1\\0\\0\end{pmatrix}$ より直線OAの方向ベクトルとして $\vec{a}=\begin{pmatrix}1\\0\\0\end{pmatrix}$ がとれる．また，

$\overrightarrow{\mathrm{BC}}=\begin{pmatrix}2\\2\\2\end{pmatrix}=2\begin{pmatrix}1\\1\\1\end{pmatrix}$ だから直線BCの方向ベクトルとして $\vec{l}=\begin{pmatrix}1\\1\\1\end{pmatrix}$ がとれる．

⇦直線BCの方向ベクトルは $\overrightarrow{\mathrm{BC}}$ の実数(≠0)倍．何倍でもよいが，なるべく数値が簡単になるようにする．

Pは直線OA上の点，Qは直線BC上の点であるから，

$\overrightarrow{\mathrm{OP}}=s\vec{a}$，$\overrightarrow{\mathrm{OQ}}=\overrightarrow{\mathrm{OB}}+t\vec{l}$ (s，tは実数)

と表せる．このとき，[左ページと同様に変形]

$$
\begin{aligned}
|\overrightarrow{\mathrm{PQ}}|^2&=|\overrightarrow{\mathrm{OQ}}-\overrightarrow{\mathrm{OP}}|^2=|\overrightarrow{\mathrm{OB}}+t\vec{l}-s\vec{a}|^2\\
&=|\overrightarrow{\mathrm{OB}}|^2+t^2|\vec{l}|^2+s^2|\vec{a}|^2+2t\overrightarrow{\mathrm{OB}}\cdot\vec{l}-2s\overrightarrow{\mathrm{OB}}\cdot\vec{a}-2st\vec{l}\cdot\vec{a}\\
&=4+t^2(1+1+1)+s^2\cdot1+2t\cdot2-2s\cdot0-2st\cdot1\\
&=s^2-2st+3t^2+4t+4=(s-t)^2+2t^2+4t+4\\
&=(s-t)^2+2(t+1)^2+2\geqq2 \quad\cdots\cdots①
\end{aligned}
$$

⇦この例題では0の成分が多いので $\overrightarrow{\mathrm{PQ}}=\begin{pmatrix}-s+t\\t\\2+t\end{pmatrix}$ としてもよいがこのように計算するのがうまい．

⇦$\overrightarrow{\mathrm{OB}}=\begin{pmatrix}0\\0\\2\end{pmatrix}$ を用いて計算．

となるから $\mathrm{PQ}\geqq\sqrt{2}$ が示された．

(2) ①の等号は $s=t$ かつ $t=-1$，すなわち $s=t=-1$ のときに成立する．

そのとき $\overrightarrow{\mathrm{OP}}=-\vec{a}=-\begin{pmatrix}1\\0\\0\end{pmatrix}$，$\overrightarrow{\mathrm{OQ}}=\overrightarrow{\mathrm{OB}}-\vec{l}=\begin{pmatrix}0\\0\\2\end{pmatrix}-\begin{pmatrix}1\\1\\1\end{pmatrix}$ だから，求める座標は

P(−1, 0, 0)，Q(−1, −1, 1)

⇦原題には「このP，Qに対して直線PQは直線OAおよび直線BCに直交することを示せ．」という問題がついていた(示してみよう)．この性質については，演習題の解答のあとの注を参照．

6 演習題 (解答は p.47)

原点をOとする座標空間において，点(0, −1, 4)を通りベクトル $\vec{a}=\left(1,\ 0,\ -\frac{1}{2}\right)$ に平行な直線 l と点(−1, −1, 0)を通りベクトル $\vec{b}=(2,\ -2,\ 1)$ に平行な直線 m がある．点Pは l 上にあり，点Qは m 上にある．

(1) 点Pの x 座標が s のとき，Pの y 座標と z 座標を求めよ．また，Qの z 座標が t のとき，Qの x 座標と y 座標を求めよ．

(2) l と m は交わらないことを示せ．

(3) 2点P，Qを通る直線が l，m のどちらにも垂直に交わるとき，PとQの座標と $|\overrightarrow{\mathrm{PQ}}|$ を求めよ．　(南山大・情報理工)

(2) P=Qとなる s，t が存在しないことを示す．
(3) $\overrightarrow{\mathrm{PQ}}$ が $\vec{a}$ と $\vec{b}$ の両方に垂直．

◆7 四面体の体積(1)

空間に4点O(0, 0, 0), A(0, −2, 1), B(1, 3, 0), C(3, 2, 5)がある.

(1) 内積 $\overrightarrow{\mathrm{OA}}\cdot\overrightarrow{\mathrm{OB}}$ の値は ☐ である.

(2) 三角形OABの面積は ☐ である.

(3) 三角形OABを含む平面に垂直で大きさが1のベクトルを $\vec{n}$ とおく. $\vec{n}$ を成分で表すと $\vec{n}=\pm$ ☐ である.

(東洋大・理工／右ページに続く)

空間内の三角形の面積 三角形の面積は, 平面・空間とも同じ公式

$$\triangle\mathbf{OAB}=\frac{1}{2}\sqrt{|\overrightarrow{\mathbf{OA}}|^2|\overrightarrow{\mathbf{OB}}|^2-(\overrightarrow{\mathbf{OA}}\cdot\overrightarrow{\mathbf{OB}})^2}$$

を使うことができる. 例題では, (1)があるので(2)はこれを用いるのがよい.

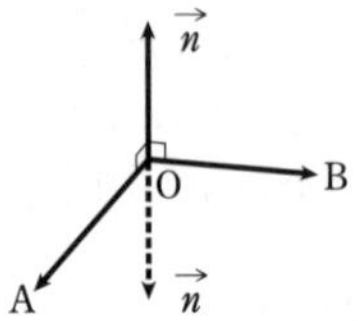

平面に垂直なベクトルの求め方 $\vec{n}$ が平面OABに垂直であるための条件は, $\vec{n}$ が平面OAB内の平行でない2つのベクトルと垂直であること. $\vec{n}$ の方向が決まる, つまり, $\vec{n}$=(実数)×(定ベクトル)の形に表されることに注意する. 具体的には, $\vec{n}$ の成分を設定して $\vec{n}\cdot\overrightarrow{\mathrm{OA}}=\vec{n}\cdot\overrightarrow{\mathrm{OB}}=0$ を用いると, 2文字が消えて上の形になる. 大きさの指定があるときは, その条件に合うように(実数)を決める.

解答

$\overrightarrow{\mathrm{OA}}=\begin{pmatrix}0\\-2\\1\end{pmatrix}$, $\overrightarrow{\mathrm{OB}}=\begin{pmatrix}1\\3\\0\end{pmatrix}$ である.

(1) $\overrightarrow{\mathrm{OA}}\cdot\overrightarrow{\mathrm{OB}}=0\cdot1+(-2)\cdot3+1\cdot0=\mathbf{-6}$

(2) $|\overrightarrow{\mathrm{OA}}|^2=0^2+(-2)^2+1^2=5$, $|\overrightarrow{\mathrm{OB}}|^2=1^2+3^2+0^2=10$ なので, 三角形の面積の公式を用いると,

$$\triangle\mathrm{OAB}=\frac{1}{2}\sqrt{|\overrightarrow{\mathrm{OA}}|^2|\overrightarrow{\mathrm{OB}}|^2-(\overrightarrow{\mathrm{OA}}\cdot\overrightarrow{\mathrm{OB}})^2}=\frac{1}{2}\sqrt{5\cdot10-(-6)^2}=\mathbf{\frac{1}{2}\sqrt{14}}$$

(3) $\vec{n}\cdot\overrightarrow{\mathrm{OA}}=0$, $\vec{n}\cdot\overrightarrow{\mathrm{OB}}=0$ であるから, $\vec{n}=\begin{pmatrix}a\\b\\c\end{pmatrix}$ とおくと,

⇦$\overrightarrow{\mathrm{OA}}$, $\overrightarrow{\mathrm{OB}}$ は平面OAB内の平行でないベクトル.

$$-2b+c=0,\ a+3b=0 \qquad \therefore\quad a=-3b,\ c=2b$$

よって $\vec{n}=\begin{pmatrix}-3b\\b\\2b\end{pmatrix}=b\begin{pmatrix}-3\\1\\2\end{pmatrix}$ と書けて, このとき

⇦b が前文の実数, $\begin{pmatrix}-3\\1\\2\end{pmatrix}$ が定ベクトル.

$$|\vec{n}|=|b|\sqrt{(-3)^2+1^2+2^2}=\sqrt{14}\,|b|$$

となる. $|\vec{n}|=1$ のとき $\sqrt{14}\,|b|=1$ だから $b=\pm\frac{1}{\sqrt{14}}$ で $\boldsymbol{\vec{n}=\pm\frac{1}{\sqrt{14}}\begin{pmatrix}-3\\1\\2\end{pmatrix}}$

◇7 演習題 (解答は p.48)

座標空間の3点A(1, 3, 2), B(−1, 1, 2), C(−1, 2, 1)と原点Oについて, $\vec{a}=\overrightarrow{\mathrm{OA}}$, $\vec{b}=\overrightarrow{\mathrm{OB}}$, $\vec{c}=\overrightarrow{\mathrm{OC}}$ とする. 以下の問いに答えよ.

(1) OA, OBを2辺とする平行四辺形の面積を求めよ.

(2) $\vec{a}$ と $\vec{b}$ の両方に垂直な単位ベクトルを求めよ.

(成城大・社会イノベーション／右ページに続く)

(1) 平行四辺形は三角形の2倍.
(2) まず方向を決める.

8 四面体の体積(2)

○7の例題のO，A，B，Cについて，

(4) 四面体OABCの体積は［　　］である．　(東洋大・理工)

(高さの求め方) (3)の$\vec{n}$の使い方がポイントとなる．例えば，Cから平面OABに下ろした垂線の足をIとすると，$\overrightarrow{CI}$は$\vec{n}$と同じ方向であるから，$\overrightarrow{CI}=k\vec{n}$とおくことができて，Iが平面OAB上にあることからkは求められるが，実は高さだけを求める方法がある．

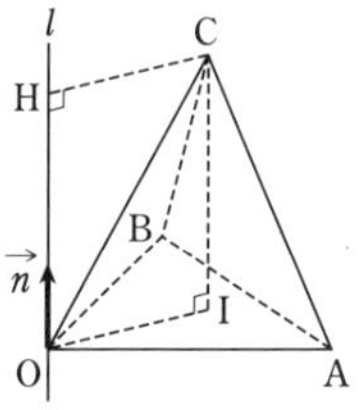

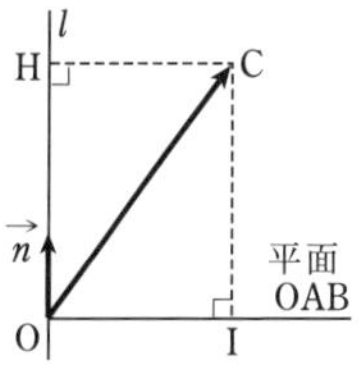

Oを通り方向ベクトルが$\vec{n}$の直線をlとし，Cからlに下ろした垂線の足をHとすると，四面体OABCの高さはOHになる(右図)．そして，この図は○5と同じであるから，同じ求め方ができる．すなわち，$\overrightarrow{OH}=k\vec{n}$とおいて$\overrightarrow{OH}\cdot\overrightarrow{CH}=0$から$k$を求めればよい(なお，$\overrightarrow{OH}=\overrightarrow{IC}$である)．

解答

(4) 改めて$\vec{n}=\dfrac{1}{\sqrt{14}}\begin{pmatrix}-3\\1\\2\end{pmatrix}$とする．Oを通り方向ベクトルが$\vec{n}$の直線を$l$とし，Cから$l$に下ろした垂線の足をHとする．

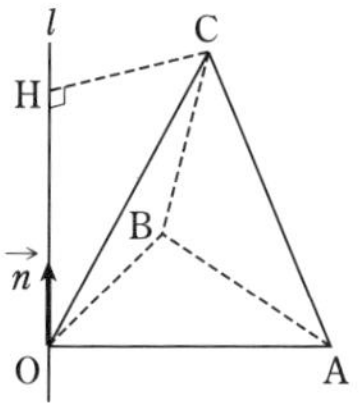

⇦(3)の答えのうち，＋の方．

$\overrightarrow{OH}=k\vec{n}$とおくと，$\overrightarrow{OH}\perp\overrightarrow{CH}$，すなわち$\overrightarrow{OH}\cdot\overrightarrow{CH}=0$より

$$\overrightarrow{OH}\cdot(\overrightarrow{OH}-\overrightarrow{OC})=0$$

$$\therefore\quad k\vec{n}\cdot(k\vec{n}-\overrightarrow{OC})=0$$

kで割ると$\vec{n}\cdot(k\vec{n}-\overrightarrow{OC})=0$となるので，

$$k=\frac{\vec{n}\cdot\overrightarrow{OC}}{|\vec{n}|^2}=\vec{n}\cdot\overrightarrow{OC}\qquad [|\vec{n}|=1\text{を用いた}]$$

$$=\frac{1}{\sqrt{14}}\begin{pmatrix}-3\\1\\2\end{pmatrix}\cdot\begin{pmatrix}3\\2\\5\end{pmatrix}=\frac{1}{\sqrt{14}}(-9+2+10)=\frac{3}{\sqrt{14}}$$

⇦このような問題では，$k\neq0$つまりCは平面OAB上にないことを前提として解答してよい．なお，$k\neq0$であることは，$\vec{n}\cdot\overrightarrow{OC}\neq0$からわかる．もちろん，最初から$\vec{n}\cdot\overrightarrow{CH}=0$としてもよい．

四面体の高さは$|\overrightarrow{OH}|=|k\vec{n}|=|k||\vec{n}|=|k|$となるから，体積は

$$\frac{1}{3}\triangle\text{OAB}\cdot\text{OH}=\frac{1}{3}\cdot\frac{1}{2}\sqrt{14}\cdot\frac{3}{\sqrt{14}}=\boldsymbol{\frac{1}{2}}$$

⇦△OABは左ページ．

8 演習題 (解答は p.48)

○7の演習題のO，A，B，Cについて，

(3) OA，OB，OCを3辺とする平行六面体の体積を求めよ．

(成城大・社会イノベーション)

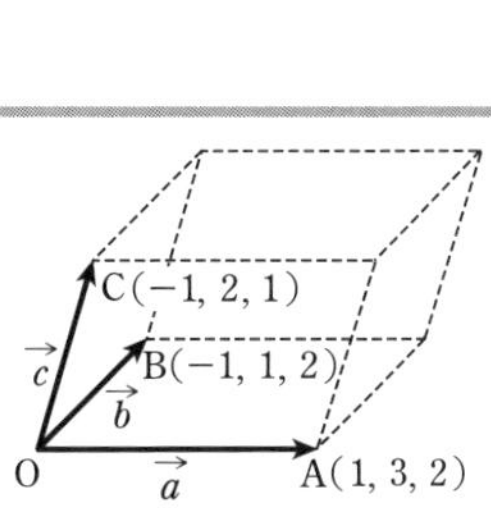

平行六面体の体積は(底面積)×(高さ)
例題と同様に高さを求める．

9 球面と直線

座標空間の3点 O(0, 0, 0), A(1, 1, 1), P(1, 1, a)を考える.

(1) 直線OA上の点で, Pにもっとも近いものをQとする. Qのx座標は□であり, PとQの距離は□である.

(2) Pを中心とする半径rの球が, x軸, y軸および直線OAのすべてに接する（つまり各直線とただ1つの共有点を持つ）のは, (a, r)=□, □の場合である. （近大・理工）

球面と直線が接する 点Pを中心とする球面Sと直線OAが接するとき, 接点は「OA上でPにもっとも近い点Q」であり, 半径rはPQの長さになる. ここでは$|\overrightarrow{PQ}|^2$を計算してQの座標と半径を求めるが, OA⊥PQに着目して求めてもよい（$\overrightarrow{OQ}$は$\overrightarrow{OP}$の$\overrightarrow{OA}$への正射影ベクトルである. 公式を覚えている人は使ってもよい).

球面と座標軸が接する場合の接点の座標は計算せずに求められる. 解答のように, 図形的に考えよう.

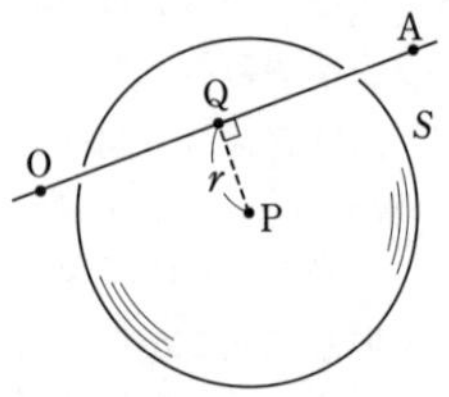

解答

(1) Qは直線OA上の点なので $\overrightarrow{OQ}=t\overrightarrow{OA}$（$t$は実数）と表せる. このとき,

$$|\overrightarrow{PQ}|^2=|\overrightarrow{OQ}-\overrightarrow{OP}|^2=|t\overrightarrow{OA}-\overrightarrow{OP}|^2=t^2|\overrightarrow{OA}|^2-2t\overrightarrow{OA}\cdot\overrightarrow{OP}+|\overrightarrow{OP}|^2$$
$$=3t^2-2(2+a)t+(2+a^2)$$
$$=3\left(t-\frac{2+a}{3}\right)^2-\frac{(2+a)^2}{3}+(2+a^2)=3\left(t-\frac{2+a}{3}\right)^2+\frac{2a^2-4a+2}{3}$$

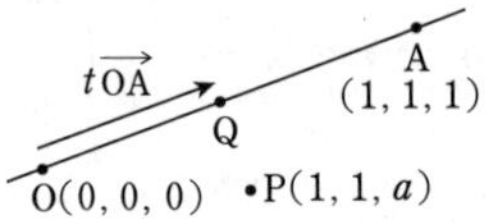

⇦ tを求めたいので, tの次数ごとに整理するのがよい. $t\overrightarrow{OA}-\overrightarrow{OP}$の成分を書くのは損.

PQは$t=\dfrac{2+a}{3}$のとき最小になる. $\overrightarrow{OQ}=t\overrightarrow{OA}$の$x$成分は$t$だから,

Qのx座標は $\boldsymbol{\dfrac{2+a}{3}}$ で, $\mathrm{PQ}=\sqrt{\dfrac{2a^2-4a+2}{3}}=\dfrac{\sqrt{2(a-1)^2}}{\sqrt{3}}=\boldsymbol{\dfrac{\sqrt{2}}{\sqrt{3}}|a-1|}$

(2) Pを中心とする球がx軸, y軸に接するから, xy平面での断面は図2になる. よって, 接点はH(1, 0, 0), I(0, 1, 0)となり, r^2について

$$\mathrm{PQ}^2=\mathrm{PH}^2(=\mathrm{PI}^2)$$

図1

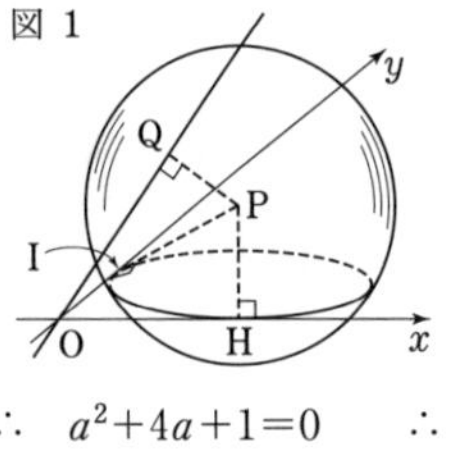

図2

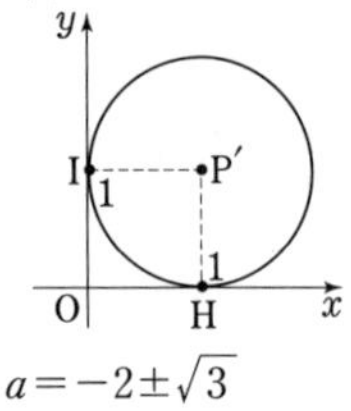

P′はPの真下（or 真上）の点

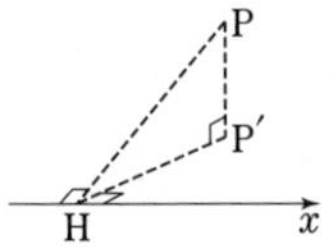

$\therefore\ \dfrac{2a^2-4a+2}{3}=1+a^2$ $\quad\therefore\ a^2+4a+1=0$ $\quad\therefore\ a=-2\pm\sqrt{3}$

⇦ $\overrightarrow{PH}=\begin{pmatrix}0\\-1\\-a\end{pmatrix}$

(1)より $r=\dfrac{\sqrt{2}}{\sqrt{3}}|a-1|=\dfrac{\sqrt{2}}{\sqrt{3}}|-3\pm\sqrt{3}|=\dfrac{\sqrt{2}}{\sqrt{3}}(3\mp\sqrt{3})=\sqrt{6}\mp\sqrt{2}$ だから ⇦複号同順

答えは $(\boldsymbol{a},\ \boldsymbol{r})=(\boldsymbol{-2+\sqrt{3}},\ \boldsymbol{\sqrt{6}-\sqrt{2}}),\ (\boldsymbol{-2-\sqrt{3}},\ \boldsymbol{\sqrt{6}+\sqrt{2}})$

9 演習題（解答は p.48）

xyz空間に点C(0, 2, 2)を中心とする球面$x^2+(y-2)^2+(z-2)^2=1$と点A(0, 0, 3)がある. 球面上の点Pと点Aとを通る直線がxy平面と交わるとき, その交点をQ(a, b, 0)とする.

(1) 点Cを通る直線が直線AQと垂直に交わるとき, その交点をHとする. $\overrightarrow{AH}=k\overrightarrow{AQ}$を満たす実数$k$を$a$, bで表せ.

(2) (1)で求めた点Hについて, 線分CHの長さをa, bで表せ.

(3) 点Pが球面上を動くとき, 点Qの存在範囲を式で表し, xy平面上に図示せよ.

（秋田大・医）

(1) CH⊥AQ
(3) CH≦1

10 平面の方程式

座標空間において，3 点 A(1, 3, −3), B(2, 3, −1), C(0, 6, −2) を通る平面 α がある．$\overrightarrow{\mathrm{AB}}$, $\overrightarrow{\mathrm{AC}}$ の両方と垂直な単位ベクトルは [(1)] である．また，平面 α と x 軸の交点の座標は [(2)] である．

（獨協大）

平面の方程式　$\overrightarrow{\mathrm{AB}}$, $\overrightarrow{\mathrm{AC}}$ の両方に垂直なベクトル $\vec{n}$［空欄(1)］が求められたとしよう．このとき，$\vec{n}$ は平面 α 内の平行でない 2 直線 AB, AC と垂直であるから，平面 α と垂直である．一般に，平面 α に垂直なベクトルを α の法線ベクトルという．

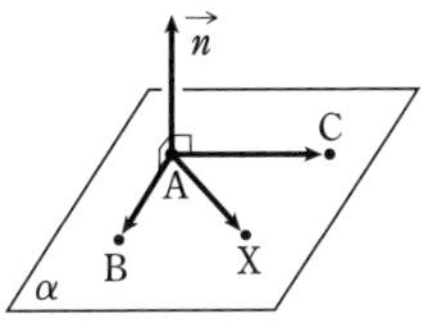

点 X が α 内の点であるための条件は $\vec{n} \perp \overrightarrow{\mathrm{AX}}$ または X=A であるから，X(x, y, z), $\vec{n}=(a, b, c)$ とおけば，$\vec{n}\cdot\overrightarrow{\mathrm{AX}}=0$ は

$$(a,\ b,\ c)\cdot(x-1,\ y-3,\ z+3)=0 \qquad \therefore\ a(x-1)+b(y-3)+c(z+3)=0$$

となる．整理すると $ax+by+cz+d=0$（a〜d は定数）となり，これが平面の方程式の一般形である．逆に，xyz 空間内で $ax+by+cz+d=0$ と表される図形は，法線ベクトルが (a, b, c) の平面を表す．

例題では，(1)を用いて平面 α の方程式を求める．(1)は，垂直の条件を先に使って方向を決め，あとで大きさを合わせる．

解答

(1)　求めるベクトルを $\vec{n}=(a, b, c)$ とおく．

⇦スペースの都合で，本問ではベクトルの成分表示は横に並べて書く．

$\overrightarrow{\mathrm{AB}}=(1, 0, 2)$, $\overrightarrow{\mathrm{AC}}=(-1, 3, 1)$, $\overrightarrow{\mathrm{AB}}\cdot\vec{n}=0$, $\overrightarrow{\mathrm{AC}}\cdot\vec{n}=0$ より

$$(1,\ 0,\ 2)\cdot(a,\ b,\ c)=0, \qquad (-1,\ 3,\ 1)\cdot(a,\ b,\ c)=0$$

$$\therefore\ a+2c=0 \cdots\cdots ①, \qquad -a+3b+c=0 \cdots\cdots ②$$

①より $a=-2c$ であり，これを②に代入すると　$3b+3c=0$

よって，$b=-c$ だから，

$$\vec{n}=(-2c,\ -c,\ c)=-c(2,\ 1,\ -1)$$

⇦x 成分を正にしておくと α の方程式が見やすい．

このとき，

$$|\vec{n}|=|-c||(2,\ 1,\ -1)|=|c|\sqrt{2^2+1^2+(-1)^2}=\sqrt{6}\,|c|$$

であるから，$|\vec{n}|=1$ とすると

$$\sqrt{6}\,|c|=1 \qquad \therefore\ c=\pm\frac{1}{\sqrt{6}}$$

求める $|\vec{n}|$ は，$\pm\dfrac{\mathbf{1}}{\sqrt{\mathbf{6}}}(\mathbf{2},\ \mathbf{1},\ \mathbf{-1})$

(2)　(1)より α の法線ベクトルとして (2, 1, −1) がとれるから，C を通ることと合わせ，α の方程式は

⇦座標に 0 がある C を用いると少し簡単．

$$2x+1\cdot(y-6)+(-1)(z-(-2))=0$$

$$\therefore\ 2x+y-z-8=0$$

x 軸を表す式は $y=0$ かつ $z=0$ であるから，これを α の方程式に代入して，

⇦α と x 軸を連立．

$$2x-8=0 \qquad \therefore\ x=4$$

求める座標は，**(4, 0, 0)**

10 演習題（解答は p.49）

2 つの平面 $2x-3y+z=1$, $3x+2y-z=-1$ の交線を含み，ベクトル (1, 2, 3) に平行な平面の方程式を求めよ．

（奈良県医大（推薦））

交線上の 2 点がわかれば交線の方向ベクトルが求められる．

11 平面の方程式／切片形

xyz 空間において，A$(1,\ -2,\ -1)$ を中心とする半径 2 の球面を S，3 点 $(1,\ 0,\ 0)$，$(0,\ 1,\ 0)$，$(0,\ 0,\ 1)$ を通る平面を α とする．

（1） 平面 α の法線ベクトルを一つ求めよ．

（2） 球面 S と平面 α の交わりとして得られる円の，中心の座標と半径を求めよ．

（立教大・法／一部変更）

切片がわかっている平面の方程式 座標軸との交点（切片）が $(p,\ 0,\ 0)$，$(0,\ q,\ 0)$，$(0,\ 0,\ r)$（$p,\ q,\ r$ はいずれも 0 でない）の平面の方程式は $\boldsymbol{\dfrac{x}{p}+\dfrac{y}{q}+\dfrac{z}{r}=1}$ ……☆ である．分母を払うと $ax+by+cz+d=0$ の形になるからこれは平面であり，上の 3 点の座標を代入すると成り立つからこれらを通る．よって，☆が求めたい方程式である．

球面と平面の交わり 球面と平面が交わる（接する場合を除く）とき，その交わりは円になる．この円の中心は，球面の中心 A から平面に下ろした垂線の足 H となる（解答の図参照）．ここでは，平面の方程式を用いて H の座標を求めよう．α の法線ベクトルの一つを $\vec{n}$ とすると $\overrightarrow{\mathrm{OH}}=\overrightarrow{\mathrm{OA}}+k\vec{n}$ と表せるから，この座標を α の方程式に代入すれば k が決まる．

解 答

（1） 平面 α の方程式は $x+y+z=1$ だから，法線ベクトルの一つは $\begin{pmatrix}\mathbf{1}\\\mathbf{1}\\\mathbf{1}\end{pmatrix}$

⇦ α の切片から，α：$\dfrac{x}{1}+\dfrac{y}{1}+\dfrac{z}{1}=1$

（2） S と α の交わりの円を C とすると，C の中心は S の中心 A から α に下ろした垂線の足（H とする）である．$\vec{n}=\begin{pmatrix}1\\1\\1\end{pmatrix}$ とおくと，k を実数として $\overrightarrow{\mathrm{AH}}=k\vec{n}$ と書けるから，

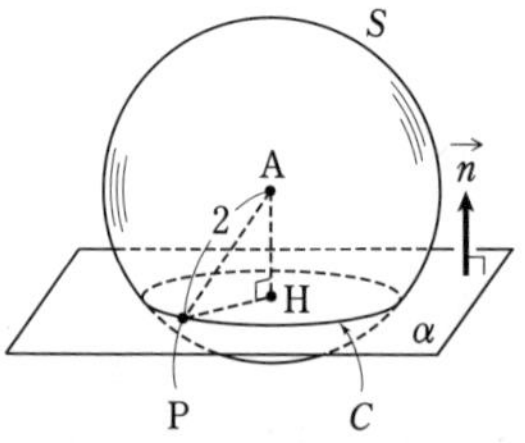

⇦ $\vec{n}$ は平面 α の法線ベクトル．

⇦ $\overrightarrow{\mathrm{AH}}$ は平面 α の法線ベクトルと同じ方向．

$$\overrightarrow{\mathrm{OH}}=\overrightarrow{\mathrm{OA}}+\overrightarrow{\mathrm{AH}}=\overrightarrow{\mathrm{OA}}+k\vec{n}=\begin{pmatrix}1\\-2\\-1\end{pmatrix}+k\begin{pmatrix}1\\1\\1\end{pmatrix}$$

となる．よって H$(1+k,\ -2+k,\ -1+k)$ であり，これが α：$x+y+z=1$ 上にあるから，

$$(1+k)+(-2+k)+(-1+k)=1 \qquad \therefore\ k=1$$

このとき，$\mathrm{AH}=|k\vec{n}|=\left|1\cdot\begin{pmatrix}1\\1\\1\end{pmatrix}\right|=\sqrt{3}$ であるから，

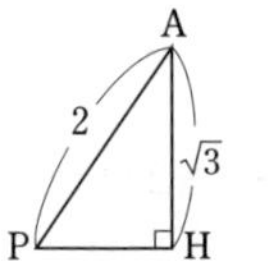

C 上の点 P に対して $\mathrm{PH}=\sqrt{2^2-(\sqrt{3})^2}=1$

⇦ AP は S の半径，PH が C の半径．

答えは，中心 H の座標が **(2，−1，0)**，**半径が 1**

11 演習題（解答は p.49）

O を原点とする座標空間に 3 点 A$(2,\ 0,\ 0)$，B$(0,\ 2,\ 0)$，C$(0,\ 0,\ 1)$ がある．点 D$(2,\ 4,\ k)$（k は定数）が平面 ABC 上にあるとき，$k=$ ［(1)］ である．また，平面 ABC に関して点 O と対称な点 O′ の座標は ［(2)］ である．

（関西大・理工系，安全）

（2） OO′ の中点に着目

12 多面体

サッカーボールは12個の正五角形と20個の正六角形からなる．正五角形の辺と対角線の長さの比は $1:\dfrac{1+\sqrt{5}}{2}$ である．右図のように頂点に名前をつけるとき，

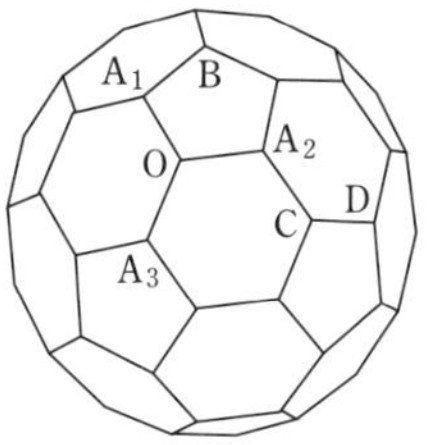

（1） $\overrightarrow{OB}=\boxed{\quad}\overrightarrow{OA_1}+\boxed{\quad}\overrightarrow{OA_2}$

（2） $\overrightarrow{OC}=\boxed{\quad}\overrightarrow{OA_2}+\boxed{\quad}\overrightarrow{OA_3}$

（3） $\overrightarrow{OD}=\boxed{\quad}\overrightarrow{OA_1}+\boxed{\quad}\overrightarrow{OA_2}+\boxed{\quad}\overrightarrow{OA_3}$　　（慶大・総政／形式変更，一部省略）

多面体の見方　とらえどころがないように見えるが実質的には平面図形の問題である．例えば，(1)はO，A_1，A_2，Bを含む面（五角形)，(2)はO，A_2，A_3，Cを含む面（六角形）の中でそれぞれ考えればよい．(3)はまず $\overrightarrow{OD}=\overrightarrow{OC}+\overrightarrow{CD}$ とベクトルをつなぐ．そして，A_2，C，Dを含む六角形を見て $\overrightarrow{CD}$ を求める．

解答

（1） $\overrightarrow{A_2B}=\dfrac{1+\sqrt{5}}{2}\overrightarrow{OA_1}$ であるから，

$$\overrightarrow{OB}=\overrightarrow{OA_2}+\overrightarrow{A_2B}=\mathbf{\frac{1+\sqrt{5}}{2}}\overrightarrow{OA_1}+\mathbf{1}\cdot\overrightarrow{OA_2}$$

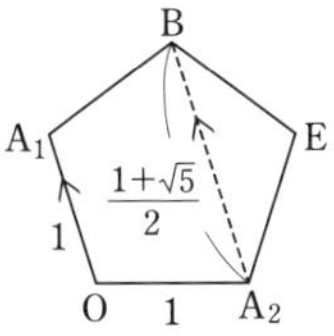

⇦OA_1 と A_2B は平行．

（2） $\overrightarrow{A_3C}=2\overrightarrow{OA_2}$ より，

$$\overrightarrow{OC}=\overrightarrow{OA_3}+\overrightarrow{A_3C}=\mathbf{2}\overrightarrow{OA_2}+\mathbf{1}\cdot\overrightarrow{OA_3}$$

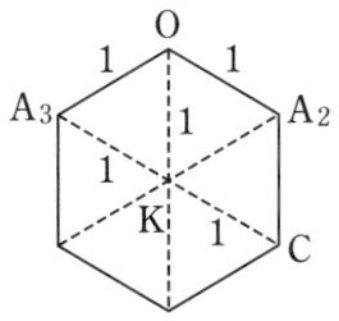

（3） O，A_1，A_2，Bを含む五角形の残りの頂点をEとする［(1)の図］と，(1)で $\overrightarrow{OB}$ を表す式の $\overrightarrow{OA_1}$ と $\overrightarrow{OA_2}$ を入れ替えたものが $\overrightarrow{OE}$ を表す式になるから，

⇦BEの垂直二等分線に関して対称．

$$\overrightarrow{OE}=\overrightarrow{OA_1}+\frac{1+\sqrt{5}}{2}\overrightarrow{OA_2}$$

E，A_2，C，Dを含む正六角形の図から，

$$\overrightarrow{OD}=\overrightarrow{OE}+\overrightarrow{ED}=\overrightarrow{OE}+2\overrightarrow{A_2C}$$

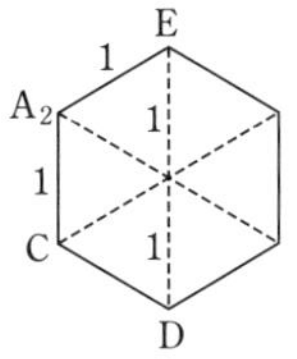

$\overrightarrow{A_2C}$ は(2)の正六角形の図で $\overrightarrow{OK}$ と同じベクトルだから，

$$\overrightarrow{OD}=\overrightarrow{OE}+2(\overrightarrow{OA_2}+\overrightarrow{OA_3})$$
$$=\mathbf{1}\cdot\overrightarrow{OA_1}+\mathbf{\frac{5+\sqrt{5}}{2}}\overrightarrow{OA_2}+\mathbf{2}\overrightarrow{OA_3}$$

12 演習題（解答は p.50）

右図のように，辺の長さが1の正五角形を面にもつ正十二面体がある．$\overrightarrow{AB}=\vec{a}$，$\overrightarrow{AE}=\vec{b}$，$\overrightarrow{AF}=\vec{c}$ とするとき，

（1） 対角線ADの長さは $\boxed{\quad}$

（2） $\overrightarrow{BC}=\boxed{\quad}\vec{a}+\boxed{\quad}\vec{b}$，

$\overrightarrow{BG}=\boxed{\quad}\vec{a}+\boxed{\quad}\vec{c}$

（3） $\overrightarrow{GH}=\boxed{\quad}\vec{a}+\boxed{\quad}\vec{b}+\boxed{\quad}\vec{c}$　（早大・国際教養）

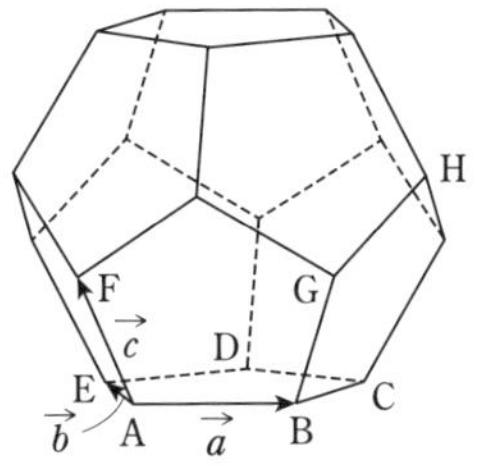

（1） 例題で与えられているが，求め方を考えよう．例えば，相似を利用
（3） （2）との関連を見つける．

空間のベクトル 演習題の解答

1…B**	**2**…B**○	**3**…B***
4…B**○	**5**…A*	**6**…B***
7…B*	**8**…B*	**9**…C***
10…B**	**11**…B**	**12**…C**○

1 (2) $\overrightarrow{OS}=\overrightarrow{OA}+k\overrightarrow{AR}$ とおき，これを $\vec{a}(=\overrightarrow{OA})$，$\vec{b}(=\overrightarrow{OB})$，$\vec{c}(=\overrightarrow{OC})$ で表す．S が平面 OBC 上にあるので $\vec{a}$ の係数は 0.

(3) $\overrightarrow{SQ}=l\vec{a}$ と書ける（つまり，$\vec{b}$ と $\vec{c}$ の係数がともに 0 の）ときの m の値を求める．

解 (1) $\overrightarrow{\mathbf{OP}}=\dfrac{1}{2}(\vec{a}+\vec{b})$

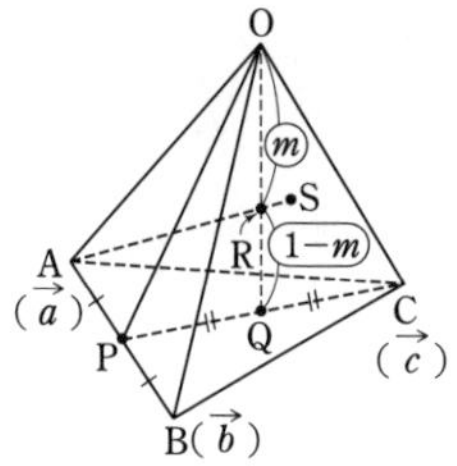

$$\overrightarrow{\mathbf{OQ}}=\frac{1}{2}(\overrightarrow{OP}+\overrightarrow{OC})$$
$$=\frac{1}{4}\vec{a}+\frac{1}{4}\vec{b}+\frac{1}{2}\vec{c}$$
$$\overrightarrow{\mathbf{OR}}=m\overrightarrow{OQ}$$
$$=\frac{m}{4}\vec{a}+\frac{m}{4}\vec{b}+\frac{m}{2}\vec{c}$$

(2) $\overrightarrow{AS}=k\overrightarrow{AR}$（$k$ は実数）とおける．このとき，

$$\overrightarrow{OS}=\overrightarrow{OA}+\overrightarrow{AS}=\overrightarrow{OA}+k\overrightarrow{AR}=\overrightarrow{OA}+k(\overrightarrow{OR}-\overrightarrow{OA})$$
$$=\vec{a}+k\left(\frac{m}{4}\vec{a}+\frac{m}{4}\vec{b}+\frac{m}{2}\vec{c}-\vec{a}\right)$$
$$=\left\{1+k\left(\frac{m}{4}-1\right)\right\}\vec{a}+\frac{km}{4}\vec{b}+\frac{km}{2}\vec{c}$$

であり，S は平面 OBC 上にあるから上式の $\vec{a}$ の係数は 0 である．

$$\therefore\ 1+k\left(\frac{m}{4}-1\right)=0 \qquad \therefore\ k=\frac{4}{4-m}$$

従って，

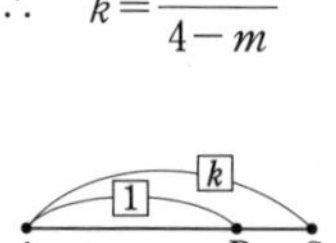

$$\mathrm{AR}:\mathrm{RS}=1:(k-1)$$
$$=1:\frac{m}{4-m}$$
$$=(\mathbf{4-m}):\boldsymbol{m}$$

(3) $$\overrightarrow{OS}=\frac{km}{4}\vec{b}+\frac{km}{2}\vec{c}$$
$$=\frac{m}{4-m}\vec{b}+\frac{2m}{4-m}\vec{c}$$

であるから，

$$\overrightarrow{SQ}=\overrightarrow{OQ}-\overrightarrow{OS}$$
$$=\frac{1}{4}\vec{a}+\left(\frac{1}{4}-\frac{m}{4-m}\right)\vec{b}+\left(\frac{1}{2}-\frac{2m}{4-m}\right)\vec{c}$$

OA∥SQ のとき，上式の $\vec{b}$ と $\vec{c}$ の係数はともに 0.

$$\therefore\ \frac{1}{4}-\frac{m}{4-m}=\frac{1}{2}-\frac{2m}{4-m}=0$$
$$\therefore\ 4m=4-m \qquad \therefore\ \boldsymbol{m=\frac{4}{5}}$$

2 (2) $\overrightarrow{ML}=s\overrightarrow{MN}+t\overrightarrow{MK}$ と表せる，と考える．

(3) 直線 GF 上の点 P は $\overrightarrow{OP}=\overrightarrow{OF}+w\overrightarrow{FG}$ と表せ，これが辺 FG 上にあるための条件は $0\leqq w\leqq 1$……☆ である．この w を k で表し，☆に代入するという方針で解く．

解 (1) $\overrightarrow{\mathbf{MN}}=\overrightarrow{MA}+\overrightarrow{AN}=\dfrac{1}{2}\vec{a}+\dfrac{2}{5}\vec{b}$

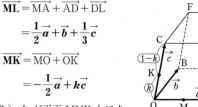

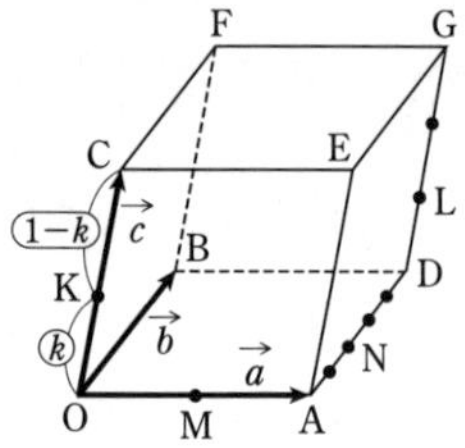

$$\overrightarrow{\mathbf{ML}}=\overrightarrow{MA}+\overrightarrow{AD}+\overrightarrow{DL}$$
$$=\frac{1}{2}\vec{a}+\vec{b}+\frac{1}{3}\vec{c}$$
$$\overrightarrow{\mathbf{MK}}=\overrightarrow{MO}+\overrightarrow{OK}$$
$$=-\frac{1}{2}\vec{a}+k\vec{c}$$

(2) L が平面 MNK 上にあるとき，$\overrightarrow{ML}=s\overrightarrow{MN}+t\overrightarrow{MK}$ と表せる．(1)より，右辺は

$$s\left(\frac{1}{2}\vec{a}+\frac{2}{5}\vec{b}\right)+t\left(-\frac{1}{2}\vec{a}+k\vec{c}\right)$$
$$=\left(\frac{1}{2}s-\frac{1}{2}t\right)\vec{a}+\frac{2}{5}s\vec{b}+kt\vec{c}$$

で，これが $\overrightarrow{ML}=\dfrac{1}{2}\vec{a}+\vec{b}+\dfrac{1}{3}\vec{c}$ に等しい．$\vec{a}$，$\vec{b}$，$\vec{c}$ は 1 次独立だから係数を比較して，

$$\frac{1}{2}s-\frac{1}{2}t=\frac{1}{2},\quad \frac{2}{5}s=1,\quad kt=\frac{1}{3}$$

第 2 式から $s=\dfrac{5}{2}$，これと第 1 式：$s-t=1$ から $t=\dfrac{3}{2}$，

第 3 式から $k=\dfrac{1}{3t}=\boldsymbol{\dfrac{2}{9}}$

(3) 平面 MNK と直線 GF の交点を P とすると，

$$\overrightarrow{MP}=u\overrightarrow{MN}+v\overrightarrow{MK} \quad \cdots\cdots①$$
$$\overrightarrow{OP}=\overrightarrow{OF}+w\overrightarrow{FG} \quad \cdots\cdots②$$

（u，v，w は実数）と書ける．

①より，

$$\overrightarrow{OP}=\overrightarrow{OM}+\overrightarrow{MP}=\overrightarrow{OM}+u\overrightarrow{MN}+v\overrightarrow{MK}$$

$$=\frac{1}{2}\vec{a}+u\left(\frac{1}{2}\vec{a}+\frac{2}{5}\vec{b}\right)+v\left(-\frac{1}{2}\vec{a}+k\vec{c}\right)$$

$$=\left(\frac{1}{2}+\frac{1}{2}u-\frac{1}{2}v\right)\vec{a}+\frac{2}{5}u\vec{b}+kv\vec{c}$$

②より

$$\overrightarrow{OP}=\overrightarrow{OF}+w\overrightarrow{FG}=\vec{b}+\vec{c}+w\vec{a}$$

これらの係数を比較して,

$$\frac{1}{2}+\frac{1}{2}u-\frac{1}{2}v=w,\ \frac{2}{5}u=1,\ kv=1$$

第2式, 第3式から $u=\frac{5}{2}$, $v=\frac{1}{k}$ であり, これらを第1式に代入して

$$w=\frac{1}{2}+\frac{1}{2}\cdot\frac{5}{2}-\frac{1}{2}\cdot\frac{1}{k}=\frac{7}{4}-\frac{1}{2k}$$

P が辺 FG 上にあるための条件は $0\leqq w\leqq 1$ だから,

$$0\leqq\frac{7}{4}-\frac{1}{2k}\leqq 1 \qquad \therefore\ \frac{3}{4}\leqq\frac{1}{2k}\leqq\frac{7}{4}$$

よって, $\boldsymbol{\frac{2}{7}\leqq k\leqq\frac{2}{3}}$

3 (1) 始点を O にして,「$\overrightarrow{OD}$ を $\overrightarrow{OL}$, $\overrightarrow{OM}$, $\overrightarrow{ON}$ で書いたときの係数の和が 1」と「D が OA 上」から求める.

(2) $\overrightarrow{DN}\cdot\overrightarrow{KP}=0$ ……☆ である. $\overrightarrow{DP}=t\overrightarrow{DN}$ とおき, ☆を D を始点にして書き直す. D を始点にすると t を求める計算が少しラク.

解 (1) D は平面 LMN 上の点であるから,

$$\overrightarrow{OD}=p\overrightarrow{OL}+q\overrightarrow{OM}+r\overrightarrow{ON},\ p+q+r=1$$

と表せる.

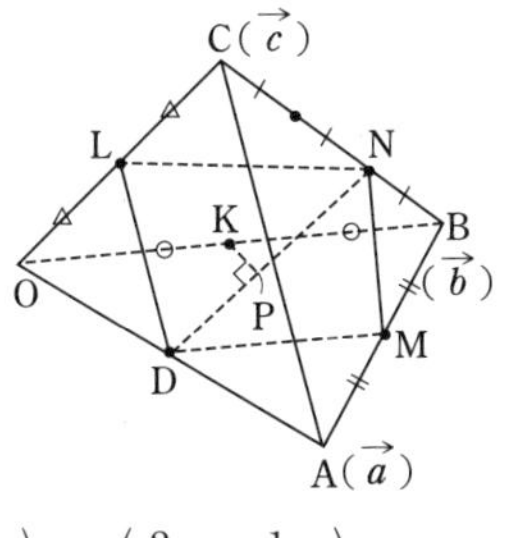

$$\overrightarrow{OL}=\frac{1}{2}\vec{c},$$

$$\overrightarrow{OM}=\frac{1}{2}\vec{a}+\frac{1}{2}\vec{b},$$

$$\overrightarrow{ON}=\frac{2}{3}\vec{b}+\frac{1}{3}\vec{c}$$

より,

$$\overrightarrow{OD}=p\cdot\frac{1}{2}\vec{c}+q\left(\frac{1}{2}\vec{a}+\frac{1}{2}\vec{b}\right)+r\left(\frac{2}{3}\vec{b}+\frac{1}{3}\vec{c}\right)$$

$$=\frac{q}{2}\vec{a}+\left(\frac{q}{2}+\frac{2}{3}r\right)\vec{b}+\left(\frac{p}{2}+\frac{r}{3}\right)\vec{c}$$

D は OA 上の点だから, 上式の $\vec{b}$, $\vec{c}$ の係数はともに 0 である. よって,

$$\frac{q}{2}+\frac{2}{3}r=0,\ \frac{p}{2}+\frac{r}{3}=0$$

$$\therefore\ q=-\frac{4}{3}r,\ p=-\frac{2}{3}r$$

これを $p+q+r=1$ に代入すると,

$$-r=1 \qquad \therefore\ r=-1$$

よって, $q=\frac{4}{3}$, $\overrightarrow{OD}=\frac{q}{2}\vec{a}=\boldsymbol{\frac{2}{3}\vec{a}}$

(2) $\overrightarrow{DN}\cdot\overrightarrow{KP}=0$ ……☆ である. $\overrightarrow{DP}=t\overrightarrow{DN}$ (t は実数) とおけるから, ☆は

$$\overrightarrow{DN}\cdot(\overrightarrow{DP}-\overrightarrow{DK})=0 \qquad \therefore\ \overrightarrow{DN}\cdot(t\overrightarrow{DN}-\overrightarrow{DK})=0$$

$$\therefore\ t=\frac{\overrightarrow{DN}\cdot\overrightarrow{DK}}{|\overrightarrow{DN}|^2} \quad \cdots\cdots ①$$

ここで,

$$\overrightarrow{DN}=\overrightarrow{ON}-\overrightarrow{OD}=\frac{1}{3}(2\vec{b}+\vec{c}-2\vec{a})$$

であり, この正四面体の 1 辺の長さは $\sqrt{2}$ なので

$$|\vec{a}|^2=|\vec{b}|^2=|\vec{c}|^2=2,$$

$$\vec{a}\cdot\vec{b}=\vec{b}\cdot\vec{c}=\vec{c}\cdot\vec{a}=\sqrt{2}\cdot\sqrt{2}\cdot\cos 60^\circ=1$$

であるから,

$$|2\vec{b}+\vec{c}-2\vec{a}|^2$$

$$=4|\vec{b}|^2+|\vec{c}|^2+4|\vec{a}|^2+4\vec{b}\cdot\vec{c}-4\vec{c}\cdot\vec{a}-8\vec{a}\cdot\vec{b}$$

$$=8+2+8+4-4-8=10$$

よって, $|\overrightarrow{DN}|^2=\frac{10}{9}$ ……②

次に,

$$\overrightarrow{DK}=\overrightarrow{OK}-\overrightarrow{OD}=\frac{1}{2}\vec{b}-\frac{2}{3}\vec{a}=\frac{1}{6}(3\vec{b}-4\vec{a})$$

より,

$$\overrightarrow{DN}\cdot\overrightarrow{DK}=\frac{1}{18}(2\vec{b}+\vec{c}-2\vec{a})\cdot(3\vec{b}-4\vec{a})$$

$$=\frac{1}{18}\left(6|\vec{b}|^2-8\vec{a}\cdot\vec{b}+3\vec{b}\cdot\vec{c}-4\vec{a}\cdot\vec{c}-6\vec{a}\cdot\vec{b}+8|\vec{a}|^2\right)$$

$$=\frac{1}{18}(12-8+3-4-6+16)=\frac{13}{18} \quad \cdots\cdots ③$$

②, ③を①に代入して,

$$t=\frac{13/18}{10/9}=\frac{13}{20}$$

従って,

$$\overrightarrow{OP}=\overrightarrow{OD}+\overrightarrow{DP}=\overrightarrow{OD}+t\overrightarrow{DN}$$

$$=\frac{2}{3}\vec{a}+\frac{13}{20}\cdot\frac{1}{3}(2\vec{b}+\vec{c}-2\vec{a})$$

$$=\boldsymbol{\frac{7}{30}\vec{a}+\frac{13}{30}\vec{b}+\frac{13}{60}\vec{c}}$$

4 (1) $\overrightarrow{AD}=s\overrightarrow{AB}+t\overrightarrow{AC}$ と表せる. 両辺の成分を比較しよう.

(2) $\overrightarrow{AP}=u\overrightarrow{AB}$ とおき, $\overrightarrow{OP}=\overrightarrow{OD}$ となるときの u と

aを求める．Qについても同様．

（3） 具体的に面積を求める必要はなく，AB：AP と AC：AQ から面積比が求められる．

解 A(1, 0, 3), B(0, 4, −2), C(4, −3, 0)

（1） $\overrightarrow{AB}=\begin{pmatrix}-1\\4\\-5\end{pmatrix}$, $\overrightarrow{AC}=\begin{pmatrix}3\\-3\\-3\end{pmatrix}$であり，これらは1次独立である．D$(-7+5a,\ 14-8a,\ z)$が平面 ABC 上にあるとき，

$$\overrightarrow{AD}=s\overrightarrow{AB}+t\overrightarrow{AC}\quad(s,\ t\text{は実数})$$

と表せるので，

$$\begin{pmatrix}-8+5a\\14-8a\\z-3\end{pmatrix}=s\begin{pmatrix}-1\\4\\-5\end{pmatrix}+t\begin{pmatrix}3\\-3\\-3\end{pmatrix}$$

$3t=t'$とおき，成分を比較すると

$-8+5a=-s+t'$ ……①, $14-8a=4s-t'$ ……②

$z-3=-5s-t'$ ……③

①＋②より $6-3a=3s$　　∴ $s=2-a$

これを②に代入して，

$t'=4s+8a-14=4(2-a)+8a-14=4a-6$

これらを③に代入して，

$z=-5s-t'+3=-5(2-a)-(4a-6)+3=\boldsymbol{a-1}$

（2） $\overrightarrow{AP}=u\overrightarrow{AB}$ とおくと，

$$\overrightarrow{OP}=\overrightarrow{OA}+\overrightarrow{AP}=\overrightarrow{OA}+u\overrightarrow{AB}=\begin{pmatrix}1\\0\\3\end{pmatrix}+u\begin{pmatrix}-1\\4\\-5\end{pmatrix}$$

これと $\overrightarrow{OD}=\begin{pmatrix}-7+5a\\14-8a\\a-1\end{pmatrix}$が等しいとき，

$1-u=-7+5a$ ……④, $4u=14-8a$ ……⑤

$3-5u=a-1$ ……⑥

④×4＋⑤より，

$$4=-14+12a\qquad ∴\ a=\frac{3}{2}$$

これを④に代入すると $u=8-5a=\dfrac{1}{2}$（このとき⑥は成り立つ）

同様に，$\overrightarrow{AQ}=v\overrightarrow{AC}$ とおくと，

$$\overrightarrow{OQ}=\overrightarrow{OA}+\overrightarrow{AQ}=\overrightarrow{OA}+v\overrightarrow{AC}=\begin{pmatrix}1\\0\\3\end{pmatrix}+v\begin{pmatrix}3\\-3\\-3\end{pmatrix}$$

であり，これと $\overrightarrow{OD}$ が等しいとき，

$1+3v=-7+5a$ ……⑦, $-3v=14-8a$ ……⑧

$3-3v=a-1$ ……⑨

⑦＋⑧より $1=7-3a$　　∴ $a=2$

これを⑦に代入して $3v=2$（このとき⑨は成り立つ）

答えは，$\mathbf{P}\left(\boldsymbol{\frac{1}{2}},\ \mathbf{2},\ \boldsymbol{\frac{1}{2}}\right)$, $\mathbf{Q(3,\ -2,\ 1)}$

（3）（2）で求めた値

$$u=\frac{1}{2},\ v=\frac{2}{3}$$

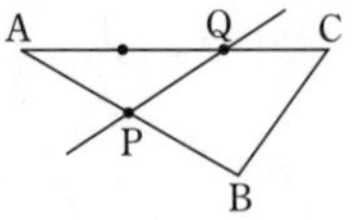

より右図のようになる．よって，

$$\frac{S_2}{S_1}=\frac{\triangle APQ}{\triangle ABC}=\frac{AP\times AQ}{AB\times AC}=\frac{AP}{AB}\times\frac{AQ}{AC}$$

$$=\frac{1}{2}\cdot\frac{2}{3}=\boldsymbol{\frac{1}{3}}$$

➡**注**（1） 平面 ABC の方程式を求めると，$3x+2y+z-6=0$ となる（求め方については☞ ○10)．これに D の座標を代入して

$3(-7+5a)+2(14-8a)+z-6=0$

∴ $z=a-1$

としてもよい．

5 例題と同様，$\overrightarrow{AH}=t\overrightarrow{AB}$ とおいて t を $\overrightarrow{AB}$ と $\overrightarrow{AC}$ で表す．

解 A(3, 1, 2), B(1, 0, 3), l：直線 AB

H は直線 AB 上にあるから，

$\overrightarrow{AH}=t\overrightarrow{AB}$　（tは実数）

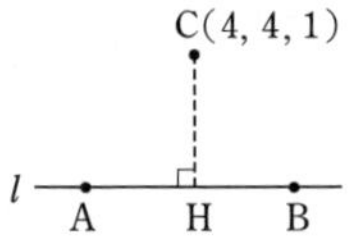

とおける．$\overrightarrow{CH}\perp\overrightarrow{AB}$ より

$\overrightarrow{CH}\cdot\overrightarrow{AB}=0$ だから，

$(\overrightarrow{AH}-\overrightarrow{AC})\cdot\overrightarrow{AB}=0$

∴ $(t\overrightarrow{AB}-\overrightarrow{AC})\cdot\overrightarrow{AB}=0$　　∴ $t=\dfrac{\overrightarrow{AB}\cdot\overrightarrow{AC}}{|\overrightarrow{AB}|^2}$

$\overrightarrow{AB}=\begin{pmatrix}-2\\-1\\1\end{pmatrix}$, $\overrightarrow{AC}=\begin{pmatrix}1\\3\\-1\end{pmatrix}$より

$|\overrightarrow{AB}|^2=(-2)^2+(-1)^2+1^2=6$

$\overrightarrow{AB}\cdot\overrightarrow{AC}=(-2)\cdot1+(-1)\cdot3+1\cdot(-1)=-6$

よって，$t=\dfrac{-6}{6}=-1$

$$\overrightarrow{OH}=\overrightarrow{OA}+\overrightarrow{AH}=\overrightarrow{OA}+(-1)\overrightarrow{AB}$$

$$=\begin{pmatrix}3\\1\\2\end{pmatrix}-\begin{pmatrix}-2\\-1\\1\end{pmatrix}=\begin{pmatrix}5\\2\\1\end{pmatrix}$$

より，**H(5, 2, 1)**

$\overrightarrow{CH}=\overrightarrow{OH}-\overrightarrow{OC}=\begin{pmatrix}5\\2\\1\end{pmatrix}-\begin{pmatrix}4\\4\\1\end{pmatrix}=\begin{pmatrix}1\\-2\\0\end{pmatrix}$より

$$\mathbf{CH}=\sqrt{1^2+(-2)^2+0^2}=\boldsymbol{\sqrt{5}}$$

6 l 上の点を $\overrightarrow{\mathrm{OP}}=\begin{pmatrix}0\\-1\\4\end{pmatrix}+p\begin{pmatrix}1\\0\\-1/2\end{pmatrix}$，$m$ 上の点を $\overrightarrow{\mathrm{OQ}}=\begin{pmatrix}-1\\-1\\0\end{pmatrix}+q\begin{pmatrix}2\\-2\\1\end{pmatrix}$ とパラメータ表示して，

（１） p，q を s，t で表す．

（２） P=Q となる s，t が存在しないことを示す．

（３） $\overrightarrow{\mathrm{PQ}}$ が l，m の方向ベクトル $\vec{a}$，$\vec{b}$ の両方に垂直になることから s，t を求める．

解 $\vec{a}=\begin{pmatrix}1\\0\\-1/2\end{pmatrix}$，$\vec{b}=\begin{pmatrix}2\\-2\\1\end{pmatrix}$

（１） l 上の点 $\mathrm{P}(x,\ y,\ z)$ は，

$$\begin{pmatrix}x\\y\\z\end{pmatrix}=\begin{pmatrix}0\\-1\\4\end{pmatrix}+p\vec{a}=\begin{pmatrix}0\\-1\\4\end{pmatrix}+p\begin{pmatrix}1\\0\\-1/2\end{pmatrix}\quad\cdots\cdots①$$

（p は実数）と表せる．P の x 座標が s のとき，$p=s$ であるから，①の p を s にして，

$$\mathbf{P}\left(\boldsymbol{s},\ \mathbf{-1},\ \mathbf{4}-\frac{\boldsymbol{s}}{\mathbf{2}}\right)$$

m 上の点 $\mathrm{Q}(x,\ y,\ z)$ は，

$$\begin{pmatrix}x\\y\\z\end{pmatrix}=\begin{pmatrix}-1\\-1\\0\end{pmatrix}+q\vec{b}=\begin{pmatrix}-1\\-1\\0\end{pmatrix}+q\begin{pmatrix}2\\-2\\1\end{pmatrix}\quad\cdots\cdots②$$

（q は実数）と表せる．Q の z 座標が t のとき，$q=t$ であるから，②の q を t にして，

$$\mathbf{Q}(\mathbf{-1+2}\boldsymbol{t},\ \mathbf{-1-2}\boldsymbol{t},\ \boldsymbol{t})$$

（２） l と m が交わるとすると，P=Q すなわち

$$s=-1+2t,\ -1=-1-2t,\ 4-\frac{s}{2}=t$$

を満たす s，t が存在する．第２式より $t=0$ で，これと第１式から $s=-1$．これらを第３式に代入すると $4-\dfrac{-1}{2}=0$ となって成り立たないから，P=Q となる s と t は存在しない．よって l と m は交わらない．

（３） （１）の s，t に対して，①，②より，

$$\overrightarrow{\mathrm{PQ}}=\overrightarrow{\mathrm{OQ}}-\overrightarrow{\mathrm{OP}}$$
$$=\begin{pmatrix}-1\\-1\\0\end{pmatrix}+t\vec{b}-\begin{pmatrix}0\\-1\\4\end{pmatrix}-s\vec{a}$$
$$=\begin{pmatrix}-1\\0\\-4\end{pmatrix}-s\vec{a}+t\vec{b}\quad\cdots\cdots※$$

となる．直線 PQ が l，m（方向ベクトルはそれぞれ $\vec{a}$，$\vec{b}$）の両方に垂直のとき，

$$\overrightarrow{\mathrm{PQ}}\cdot\vec{a}=0,\ \overrightarrow{\mathrm{PQ}}\cdot\vec{b}=0$$

であるから，

$$\begin{pmatrix}-1\\0\\-4\end{pmatrix}\cdot\vec{a}-s|\vec{a}|^2+t\vec{a}\cdot\vec{b}=0\quad\cdots\cdots③$$

$$\begin{pmatrix}-1\\0\\-4\end{pmatrix}\cdot\vec{b}-s\vec{a}\cdot\vec{b}+t|\vec{b}|^2=0\quad\cdots\cdots④$$

ここで，

$$\begin{pmatrix}-1\\0\\-4\end{pmatrix}\cdot\vec{a}=\begin{pmatrix}-1\\0\\-4\end{pmatrix}\cdot\begin{pmatrix}1\\0\\-1/2\end{pmatrix}=-1+2=1$$

$$\begin{pmatrix}-1\\0\\-4\end{pmatrix}\cdot\vec{b}=\begin{pmatrix}-1\\0\\-4\end{pmatrix}\cdot\begin{pmatrix}2\\-2\\1\end{pmatrix}=-2-4=-6$$

$$|\vec{a}|^2=1+\frac{1}{4}=\frac{5}{4},\ |\vec{b}|^2=4+4+1=9,$$

$$\vec{a}\cdot\vec{b}=\begin{pmatrix}1\\0\\-1/2\end{pmatrix}\cdot\begin{pmatrix}2\\-2\\1\end{pmatrix}=2-\frac{1}{2}=\frac{3}{2}$$

より，③，④は

$$1-\frac{5}{4}s+\frac{3}{2}t=0\ \cdots\cdots③',\quad -6-\frac{3}{2}s+9t=0\ \cdots\cdots④'$$

③$'\times4$，④$'\times\dfrac{2}{3}$ より

$$4-5s+6t=0\ \cdots\cdots⑤,\quad -4-s+6t=0\ \cdots\cdots⑥$$

⑤−⑥より　$8-4s=0$　　$\therefore\ s=2$

これを⑤に代入して，$t=1$

よって，$\mathbf{P(2,\ -1,\ 3)}$，$\mathbf{Q(1,\ -3,\ 1)}$

このとき，

$$\mathrm{PQ}=|\overrightarrow{\mathrm{PQ}}|=\left|\begin{pmatrix}-1\\-2\\-2\end{pmatrix}\right|=\sqrt{1+4+4}=\mathbf{3}$$

⇨**注１** （３）の※を成分表示すると

$$\overrightarrow{\mathrm{PQ}}=\left(-1-s+2t,\ -2t,\ -4+\frac{1}{2}s+t\right)$$

となるが，これを用いて，$\overrightarrow{\mathrm{PQ}}\cdot\vec{a}$，$\overrightarrow{\mathrm{PQ}}\cdot\vec{b}$ を計算すると s，t について整理し直すことになって遠回り．

⇨**注２** （３）で求めた P，Q をそれぞれ $\mathrm{P_0}$，$\mathrm{Q_0}$ として，$\vec{n}=\overrightarrow{\mathrm{P_0Q_0}}$ とする．また，l を含み法線ベクトルが $\vec{n}$ の平面を π_1，m を含み法線ベクトルが $\vec{n}$ の平面を π_2 とする．このとき，l 上の点 P と m 上の点 Q について

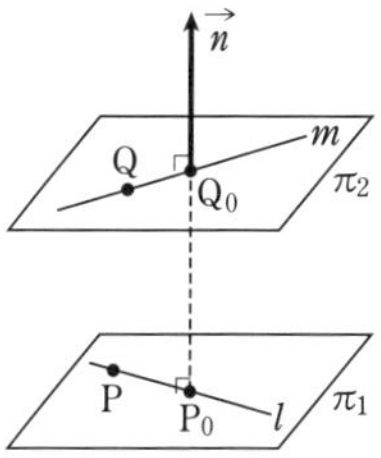

$$\mathrm{PQ}\geqq(\pi_1\ と\ \pi_2\ の距離)=\mathrm{P_0Q_0}$$

であることがわかるだろう．

7 （1） △OAB の面積の 2 倍なので，$\vec{a}$，$\vec{b}$ を用いた式で書ける．

（2） まず，求めるベクトル $\vec{n}$ の方向を決める．

解 $\vec{a}=\begin{pmatrix}1\\3\\2\end{pmatrix}$, $\vec{b}=\begin{pmatrix}-1\\1\\2\end{pmatrix}$

（1） OA，OB を 2 辺とする平行四辺形の面積は △OAB の面積の 2 倍だから，

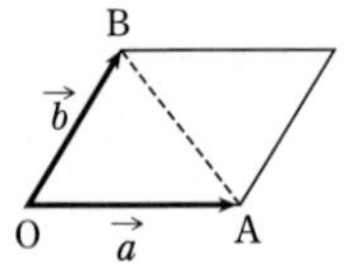

$$|\vec{a}|^2=1^2+3^2+2^2=14,$$
$$|\vec{b}|^2=(-1)^2+1^2+2^2=6,$$
$$\vec{a}\cdot\vec{b}=1\cdot(-1)+3\cdot1+2\cdot2=6$$

より

$$2\triangle\mathrm{OAB}=\sqrt{|\vec{a}|^2|\vec{b}|^2-(\vec{a}\cdot\vec{b})^2}$$
$$=\sqrt{14\cdot6-6\cdot6}=\sqrt{48}=\mathbf{4\sqrt{3}}$$

（2） 求めるベクトルを $\vec{n}=\begin{pmatrix}a\\b\\c\end{pmatrix}$ とおくと，

$\vec{n}\cdot\vec{a}=0$，$\vec{n}\cdot\vec{b}=0$ より

$$a+3b+2c=0\cdots\cdots①,\quad -a+b+2c=0\cdots\cdots②$$

①−②より $2a+2b=0$ だから $b=-a$ で，これを①に代入すると $-2a+2c=0$ となるので $c=a$

よって，$\vec{n}=\begin{pmatrix}a\\-a\\a\end{pmatrix}=a\begin{pmatrix}1\\-1\\1\end{pmatrix}$

$|\vec{n}|=1$ より

$$|a|\sqrt{1^2+(-1)^2+1^2}=1 \qquad \therefore\ a=\pm\frac{1}{\sqrt{3}}$$

答えは，$\pm\dfrac{\mathbf{1}}{\sqrt{\mathbf{3}}}\begin{pmatrix}\mathbf{1}\\\mathbf{-1}\\\mathbf{1}\end{pmatrix}$

8 前問（2）を使い，例題と同様に高さを求める．

解 （3） O を通り方向ベクトルが（2）の $\vec{n}$ の直線を l とし，C から l に下ろした垂線の足を H とする．

$\overrightarrow{\mathrm{OH}}=k\vec{n}$ とおけて，

$\overrightarrow{\mathrm{OH}}\perp\overrightarrow{\mathrm{CH}}$ すなわち

$\overrightarrow{\mathrm{OH}}\cdot\overrightarrow{\mathrm{CH}}=0$ であるから，

$$\overrightarrow{\mathrm{OH}}\cdot(\overrightarrow{\mathrm{OH}}-\overrightarrow{\mathrm{OC}})=0$$
$$\therefore\ k\vec{n}\cdot(k\vec{n}-\overrightarrow{\mathrm{OC}})=0$$
$$\therefore\ \vec{n}\cdot(k\vec{n}-\overrightarrow{\mathrm{OC}})=0$$

改めて $\vec{n}=\dfrac{1}{\sqrt{3}}\begin{pmatrix}1\\-1\\1\end{pmatrix}$ とすると，$|\vec{n}|=1$ より

$$k=\frac{\vec{n}\cdot\overrightarrow{\mathrm{OC}}}{|\vec{n}|^2}=\vec{n}\cdot\overrightarrow{\mathrm{OC}}$$
$$=\frac{1}{\sqrt{3}}\begin{pmatrix}1\\-1\\1\end{pmatrix}\cdot\begin{pmatrix}-1\\2\\1\end{pmatrix}=\frac{1}{\sqrt{3}}(-1-2+1)=-\frac{2}{\sqrt{3}}$$

（1）を用いると，求める平行六面体の体積は

$$4\sqrt{3}\cdot\mathrm{OH}=4\sqrt{3}\cdot|k\vec{n}|=4\sqrt{3}\,|k|=\mathbf{8}$$

9 （1） $\overrightarrow{\mathrm{CH}}\cdot\overrightarrow{\mathrm{AQ}}=0$ を成分で書いて k を求める．

（3） （2）の CH が 1 以下になることが条件（逆手流）．

解 A(0, 0, 3)，C(0, 2, 2)，Q(a, b, 0)

（1） $\overrightarrow{\mathrm{AH}}=k\overrightarrow{\mathrm{AQ}}$ より，

$$\overrightarrow{\mathrm{CH}}=\overrightarrow{\mathrm{AH}}-\overrightarrow{\mathrm{AC}}=k\overrightarrow{\mathrm{AQ}}-\overrightarrow{\mathrm{AC}}$$

である．CH⊥AQ だから

$$\overrightarrow{\mathrm{CH}}\cdot\overrightarrow{\mathrm{AQ}}=0 \qquad \therefore\ (k\overrightarrow{\mathrm{AQ}}-\overrightarrow{\mathrm{AC}})\cdot\overrightarrow{\mathrm{AQ}}=0$$

よって，$k=\dfrac{\overrightarrow{\mathrm{AC}}\cdot\overrightarrow{\mathrm{AQ}}}{\overrightarrow{\mathrm{AQ}}\cdot\overrightarrow{\mathrm{AQ}}}$

$$\overrightarrow{\mathrm{AC}}\cdot\overrightarrow{\mathrm{AQ}}=\begin{pmatrix}0\\2\\-1\end{pmatrix}\cdot\begin{pmatrix}a\\b\\-3\end{pmatrix}=2b+3,$$

$$\overrightarrow{\mathrm{AQ}}\cdot\overrightarrow{\mathrm{AQ}}=\left|\begin{pmatrix}a\\b\\-3\end{pmatrix}\right|^2$$
$$=a^2+b^2+9$$

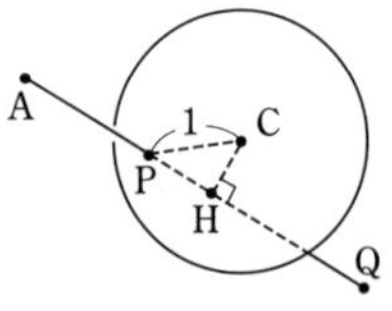

より，$\boldsymbol{k=\dfrac{2b+3}{a^2+b^2+9}}$

（2） $\mathrm{CH}^2=\mathrm{AC}^2-\mathrm{AH}^2$

$$=\mathrm{AC}^2-k^2\mathrm{AQ}^2$$
$$=(4+1)-\left(\frac{2b+3}{a^2+b^2+9}\right)^2\cdot(a^2+b^2+9)$$
$$=5-\frac{(2b+3)^2}{a^2+b^2+9}=\frac{5a^2+b^2-12b+36}{a^2+b^2+9}\ \cdots\cdots\cdots\cdots①$$

よって，$\boldsymbol{\mathrm{CH}=\sqrt{\dfrac{5a^2+b^2-12b+36}{a^2+b^2+9}}}$

（3） P が球面上を動くとき CH≦1 であるから，Q(a, b, 0) が求める存在範囲に含まれるための条件は CH≦1 である．①≦1 より

$$5a^2+b^2-12b+36$$
$$\leqq a^2+b^2+9$$
$$\therefore\ 4a^2-12b+27\leqq0$$

a，b を x，y に変え，

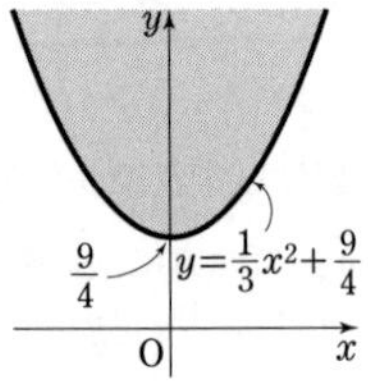

$$\boldsymbol{y \geqq \frac{1}{3}x^2+\frac{9}{4}}$$

答えは右図網目部（境界含む）.

⇒**注**　直円錐（の側面）と，その円錐に母線で接する平面に平行な平面（ただし，円錐の頂点を通らない）との交わりの曲線は放物線になることが知られている．本問で，直線 AQ が球面に接するときの AQ が作る曲面は直円錐になる．以下，球面を S，この円錐を E とする．

球面 S [中心 (0, 2, 2)，半径 1] 上の点で z 座標が最も大きいものは R(0, 2, 3) であるから，平面 $z=3$ は S に接する．点 A(0, 0, 3) が $z=3$ 上の点であることに注意すると，直線 AR は S に接する直線であり，E の母線になる．また，$z=3$ は R で S に接する．平面 $z=0$（xy 平面）は $z=3$ に平行であるから，E と $z=0$ の交わりは放物線になる．

10　2平面の交線の方向ベクトル $\vec{l}$ と，ベクトル $\vec{m}=(1, 2, 3)$ の両方に垂直なベクトル $\vec{n}$ が求める平面（α とする）の法線ベクトルとなる．$\vec{l}$ が求められれば $\vec{n}$ がわかり，さらに α 上の1点（どの点でもよい）がわかれば方程式が書ける．α 上の点は，例えば $x=0$ であるものを求めるのは難しくない（2平面の方程式それぞれに $x=0$ を代入して得られる y, z の連立方程式を解けばよいから）．同じ要領で交線上に他の点をとれば $\vec{l}$ が求められる．

解　$2x-3y+z=1$……①，$3x+2y-z=-1$……②

①②で $x=0$ とすると，$-3y+z=1$，$2y-z=-1$

これを解くと $y=0$，$z=1$ だから A(0, 0, 1) は①と②の交線（l とする）上にある．

①②で $z=0$ とすると，$2x-3y=1$，$3x+2y=-1$

これを解くと $x=-\frac{1}{13}$，$y=-\frac{5}{13}$ だから，

$\mathrm{B}\left(-\frac{1}{13},\ -\frac{5}{13},\ 0\right)$ は l 上にある．

$\overrightarrow{\mathrm{AB}}=-\frac{1}{13}\begin{pmatrix}1\\5\\13\end{pmatrix}$ だから，$\vec{l}=\begin{pmatrix}1\\5\\13\end{pmatrix}$ は l の方向ベクトルである．

$\vec{m}=\begin{pmatrix}1\\2\\3\end{pmatrix}$ とし，$\vec{n}=\begin{pmatrix}a\\b\\c\end{pmatrix}$ が $\vec{l}$ と $\vec{m}$ の両方に垂直であるとすると，

$a+5b+13c=0$……③，$a+2b+3c=0$……④

③−④より $3b+10c=0$ だから，$b=-10$ とすると $c=3$ で，このとき③から $a=-5b-13c=11$

求める平面 α の法線ベクトルの一つは $\begin{pmatrix}11\\-10\\3\end{pmatrix}$ で，α が A(0, 0, 1) を通ることから，α の方程式は

$$11(x-0)-10(y-0)+3(z-1)=0$$

$$\therefore\quad \boldsymbol{11x-10y+3z=3}$$

▨　交線 l は平面①内にあるので，$\vec{l}$ は①の法線ベクトル (2, −3, 1) と垂直，同様に②の法線ベクトルとも垂直になる．このことを利用して $\vec{l}$ を求めてもよいが，最終的に α 上の1点（例えば A）の座標が必要なので l 上にもう1点を見つける，という方針にした．

他に，①かつ②を x だけで表す方法がある．

①＋②から $5x-y=0$ で，$y=5x$ を①に代入すると $z=1-2x+3y=13x+1$．これより，①かつ②を満たす (x, y, z) [つまり l の点] は

$$\begin{pmatrix}x\\y\\z\end{pmatrix}=\begin{pmatrix}x\\5x\\13x+1\end{pmatrix}=\begin{pmatrix}0\\0\\1\end{pmatrix}+x\begin{pmatrix}1\\5\\13\end{pmatrix}$$

と表される．これより，l の方向ベクトルは〰〰．

▨　「本シリーズ数Ⅱの p.88 参照」　k を定数として

$$2x-3y+z-1+k(3x+2y-z+1)=0$$

で表される図形を考えると，これは平面であり，①かつ②を満たす点 (x, y, z) をすべて含む．つまり，①と②の交線を含む平面を表す．上式を整理すると

$$(2+3k)x+(-3+2k)y+(1-k)z+(-1+k)=0 \quad \cdots\cdots⑤$$

求める平面が⑤であるとすると，

- $\begin{pmatrix}2+3k,\\-3+2k\\1-k\end{pmatrix}$……⑥　は⑤に垂直
- $\begin{pmatrix}1\\2\\3\end{pmatrix}$……⑦　は⑤に含まれるある直線と平行

だから，⑥と⑦は垂直，つまり⑥・⑦＝0．よって，

$$(2+3k)\cdot 1+(-3+2k)\cdot 2+(1-k)\cdot 3=0$$

$$\therefore\quad 4k-1=0 \qquad \therefore\quad k=\frac{1}{4}$$

このとき⑤は

$$\frac{11}{4}x-\frac{5}{2}y+\frac{3}{4}z-\frac{3}{4}=0$$

$$\therefore\quad 11x-10y+3z=3$$

11　(2)　平面 ABC に関して O と対称な点が O′ のとき，（平面上で直線に関して対称な点と同様に）

OO′ が平面 ABC と垂直　かつ

OO′ の中点が平面 ABC 上

である．つまり，OO′ の中点が O から平面 ABC に下ろした垂線の足となる．

解　A(2, 0, 0)，B(0, 2, 0)，C(0, 0, 1)，

平面 ABC の方程式は $\frac{x}{2}+\frac{y}{2}+z=1$

分母を払うと，$x+y+2z-2=0$ ……………………①

(1)　①上に D(2, 4, k) があるとき，

$$2+4+2k-2=0 \qquad \therefore\quad \boldsymbol{k=-2}$$

（２） Oから平面ABCに下ろした垂線の足をHとすると，

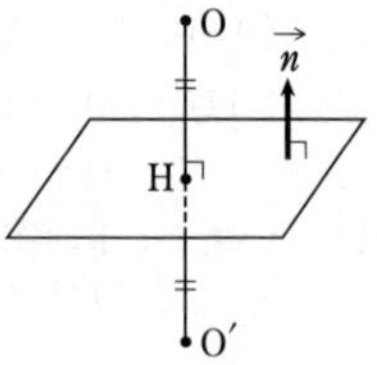

$$\overrightarrow{OO'}=2\overrightarrow{OH}$$

であり，$\overrightarrow{OH}$ は①の法線ベクトルと平行だから

$$\overrightarrow{OH}=k\begin{pmatrix}1\\1\\2\end{pmatrix}$$

とおける．H$(k,\ k,\ 2k)$が①上にあるとき，

$$k+k+2\cdot 2k-2=0 \qquad \therefore\quad k=\frac{1}{3}$$

$$\overrightarrow{OO'}=2\overrightarrow{OH}=\frac{2}{3}\begin{pmatrix}1\\1\\2\end{pmatrix}$$ であるから，

$$\mathrm{O'}\left(\boldsymbol{\frac{2}{3}},\ \boldsymbol{\frac{2}{3}},\ \boldsymbol{\frac{4}{3}}\right)$$

12 （１） ここでは，三角形の相似を利用する（この方法は再現しやすい）．

（２） それぞれの面（正五角形）の中で考える．

（３） （２）の図とうまく対応させる．

解 （１） 五角形の内角の和は（3個の三角形に分割して）180°×3だから，正五角形の1つの内角の大きさは

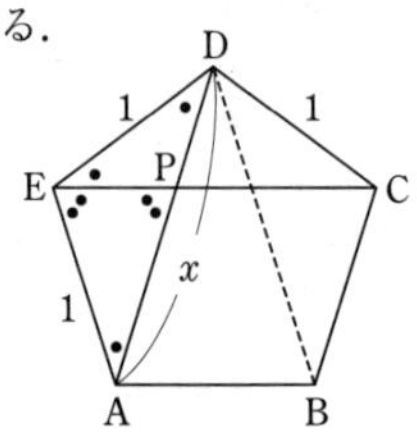

［•印1つが36°］

$$180°\times 3\div 5=108°$$

これとEA＝EDから

$$\angle\mathrm{EAD}=\angle\mathrm{ADE}=\frac{1}{2}(180°-108°)=36°$$

よって，ECとADの交点をPとすると，∠DEC＝∠EADから

$$\angle\mathrm{AEP}=\angle\mathrm{AED}-\angle\mathrm{DEC}=108°-36°=72°$$

$$\angle\mathrm{APE}=\angle\mathrm{ADE}+\angle\mathrm{DEC}=36°+36°=72°$$

これより，AP＝AE＝1

さらに，上の過程から△PDE∽△EDAなので，

$$\mathrm{PD}:\mathrm{DE}=\mathrm{ED}:\mathrm{DA}$$

AD$=x$とおくと，PD$=x-1$だから

$$(x-1):1=1:x \qquad \therefore\quad x(x-1)=1$$

$x^2-x-1=0$，$x>0$より $x=\boldsymbol{\dfrac{1+\sqrt{5}}{2}}$

（２）

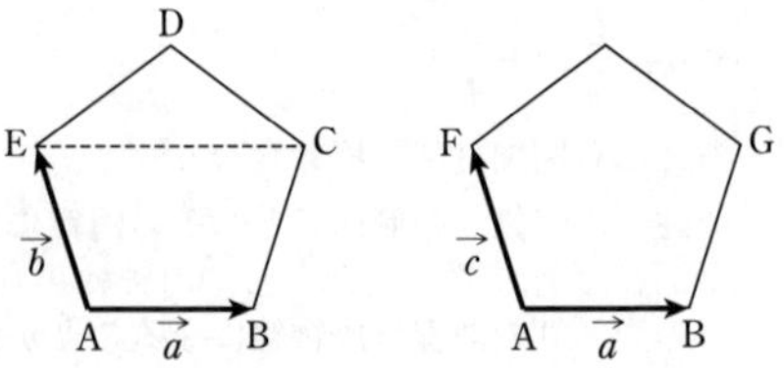

（１）の図で∠EPA＝∠PAB＝72°だからEC∥AB

これより上左図で $\overrightarrow{EC}=x\vec{a}=\dfrac{1+\sqrt{5}}{2}\vec{a}$ となるから，

$$\overrightarrow{BC}=\overrightarrow{BA}+\overrightarrow{AE}+\overrightarrow{EC}$$

$$=-\vec{a}+\vec{b}+\frac{1+\sqrt{5}}{2}\vec{a}=\boldsymbol{\frac{-1+\sqrt{5}}{2}}\vec{a}+\boldsymbol{1}\cdot\vec{b}$$

上右図は，上左図の $\vec{b}$ を $\vec{c}$ にかえたもので，CとGが対応しているから，

$$\overrightarrow{BG}=\boldsymbol{\frac{-1+\sqrt{5}}{2}}\vec{a}+\boldsymbol{1}\cdot\vec{c}$$

（３） 右図と（２）の左側の図の対応と考えると，

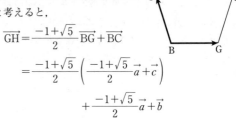

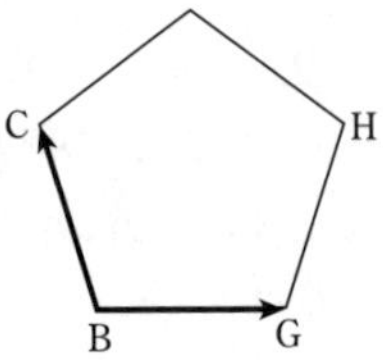

$$\overrightarrow{GH}=\frac{-1+\sqrt{5}}{2}\overrightarrow{BG}+\overrightarrow{BC}$$

$$=\frac{-1+\sqrt{5}}{2}\left(\frac{-1+\sqrt{5}}{2}\vec{a}+\vec{c}\right)$$

$$+\frac{-1+\sqrt{5}}{2}\vec{a}+\vec{b}$$

$\vec{a}$ の係数は $\dfrac{6-2\sqrt{5}}{4}+\dfrac{-1+\sqrt{5}}{2}=1$ なので，

$$\overrightarrow{GH}=\boldsymbol{1}\cdot\vec{a}+\boldsymbol{1}\cdot\vec{b}+\boldsymbol{\frac{-1+\sqrt{5}}{2}}\vec{c}$$

▨ （１）（２） 正五角形の対称性からEC∥AB，AD∥BCと書いてもよい．（１）では，四角形ABCPがひし形になり，ここからAP＝1が言える．

コラム 記号のつけ方

ここでは，図形の問題での「頂点の記号のつけ方」について，少し述べることにします．

大原則は，「辺に沿って順番につける」です．三角形の場合は問題になりませんが，四角形 ABCD と書いてあったら，辺を進んで A→B→C→D（→A）の順になるようにつけます．

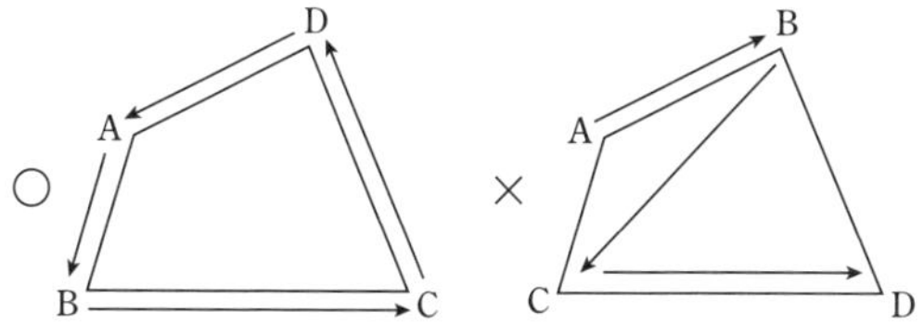

数学では反時計回り（左回り）を正の向きとしているので，左回りに A，B，C，…とするのが慣習です．ただ，逆につけても間違いではありません．正六角形などでは時計回りの方が自然だと思う人もいるでしょう．

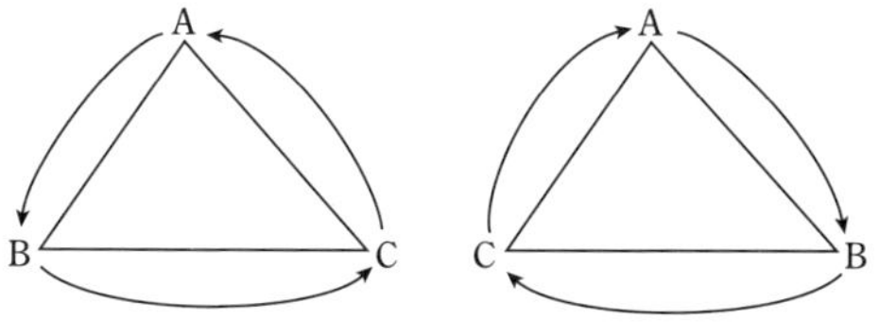

左（反時計）回り　　右（時計）回り

なお，これらは問題文に図がついていない，あるいは頂点の記号のつけ方に指示がない場合の話です．

本書では，解答の読みやすさを考え，記号のつけ方を問題によって変えています．

三角形 ABC のときは，上左図のように上を A にするのが自然でしょう．また，p.19 の演習題は問題に図がついていますが，六角形 ABCDEF で一番上が A，以下左回りに B～F ですから，これも自然な設定です．

三角形 OAB のとき，あるいは三角形 ABC でベクトルの始点を A としている（$\overrightarrow{AB}$ と $\overrightarrow{AC}$ を使う）ときは，基準となる点（OAB の O，ABC の A）を左下にすることがあります．これは，基準となる点を座標平面の原点に重ねているようなイメージからきています．

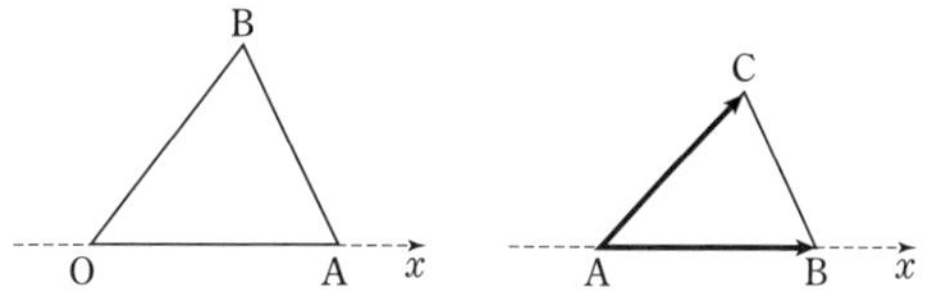

例外が p.18 の演習題（解答は p.28）です．この問題では O から AB に垂線を下ろすので，AB が“水平”になることを優先して図を描いています．

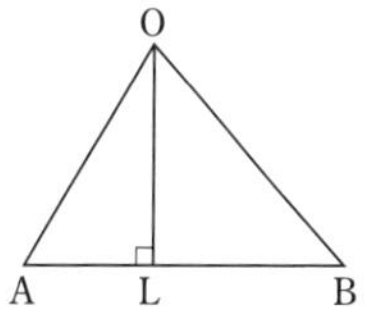

さて，さきほどの「座標のイメージ」は，単に O を重ね合わせた，という程度のものではありません．

p.14 で「基準となるベクトル $\overrightarrow{OA}$，$\overrightarrow{OB}$ に対し，$\overrightarrow{OP}=s\overrightarrow{OA}+t\overrightarrow{OB}$ を満たす点は下図のように“作図”できる」と書きました．このように，ベクトルをつないで点の位置を考える（この例では $s\overrightarrow{OA}$ と $t\overrightarrow{OB}$ をつないでいます）ときは，ベクトルの始点（基準となる点）を左下にとると見やすいでしょう．

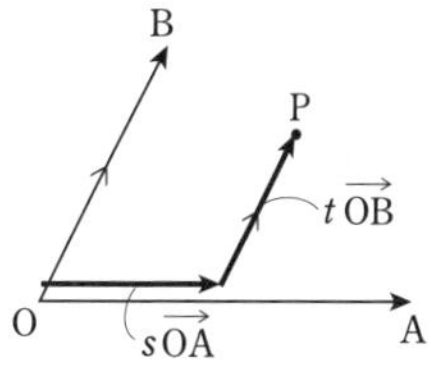

例を少し見てみましょう．

p.10 の演習題では，$\overrightarrow{AB}$ と $\overrightarrow{AH}$ それぞれの実数倍をつないで $\overrightarrow{AD}$ などを表すので A を左下にしているわけですが，$\overrightarrow{AB}$ に平行・垂直なベクトルが多いので水平方向に $\overrightarrow{AB}$ をとっています（下左図）．p.19 の例題もほぼ同じ理由です（下右図）．

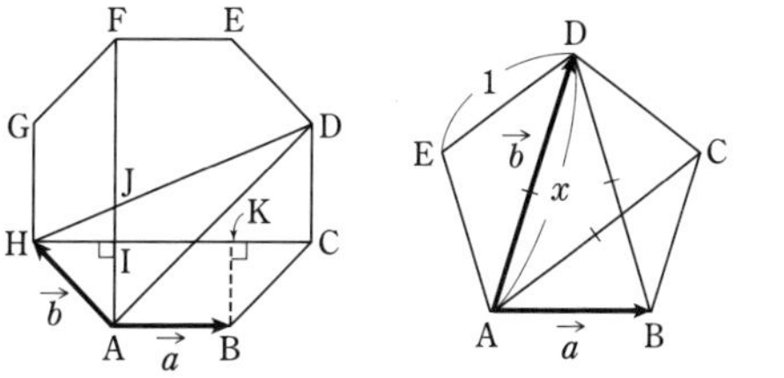

p.12 の演習題の別解（p.25）では，

$$\overrightarrow{AP}=\overrightarrow{AQ}+\overrightarrow{QP},\ \overrightarrow{AP}=\overrightarrow{AR}+\overrightarrow{RP}$$

を利用しています．ベクトルをつなぐことが平行線を引くことに対応している（それを使って等積変形している）のがポイントですが，A が左下なので，等積変形した後の“高さ”の比（AC：AR など）が見やすいところに出てきています．

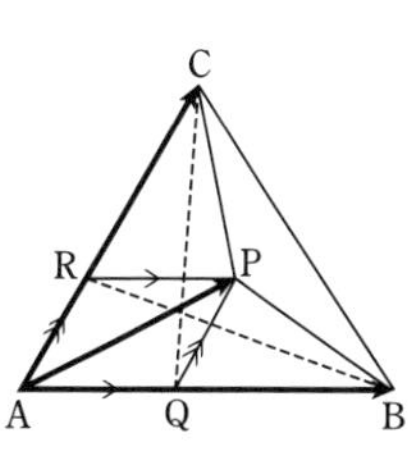

2次曲線

2 次曲線
要点の整理

1. 放物線

1・1 定義と名称

平面上に定点 F と，F を通らない定直線 l をとるとき，

PF＝(P と l の距離)

を満たす点 P の軌跡を

F を**焦点**，l を**準線**とする

放物線

という．

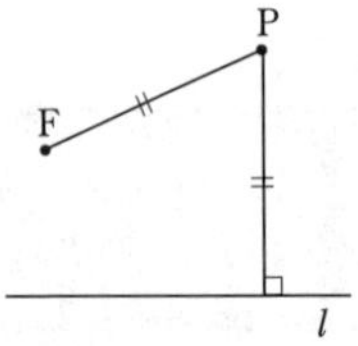

焦点を通り準線に垂直な直線を放物線の軸，放物線とその軸の交点を頂点という．放物線は軸に関して線対称である．

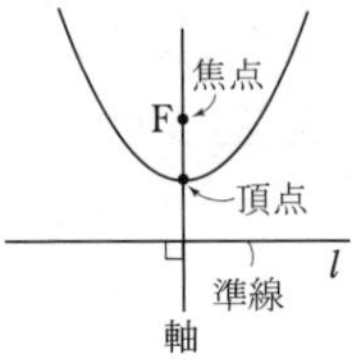

1・2 標準形

p を 0 でない実数（定数）とするとき，焦点 F$(p,\ 0)$，準線 l：$x=-p$ の放物線は

$$\boldsymbol{y^2=4px}$$

で表される．これを放物線の標準形という．

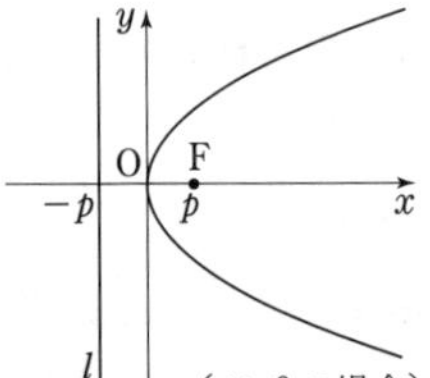

（$p>0$ の場合）

2. 楕円

2・1 定義と名称

平面上に 2 定点 F，F′ をとるとき，

PF＋PF′＝(一定値)……①

を満たす点 P の軌跡を

F，F′ を**焦点**とする楕円

という．

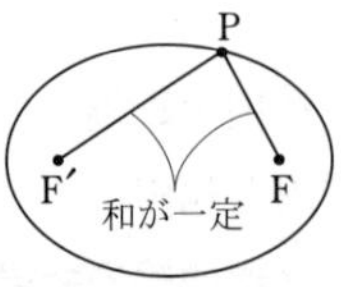

線分 FF′ の中点 O を楕円の中心という．また右図のように A，A′，B，B′ を定めるとき，線分 AA′ を楕円の長軸，線分 BB′ を短軸という．

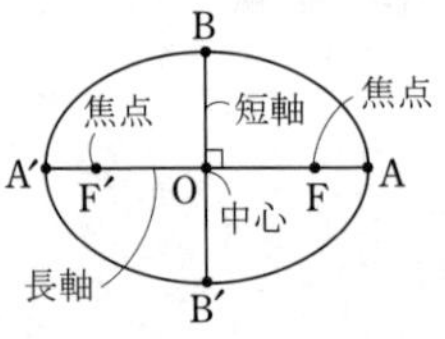

和の一定値（①の右辺）は，長軸の長さと一致する．

2・2 標準形

p を正の実数，a を $a>p$ を満たす実数（ともに定数）とする．焦点が F$(p,\ 0)$，F′$(-p,\ 0)$ で，和の一定値が $2a$ の楕円は

$$\boldsymbol{\frac{x^2}{a^2}+\frac{y^2}{b^2}=1}\ \cdots\cdots②$$

ただし，$b^2=a^2-p^2$

で表される．これを楕円の標準形という．

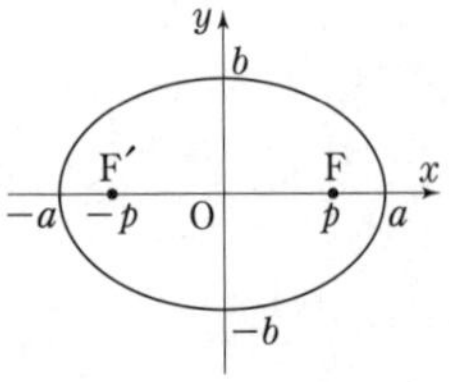

②で $a>b>0$ のとき，この方程式で与えられる楕円の焦点は $(\boldsymbol{\sqrt{a^2-b^2}},\ \boldsymbol{0})$ と $(\boldsymbol{-\sqrt{a^2-b^2}},\ \boldsymbol{0})$，和の一定値は $2a$ である．

②で $b>a>0$ のときは，焦点が y 軸上にある楕円になる．焦点は $(0,\ \sqrt{b^2-a^2})$ と $(0,\ -\sqrt{b^2-a^2})$ で，和の一定値は $2b$ である．

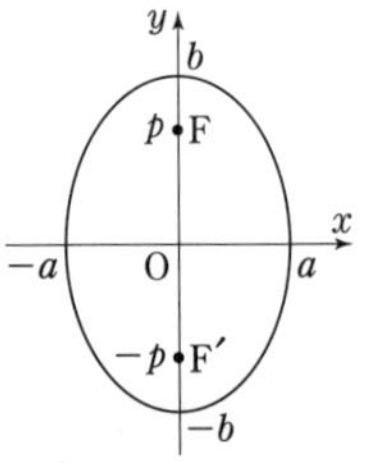

2・3 楕円と円，楕円の媒介変数表示

楕円 $\dfrac{x^2}{a^2}+\dfrac{y^2}{b^2}=1$ ……②

は，円 $x^2+y^2=a^2$ ………③

を y 軸方向に $\dfrac{b}{a}$ 倍にしたものである．

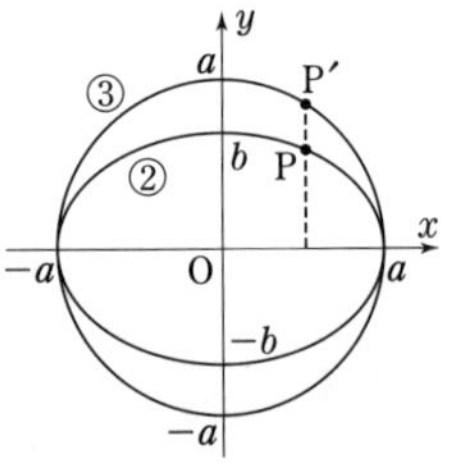

②上の点 P は，媒介変数 θ を用いて，

$$\mathrm{P}(\boldsymbol{a\cos\theta},\ \boldsymbol{b\sin\theta})$$

と表される．この P は，円③上の点 $(a\cos\theta,\ a\sin\theta)$ を y 軸方向に $\dfrac{b}{a}$ 倍にしたものである．

3. 双曲線

3・1　定義と名称

平面上に2定点F，F′をとるとき，

|PF－PF′|＝(一定値)……①

を満たす点Pの軌跡を

　F，F′を**焦点**とする双曲線という．

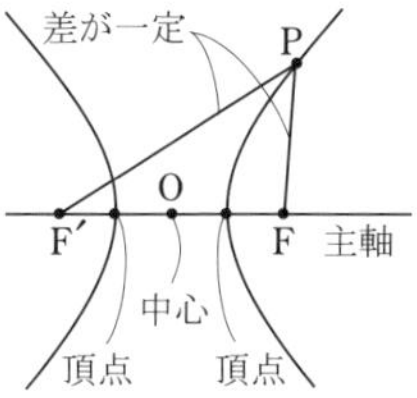

線分FF′の中点Oを双曲線の中心，直線FF′を主軸，FF′と双曲線の交点（2個）を頂点という．

差の一定値（①の右辺）は，2頂点間の距離と一致する．

3・2　標準形と漸近線

p を正の実数，a を $0<a<p$ を満たす実数（ともに定数）とする．焦点が $F(p,\ 0)$，$F'(-p,\ 0)$ で，差の一定値が $2a$ の双曲線は，

$$\boldsymbol{\frac{x^2}{a^2}-\frac{y^2}{b^2}=1}\ \cdots\cdots\cdots\cdots②$$

ただし，$b^2=p^2-a^2$

で表される．これを双曲線の標準形という．

②で $a>0$，$b>0$ のとき，この方程式で与えられる双曲線の焦点は $(\boldsymbol{\sqrt{a^2+b^2}},\ \boldsymbol{0})$ と $(\boldsymbol{-\sqrt{a^2+b^2}},\ \boldsymbol{0})$，差の一定値は $2a$ である．

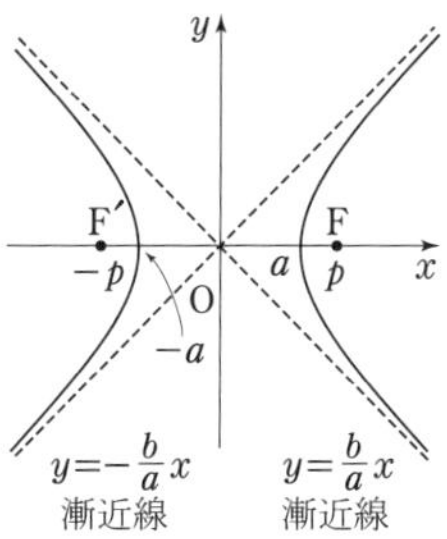

双曲線②は，$x\to\pm\infty$ のとき定直線に限りなく近づく．その直線は漸近線と呼ばれ，$y=\dfrac{b}{a}x$ と $y=-\dfrac{b}{a}x$ である（図の破線）．

②の右辺を -1 にした

$$\frac{x^2}{a^2}-\frac{y^2}{b^2}=-1$$

は，焦点が y 軸上にある双曲線である（右図）．焦点は $(0,\ \sqrt{a^2+b^2})$ と $(0,\ -\sqrt{a^2+b^2})$，差の一定値は $2b$，漸近線は $y=\dfrac{b}{a}x$ と $y=-\dfrac{b}{a}x$ である．

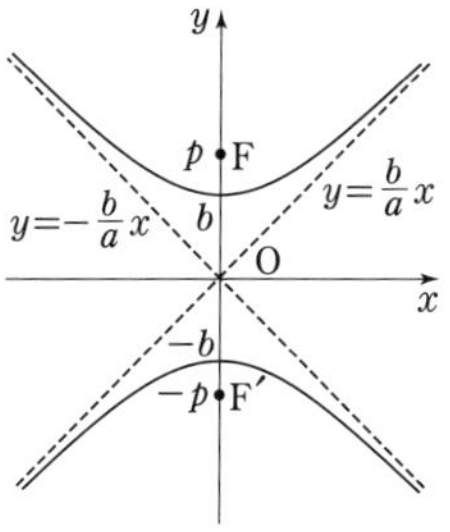

4. 楕円・双曲線の接線

楕円 $\dfrac{x^2}{a^2}+\dfrac{y^2}{b^2}=1$ 上の点 $(x_0,\ y_0)$ における接線の方程式は，

$$\frac{x_0x}{a^2}+\frac{y_0y}{b^2}=1$$

である．ここで，$(x_0,\ y_0)$ は楕円上の点だから $\dfrac{{x_0}^2}{a^2}+\dfrac{{y_0}^2}{b^2}=1$ が成り立つ．

双曲線 $\dfrac{x^2}{a^2}-\dfrac{y^2}{b^2}=1$ 上の点 $(x_0,\ y_0)$ における接線の方程式は，

$$\frac{x_0x}{a^2}-\frac{y_0y}{b^2}=1$$

である．上と同じ理由で，$\dfrac{{x_0}^2}{a^2}-\dfrac{{y_0}^2}{b^2}=1$ が成り立つ．

なお，元の双曲線の式の右辺が -1 のときは，以降の式の右辺も -1．

5. 離心率

C を2次曲線（放物線，楕円，双曲線）とする．ただし，ここでは円は楕円に含めない．

2次曲線に共通する性質：

　Fを C の焦点（の一つ）とするとき，C とFに応じて決まる定直線 l と正の定数 e が存在して，C 上のすべての点Pに対してPF：(Pと l の距離)$=e:1$ となる．（下図参照）

この直線 l を準線，定数 e を離心率という．C が楕円，双曲線の場合，l はFの選び方で変わるが，e はどちらの焦点を選んでも同じ値になる．

C が放物線の場合，l は1・1の定義の準線と一致し，離心率は $e=1$ である．

C が楕円の場合は $0<e<1$，双曲線の場合は $e>1$ である．

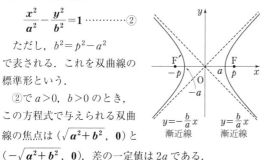

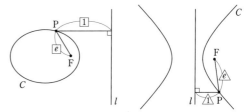

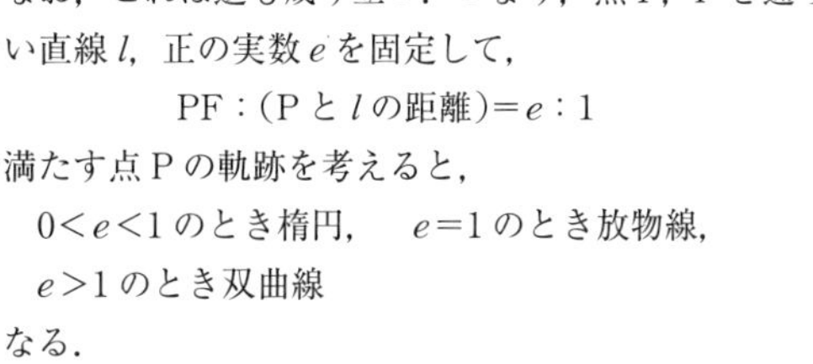

なお，これは逆も成り立つ．つまり，点F，Fを通らない直線 l，正の実数 e を固定して，

PF：(Pと l の距離)$=e:1$

を満たす点Pの軌跡を考えると，

　$0<e<1$ のとき楕円，　$e=1$ のとき放物線，

　$e>1$ のとき双曲線

となる．

1 放物線

方程式 $2y^2+3x+4y+5=0$ の表す放物線の焦点の座標は（［　　］，［　　］）であり，準線の方程式は［　　］である．（山梨大・医－後）

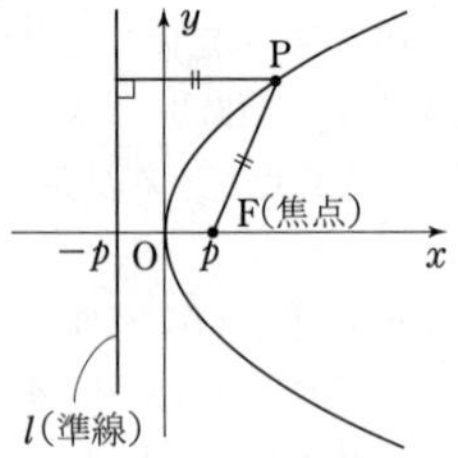

放物線の焦点と準線の公式　定点F（焦点）と定直線 l（準線）までの距離が等しい点Pの軌跡が放物線であり，

F$(p,\ 0)$，l：$x=-p$ ⟷ 放物線の方程式 $y^2=4px$（標準形）

である（方程式の左辺が y^2 であることに注意）．これはしっかり覚え，どちらの向き（焦点と準線から方程式，方程式から焦点と準線）もすぐに書けるようにしよう．

平行移動　例題の方程式は標準形そのものではないので，平行移動する．$y^2=4px$ を x 軸方向に a，y 軸方向に b だけ平行移動すると $(y-b)^2=4p(x-a)$ となる．問題の方程式をまず y について平方完成して $(y-b)^2$ の形を作るとよい．

解答

$2y^2+3x+4y+5=0$ より，$2(y+1)^2=-3x-3$

$$\therefore\quad (y+1)^2=-\frac{3}{2}(x+1)$$

よって，$(y+1)^2=4\cdot\left(-\frac{3}{8}\right)(x+1)$ となり，これは $y^2=4\cdot\left(-\frac{3}{8}\right)x$ ……①

を x 軸方向に -1，y 軸方向に -1 だけ平行移動したものである．

①の焦点は $\left(-\frac{3}{8},\ 0\right)$，準線は $x=\frac{3}{8}$ であるから，これを x 軸方向に -1，y 軸方向に -1 だけ平行移動したものが答えで，

焦点 $\left(-\frac{11}{8},\ -1\right)$，準線 $x=-\frac{5}{8}$

⇦ $-\frac{3}{8}\to-\frac{11}{8}$，$\frac{3}{8}\to-\frac{5}{8}$

▨ p の絶対値が大きくなる（焦点と準線が離れる）と“開いた”形の放物線になり，2次の係数（$x=ay^2$ または $y=ax^2$ と書いたときの a）の絶対値は小さくなる．放物線 $y=x^2$ は，$4\cdot\frac{1}{4}y=x^2$ と書けるので準線は $y=-\frac{1}{4}$ であるが，この直線は放物線に直交する2接線を引くときの2接線の交点の軌跡である（☞p.71のミニ講座）ことと合わせて覚えておくとよい．

1 演習題（解答は p.64）

p，q を0でない実数とする．点 $(0,\ p)$ を焦点とし x 軸を準線とする放物線を C_p で表し，点 $(q,\ 0)$ を焦点とし y 軸を準線とする放物線を D_q で表すとき，以下の問いに答えよ．

（1） 放物線 C_p および D_q が点 $(3,\ 3)$ を通るように p，q の値を定め，それぞれの放物線の方程式を求めよ．

（2） 4つの放物線 C_1，D_1，C_{-1}，D_{-1} を図示し，これらで囲まれた部分の面積を求めよ．

（3） q が0でない実数を動くとき，放物線 D_q が通過する領域を図示せよ．

（甲南大・理系）

C_p，D_q の方程式を求めておくとよいだろう．準線が x 軸，y 軸なので定義から計算する方が早い．（3）は，きちんと解くなら逆手流．

2 楕円・双曲線の焦点

方程式 $2x^2-y^2+8x+2y+11=0$ が表す曲線は，頂点が ☐ と ☐，焦点が ☐ と ☐ の双曲線で，その漸近線の方程式は $y=$ ☐ と $y=$ ☐ である．（慶大・医）

双曲線の焦点 $\dfrac{x^2}{a^2}-\dfrac{y^2}{b^2}=1$（$a>0$，$b>0$）は，$\mathbf{F}(\sqrt{a^2+b^2},\ 0)$ と $\mathbf{F'}(-\sqrt{a^2+b^2},\ 0)$ を焦点とする双曲線で，これは $|\mathrm{PF}-\mathrm{PF'}|=2a$ を満たすPの軌跡である．頂点（直線FF′との交点）は $(\pm a,\ 0)$ で，漸近線は $y=\pm\dfrac{b}{a}x$ となる．焦点の座標はしっかり覚えよう．

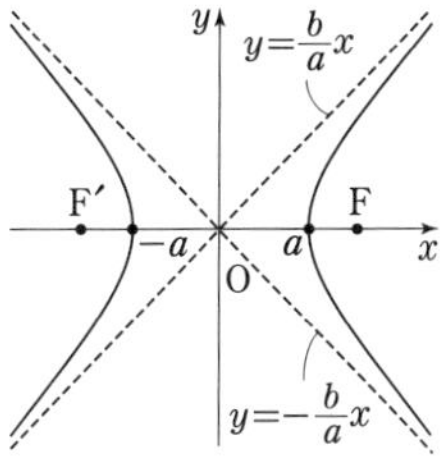

$\dfrac{x^2}{a^2}-\dfrac{y^2}{b^2}=-1$ の場合は，焦点が $(0,\ \pm\sqrt{a^2+b^2})$，漸近線は $y=\pm\dfrac{b}{a}x$

例題では，平方完成して，上記のどちらかを平行移動したものとみる．

解答

与式を平方完成すると，$2(x+2)^2-(y-1)^2=-4$

よって，$\dfrac{(x+2)^2}{(\sqrt{2})^2}-\dfrac{(y-1)^2}{2^2}=-1$ ……①

①は，双曲線 $\dfrac{x^2}{(\sqrt{2})^2}-\dfrac{y^2}{2^2}=-1$ ……②

を x 軸方向に -2，y 軸方向に1だけ平行移動したものであり，②について，

焦点 $(0,\ \pm\sqrt{2+4})=(0,\ \pm\sqrt{6})$

頂点 $(0,\ \pm2)$，漸近線 $y=\pm\sqrt{2}x$

である．したがって，これらを〰〰して，

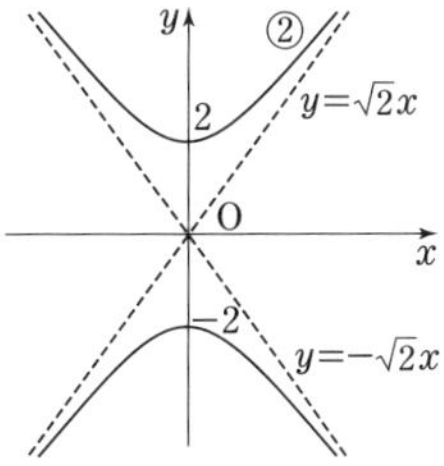

①の頂点は $(-2,\ 1\pm2)$ で $\mathbf{(-2,\ 3)}$ と $\mathbf{(-2,\ -1)}$

焦点は $(-2,\ 1\pm\sqrt{6})$ で $\mathbf{(-2,\ 1+\sqrt{6})}$ と $\mathbf{(-2,\ 1-\sqrt{6})}$

漸近線は $y-1=\pm\sqrt{2}(x+2)$ で

$$\boldsymbol{y=\sqrt{2}x+2\sqrt{2}+1} \text{ と } \boldsymbol{y=-\sqrt{2}x-2\sqrt{2}+1}$$

▨楕円 $\dfrac{x^2}{a^2}+\dfrac{y^2}{b^2}=1$ では，座標軸との交点から焦点を求められる．

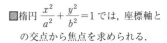

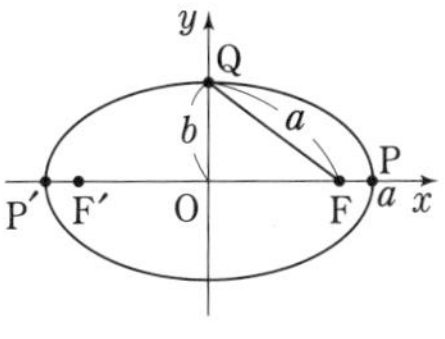

以下，$a>b>0$ とする．座標軸との交点を $\mathrm{P}(a,\ 0)$，$\mathrm{P'}(-a,\ 0)$，$\mathrm{Q}(0,\ b)$ とすると，

$\mathrm{FP+F'P=P'F'+F'P=P'P}=2a$

より，和の一定値は $2a$

よって，$\mathrm{FQ+F'Q=2FQ}=2a$

これより $\mathrm{FQ}=a$ で，

$\mathrm{OF}=\sqrt{a^2-b^2}$

⇨注 公式がたくさんあるが，双曲線の焦点を覚えておけば何とかなるだろう．頂点は，「標準形」の場合，座標軸との交点だから簡単．②の漸近線は，②の右辺を0にしたもの（$x\to\pm\infty$ のときを考えるから定数項を無視）で，②では $(\sqrt{2},\ \pm2)$ が漸近線上の点として求めると早い．差の一定値 $|\mathrm{PF}-\mathrm{PF'}|$ を考えるときはPを頂点にとるとよい（この一定値が $2a$ とわかる）．

⇦ $\dfrac{x^2}{(\sqrt{2})^2}-\dfrac{y^2}{2^2}=0$

⇦上の楕円の場合と同様．

2 演習題（解答は p.64）

a を1より大きい実数とする．座標平面上に方程式 $x^2-\dfrac{y^2}{4}=1$ で定まる双曲線 H と，方程式 $\dfrac{x^2}{a^2}+y^2=1$ で定まる楕円 E が与えられている．H と E の第1象限における交点をPとし，Pにおける H の接線を l_1，Pにおける E の接線を l_2 とする．

（1） Pの座標を求めよ．

（2） l_1 の傾きと l_2 の傾きを求めよ．

（3） l_1 と l_2 が垂直であることと，H と E の焦点が一致することは同値であることを示せ．（神戸大・理系－後）

（2） 接線の公式を使うか，微分で求める．
（3） 示せ，だがそれぞれの a の値を求めればよい．

3 楕円・双曲線の接線／一定値問題

直線 l：$mx+ny=1$ が，楕円 C：$\dfrac{x^2}{a^2}+\dfrac{y^2}{b^2}=1$ $(a>b>0)$ に接しながら動くとする．

（1） 点 $(m,\ n)$ は楕円上を動くことを示し，その楕円の方程式を求めよ．

（2） C の焦点 $F_1(-\sqrt{a^2-b^2},\ 0)$ と l との距離を d_1 とし，もう1つの焦点 $F_2(\sqrt{a^2-b^2},\ 0)$ と l との距離を d_2 とする．このとき $d_1d_2=b^2$ を示せ．（筑波大／一部変更）

接線の公式 楕円 C：$\dfrac{x^2}{a^2}+\dfrac{y^2}{b^2}=1$ 上の点 $(x_0,\ y_0)$ における C の接線の方程式は $\dfrac{x_0x}{a^2}+\dfrac{y_0y}{b^2}=1$ である．楕円の接線に関する問題では，まず接点を設定してこの公式を使う，という方針を考えよう．

ここで重要なのは「$(x_0,\ y_0)$ は $\dfrac{x^2}{a^2}+\dfrac{y^2}{b^2}=1$ 上の点だから $\dfrac{x_0^2}{a^2}+\dfrac{y_0^2}{b^2}=1$ …☆　が成り立つ」ということ．例題や演習題のような「接線についての一定値問題」では，接点を設定し，☆を使って文字を消すのが基本的な流れである．

双曲線の接線の公式は，楕円と形が同じ（符号が違うだけ）で，

双曲線 D：$\dfrac{x^2}{a^2}-\dfrac{y^2}{b^2}=1$ 上の点 $(x_0,\ y_0)$ における D の接線の方程式は $\dfrac{x_0x}{a^2}-\dfrac{y_0y}{b^2}=1$

である（D の式の右辺が -1 なら接線の方程式も右辺が -1）．これも合わせて覚えよう．

解答

（1） l と C の接点を $(x_0,\ y_0)$ とすると，l：$\dfrac{x_0x}{a^2}+\dfrac{y_0y}{b^2}=1$ であるから，

l：$mx+ny=1$ と比較して $m=\dfrac{x_0}{a^2}$，$n=\dfrac{y_0}{b^2}$

$(x_0,\ y_0)$ は C 上の点だから $\dfrac{x_0^2}{a^2}+\dfrac{y_0^2}{b^2}=1$ である．これに $x_0=ma^2$，$y_0=nb^2$ を代入すると $a^2m^2+b^2n^2=1$ ……①　となるので，$(m,\ n)$ は楕円 $\boldsymbol{a^2x^2+b^2y^2=1}$ の上を動く．

（2） $c=\sqrt{a^2-b^2}$ ……②　とおく．$F_1(-c,\ 0)$，$F_2(c,\ 0)$ と l：$mx+ny=1$ の距離がそれぞれ d_1，d_2 だから，

$$d_1=\frac{|-mc-1|}{\sqrt{m^2+n^2}},\quad d_2=\frac{|mc-1|}{\sqrt{m^2+n^2}}$$

$$\therefore\ d_1d_2=\frac{|(1+mc)(1-mc)|}{m^2+n^2}=\frac{|1-m^2c^2|}{m^2+n^2}=\frac{|1-m^2(a^2-b^2)|}{m^2+n^2}$$

⇦②を用いた．

$$=\frac{|1-m^2a^2+m^2b^2|}{m^2+n^2}=\frac{|b^2n^2+m^2b^2|}{m^2+n^2}=\frac{b^2(m^2+n^2)}{m^2+n^2}=b^2$$

⇦①より $1-a^2m^2=b^2n^2$（a を消去）

▨（1）の原題は「点 $(m,\ n)$ の軌跡は楕円になることを示せ」であった．$(m,\ n)$ は $(x_0,\ y_0)$ を x 軸方向に $\dfrac{1}{a^2}$ 倍，y 軸方向に $\dfrac{1}{b^2}$ 倍した点とみることができる．このように考えると，$(m,\ n)$ が楕円全体を動くことが言え，さらにその楕円の方程式が

$$\frac{(a^2x)^2}{a^2}+\frac{(b^2y)^2}{b^2}=1$$

すなわち $a^2x^2+b^2y^2=1$ と求められる．

3 演習題（解答は p.65）

$x^2-y^2=2$ で表される曲線を C とし，$P(x_0,\ y_0)$ を C 上の点とする．

（1） 曲線 C の点 P における接線 l の方程式は $x_0x-y_0y=2$ となることを証明せよ．

（2） 原点 O から l に下ろした垂線を OH とする．H の座標を $(x_1,\ y_1)$ とするとき，x_1，y_1 を x_0，y_0 で表せ．

（3） $F(1,\ 0)$，$F'(-1,\ 0)$ とする．FH·F′H は点 P の取り方によらず一定であることを証明せよ．また，その値を求めよ．（鹿児島大・理系）

（1） 証明せよ，のときは微分法を用いるのがよいだろう．
（3） （2）と $x_0^2-y_0^2=2$ を使う．

4 楕円／媒介変数表示

x，y は実数で，曲線 $9x^2+16y^2-144=0$ を l とする．

（1） 曲線 l 上の点で，$x+y$ の値の最大値は［　　］である．

（2） 座標平面上の第1象限において，曲線 l 上の点をPとする．曲線 l 上の点Pにおける接線と，x 軸，y 軸とで囲まれる三角形の面積の最小値は［　　］であり，このときの点Pの座標は［　　］である．

（久留米大・医）

楕円の媒介変数表示 楕円 $\dfrac{x^2}{a^2}+\dfrac{y^2}{b^2}=1$ 上の点（x，y）は，媒介変数（パラメータ）θ を用いて，$x=a\cos\theta$，$y=b\sin\theta$ と表すことができる（θ が0から 2π まで動くと1周．θ の範囲は全実数でよい）．例題のように，楕円上の点（x，y）に応じて定まる値（（1）の $x+y$，（2）の面積）の最大・最小を考えるときは，この媒介変数表示を利用して1変数の問題にするとうまくいくことが多い．

解答

l は $\dfrac{x^2}{16}+\dfrac{y^2}{9}=1$ であるから，l 上の点P（x，y）は $x=4\cos\theta$，$y=3\sin\theta$（θ は実数）とおける．　⇦与式を144で割った．

（1） $x+y=4\cos\theta+3\sin\theta=5\sin(\theta+\alpha)$　⇦合成．$5\left(\sin\theta\cdot\dfrac{3}{5}+\cos\theta\cdot\dfrac{4}{5}\right)$

$\left(\text{ただし，}\alpha\text{ は }\cos\alpha=\dfrac{3}{5},\ \sin\alpha=\dfrac{4}{5}\text{ を満たす角}\right)$ と書けるから，

$x+y$ の最大値は **5** である．

（2） Pにおける l の接線 m の方程式は

$$\frac{(4\cos\theta)x}{16}+\frac{(3\sin\theta)y}{9}=1$$

$$\therefore\quad \frac{\cos\theta}{4}x+\frac{\sin\theta}{3}y=1$$

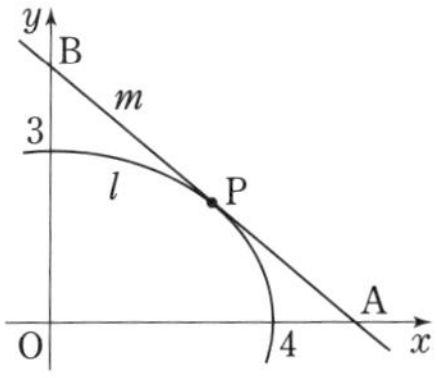

⇦楕円 l 上の点（x_0，y_0）での接線は $\dfrac{x_0x}{a^2}+\dfrac{y_0y}{b^2}=1$

であるから，m と x 軸，y 軸の交点をそれぞれA，Bとすると

$A\left(\dfrac{4}{\cos\theta},\ 0\right)$，$B\left(0,\ \dfrac{3}{\sin\theta}\right)$ となる．題意の三角形は△OABで，

$$\triangle OAB=\frac{1}{2}\cdot\frac{4}{\cos\theta}\cdot\frac{3}{\sin\theta}=\frac{12}{\sin2\theta}$$

Pが第1象限にあるとき $0<\theta<\dfrac{\pi}{2}$ であるから，$0<2\theta<\pi$．よって

△OABの面積は $2\theta=\dfrac{\pi}{2}$ すなわち $\theta=\dfrac{\pi}{4}$ のとき最小になる．

面積の最小値は **12** で，$\mathbf{P}\left(\mathbf{2\sqrt{2}},\ \dfrac{\mathbf{3}}{\mathbf{\sqrt{2}}}\right)$

$P\left(4\cos\dfrac{\pi}{4},\ 3\sin\dfrac{\pi}{4}\right)$ ⇦ $=\left(\dfrac{4}{\sqrt{2}},\ \dfrac{3}{\sqrt{2}}\right)$

4 演習題（解答は p.66）

楕円 $\dfrac{x^2}{a^2}+\dfrac{y^2}{b^2}=1$（$a>0$，$b>0$）上の点P（$a\cos\theta$，$b\sin\theta$）$\left(0<\theta<\dfrac{\pi}{2}\right)$ における接線と x 軸，y 軸の交点をそれぞれA，Bとする．

（1） 直線ABの方程式は［　　］である．

（2） 線分ABの長さを L とする．L^2 を a，b および θ を用いて表すと，$L^2=$［　　］である．$t=\cos^2\theta$ とおく．$0<t<1$ であるから L^2 は $t=$［　　］のとき最小値をとる．したがって，L の最小値は［　　］である．

（東海大・医／一部略）

（2） L^2 を t で表して t で微分する．

5 楕円を円に変換

点 A(4, 0)を通る接線を楕円 $x^2+4y^2=4$ に引いた．その接点の座標を $(p,\ q)$ とするとき，次の問いに答えよ．ただし，$p>0$，$q>0$ とする．

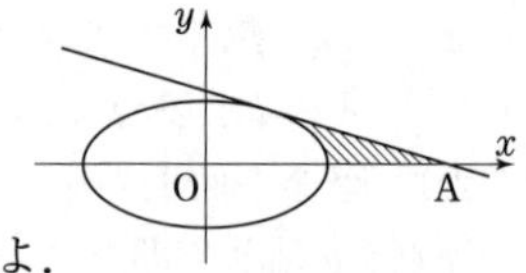

（1） 座標 $(p,\ q)$ を求めよ．

（2） 楕円と接線と x 軸とで囲まれた図形（図の斜線部分）の面積を求めよ．

（信州大・繊維－後）

楕円を拡大すると円　楕円 $\dfrac{x^2}{a^2}+\dfrac{y^2}{b^2}=1$ を y 軸方向に $\dfrac{a}{b}$ 倍すると円 $x^2+y^2=a^2$ になる．円に変換すると円の図形的な性質が使えることがポイントである．例題では，楕円を円に変換して問題を解き，元に戻して（y 軸方向に b/a 倍）結論を書く．一般に，軸方向に k 倍に拡大すると面積は k 倍になる．また，変換前の接点は変換後も接点である．

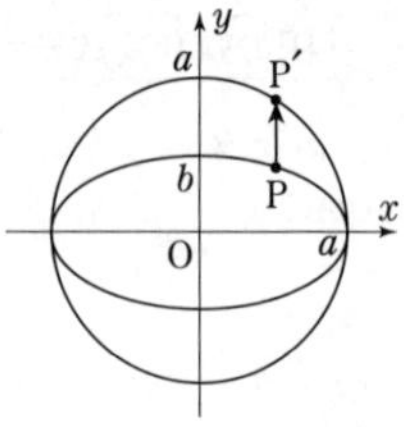

なお，楕円の問題はいつでも円に変換して解くことができる，というわけではないので注意しよう．円に変換してよい場合，してはいけない場合について，詳しくは☞p.72のミニ講座．

解 答

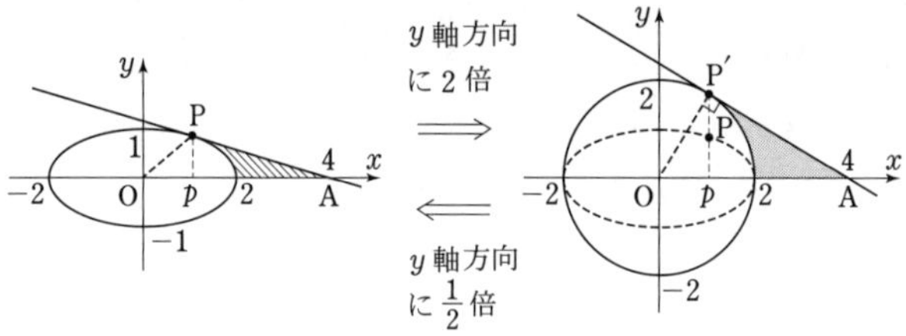

⇦拡大率（前文の a/b）は，楕円の図を見て決める．例題では，楕円と座標軸の交点が (2, 0), (0, 1) だから，y 軸方向に 2 倍すれば (0, 1) が (0, 2) になって円になる．

y 軸方向に 2 倍に拡大すると，楕円は半径 2 の円になる．また，変換前の接点を $P(p,\ q)$，変換後の接点を P′ とする．$P'(p,\ 2q)$ である．

（1） OA=4，OP′=2，∠OP′A=90° だから，∠P′OA=60° で $P'(1,\ \sqrt{3})$

よって，$P\left(\mathbf{1},\ \dfrac{\sqrt{3}}{2}\right)$

（2） 上右図の網目部の面積は，△OAP′ から扇形（中心角 60°）を引いて

$$\frac{1}{2}\cdot4\cdot\sqrt{3}-\pi\cdot2^2\cdot\frac{1}{6}=2\sqrt{3}-\frac{2}{3}\pi$$

求める面積はこれの $\dfrac{1}{2}$ だから，答えは $\boldsymbol{\sqrt{3}-\dfrac{1}{3}\pi}$

5 演習題（解答は p.66）

（ア） 楕円 $C_1: 6x^2+4y^2=3$，曲線 $C_2: 8x-8y^2=1$ とする．$x>0$ の範囲において，C_1 と C_2 で囲まれた部分の面積を求めよ．　（長崎大・教，薬，工／一部略）

（イ） 楕円 $\dfrac{x^2}{a^2}+\dfrac{y^2}{b^2}=1$ $(a>0,\ b>0)$ と直線 $y=mx$ との交点を A，B とする．

（1） 弦 AB に平行な弦の中点の軌跡が直線に含まれることを示し，その直線の方程式を求めよ．ここで，弦とは，楕円上の異なる 2 点を結ぶ線分をいう．

（2） （1）で求めた直線とこの楕円との交点を C，D とする．弦 CD に平行な弦の中点の軌跡を含む直線の方程式を求めよ．

（3） AB^2+CD^2 を求めよ．　（旭川医大－後）

楕円を円に変換する．
（イ） 線分の中点は，軸方向に拡大しても中点．変換前と変換後を混乱しないように注意しよう．
（3）は媒介変数表示を使うとよい．

6 直交する接線

xy 平面上の楕円 $4x^2+9y^2=36$ を C とする．

（１） 直線 $y=ax+b$ が楕円 C に接するための条件を a と b の式で表せ．

（２） 楕円 C の外部の点Ｐから C に引いた２本の接線が直交するような点Ｐの軌跡を求めよ．

（弘前大・医，理）

接することを重解条件でとらえる 例題(１)では，$y=ax+b$ という設定なので，接することを重解条件でとらえる（yを消去）のが素直な解法と言える．接点をおいてもできる．

a についての方程式を作る 楕円の外部の点Ｐを決めると２本の接線が決まるが，それらの傾き（２つの a の値）が１つの２次方程式の解になっていることがポイントとなる．なお，接線の一方が y 軸に平行なときは $y=ax+b$ と表せないので別に処理する．

解答

（１） C と $y=ax+b$ から y を消去すると，

$4x^2+9(ax+b)^2=36 \qquad \therefore \quad (4+9a^2)x^2+18abx+9b^2-36=0$

求める条件は，この x の２次方程式が重解をもつことだから，判別式＝0 より

$(9ab)^2-(4+9a^2)(9b^2-36)=0 \qquad \therefore \quad \mathbf{9a^2-b^2+4=0}$ ………①

⇦ $(9ab)^2$ と $9a^2\cdot 9b^2$ がキャンセルされる．

（２） ２接線のうちの一方が y 軸に平行なとき，右図よりＰは $(\pm 3,\ \pm 2)$（複号任意）

⇦Ｐは・印の４点．楕円の式は，$\dfrac{x^2}{9}+\dfrac{y^2}{4}=1$

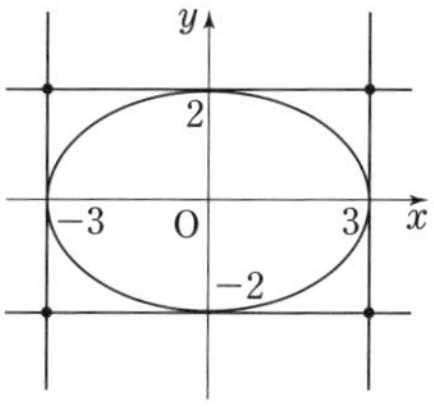

そうでないとき，$\mathrm{P}(p,\ q)$ とおく $(p \neq \pm 3)$ と，Ｐを通る傾き a の直線は

$y=a(x-p)+q \qquad \therefore \quad y=ax+q-ap$

と書ける．これが C に接するとき，①より

$9a^2-(q-ap)^2+4=0$

⇦①で $b=q-ap$．a について整理．

$\therefore \quad (9-p^2)a^2+2pqa+4-q^2=0$ …………………………………②

▨ $p \neq \pm 3$ を前提にしているので，②は a の２次方程式になる．また，２解の積が -1 なら，判別式は正で２解は実数（異符号）．答案ではこれらは省略し，左の解答のように書けばよいだろう．

a の方程式②の実数解がＰから C に引いた接線の傾きである．よって，Ｐから C に引いた２本の接線が直交するための条件は，②の２解の積が -1 になることであり，解と係数の関係から，

$$\frac{4-q^2}{9-p^2}=-1 \qquad \therefore \quad p^2+q^2=13$$

以上より，題意を満たすＰは

$(\pm 3,\ \pm 2)$ または「$x \neq \pm 3$ かつ $x^2+y^2=13$」

⇦ $(p,\ q)$ を $(x,\ y)$ にした

だから，求める軌跡は，$\mathbf{x^2+y^2=13}$

⇦後半の除外点が埋まって円全体

▨ 例題の点Ｐの軌跡は楕円の準円と呼ばれている．一般に，$\dfrac{x^2}{a^2}+\dfrac{y^2}{b^2}=1$ の準円は $x^2+y^2=a^2+b^2$ となる．

上図の・印の４点を通ることから，⇦準円の半径が確かめられる．

6 演習題（解答は p.68）

双曲線 C：$x^2-\dfrac{y^2}{4}=-1$ について次の問いに答えよ．

（１） C の漸近線の方程式を記せ．

（２） m を任意の実数として，直線 $y=mx$ が曲線 C に接していないことを示せ．

（３） 点 $\mathrm{A}(\sqrt{3},\ 0)$ を通る C の接線の方程式をすべて求めよ．

（４） C 上にない点 $\mathrm{P}(p,\ q)$ を通る C の接線がちょうど２本あって，２本の接線が直交するとき，$p,\ q$ がみたすべき条件を求めよ．

（同志社大・理系）

（４） 例題と同じ方針でできるが，細かい点に注意が必要．

7 離心率

点 $P(x,\ y)$ から定点 $(2,\ 0)$ への距離を a, y 軸への距離を b とする. 点Pが $\dfrac{a}{b}=\sqrt{2}$ という関係を満たしつつ移動するとき, その軌跡は方程式 $\boxed{}=1$ を満たし, 双曲線となる. この双曲線の漸近線は $y=\boxed{}$, および $y=\boxed{}$ である. （北里大・理）

離心率 例題の設定で, もし点Pが $a=b$ を満たしながら動くのであれば, Pの軌跡は放物線になる. 一般に, Pから定点までの距離を a, 定直線までの距離を b とし, $\dfrac{a}{b}$ が一定値 e（通常, この文字を用いるが, 自然対数の底ではない）になるようにPを動かすと, Pの軌跡は

$0<e<1$ のとき楕円,　$e=1$ のとき放物線,　$1<e$ のとき双曲線

になる. この e の値を, 2次曲線の離心率, 定直線を準線という. また, 楕円, 双曲線になるとき, 定点は焦点の1つと一致する.

例題の最初の空欄は, 座標の軌跡の問題だと思って解けばよい.

解 答

$(x-2)^2+y^2=a^2$, $b=|x|$ であるから,

$\dfrac{a}{b}=\sqrt{2}$　すなわち　$a^2=2b^2$

より

$(x-2)^2+y^2=2x^2$ 　⇦ $2b^2=2|x|^2=2x^2$

$\therefore\ \ x^2+4x-y^2=4$

$\therefore\ \ (x+2)^2-y^2=8$

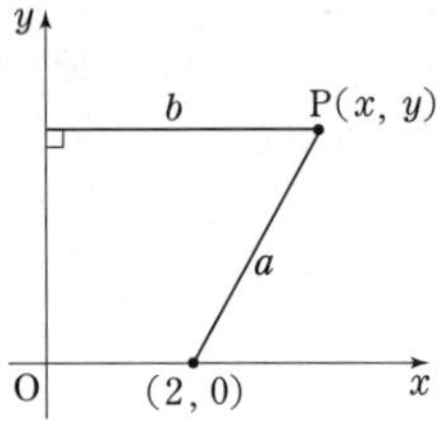

従って, Pの軌跡は $\boldsymbol{\dfrac{(x+2)^2}{8}-\dfrac{y^2}{8}=1}$ ……①

を満たす. これは, $\dfrac{x^2}{8}-\dfrac{y^2}{8}=1$ ……② を x 軸方向に -2 だけ平行移動したものであり, ②の漸近線は $y=\pm x$ だから, ①の漸近線は

$y=\pm(x+2)$　つまり　$\boldsymbol{y=x+2}$ と $\boldsymbol{y=-x-2}$

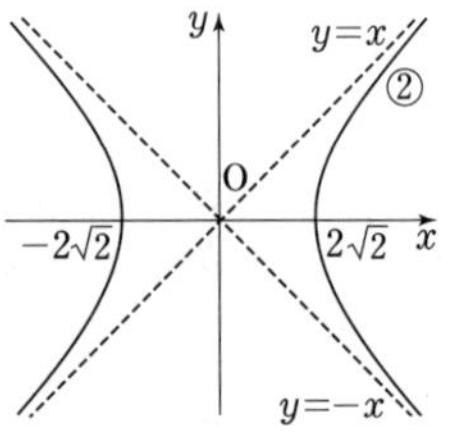

▨ ②の焦点は, $(\pm\sqrt{8+8},\ 0)$ つまり $(4,\ 0)$ と $(-4,\ 0)$
これを x 軸方向に -2 だけ平行移動して, ①の焦点は
$(2,\ 0)$ と $(-6,\ 0)$
となる. 確かに一方が定点と一致している.

7 演習題（解答は p.69）

xy 平面上の点Fの座標を $(0,\ 2)$, 直線 l の方程式を $y=1$ とする. また, r を正の定数とする.

（1） Fを焦点, l を準線とする放物線の方程式を求めよ.

（2） xy 平面上の点Pから l へ引いた垂線が l と交わる点をHとする. 線分FPと線分PHの長さの比が, FP : PH$=1:r$ のときの点Pの軌跡 C の方程式を求めよ.

（3） $r=\sqrt{2}$ のとき, t を媒介変数として（2）で求めた C の媒介変数表示を求めよ.

（4）（2）で求めた C が直線 $y=\dfrac{1}{2}x+1$ に接するときの r の値を求めよ. また, そのとき C は放物線, 楕円, 双曲線のいずれになるかを答えよ. （愛知県立大）

（1）（2）は軌跡の問題.
（3）は標準形に直す.
（4）は重解条件を使うとよい.

8 焦点と2次曲線上の点の距離

双曲線 $H : 3x^2-y^2=-3$，放物線 $P : x^2=8y$ とし，F(0，2) とする．H の第1象限の部分に点A，P の第1象限の部分に点Bをとり，A，Bから y 軸に下ろした垂線の足をそれぞれ I，J とする．FA : FB $=2:\sqrt{3}$ を満たすようにAとBを動かすとき，線分 IJ の長さは一定であることを示し，その一定値を求めよ．

焦点と2次曲線上の点の距離は1次式　一般に，2次曲線 C について，C の焦点Fと C 上の点Aの距離FAは簡単な式になる（FA$=\sqrt{(平方の形)}$ とできる）．例題は，Aの y 座標を a，Bの y 座標を b と設定して解くのが自然だろう（そうすると IJ$=|a-b|$）．Fが H，P 両方の焦点になっているため，FAは a の1次式，FBは b の1次式で表される．例題の解答のあとのコメントも参照．

解答

A，Iの y 座標を a とおき，B，Jの y 座標を b とおくと，$a>\sqrt{3}$，$b>0$ で

$$\mathrm{A}\left(\sqrt{\frac{a^2-3}{3}},\ a\right),\ \mathrm{B}(\sqrt{8b},\ b)$$

となるから，F(0，2) より

$$\mathrm{FA}^2=\frac{a^2-3}{3}+(a-2)^2=\frac{4}{3}a^2-4a+3$$

$$=\frac{4}{3}\left(a^2-3a+\frac{9}{4}\right)=\frac{4}{3}\left(a-\frac{3}{2}\right)^2$$

$$\mathrm{FB}^2=8b+(b-2)^2=b^2+4b+4=(b+2)^2$$

$a>\sqrt{3}>\dfrac{3}{2}$，$b>0$ だから，$\mathrm{FA}=\dfrac{2}{\sqrt{3}}\left(a-\dfrac{3}{2}\right)$，$\mathrm{FB}=b+2$

FA : FB $=2:\sqrt{3}$ のとき，$\mathrm{FB}=\dfrac{\sqrt{3}}{2}\mathrm{FA}$ だから，$b+2=a-\dfrac{3}{2}$

従って，$\mathrm{IJ}=|a-b|=\boldsymbol{\dfrac{7}{2}}$

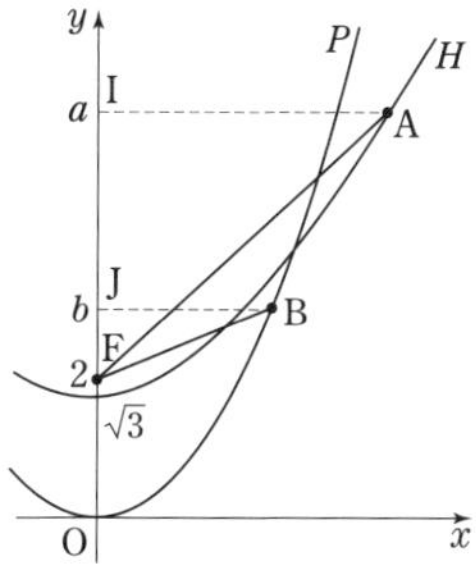

第1象限の部分を表す式は，

⇦ $H : x=\sqrt{\dfrac{y^2-3}{3}}$　$(y>\sqrt{3})$

$P : x=\sqrt{8y}$　$(y>0)$

▨ $H : x^2-\dfrac{y^2}{3}=-1$ の焦点は $(0,\ \pm\sqrt{1+3})=(0,\ \pm2)$，$P : x^2=4\cdot2y$ の焦点は (0，2) つまり，F(0，2) は H，P 両方の焦点である．

▨ FA，FBが a，b の1次式で表されることは，(前頁の) 離心率と関連がある．

2次曲線 C の焦点が y 軸上にあり，準線 l を $y=k$，C 上の点Aの y 座標を a とする．このとき，Aと l の距離（図の①）は $a-k$ だから，FA$=e(a-k)$ となって a の1次式で表される．

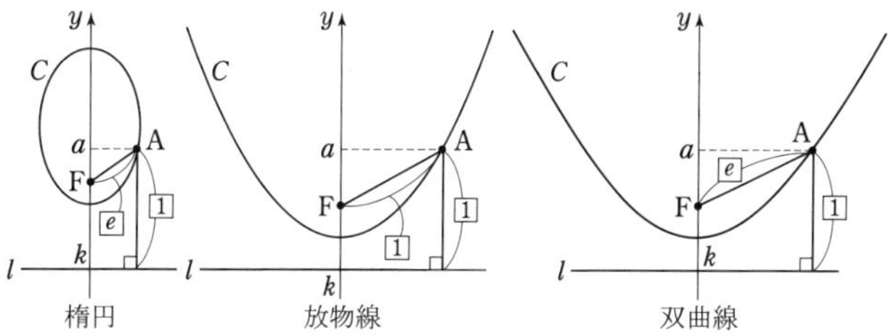

8 演習題（解答は p.69）

楕円 $\dfrac{x^2}{4}+\dfrac{y^2}{3}=1$ について，次の問に答えよ．

（1） 楕円の2つの焦点を左からF，F′とする．F，F′の座標を求めよ．

（2） 楕円上に点 $\mathrm{P}(x_0,\ y_0)$ $(x_0>0,\ y_0>0)$ をとる．Pにおける法線が x 軸と交わる点をQとする．Qの座標を x_0 で表せ．

（3） $\overrightarrow{\mathrm{PQ}}\cdot\overrightarrow{\mathrm{PF}}$，$\overrightarrow{\mathrm{PQ}}\cdot\overrightarrow{\mathrm{PF'}}$ を x_0 で表せ．

（4） $|\overrightarrow{\mathrm{PF}}|$，$|\overrightarrow{\mathrm{PF'}}|$ を x_0 で表せ．また，∠FPQ$=$∠F′PQ であることを示せ．

（獨協医大・医／形式変更）

（3） $(x_0,\ y_0)$ は楕円上の点であることに注意．
（4） 前半は例題と同様．後半は
cos∠FPQ$=$cos∠F′PQ
を示す．

2 次曲線
演習題の解答

1…B**	**2**…A**	**3**…B***
4…B**	**5**…B**○B***	**6**…C***
7…B**	**8**…B***	

1 はじめに，C_p，D_q の式を求めておく．放物線の定義（焦点までの距離と準線までの距離が等しい点の軌跡）を用いる方が間違えにくいだろう．（３）は逆手流で解くのが無難だが，図からもわかる（☞注２）

解 F$(0,\ p)$とし，C_p 上の点を P$(x,\ y)$とする．P から x 軸に下ろした垂線の足を H とすると，PF＝PH だから，

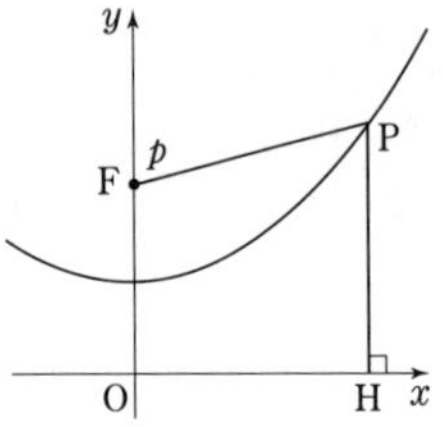

$$\sqrt{x^2+(y-p)^2}=|y|$$

$$\therefore\quad x^2+(y-p)^2=y^2$$

整理して，C_p の方程式は

$$y=\frac{1}{2p}(x^2+p^2)\ \cdots\cdots\cdots\cdots\textcircled{1}$$

D_q の方程式は，①の x と y を入れかえ，p を q にして，

$$x=\frac{1}{2q}(y^2+q^2)\ \cdots\cdots\cdots\cdots\textcircled{2}$$

（１） C_p が $(3,\ 3)$ を通るとき，$3=\dfrac{1}{2p}(9+p^2)$

$$\therefore\quad 6p=9+p^2\qquad \therefore\quad (p-3)^2=0$$

よって，$\boldsymbol{p=3}$，$\boldsymbol{C_3:y=\dfrac{1}{6}(x^2+9)}$

同様に，$\boldsymbol{q=3}$，$\boldsymbol{D_3:x=\dfrac{1}{6}(y^2+9)}$

（２） ［C_1 と D_1 は直線 $y=x$ に関して対称．問題文で囲まれると言っているので C_1 と $y=x$ は接するはず］

$C_1:y=\dfrac{1}{2}(x^2+1)$ について $\dfrac{1}{2}(x^2+1)-x=\dfrac{1}{2}(x-1)^2$

であるから，C_1 は点 $(1,\ 1)$ で直線 $y=x$ と接する．よって C_1，D_1，C_{-1}，D_{-1} を図示すると右のようになり，これらで囲まれた部分は網目部である．その面積は，対称性を考えると

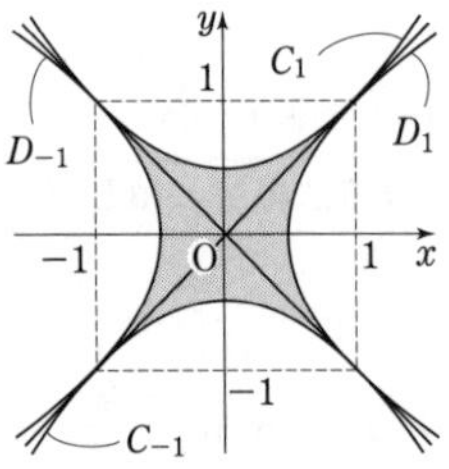

$$8\int_0^1\left\{\frac{1}{2}(x^2+1)-x\right\}dx=8\int_0^1\frac{1}{2}(x-1)^2dx$$

$$=4\left[\frac{1}{3}(x-1)^3\right]_0^1=\boldsymbol{\frac{4}{3}}$$

（３） 点 $(x,\ y)$ を D_q が通るとすると，②より

$$x=\frac{1}{2q}(y^2+q^2)\ \text{すなわち}\ q^2-2xq+y^2=0\ \cdots\cdots\textcircled{3}$$

を満たす $q\,(\neq 0)$ が存在する．③の判別式 D について，

$$D/4=x^2-y^2\ \cdots\cdots\textcircled{4}$$

であるから，④>0 のときは③は $q\neq 0$ の解をもつ．

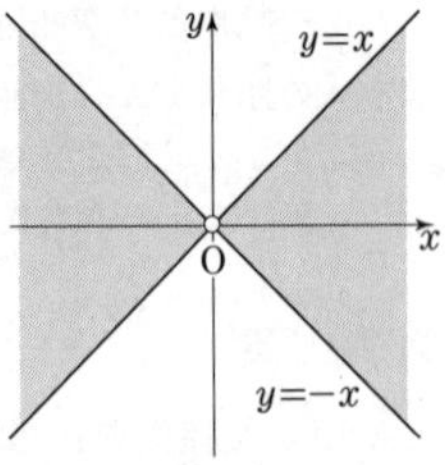

④$=0$ のとき，③の重解は $q=x$ であるから，$x\neq 0$ であれば③は $q\neq 0$ の解をもつ．

よって，$x^2-y^2\geqq 0$ かつ $x\neq 0$ で，上図網目部．

⇨**注１** C_p の焦点，準線を直線 $y=x$ に関して対称移動させると D_p の焦点，準線になるので，両者は直線 $y=x$ に関して対称．

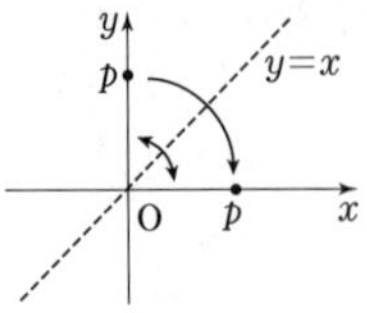

⇨**注２** 放物線 D_q は $(q,\ q)$ と $(q,\ -q)$ で直線 $y=\pm x$ に接する（右図は $q>0$ の場合）ことから，D_q の通過領域が（３）の図の網目部になることがわかる．

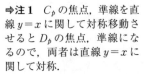

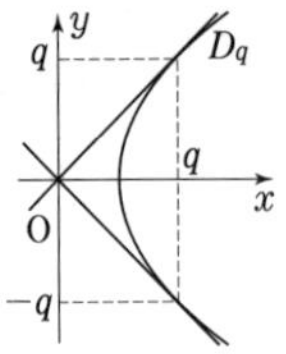

2 （１） x^2 と y^2 についての連立方程式とみる．

（２） 接線の公式を使う（解答）か，あるいは微分法を用いる（別解）．

（３） l_1 と l_2 が垂直であるときの a の値と，H と E の焦点が一致するときの a の値をそれぞれ求め，両者が同じであることを言えばよい．

解 $H:x^2-\dfrac{y^2}{4}=1\ \cdots\cdots\textcircled{1}$，$E:\dfrac{x^2}{a^2}+y^2=1\ \cdots\cdots\textcircled{2}$

（１） ①×4＋②より

$$\left(4+\frac{1}{a^2}\right)x^2=5\qquad \therefore\quad x^2=\frac{5a^2}{4a^2+1}$$

これを②に代入して，

$$\frac{5}{4a^2+1}+y^2=1\qquad \therefore\quad y^2=\frac{4(a^2-1)}{4a^2+1}$$

P は H と E の第１象限における交点だから，$a>1$ に注意すると

$$\mathbf{P}\left(\frac{\sqrt{5}\,\boldsymbol{a}}{\sqrt{4\boldsymbol{a}^2+1}},\ \frac{2\sqrt{\boldsymbol{a}^2-1}}{\sqrt{4\boldsymbol{a}^2+1}}\right)$$

（２） $P(p,\ q)$とおくと，

$$l_1：px-\frac{q}{4}y=1，\ l_2：\frac{p}{a^2}x+qy=1$$

であるから，

l_1の傾きは， $\dfrac{4p}{q}=\dfrac{4\sqrt{5}\,a}{2\sqrt{a^2-1}}=\boldsymbol{\dfrac{2\sqrt{5}\,a}{\sqrt{a^2-1}}}$

l_2の傾きは， $-\dfrac{p}{a^2q}=-\dfrac{\sqrt{5}\,a}{2a^2\sqrt{a^2-1}}=\boldsymbol{-\dfrac{\sqrt{5}}{2a\sqrt{a^2-1}}}$

（３） l_1の傾きとl_2の傾きの積は

$$-\frac{10a}{2a(a^2-1)}=-\frac{5}{a^2-1}$$

であるから，$l_1\perp l_2$のとき，

$$-\frac{5}{a^2-1}=-1 \qquad \therefore\ a^2=6$$

$a>1$だから$a=\sqrt{6}$ ……③　である．

一方，Hの焦点は$(\pm\sqrt{1+4},\ 0)=(\pm\sqrt{5},\ 0)$，

Eの焦点は$(\pm\sqrt{a^2-1},\ 0)$であるから，これらが一致するとき，$a^2-1=5$であり，$a>1$だから$a=\sqrt{6}$ ……④

③と④は同じだから題意は示された．

別解 （２）［接線の傾きを求めるので微分法を用いてもよい］ $P(p,\ q)$とおく．

Hについて，$2x-\dfrac{1}{4}\cdot 2y\cdot\dfrac{dy}{dx}=0$だから，

$\dfrac{dy}{dx}=\dfrac{4x}{y}$で，$l_1$の傾きは$\dfrac{4p}{q}$

Eについて，$\dfrac{1}{a^2}\cdot 2x+2y\cdot\dfrac{dy}{dx}=0$だから

$\dfrac{dy}{dx}=-\dfrac{x}{a^2y}$で，$l_2$の傾きは$-\dfrac{p}{a^2q}$　　　　（以下略）

▨一般に，楕円と双曲線について，焦点２個が一致するとき，両者の交点すべてにおいて接線が直交することが知られている．

３ （１） 公式を証明せよ，という問題．微分法を用いて示すのがよい．

（２） 直線OHの方程式を求めて接線の式と連立させる．接線$x_0x-y_0y=2$の法線ベクトルは$\vec{l}=\begin{pmatrix}x_0\\-y_0\end{pmatrix}$，$\vec{l}$に垂直なベクトルの一つは$\begin{pmatrix}y_0\\x_0\end{pmatrix}$なので，これがOHの法線ベクトルになる．なお，注１のような解法もある．

（３） $(FH\cdot F'H)^2$を計算していけばよいが，工夫せずに（２）の結果を代入すると大変．$x_1^2+y_1^2$が簡単になることに注目しよう．また，$x_0^2-y_0^2=2$が成り立つことを忘れないように．

解 （１） $x^2-y^2=2$の両辺をxで微分すると，

$$2x-2y\cdot\frac{dy}{dx}=0 \qquad \therefore\ \frac{dy}{dx}=\frac{x}{y}\ (y\neq 0のとき)$$

$P(x_0,\ y_0)$はC上の点だから$x_0^2-y_0^2=2$ …………①

よってPにおけるCの接線の方程式は，$y_0\neq 0$のとき

$$y-y_0=\frac{x_0}{y_0}(x-x_0)$$

$$\therefore\ x_0x-y_0y=x_0^2-y_0^2$$

$$\therefore\ x_0x-y_0y=2 \qquad (①を用いた)$$

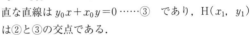

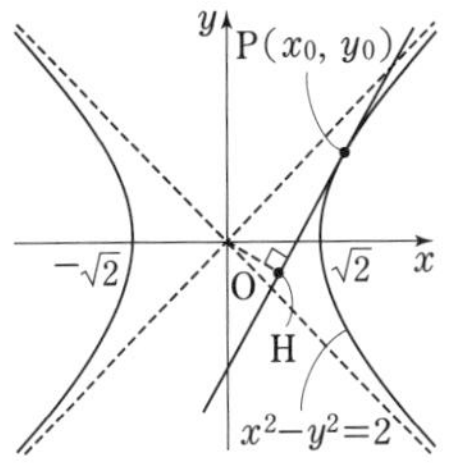

$y_0=0$のとき，Pは$(\sqrt{2},\ 0)$，$(-\sqrt{2},\ 0)$で接線はそれぞれ$x=\sqrt{2}$，$x=-\sqrt{2}$だから，この場合も$x_0x-y_0y=2$で表される．

（２） 原点を通り$x_0x-y_0y=2$ ……②　に垂直な直線は$y_0x+x_0y=0$ ……③　であり，$H(x_1,\ y_1)$は②と③の交点である．

②$\times x_0+$③$\times y_0$より$(x_0^2+y_0^2)x=2x_0$

$$\therefore\ \boldsymbol{x_1=\frac{2x_0}{x_0^2+y_0^2}}$$

③$\times x_0-$②$\times y_0$より$(x_0^2+y_0^2)y=-2y_0$

$$\therefore\ \boldsymbol{y_1=-\frac{2y_0}{x_0^2+y_0^2}}$$

（３） $F(1,\ 0)$，$F'(-1,\ 0)$，$H(x_1,\ y_1)$より

$$\begin{aligned}(FH\cdot F'H)^2&=FH^2\cdot F'H^2\\&=\{(x_1-1)^2+y_1^2\}\{(x_1+1)^2+y_1^2\}\\&=(x_1^2+y_1^2+1-2x_1)(x_1^2+y_1^2+1+2x_1)\\&=(x_1^2+y_1^2+1)^2-4x_1^2 \ \cdots\cdots ④\end{aligned}$$

ここで，

$$\begin{aligned}x_1^2+y_1^2&=\frac{4x_0^2}{(x_0^2+y_0^2)^2}+\frac{4y_0^2}{(x_0^2+y_0^2)^2}\\&=\frac{4(x_0^2+y_0^2)}{(x_0^2+y_0^2)^2}=\frac{4}{x_0^2+y_0^2}\end{aligned}$$

であるから

$$④=\left(\frac{4}{x_0^2+y_0^2}+1\right)^2-4\cdot\frac{4x_0^2}{(x_0^2+y_0^2)^2} \ \cdots\cdots ⑤$$

で，さらに①より$x_0^2+y_0^2=2x_0^2-2$だから，

$$\begin{aligned}⑤&=\left\{\frac{4+(2x_0^2-2)}{2x_0^2-2}\right\}^2-\frac{16x_0^2}{(2x_0^2-2)^2}\\&=\left(\frac{x_0^2+1}{x_0^2-1}\right)^2-\frac{4x_0^2}{(x_0^2-1)^2}\\&=\frac{x_0^4-2x_0^2+1}{(x_0^2-1)^2}=1\end{aligned}$$

よって，FH·F′H は点 P の取り方によらず一定であり，その値は**1**である．

⇨**注 1**　②：$x_0x-y_0y=2$ の法線ベクトルは $\begin{pmatrix} x_0 \\ -y_0 \end{pmatrix}$ だから $\overrightarrow{\mathrm{OH}}=k\begin{pmatrix} x_0 \\ -y_0 \end{pmatrix}$ とおくことができる．H が②上にあることから，

$$x_0\cdot kx_0-y_0\cdot(-ky_0)=2 \qquad \therefore \quad k=\frac{2}{x_0^2+y_0^2}$$

⇨**注 2**　一般に 2 定点からの距離の積が一定となる点（つまり，2 定点を F，F′ としたときに FP·F′P が一定になる P）の軌跡はカッシーニの卵形線と呼ばれている．本問の H の軌跡はこれの特殊な場合（レムニスケートという）であり，右図のような曲線になる．

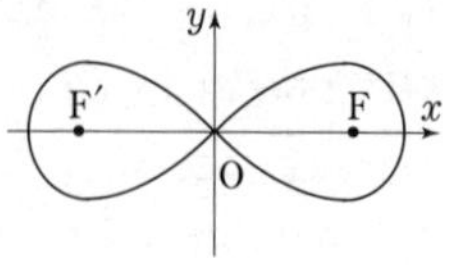

4　（1）　接線の公式を使う．

（2）　誘導の通り，L^2 を t だけで表して t で微分する．導関数の符号を調べるところでは，2 乗の差を和と差の積とみるとよい．

解　（1）　$\dfrac{x^2}{a^2}+\dfrac{y^2}{b^2}=1$ の $(a\cos\theta,\ b\sin\theta)$ における接線の方程式は

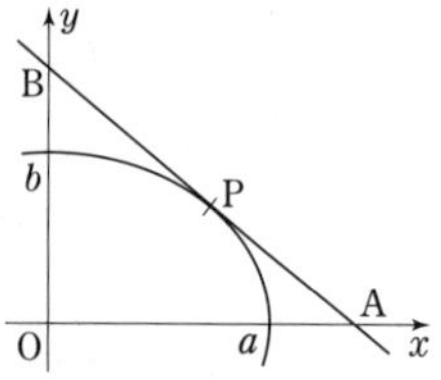

$$\frac{a\cos\theta}{a^2}x+\frac{b\sin\theta}{b^2}y=1$$

$$\therefore \quad \boldsymbol{\frac{\cos\theta}{a}x+\frac{\sin\theta}{b}y=1}$$

（2）（1）より

$$\mathrm{A}\left(\frac{a}{\cos\theta},\ 0\right),\ \mathrm{B}\left(0,\ \frac{b}{\sin\theta}\right)$$

であるから，$L^2=\mathrm{AB}^2=\boldsymbol{\dfrac{a^2}{\cos^2\theta}+\dfrac{b^2}{\sin^2\theta}}$

$t=\cos^2\theta$ とおくと，

$$L^2=\frac{a^2}{\cos^2\theta}+\frac{b^2}{1-\cos^2\theta}=\frac{a^2}{t}+\frac{b^2}{1-t}$$

となる．これを $f(t)$ とすれば，

$$f'(t)=-\frac{a^2}{t^2}+\frac{b^2}{(1-t)^2}$$
$$=\left(\frac{b}{1-t}+\frac{a}{t}\right)\left(\frac{b}{1-t}-\frac{a}{t}\right)$$
$$=\left(\frac{b}{1-t}+\frac{a}{t}\right)\cdot\frac{bt-a(1-t)}{t(1-t)}$$

$a>0$，$b>0$，$0<t<1$ より，$f'(t)$ の符号は

$$bt-a(1-t)=(a+b)t-a=(a+b)\left(t-\frac{a}{a+b}\right)$$

の符号と一致するから，増減は次の表のようになる．

t	0	…	$\frac{a}{a+b}$	…	1
$f'(t)$		−	0	+	
$f(t)$		↘		↗	

従って，L^2 は $\boldsymbol{t=\dfrac{a}{a+b}}$ のとき最小値をとり，このとき

$$L^2=\frac{a^2}{t}+\frac{b^2}{1-t}=\frac{a^2}{\frac{a}{a+b}}+\frac{b^2}{\frac{b}{a+b}}$$
$$=a(a+b)+b(a+b)=(a+b)^2$$

だから L の最小値は $\boldsymbol{a+b}$

⇨**注**　（2）は次のような解き方が知られている．
$\cos^2\theta+\sin^2\theta=1$ を $\cos^2\theta$，$\sin^2\theta$ で割ると，

$$1+\tan^2\theta=\frac{1}{\cos^2\theta},\ 1+\frac{1}{\tan^2\theta}=\frac{1}{\sin^2\theta}$$

これより，

$$L^2=a^2(1+\tan^2\theta)+b^2\left(1+\frac{1}{\tan^2\theta}\right)$$
$$=a^2+b^2+a^2\tan^2\theta+\frac{b^2}{\tan^2\theta}$$
$$\geqq a^2+b^2+2\sqrt{a^2\tan^2\theta\cdot\frac{b^2}{\tan^2\theta}}$$
$$=a^2+b^2+2ab=(a+b)^2$$

等号は $\tan\theta=\sqrt{\dfrac{b}{a}}$ のときに成立．

5　（ア）　楕円を円に変換し，円と放物線で囲まれた部分の面積を求める．x 軸，y 軸のどちらの方向に拡大してもよいが，ここでは y 軸方向でやってみる．一般に，$f(x,\ y)=0$ を y 軸方向に k 倍してできる曲線の方程式は $f\left(x,\ \dfrac{1}{k}y\right)=0$ である（注 2 参照）．

（イ）　平行な弦は軸方向に拡大しても平行な弦である．（1）では，円の中心から円の弦に下ろした垂線の足が弦の中点になることを利用する．（3）は媒介変数表示を使うと簡単に計算できるが，A〜D に対応する円上の点の媒介変数表示を求めるところがポイント．

解　（ア）　$C_1：6x^2+4y^2=3$，$C_2：8x-8y^2=1$

まず，C_1 と C_2 の交点の座標を求める．$C_1\times2+C_2$ で y^2 を消去すると，

$$12x^2+8x-7=0 \qquad \therefore \quad (2x-1)(6x+7)=0$$

C_1，C_2 と座標軸との交点を求めて図を描くと下のようになるので $x=\dfrac{1}{2}$ であり，

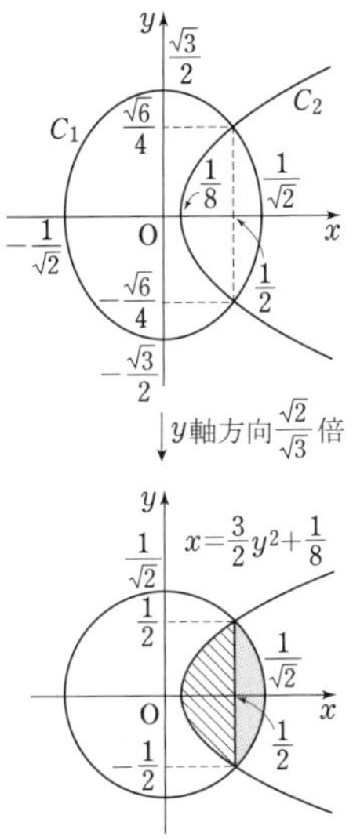

C_2 の式から

$$y^2=\frac{1}{8}(8x-1)=\frac{3}{8}$$

$$\therefore\quad y=\pm\frac{\sqrt{6}}{4}$$

C_1，C_2 を y 軸方向に $\dfrac{\sqrt{2}}{\sqrt{3}}$ 倍すると，C_1 は半径 $\dfrac{\sqrt{2}}{2}$ の円になり，C_2 は

$$8x-8\left(\frac{\sqrt{3}}{\sqrt{2}}y\right)^2=1$$

$$\therefore\quad x=\frac{3}{2}y^2+\frac{1}{8}$$

になる．変換後の交点は

$\dfrac{\sqrt{6}}{4}\times\dfrac{\sqrt{2}}{\sqrt{3}}=\dfrac{1}{2}$ より $\left(\dfrac{1}{2},\ \pm\dfrac{1}{2}\right)$ であるから，変換後の面積について

● 斜線部は，放物線と直線が囲む部分の面積の公式から

$$\frac{1}{6}\cdot\frac{3}{2}\left(\frac{1}{2}+\frac{1}{2}\right)^3=\frac{1}{4}$$

● 網目部は

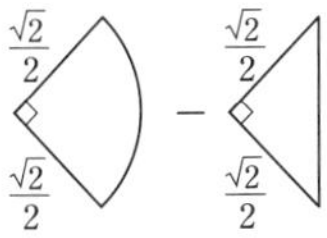

$$=\pi\left(\frac{\sqrt{2}}{2}\right)^2\cdot\frac{1}{4}-\frac{1}{2}\cdot\frac{\sqrt{2}}{2}\cdot\frac{\sqrt{2}}{2}=\frac{\pi}{8}-\frac{1}{4}$$

よって，元の面積は，

$$\frac{\sqrt{3}}{\sqrt{2}}\left(\frac{1}{4}+\frac{\pi}{8}-\frac{1}{4}\right)=\boldsymbol{\frac{\sqrt{3}}{8\sqrt{2}}}\pi$$

➡**注1**　$C_2:x=y^2+\dfrac{1}{8}$ なので，x 軸方向に $\dfrac{\sqrt{3}}{\sqrt{2}}$ 倍して C_1 を半径 $\dfrac{\sqrt{3}}{2}$ の円，C_2 を $x=\dfrac{\sqrt{3}}{\sqrt{2}}\left(y^2+\dfrac{1}{8}\right)$ としてもよいが，解答の方が変換後の交点などの数値がきれいなので y 軸方向の拡大を採用した．なお，拡大率（y 軸方向に k 倍するときの k）は，例題の注と同様，楕円と座標軸との交点を見て

$$\frac{\sqrt{3}}{2}\times k=\frac{1}{\sqrt{2}}\qquad\therefore\quad k=\frac{\sqrt{2}}{\sqrt{3}}$$

と求める．

➡**注2**　y 軸方向に k 倍したときの，変換後の曲線の方程式について．$y=f(x)$ 型のときは $y=kf(x)$ とすればよい．$f(x,\ y)=0$ 型のときは次のようにする．変換後の曲線上の点を $(X,\ Y)$ とすると，これを y 軸方向に $\dfrac{1}{k}$ 倍した $\left(X,\ \dfrac{1}{k}Y\right)$ が $f(x,\ y)=0$ 上にあるから，$f\left(X,\ \dfrac{1}{k}Y\right)=0$．$X$，$Y$ を x，y にすれば，変換後の曲線の方程式 $f\left(x,\ \dfrac{1}{k}y\right)=0$ を得る．

(イ)　楕円，直線を y 軸方向に $\dfrac{a}{b}$ 倍すると，楕円は半径 a の円になり，直線は $y=\dfrac{a}{b}mx$ になる．このとき，A，B に対応する点をそれぞれ A′，B′ とする．

（1）

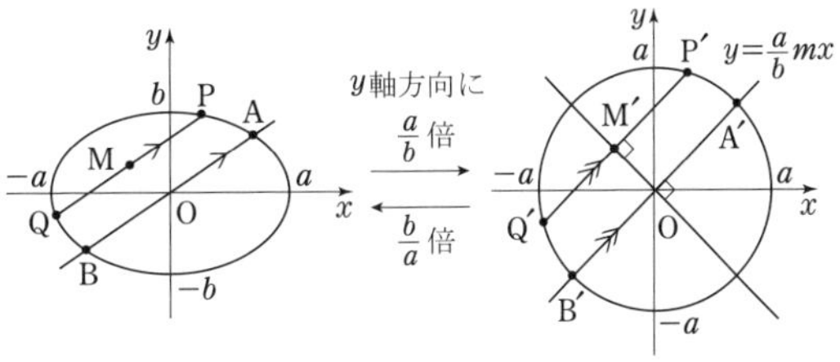

AB と平行な楕円の弦 PQ は，この変換で円の弦 P′Q′ になり，P′Q′ の中点 M′ は O から P′Q′ に下ろした垂線の足である．よって，M′ の軌跡は A′B′ に垂直な直線の一部であり，その直線の方程式は $y=-\dfrac{b}{am}x$（$m\neq0$ のとき）

これを $\dfrac{b}{a}$ 倍して，M の軌跡が含まれる直線の方程式は，

$$y=\frac{b}{a}\left(-\frac{b}{am}x\right)\qquad\therefore\quad \boldsymbol{y=-\frac{b^2}{a^2m}x}\ \ \boldsymbol{(m\neq0)}$$

$\boldsymbol{m=0}$ **のとき**は，求める直線の方程式は $\boldsymbol{x=0}$

➡**注**　分母を払って $b^2x+a^2my=0$ とすると一つの式で表せる．

（2）

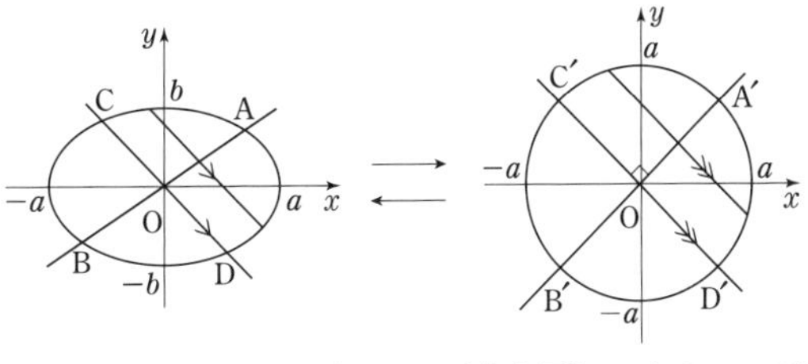

CD に平行な楕円の弦は，円（右上図）では C′D′ に平行な弦になる．C′D′ に平行な弦の中点の軌跡は線分 A′B′ であるから，これを楕円に戻すと線分 AB になり，求める方程式（直線 AB の方程式）は，$\boldsymbol{y=mx}$

(３)　(２)の円の図で，$A'(a\cos\theta,\ a\sin\theta)$ とおける．
$\angle A'OC'=90^\circ$ であるから，

$$C'(a\cos(\theta+90^\circ)),\ a\sin(\theta+90^\circ))$$
$$=(-a\sin\theta,\ a\cos\theta)$$

これらを y 軸方向に $\dfrac{b}{a}$ 倍すると，

$$A(a\cos\theta,\ b\sin\theta),\ C(-a\sin\theta,\ b\cos\theta)$$

となる．従って，

$$AB^2+CD^2=(2OA)^2+(2OC)^2=4(OA^2+OC^2)$$
$$=4\{(a^2\cos^2\theta+b^2\sin^2\theta)+(a^2\sin^2\theta+b^2\cos^2\theta)\}$$
$$=\boldsymbol{4(a^2+b^2)}$$

6　(４)の計算は例題とほとんど同じだが，ここでは例題のようなおきかえをせずにやってみる．文字が多いので，固定する順番をしっかり認識し，落ちついて考えよう．まず接することをとらえ（x の方程式とみる），次に直交する条件を使う（m の方程式とみる）．

解　(１)　$x^2-\dfrac{y^2}{4}=0$，つまり $\left(x+\dfrac{y}{2}\right)\left(x-\dfrac{y}{2}\right)=0$ だから，$\boldsymbol{y=-2x,\ y=2x}$

(２)　$l:y=mx$ と $C:x^2-\dfrac{y^2}{4}=-1$ から y を消去して，

$$x^2-\frac{m^2}{4}x^2=-1 \qquad \therefore\ (4-m^2)x^2=-4 \ \cdots\cdots①$$

$m=\pm2$ のときは解なし．$m\neq\pm2$ のときは①が重解をもつことはない．よって，l と C は接していない．

(３)　y 軸に平行な C の接線はないので，求める接線は $L:y=m(x-\sqrt{3})$ とおける．これと C の式から y を消去すると，

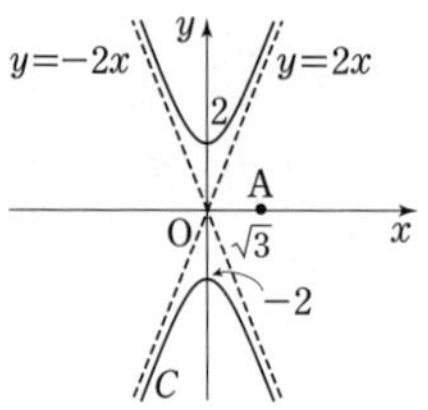

$$x^2-\frac{m^2(x-\sqrt{3})^2}{4}=-1$$
$$\therefore\ 4x^2-m^2(x^2-2\sqrt{3}x+3)=-4$$
$$\therefore\ (4-m^2)x^2+2\sqrt{3}m^2x-3m^2+4=0 \ \cdots\cdots②$$

x の２次方程式②が重解をもつことが条件だから $m\neq\pm2$ であり，判別式が０．

(判別式)/4 $=(\sqrt{3}m^2)^2-(4-m^2)(-3m^2+4)$

より，

$$16m^2-16=0 \qquad \therefore\ m=\pm1$$

答えは，$\boldsymbol{y=x-\sqrt{3},\ y=-x+\sqrt{3}}$

(４)　$P(p,\ q)$ を通る C の接線は $y=m(x-p)+q$ とおける．これと C の式から y を消去して，

$$x^2-\frac{(mx-mp+q)^2}{4}=-1$$
$$\therefore\ 4x^2-\{mx-(mp-q)\}^2+4=0$$
$$\therefore\ (4-m^2)x^2+2m(mp-q)x-(mp-q)^2+4=0$$
$$\cdots\cdots③$$

x の２次方程式③が重解をもつことが接するための条件だから，$m\neq\pm2$ かつ判別式が０．

(判別式)/4
$=\{m(mp-q)\}^2-(4-m^2)\{-(mp-q)^2+4\}$
　[$m^2(mp-q)^2$ が消える]
$=4(mp-q)^2-16+4m^2$

であるから，さらに４で割って m について整理すると

$$(p^2+1)m^2-2pqm+q^2-4=0 \ \cdots\cdots\cdots\cdots\cdots④$$

m の２次方程式④の解が接線の傾きであるから，$P(p,\ q)$ を通る C の接線が直交するとき，④の２解の積は -1 であり，さらに $m=2$，$m=-2$ は④の解でない．

●④の２解の積が -1

$$\iff \frac{q^2-4}{p^2+1}=-1 \iff p^2+q^2=3$$

●④の解に $m=2$ が含まれる

$$\iff (p^2+1)\cdot4-2pq\cdot2+q^2-4=0$$
$$\iff 4p^2-4pq+q^2=0 \iff (2p-q)^2=0$$
$$\iff q=2p$$

●④の解に $m=-2$ が含まれる

$$\iff (p^2+1)\cdot4-2pq\cdot(-2)+q^2-4=0$$
$$\iff (2p+q)^2=0 \iff q=-2p$$

以上より，求める条件は

$$\boldsymbol{p^2+q^2=3 \quad \text{かつ} \quad q\neq\pm2p}$$

▨（２)は図からほとんど明らかであるが，「示せ」だから解答のように式でやるところだろう．

(３)は(４)のための準備運動．(３)の２接線は直交するので(４)の答えに含まれる．

(４)は，逆手流の考え方で，最初に $P(p,\ q)$ を固定してこの P から直交する２接線が引けるかどうかを判定する，と考えるとわかりやすい．③に対応するもの（$p,\ q$ を具体的にしたもの）が(３)の②で，④に対応する(３)の式は $16m^2-16=0$ である．計算のポイントは $(mp-q)^2$ をはじめに展開しないこと．例題の b にあたる $mp-q$ をバラしてしまうと計算が膨れてしまう．

(４)の結果を図示すると右図の太線になる．$y=\pm2x$ 上の点から C に引ける接線は１本（以下）なので除外される．

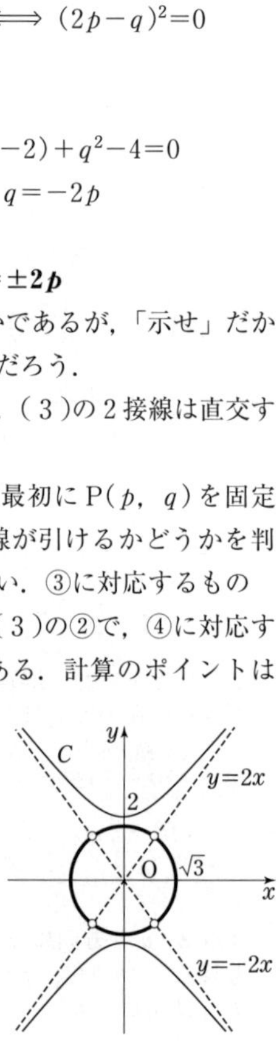

除外点を具体的に求めると，$\left(\pm\sqrt{\dfrac{3}{5}},\ \pm2\sqrt{\dfrac{3}{5}}\right)$（複号任意）となる．

7 （1）（2）は軌跡の問題として解けばよい．
（3） 楕円になる．標準形（を平行移動したもの）に直そう．
（4） 重解条件を用いてとらえるが，x を消去して y の方程式とするのがよい（曲線の式に出てくる x は1か所，y は2か所だから少ない方を消す）．

解 （1） $P(x,\ y)$ と $y=1$ の距離は $|y-1|$ であるから，これが PF に等しいとき

$|y-1|=\sqrt{x^2+(y-2)^2}$

$\therefore\ (y-1)^2=x^2+(y-2)^2$

これを整理して

$$\boldsymbol{y=\frac{1}{2}(x^2+3)}$$

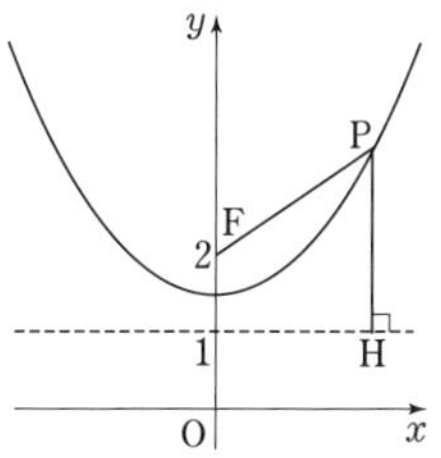

（2） $PH=rPF$ だから，

$PH^2=r^2PF^2$

$\therefore\ (y-1)^2=r^2\{x^2+(y-2)^2\}$

$\therefore\ y^2-2y+1=r^2(x^2+y^2-4y+4)$

よって，

$$\boldsymbol{r^2x^2+(r^2-1)y^2-(4r^2-2)y+4r^2-1=0}\ \cdots\cdots①$$

（3） $r=\sqrt{2}$ のとき，①は

$2x^2+y^2-6y+7=0$

$\therefore\ 2x^2+(y-3)^2=2$

$\therefore\ x^2+\dfrac{(y-3)^2}{(\sqrt{2})^2}=1$

この楕円の媒介変数表示は，

$$\boldsymbol{x=\cos t,\ y=3+\sqrt{2}\sin t}$$

（4） $x=2(y-1)$ を①に代入すると，

$4r^2(y-1)^2+(r^2-1)y^2-(4r^2-2)y+4r^2-1=0$

$\therefore\ (5r^2-1)y^2-(12r^2-2)y+8r^2-1=0\ \cdots\cdots\cdots②$

直線 $x=2(y-1)$ が①に接するとき，y の2次方程式②は重解をもつから，判別式 D について $D=0$．

$\dfrac{D}{4}=(6r^2-1)^2-(5r^2-1)(8r^2-1)$

$\quad=-4r^4+r^2=r^2(1-4r^2)$

より，$1-4r^2=0\qquad\therefore\ \boldsymbol{r=\dfrac{1}{2}}\ (>0)$

この r の値を①に代入すると，

$\dfrac{1}{4}x^2-\dfrac{3}{4}y^2+y=0\qquad\therefore\ x^2-3y^2+4y=0$

これは**双曲線**である．

▨ ①の式の x^2 の係数 r^2 は正だから，

- $0<r<1$ のとき，y^2 の係数 r^2-1 は負で双曲線
- $r=1$ のとき，y^2 の係数は0で放物線
- $1<r$ のとき，y^2 の係数は正で楕円

となる（離心率は $1/r$ なので例題の解答前文と合っている）．

（4）の後半は，「$r=\dfrac{1}{2}$ のときの①の x^2，y^2 の係数について，$r^2>0$，$r^2-1<0$ だから C は双曲線」としてもよい（具体的な式は書かなくてよい）だろう．

（3）の答えは，解答で示したものが唯一の正解というわけではなく，例えば cos と sin を逆にしても間違いではない．ただ，$x\leftrightarrow\cos$ の対応が慣習となっているので $x=\cos t$ とするのがよい．

8 （2） 接線の方程式を書き，○3の演習題と同じ方法で法線の方程式を作るとよい．
（3） まず $\overrightarrow{PQ}\cdot\overrightarrow{PF}$ を x_0，y_0 で表す．$\dfrac{x_0^2}{4}+\dfrac{y_0^2}{3}=1$ ［$(x_0,\ y_0)$ は楕円上の点］を利用して y_0 を消去．
（4） 前半は例題と同じ計算．後半は，（3）と（4）前半の結果を使って $\cos\angle FPQ=\cos\angle F'PQ$ を示す．

解 楕円 $\dfrac{x^2}{4}+\dfrac{y^2}{3}=1$

（1） 焦点は $(\pm\sqrt{4-3},\ 0)$ だから

$$\boldsymbol{F(-1,\ 0),\ F'(1,\ 0)}$$

（2） $P(x_0,\ y_0)$ における接線は $\dfrac{x_0}{4}x+\dfrac{y_0}{3}y=1$

だから，法線は $\dfrac{y_0}{3}(x-x_0)-\dfrac{x_0}{4}(y-y_0)=0\ \cdots\cdots\cdots①$

①で $y=0$ とすると，

$\dfrac{y_0}{3}(x-x_0)+\dfrac{x_0y_0}{4}=0$

$y_0(\neq0)$ で割って，

$\dfrac{x}{3}=\left(\dfrac{1}{3}-\dfrac{1}{4}\right)x_0$

よって，

$x=\dfrac{x_0}{4}$，$\boldsymbol{Q\left(\dfrac{x_0}{4},\ 0\right)}$

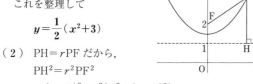

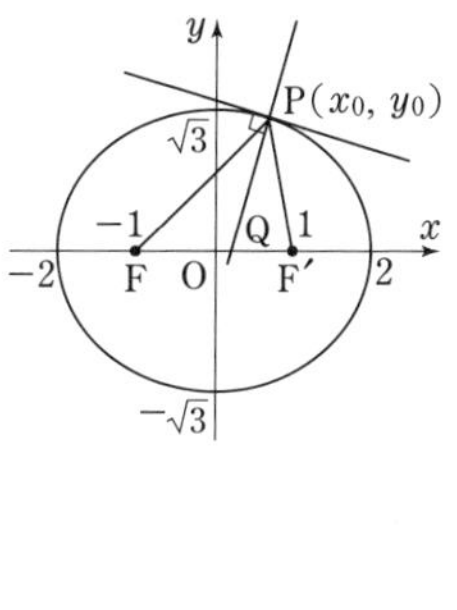

（3） $\overrightarrow{PQ}=\left(-\dfrac{3}{4}x_0,\ -y_0\right)$，$\overrightarrow{PF}=(-1-x_0,\ -y_0)$

より，

$\overrightarrow{PQ}\cdot\overrightarrow{PF}=\dfrac{3}{4}x_0(1+x_0)+y_0^2=\dfrac{3}{4}x_0^2+y_0^2+\dfrac{3}{4}x_0\ \cdots\cdot②$

$(x_0,\ y_0)$ は楕円上の点だから $\dfrac{x_0^2}{4}+\dfrac{y_0^2}{3}=1$ ………③

③より $y_0^2=3\left(1-\dfrac{x_0^2}{4}\right)$ だから，これを②に代入して

$$\overrightarrow{\mathrm{PQ}}\cdot\overrightarrow{\mathrm{PF}}=\frac{3}{4}x_0^2+3\left(1-\frac{x_0^2}{4}\right)+\frac{3}{4}x_0=\mathbf{3+\frac{3}{4}x_0}$$

同様に，$\overrightarrow{\mathrm{PF'}}=(1-x_0,\ -y_0)$ より

$$\overrightarrow{\mathrm{PQ}}\cdot\overrightarrow{\mathrm{PF'}}=-\frac{3}{4}x_0(1-x_0)+y_0^2$$

$$=\frac{3}{4}x_0^2+y_0^2-\frac{3}{4}x_0=\mathbf{3-\frac{3}{4}x_0}$$

(4) $\mathrm{PF}^2=(-1-x_0)^2+y_0^2$

$$=1+2x_0+x_0^2+3\left(1-\frac{x_0^2}{4}\right)$$

$$=4+2x_0+\frac{1}{4}x_0^2=\left(2+\frac{x_0}{2}\right)^2$$

$-2\leqq x_0\leqq 2$ より　$\mathbf{PF=2+\frac{x_0}{2}}$

$\mathrm{PF'}^2=(1-x_0)^2+y_0^2$

$$=1-2x_0+x_0^2+3\left(1-\frac{x_0^2}{4}\right)=\left(2-\frac{x_0}{2}\right)^2$$

より，$\mathbf{PF'=2-\frac{x_0}{2}}$

これらと(3)の結果から，

$$\cos\angle\mathrm{FPQ}=\frac{\overrightarrow{\mathrm{PQ}}\cdot\overrightarrow{\mathrm{PF}}}{|\overrightarrow{\mathrm{PQ}}||\overrightarrow{\mathrm{PF}}|}=\frac{\frac{3}{4}(4+x_0)}{\mathrm{PQ}\cdot\frac{1}{2}(4+x_0)}=\frac{3}{2\cdot\mathrm{PQ}}$$

$$\cos\angle\mathrm{F'PQ}=\frac{\overrightarrow{\mathrm{PQ}}\cdot\overrightarrow{\mathrm{PF'}}}{|\overrightarrow{\mathrm{PQ}}||\overrightarrow{\mathrm{PF'}}|}=\frac{\frac{3}{4}(4-x_0)}{\mathrm{PQ}\cdot\frac{1}{2}(4-x_0)}=\frac{3}{2\cdot\mathrm{PQ}}$$

となるので $\angle\mathrm{FPQ}=\angle\mathrm{F'PQ}$ である．

▨ 本問の結果 $(\angle\mathrm{FPQ}=\angle\mathrm{F'PQ})$ から，「楕円の一方の焦点に光源を置くと，光源から出た光は楕円で反射して他方の焦点を通る」ことがわかる．これはどのような楕円でも成り立つ．他の2次曲線でも同じようなことが成り立ち，放物線では，焦点から出た光は，反射すると軸に平行になる．また，双曲線では，一方の焦点から出た光は，他方の焦点と反射した点を結ぶ方向に進む．

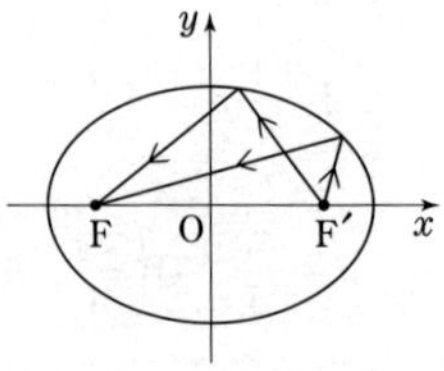

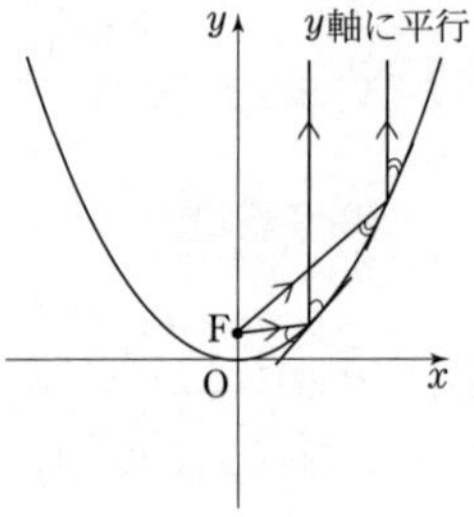

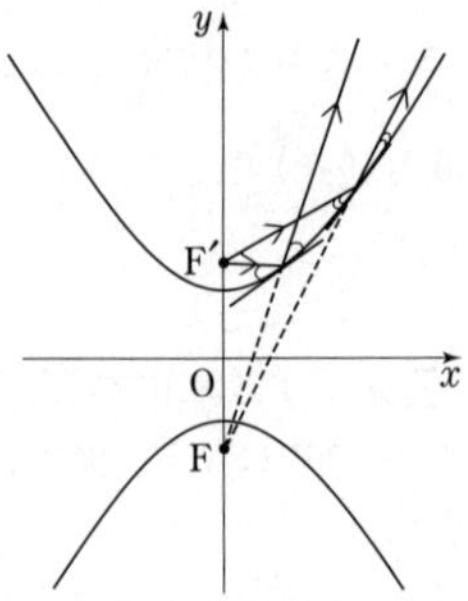

ミニ講座・1 準円と準線

○6の例題・演習題では，楕円や双曲線に直交する2接線を引くときの，その2接線の交点の軌跡を求めました．この軌跡は，楕円では常に円になります．双曲線では，形状により直交する2接線が引けるときと引けないときがあり，引けるときは円（4点除外）になります．

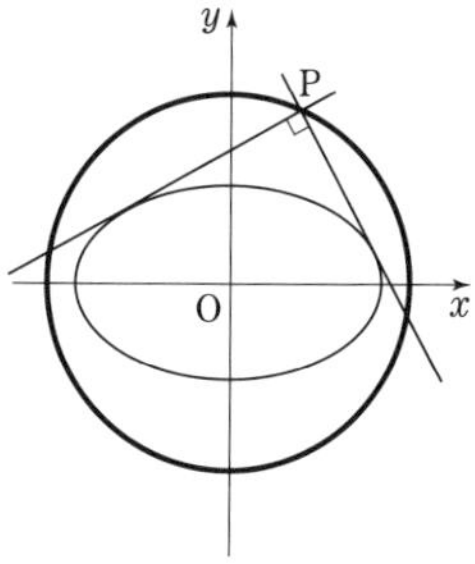

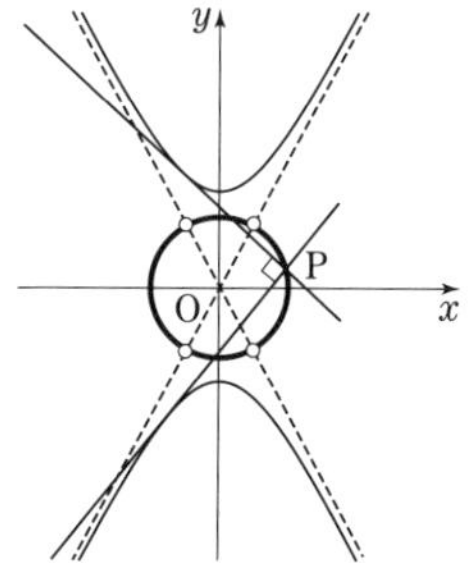

これの放物線バージョンは数Ⅱの座標でよく出てきます．

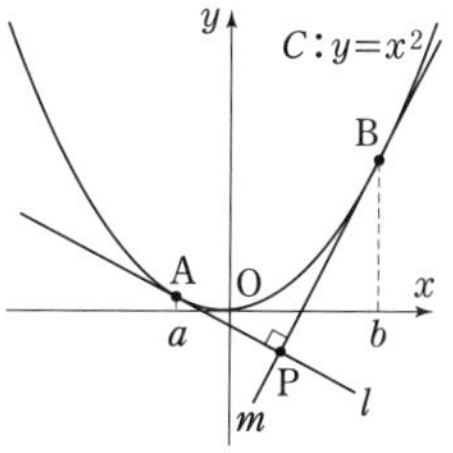

放物線を C : $y=x^2$ とし，$\mathrm{A}(a,\ a^2)$ での C の接線 l と $\mathrm{B}(b,\ b^2)$ での C の接線 m が直交するとしましょう．

接線の方程式は，

$$l : y=2ax-a^2,\quad m : y=2bx-b^2$$

なので，l と m の交点Pの座標は $\left(\dfrac{a+b}{2},\ ab\right)$ となります．一方，l と m が直交することから

$$2a\cdot 2b=-1 \qquad \therefore\ ab=-\frac{1}{4}$$

となるので，Pの軌跡は直線 $y=-\dfrac{1}{4}$ です（直線全体になることは，$a\to\pm\infty$ とすれば言える）．

ところで，この直線（Pの軌跡）は，放物線 C の準線です．○1でコメントしたように，この結果を知っていると，放物線の公式

焦点 $(0,\ p)$，準線 $y=-p$ の放物線は $y=\dfrac{1}{4p}x^2$

が頭に入りやすいでしょう．

ここでは，以上の事実を関連づけて考えてみることにします．

放物線を，楕円の“極限状態”とみます．このような見方ができるのは，2次曲線に離心率（☞ ○7）があって統一的な定め方ができるからです．

楕円（縦長）が原点を通るように，焦点 $\mathrm{F}(0,\ e)$，準線 $y=-1$ とし，離心率を e とします．このとき，長半径を a，短半径を b とすれば，離心率の定義から［$(0,\ 2a)$ を考え］

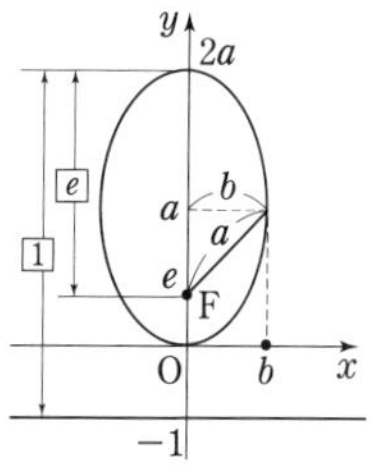

$$(2a-e) : (2a+1)=e : 1$$

$$\therefore\ 2a-e=e(2a+1) \qquad \therefore\ 2a=\frac{2e}{1-e}$$

また，b について，$b^2=a^2-(a-e)^2$

この楕円の準円［中心が $(0,\ a)$ で $(b,\ 0)$ を通る］の半径の2乗は，

$$a^2+b^2=a^2+\{a^2-(a-e)^2\}=a^2+2ae-e^2$$
$$=\left(\frac{e}{1-e}\right)^2+2\cdot\frac{e^2}{1-e}-e^2$$
$$=\frac{e^2+2e^2(1-e)-e^2(1-e)^2}{(1-e)^2}$$
$$=\frac{2e^2-e^4}{(1-e)^2}$$

よって，準円の半径は，$r=\dfrac{e\sqrt{2-e^2}}{1-e}$

この準円と y 軸の交点は $(0,\ a\pm r)$ です．放物線は，離心率 e が1に近づくときの楕円の極限であると考え，準円が $e=1$ の放物線の準線（$y=-1$）に近づくことを見てみましょう．

$e\to 1-0$ のとき，$a\to\infty$，$r\to\infty$ です．そして，準円と y 軸との交点（下側）について

$$a-r=\frac{e}{1-e}-\frac{e\sqrt{2-e^2}}{1-e}=\frac{e}{1-e}(1-\sqrt{2-e^2})$$
$$=\frac{e}{1-e}\cdot\frac{1-(2-e^2)}{1+\sqrt{2-e^2}}=\frac{e}{1-e}\cdot\frac{-(1-e^2)}{1+\sqrt{2-e^2}}$$
$$=e\cdot\frac{-(1+e)}{1+\sqrt{2-e^2}}\to 1\cdot\frac{-2}{1+1}=-1 \quad (e\to 1)$$

となりますから，半径が無限大の円を直線とみなせば，この円は放物線の準線に近づくと考えることができます．

*　　　　*

双曲線の場合，直交する接線の交点の軌跡は，完全な円ではなく，漸近線との交点が除外されます．しかし，漸近線の本来の定義は「接線の極限」なので，漸近線も接線の仲間に入れることにすれば，除外点からも直交する2接線が引けることになります．こちらも，意味は違いますが，極限を考えれば完全な円と言えます．

ミニ講座・2
円と楕円

○5で，楕円を円に変換して解く問題を扱いました．

ここでは，この手法が使える問題，使えない問題を具体的にとりあげ，少し詳しく解説します．

最初に，楕円 E：$\dfrac{x^2}{a^2}+\dfrac{y^2}{b^2}=1$ を y 軸方向に $\dfrac{a}{b}$ 倍すると円 $x^2+y^2=a^2$ になることを確かめてみましょう．x，y の式のままでもできますが，媒介変数表示を使います．

楕円 E 上の点 P を $(a\cos\theta,\ b\sin\theta)$ とし，これを y 軸方向に $\dfrac{a}{b}$ 倍すると，y 座標が $b\sin\theta\times\dfrac{a}{b}=a\sin\theta$（$x$ 座標は変わらない）になります．つまり，変換後の点 P′ の座標は $(a\cos\theta,\ a\sin\theta)$ で，これは $x^2+y^2=a^2$ 上の点です．

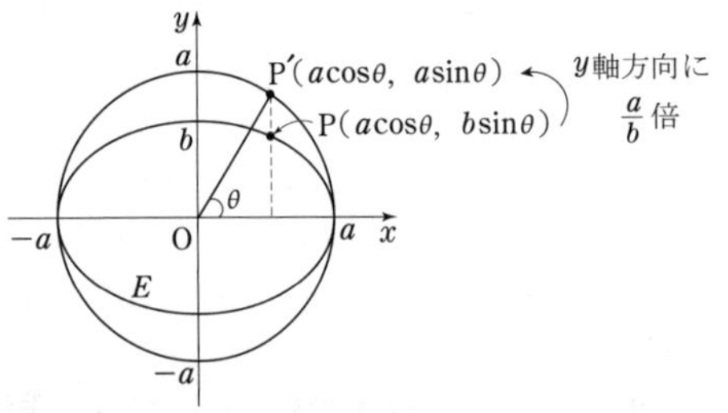

なお，ここで使った媒介変数 θ は，x 軸から OP′ までの回転角です．OP（楕円上の点）までの回転角ではありませんので注意して下さい．

本題に入ります．

まず，軸方向の拡大という変換で何がどのように変わるか（または変わらないか）を考えてみましょう．以下，変換は「y 軸方向に k 倍」としますが，x 軸方向でも同じことが成り立ちます．

1 接点や交点について

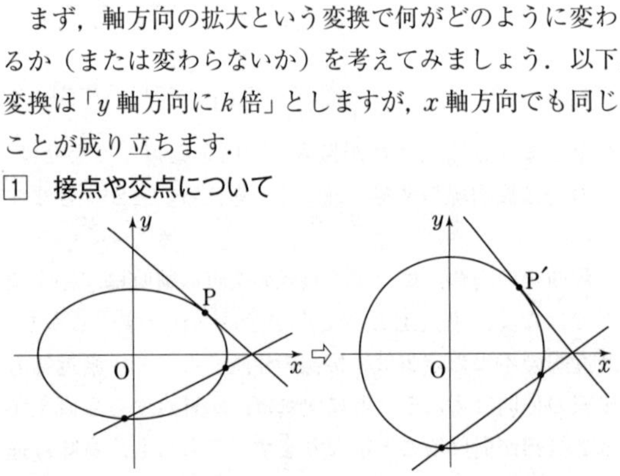

変換前の接点は変換後も接点，変換前の交点は変換後も交点です．つまり，変換前に P で接していれば，変換後は「P を y 軸方向に k 倍拡大した点 P′ で接する」となります．交点についても同様です．この事実は，答案では証明せずに使ってかまいません．

2 面積について

一律に k 倍になります．

各辺が座標軸に平行な長方形の面積が k 倍になることから，納得できるでしょう．これも，答案では証明不要です．

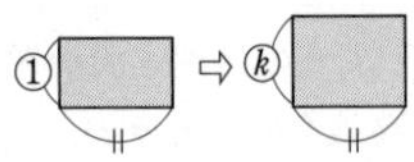

3 長さについて

一律に何倍とはなりません．x 軸に平行な線分の長さは変わらず，y 軸に平行な線分の長さは k 倍となります．しかし，線分の内分比は保たれる（より一般に，平行な線分の長さの比は変換の前と後で変わらない）という性質があります．つまり，変換前に AB を $a:b$ に内分する点が P のとき，変換後は A′B′ を $a:b$ に内分する点が P′ となります．使うことが多いのは，P が中点の場合です（証明なしで使えます）．

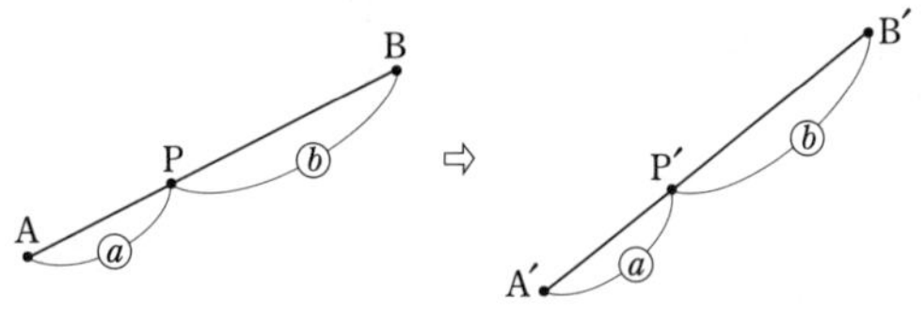

4 角度について

軸方向に拡大すると一般に角度は変わります．上の線分比のような性質もありませんので，（基本的には）楕円を円に直す手法は使えません．

まとめると，

> **使える…面積や中点の軌跡を求める問題など**
> **使えない…長さや角度の最大値・最小値など**

となります．大ざっぱな分類ですが，これくらいの認識でよいでしょう．

具体例を見ていきます．まず，○4の例題の楕円を円にしてみます．

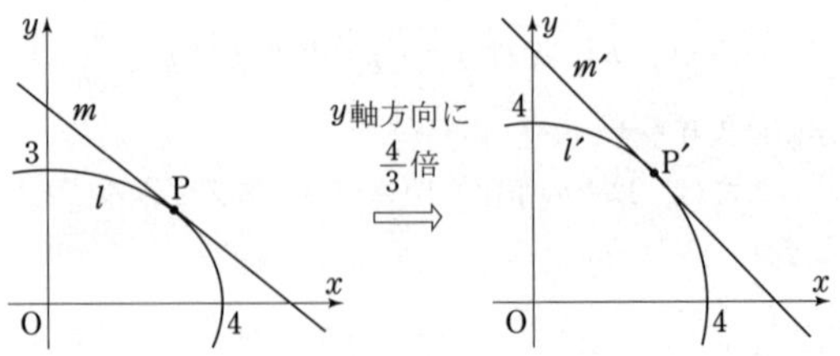

(1)と同じ問題を円の方で解くと，「$x^2+y^2=4^2$ 上の点で $x+y$ の最大値は $4\sqrt{2}$ ($x=2\sqrt{2}$, $y=2\sqrt{2}$ のとき)」となりますが，これと元の問題は無関係です．単純に円で同じ問題を解けばよい，というわけではありません．

(2)は，円の方で考えることができます．面積は常に4/3 倍になるので，最小値どうしが対応するからです．

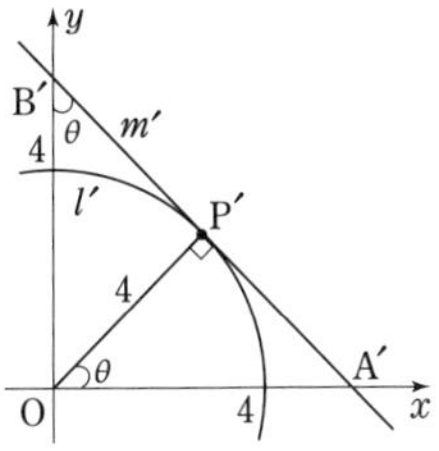

OP′ と x 軸のなす角を θ とすると，OP′ と接線 m' が直交することから，

$\mathrm{OA'}=\dfrac{4}{\cos\theta}$，$\mathrm{OB'}=\dfrac{4}{\sin\theta}$

[OB′ は ∠OB′A′$=\theta$ となることを用いて求めた]

よって $\triangle\mathrm{OA'B'}=\dfrac{16}{2\cos\theta\sin\theta}=\dfrac{16}{\sin 2\theta}$

となり，$2\theta=\dfrac{\pi}{2}$ すなわち $\theta=\dfrac{\pi}{4}$ のときに △OA′B′ の面積が最小になります（最小値 16）．このとき

P′$(2\sqrt{2},\ 2\sqrt{2})$ ですから，y 軸方向に 3/4 倍して楕円に戻し，答えは $\mathrm{P}\left(2\sqrt{2},\ \dfrac{3}{2}\sqrt{2}\right)$，最小値 $16\times\dfrac{3}{4}=12$

この問題は，円に直すと特に簡単になる，というわけではありませんが，円の図形的な性質（半径 OP′ と P′ における円の接線が垂直）を利用し，接線の方程式を書かずに △OA′B′ の面積を求めていることに注目して下さい．

なお，△OA′B′ の面積が最小になるのは，P′ がまん中のときという結論になりましたが，これは感覚的には納得できるでしょう．

次は ○4 の演習題です．この問題は，円に直して議論することはできません．

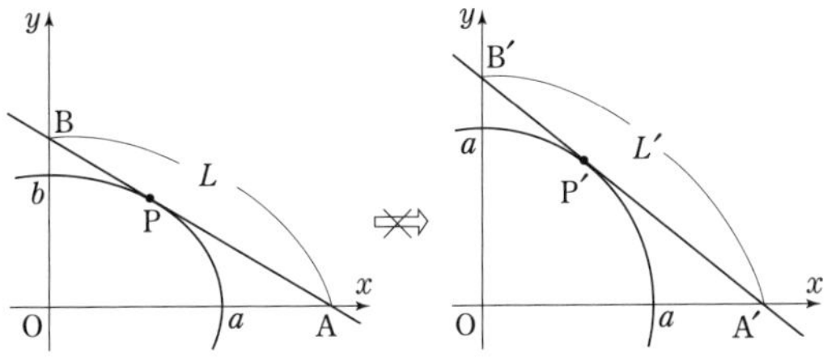

P の位置によって線分 AB の傾きが変わるため，長さの比 $L:L'$ が一定にならず，L' が最小になる P′ と L が最小になる P が対応するとは限らないからです．実際，円では P′ がまん中のときに L' が最小になります（解答で $a=b$ とすると，$t=\cos^2\theta=\dfrac{1}{2}$ で $\theta=45°$）が，楕円で L が最小になる P は，この P′ と対応していません．

○5 に進みます．

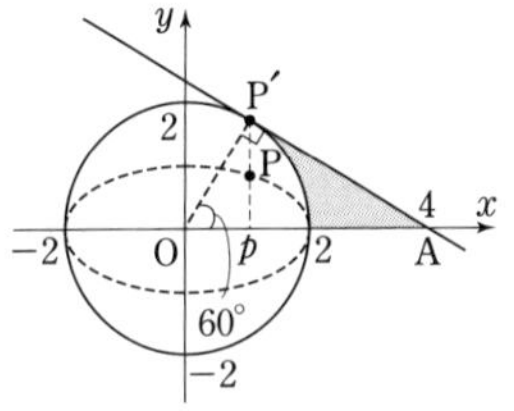

面積を求める問題では，楕円を円に直す手法が威力を発揮します．楕円が関わる部分の面積の計算が，積分ではなく扇形で済んでしまうからです．演習題(ア)についても同様です．

なお，楕円 E：$\dfrac{x^2}{a^2}+\dfrac{y^2}{b^2}=1$ [左ページの図参照] で囲まれた部分の面積は，

(半径 a の円の面積)$\times\dfrac{b}{a}=\pi a^2\times\dfrac{b}{a}=\pi ab$

と計算できます．

○5 の演習題(イ)も円の図形的な性質を活用しています．楕円の弦の中点はとらえにくいですが，円の弦の中点は「中心から弦に下ろした垂線の足」ととらえられる（しかも，弦が平行に動くので垂線が決まった直線になる）ことがポイントです．

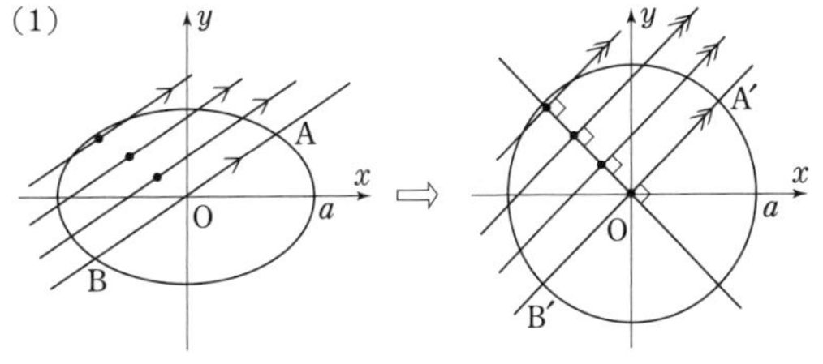

左ページの③で述べたように，変換前の中点は変換後も中点です．また，平行な直線は変換後も平行です．

(2)は，円の図（下左図）だけを見ると結論はほぼ明らかでしょう．

(3)も，まず円の図（下左図）を見ます．

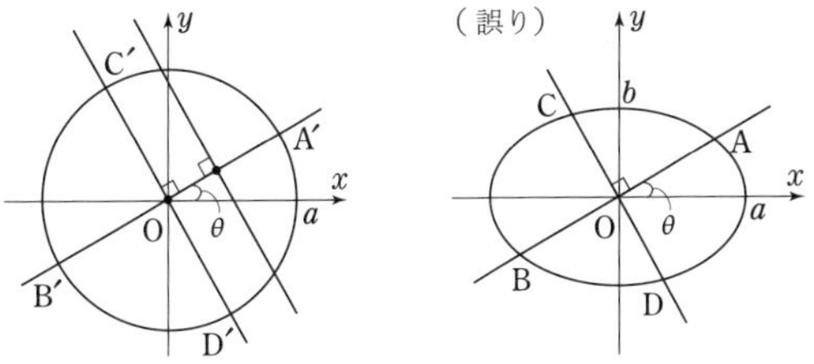

上左図のように θ を設定し，A′～D′ の座標を θ で表してから楕円に戻すのが正しく，上右図は誤り（楕円の図で AB と CD は直交しない）です．ちなみに，上右図のように間違えた上に「上右図の θ を用いると A$(a\cos\theta,\ b\sin\theta)$，C$(a\cos(\theta+90°),\ b\sin(\theta+90°))$ と表せる」と誤りを重ねると結論が合ってしまいますが，これは正解ではありません．

ミニ講座・3
2次曲線の接線

標準形の楕円と双曲線は，合わせて，

$$Ax^2+By^2=1 \quad \cdots\cdots ①$$

と表現できます．A，B がともに正のときが楕円で，異符号のときが双曲線です．

接点が必要になるようなときは，接線の公式（p.58）が活躍します．①上の点 $(x_0,\ y_0)$ における①の接線は

$$Ax_0x+By_0y=1 \quad \cdots\cdots Ⓐ$$

と表されます（Ⓐは，①：$Axx+Byy=1$ で，x，y の1つを接点の座標におきかえた形です）．

この公式の導き方について説明しておきましょう．それには，陰関数の微分法を使うのが手っとり早いです．

【証明】 ①の両辺を x で微分すると，

$$2Ax+2By\frac{dy}{dx}=0 \qquad \therefore \quad \frac{dy}{dx}=-\frac{Ax}{By}$$

よって，①上の点 $(x_0,\ y_0)$ $({Ax_0}^2+{By_0}^2=1 \cdots\cdots ②$ が成り立つ）における接線の方程式は，

$$y=-\frac{Ax_0}{By_0}(x-x_0)+y_0$$

分母を払って②を使うと，

$$Ax_0x+By_0y=1$$

以上は，$y_0 \neq 0$ のときの場合である．$y_0=0$ のときもこれでよい．（このとき接線は $x=x_0$ である．$A{x_0}^2=1$ に注意すると，Ⓐも $x=x_0$ である．）

接点が主役でなく，接線の傾きが主役になるような場合（○6），接線の方程式を（y 軸に平行でないとき）

$$y=mx+n \quad \cdots\cdots ③$$

とおいて，①と連立させ，y を消去して得られる x の2次方程式が重解をもつ条件としてとらえるのがよいでしょう．

以上が，楕円・双曲線ともに通用する方法です．

ところで，円の場合は，図形的性質を利用して，接線をとらえることができます．

たとえば，円 C 上の点Aにおける接線 l は，

$$\mathrm{OA} \perp l$$

と図形的にとらえられます．

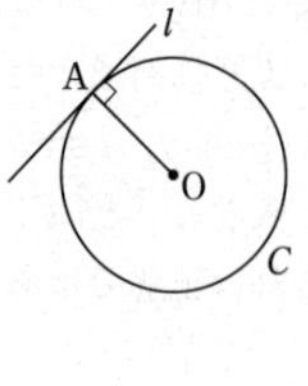

これと，楕円を円に変換する手法を用いて，楕円 C : $\dfrac{x^2}{a^2}+\dfrac{y^2}{b^2}=1$ 上の点 $\mathrm{P}(x_0,\ y_0)$ における接線 l の方程式を導いてみましょう．

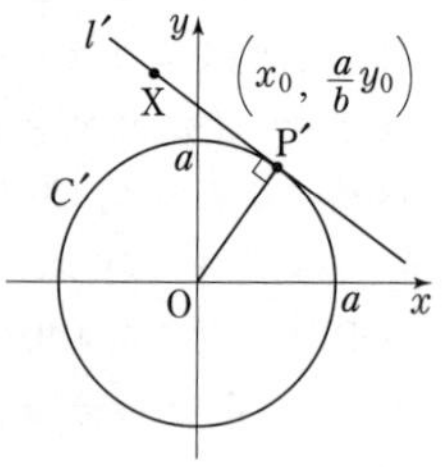

y 軸方向に $\dfrac{a}{b}$ 倍すると，右図のように移されます．

l' 上の点を $\mathrm{X}(x,\ y)$ とすると，$\mathrm{OP}' \perp \mathrm{P'X}$ により

$$\overrightarrow{\mathrm{OP'}}\cdot\overrightarrow{\mathrm{P'X}}=0$$

$$\therefore \quad \left(x_0,\ \frac{a}{b}y_0\right)\cdot\left(x-x_0,\ y-\frac{a}{b}y_0\right)=0$$

$$\therefore \quad x_0x+\frac{a}{b}y_0y={x_0}^2+\left(\frac{a}{b}y_0\right)^2=a^2$$

（最後の等号は，P′ が円 C' 上にあるから）

これが l' の方程式であり，これを y 軸方向に $\dfrac{b}{a}$ 倍して，l の方程式は，（p.66，5番の前文の公式を使って，）

$$x_0x+\frac{a}{b}y_0\cdot\frac{1}{\frac{b}{a}}y=a^2 \qquad \therefore \quad \frac{x_0x}{a^2}+\frac{y_0y}{b^2}=1$$

が得られます．

ところで，放物線 $y^2=4px$ についても，接線の公式があります．それは，

$$y_0y=2p(x+x_0)$$

ですが，これは覚えにくいので，無理に覚えることはないし，そもそも放物線の接線の方程式は微分を使ってそのつど導くのがよいでしょう．

$y^2=4px$ の両辺を x で微分すると，

$$2y\frac{dy}{dx}=4p \qquad \therefore \quad \frac{dy}{dx}=\frac{2p}{y}$$

よって，点 $(x_0,\ y_0)$ における接線の方程式は，

$$y=\frac{2p}{y_0}(x-x_0)+y_0$$

両辺を y_0 倍して，${y_0}^2=4px_0$ を使うと，

$$y_0y=2p(x+x_0)$$

接線がらみの問題では，接線の公式を使う（○3），重解条件を使う（○6）をうまく使い分けたいです．さらに楕円の場合は，楕円を円に変換する手法（○5）も忘れないようにしましょう．

また，Ⓐの公式を使うときは，点 $(x_0,\ y_0)$ が①上にある条件 $A{x_0}^2+B{y_0}^2=1$ を忘れないようにしましょう．

ミニ講座・4
極と極線

2次曲線の話題としては，超有名ですが，最近の入試では頻出というほどではないので，本書では鑑賞用として，極と極線をここで取り上げることにします．

まずは，具体的な問題を通して，用語および古来有名な解法を紹介しましょう．

例題 1. 双曲線 $\dfrac{x^2}{25}-\dfrac{y^2}{16}=1$ に点 A$(3,\ 2)$ から2本の接線を引くことができる．その2接点をP，Qとするとき，直線PQの方程式を求めよ．

［用語について］ 直線PQを，題意の双曲線に関するAを極とする極線といいます．

一般に，2次曲線 C について，点Aから2接線AP，AQ（P，Qは接点）を引くことができるとき，

直線PQを，Aを極とする極線

というわけです．

［解説］ どんなに具体的といえど，まともに極線を求めようとすると，とんでもなく大変な思いをさせられるケースが多いです．

そこで，早速，古来有名な解法にご登場願いましょう．

解 P$(p,\ p')$，Q$(q,\ q')$ とおくと，接線の公式により，P，Qにおける双曲線の接線の方程式は，

$$\frac{px}{25}-\frac{p'y}{16}=1,\ \frac{qx}{25}-\frac{q'y}{16}=1$$

これらはともに点 $(3,\ 2)$ を通るから

$$\frac{3p}{25}-\frac{2p'}{16}=1,\ \frac{3q}{25}-\frac{2q'}{16}=1$$

これは，2点P，Qがともに

直線 $\boldsymbol{\dfrac{3x}{25}-\dfrac{2y}{16}=1}$ ……① 上にあること

を意味するから，これが，求める直線PQの方程式に他ならない．

⇨**注** ①が表す直線はP，Qを通る．P，Qを通る直線は1本なので，①が求める直線PQの方程式というわけである．

＊　　　　＊

求める直線PQの方程式が，接線の公式と同じ形をしているのが面白いですね．

「Pが①上」⟺「Pの座標を代入したら①が成立」という当たり前の事実を用いるだけで，手品のように？PQの方程式が求まってしまうわけです．

［一般論］ 双曲線 $Ax^2+By^2=1$ $(A>0,\ B<0)$ に点 $(a,\ b)$ から2本の接線を引くことができるとき，2接点をP$(p,\ p')$，Q$(q,\ q')$ とおくと，2接線は

$$Apx+Bp'y=1,\ Aqx+Bq'y=1$$

2接線はともに点 $(a,\ b)$ を通るから

$$Aap+Bbp'=1,\ Aaq+Bbq'=1$$

これは，直線 $\boldsymbol{Aax+Bby=1}$ が点P，Qを通ることを意味するから，この直線が極線PQである．

＊　　　　＊

上の一般論において，$A>0$，$B<0$ という符号にはなんの意味もないので，双曲線だけでなく，楕円にも通用するし，放物線にも同じ手法がききます．

では，次の入試問題（00年出題）を，こんどは自力で解答してもらうことにしましょう．

例題 2. $0<a<r$ とする．円 $x^2+y^2=r^2$ 上の点A$(a,\ \sqrt{r^2-a^2})$ における接線と x 軸との交点をA′とする．また，円の外部の点B$(a,\ b)$ からこの円に2本の接線を引き，接点をP，Qとする．

このとき，2点P，Qを通る直線はA′を通ることを示せ．　（阪大）

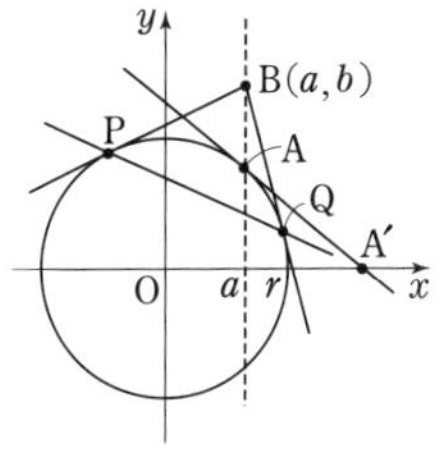

解 まず，Aにおける接線は公式により，

$$ax+\sqrt{r^2-a^2}\,y=r^2$$

であるから，

$$\text{A}'\left(\frac{r^2}{a},\ 0\right)\text{……①}$$

次に，P$(p,\ p')$，Q$(q,\ q')$ とおくと，2接線BP，BQは，公式により

$$px+p'y=r^2,\ qx+q'y=r^2$$

これらはともにB$(a,\ b)$ を通るから

$$ap+bp'=r^2,\ aq+bq'=r^2$$

これは，直線 $ax+by=r^2$ ……………………………☆

上に2点P，Qがあることを意味するから，☆は直線PQを表す．そして，①の点A′は☆上にあるから，題意は証明された．

＊　　　　＊

このように「極線」を求めるのと同様の手法を使う問題が，p.106の演習題（5）にあります．こちらも解いておいて下さい．

いろいろな 関数・曲線

⇨注「いろいろな関数」は数Ⅲ,「いろいろな曲線」は数Cです.
演習題の4, 6, 8番, 例題の8番は数Ⅲの微積分が必要です.

いろいろな 関数・曲線
要点の整理

1. いろいろな関数

1・1 分数関数

$\dfrac{\text{多項式}}{\text{多項式}}$ の形で表される関数を分数関数という．定義域は，特に指示がなければ，分母が0にならない範囲である．分数関数のうち，分母・分子とも1次式である

$$y=\frac{ax+b}{cx+d}\ \cdots\cdots\cdots\cdots ①$$

を1次分数関数という（ただし $c \neq 0$）．①は

$$y=\frac{a}{c}+\frac{A}{x+\dfrac{d}{c}}$$

（A は定数）と変形できるから，グラフは $y=\dfrac{A}{x}$ を平行移動したものである（右上図は $A>0$ の場合；座標軸は省略）．

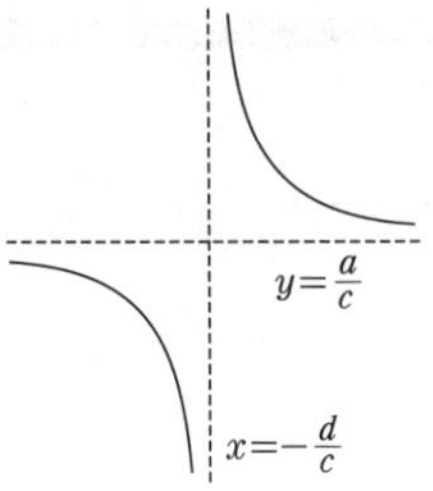

なお，$y=\dfrac{A}{x}$ （$A \neq 0$）のグラフは，漸近線が直交する双曲線であり，直角双曲線と呼ばれている．

1・2 無理関数

$y=\sqrt{\text{多項式}}$ （または $y=-\sqrt{\text{多項式}}$ ）の形で表される関数を無理関数という．定義域は，特に指示がなければ，ルートの中が0以上になる範囲である．

高校では，主に $y=\sqrt{1\text{次式}}$ を扱う．

$y=\sqrt{ax+b}$ （$a \neq 0$）のグラフは，放物線の一部である（右図は $a>0$，$b>0$ の場合）．放物線であることは，両辺を2乗して $y^2=ax+b$ とすればわかる．この放物線の $y \geqq 0$ の部分を表す式が $y=\sqrt{ax+b}$ である．

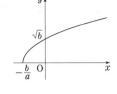

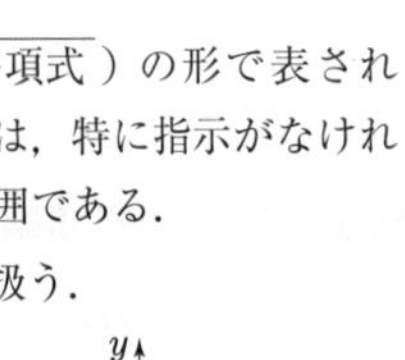

グラフは，ルートを含む方程式・不等式を解くときにも活用できる（解を視覚化できる）．

$y=\sqrt{2\text{次式}}$ も2次曲線の一部になる．このタイプでは，

$$y=\sqrt{a^2-x^2}\quad (a>0)$$

が半円になる（右図）ことを押さえておけばよいだろう．

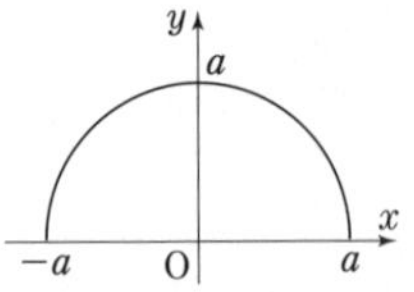

1・3 合成関数

2つの関数 $f(x)$ と $g(x)$ があるとき，

x の値に $g(f(x))$ の値を対応させる関数

（ただし，$g(f(x))$ は，$g(x)$ の x に $f(x)$ の値を代入したもの）

を $f(x)$ と $g(x)$ の**合成関数**といい，$(\boldsymbol{g \circ f})(\boldsymbol{x})$ と表す（$(g \circ f)$ が関数を表す記号）．カッコを省略して $g \circ f(x)$ と書くこともある．合成関数では，計算の順番に注意しよう．$(g \circ f)(x)$ において，先に計算するのは $f(x)$ である（その値を $g(x)$ の x に代入する）．

定義域は，特に指示がなければ，$f(x)$ の値が $g(x)$ の定義域に含まれるような x の値全体である．

合成関数において，$(g \circ f)(x)$ と $(f \circ g)(x)$ は，一般には一致しない．

1・4 逆関数

一般に，関数 $f(x)$ について，

$f(x)$ の値域に含まれるどのような値 a についても

$f(x)=a$ を満たす x の値がただ1つ決まる……☆

とき，$f(x)$ は逆関数をもつという．上記の

a の値に，$f(x)=a$ を満たす x の値を対応させる関数

を $f(x)$ の**逆関数**といい，$\boldsymbol{f^{-1}(x)}$ と表す．なお，☆は「$x_1 \neq x_2$ ならば $f(x_1) \neq f(x_2)$」つまり，x の値が違えば $f(x)$ の値も違う，と同じことである．

逆関数 $f^{-1}(x)$ の定義域は，$f(x)$ の値域と同じ．また，$f^{-1}(x)$ の値域は $f(x)$ の定義域と同じである．

逆関数を具体的に求めるときは，まず $y=f(x)$ とおき，これを x について解く．つまり $y=f(x)$ を $x=$（y の式）にする．この（y の式）が逆関数，すなわち，（y の式）の y を x にかえたものが $f^{-1}(x)$ である．

逆関数のグラフについて，定義より，$y=f(x)$ 上に $(a,\ b)$ があるとき，$y=f^{-1}(x)$ 上に $(b,\ a)$ がある $[b=f(a) \iff a=f^{-1}(b)]$．$(a,\ b)$ と $(b,\ a)$ は直線 $y=x$ に関して対称だから，$y=f(x)$ のグラフと $y=f^{-1}(x)$ のグラフは直線 $y=x$ に関して対称である．

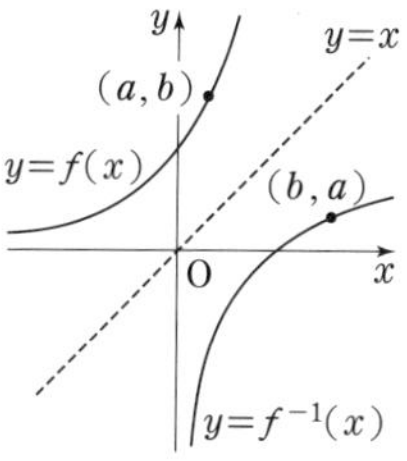

2. 移動・変換

ここでは，曲線 $F(x,\ y)=0$ または $y=f(x)$ を移動・変換した曲線の式を扱う．

2・1　平行移動

x 軸方向に a，y 軸方向に b だけ平行移動した曲線を表す式は，

$$F(x-a,\ y-b)=0,\ y-b=f(x-a)$$

[x ⇨ $x-a$，y ⇨ $y-b$ とする]

2・2　軸方向に拡大，原点を中心に相似拡大

x 軸方向に a 倍に拡大した曲線を表す式は，

$$F\left(\frac{x}{a},\ y\right)=0,\ y=f\left(\frac{x}{a}\right) \qquad \left[x ⇨ \frac{x}{a}\right]$$

y 軸方向に b 倍に拡大した曲線を表す式は，

$$F\left(x,\ \frac{y}{b}\right)=0,\ \frac{y}{b}=f(x) \qquad \left[y ⇨ \frac{y}{b}\right]$$

原点を中心に a 倍に相似拡大した曲線を表す式は，

$$F\left(\frac{x}{a},\ \frac{y}{a}\right)=0,\ \frac{y}{a}=f\left(\frac{x}{a}\right) \left[x ⇨ \frac{x}{a},\ y ⇨ \frac{y}{a}\right]$$

2・3　対称移動

x 軸に関して対称移動した曲線を表す式は，

$$F(x,\ -y)=0,\ y=-f(x) \qquad [y ⇨ -y]$$

y 軸に関して対称移動した曲線を表す式は，

$$F(-x,\ y)=0,\ y=f(-x) \qquad [x ⇨ -x]$$

直線 $y=x$ に関して対称移動した曲線を表す式は，

$$F(y,\ x)=0,\ x=f(y) \qquad [x \text{ と } y \text{ を入替}]$$

特に，$f(x)$ が逆関数をもつ場合は $y=f^{-1}(x)$

原点に関して対称移動した曲線を表す式は，

$$F(-x,\ -y)=0,\ y=-f(-x)$$

[x ⇨ $-x$，y ⇨ $-y$]

3. 極座標

3・1　極座標とは

極座標とは，平面上の点を，（極からの）距離と（始線からの）偏角の組を用いて表す表し方のことである．

平面上に点 O と半直線 OX を定める．O を**極**，OX を**始線**という．平面上の各点 P に対し，距離 OP を r，OX から OP までの回転角を θ とするとき，

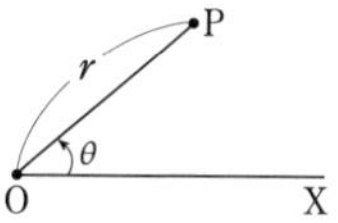

r と θ の組 $(r,\ \theta)$ を点 P の（O を極，OX を始線とする）**極座標**という．この θ を点 P の**偏角**という．

通常，偏角 θ の範囲は（$0 \leqq \theta < 2\pi$ など）制限せず，全実数とする．従って，$(r,\ \theta+2n\pi)$（n は整数）はすべて同じ点を表す．

極 O の極座標は $(0,\ \theta)$（θ は任意）である．

3・2　極座標と直交座標

xy 平面上の点を極座標で表す場合，特に断らなければ極を原点 O，始線を x 軸の 0 以上の部分とする．このとき，

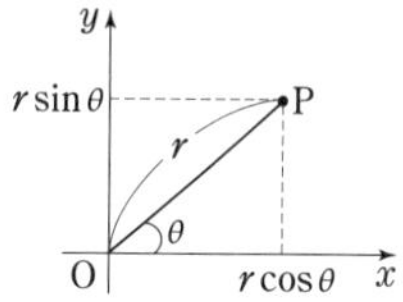

$$x=r\cos\theta,\ y=r\sin\theta$$

より

$$r=\sqrt{x^2+y^2},\ \cos\theta=\frac{x}{r},\ \sin\theta=\frac{y}{r},\ \tan\theta=\frac{y}{x}$$

である．

3・3　極方程式

C を平面上の曲線とし，C 上の点 P の極座標を $(r,\ \theta)$ とするとき，r と θ が満たす関係式を C の**極方程式**という．

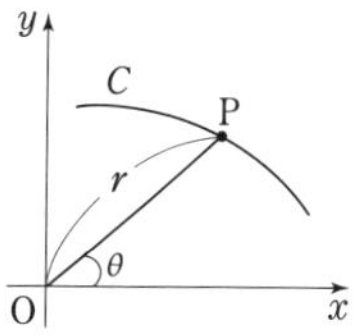

極方程式は，$r=f(\theta)$ [θ の値に応じて r が決まる] の形で表すことが多い．

極方程式では，$r<0$ になる場合，$(r,\ \theta)$ と $(-r,\ \theta+\pi)$ が同じ点を表すと考えることがある（右図）．

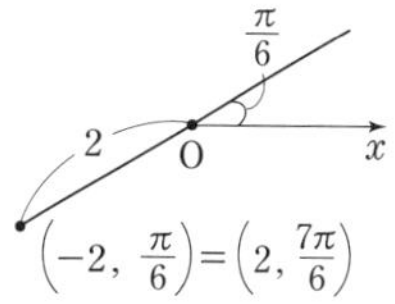

3・4　面積の公式

曲線 C の極方程式を $r=f(\theta)$ とし，C 上の点 P を $(r,\ \theta)$ とする．θ が α から β $(\alpha<\beta)$ まで動くとき，線分 OP が通過する部分（右図網目部）の面積は，

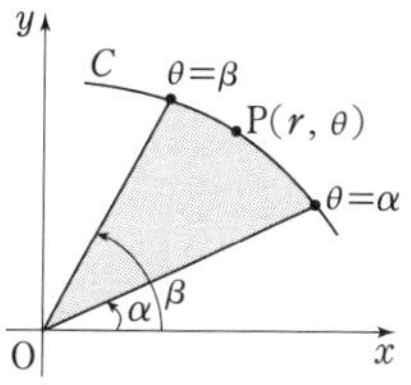

$$\int_{\alpha}^{\beta} \frac{1}{2}\{f(\theta)\}^2 d\theta$$

である．

1 無理関数

実数 k に対し，曲線 $C: y=2\sqrt{x+4}$ $(x \geqq -4)$ と直線 $l: y=x+k$ を考える．

（1） 曲線 C の概形をかけ．

（2） 曲線 C と直線 l の共有点の個数を求めよ．　　（名城大・理工／(3)省略）

$y=\sqrt{ax+b}$ のグラフ　$y=\sqrt{ax+b}$ のとき，$y^2=ax+b$ であるから，このグラフの形は放物線である．ただし，放物線全体ではなく，$y \geqq 0$ であるから片側になることに注意しよう．$a>0$，$b>0$ のとき，$y=\sqrt{ax+b}$ のグラフは右図の実線のようになる．破線は $y=-\sqrt{ax+b}$ で，これらを合わせたものが $y^2=ax+b$．

放物線の頂点の座標は，$\sqrt{\quad}$ の中が0になる x の値から，$\left(-\dfrac{b}{a},\ 0\right)$ であることがわかる．グラフを描くときは，頂点の位置と a の符号に着目する．$a>0$ のときは右上，$a<0$ のときは左上に向かう放物線になる．

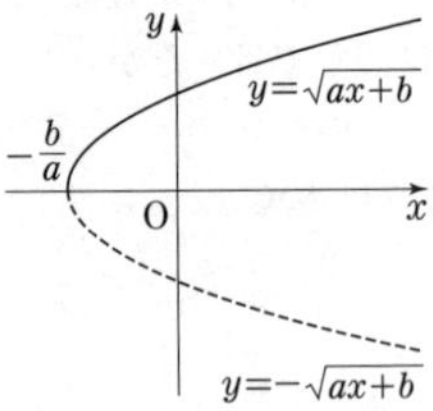

$(a>0,\ b>0)$

図を見て考えよう　例題では，k の値を変化させると l は直線 $y=x$ に平行に動く．これを C の概形に重ねて描き，図を見て交点の個数を考えよう．ただし，境界（接するとき）の k の値は計算が必要．

解答

（1） 右図．

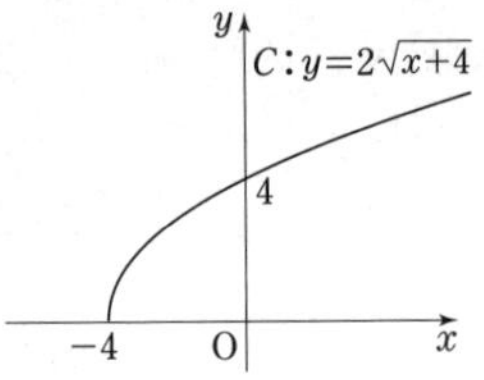

⇦頂点が $(-4,\ 0)$ で $(0,\ 4)$ を通る，右上に向かう放物線．

（2） （1）の図に直線 $y=x+k$ を重ねて描くと右下のようになる．

C と l が接するときの k の値を k_0 とする．$y=2\sqrt{x+4}$ の両辺を2乗した $y^2=4(x+4)$ と $y=x+k_0$ から x を消去すると，

⇦y を消去してもよいが，x を消去する方が計算が少しラク．

$$y^2=4(y-k_0+4)$$

$$\therefore\ y^2-4y+4(k_0-4)=0 \cdots\cdots ①$$

①が重解をもつから，①の判別式を D とすると

$$D/4=4-4(k_0-4)=0$$

$$\therefore\ k_0=5$$

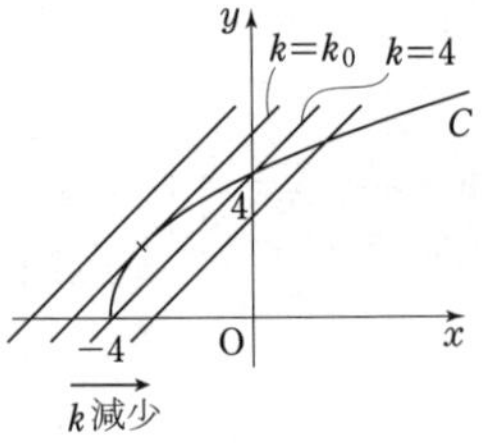

図より，$k=4$，$k=5$ を境に共有点の個数が変わる．答えは，

$k<4$ のとき1個，$4 \leqq k<5$ のとき2個，$k=5$ のとき1個，$5<k$ のとき0個

1 演習題（解答は p.88）

（ア） 曲線 $y=\sqrt{2x+3}$ と直線 $y=x-1$ の共有点の x 座標を求めると $x=$ ☐ である．また，不等式 $\sqrt{2x+3}>x-1$ を解くと ☐ である．　　（福岡大・工）

（イ） 不等式 $\sqrt{a^2-x^2}>3x-a$ $(a \neq 0)$ の解は，$a>0$ のとき ☐，$a<0$ とき ☐ である．　　（芝浦工大）

（ア）（イ）とも図示して考えよう．$y=\sqrt{a^2-x^2}$ は何を表す？

2 逆関数

2つの関数を $f(x)=\sqrt{x+4}$ $(x\geqq-4)$, $g(x)=x^2-4$ $(x\geqq0)$ とし，$y=f(x)$, $y=g(x)$ で表される曲線をそれぞれ C_1, C_2 とする．

（1） $f(x)$ の逆関数が $g(x)$ であることを示せ．

（2） 曲線 C_1 と曲線 C_2 の交点Pの座標を求めよ． （岩手大・工をもとに作成）

逆関数とは 一般に，関数 $f(x)$ に対して，$f(x)$ の値域に含まれる任意の値 y に対して $y=f(x)$ を満たす x の値がただ1つ決まるとき，$f(x)$ は逆関数をもつといい，前述の対応（y の値に $y=f(x)$ を満たす x の値を対応させる）で定まる関数を $f(x)$ の逆関数という．逆関数は，通常，変数 x を用いて $f^{-1}(x)$ と表す．高校では，$f(x)$ が単調（単調増加または単調減少）な区間に限定して逆関数を考えることが多い．逆関数の定義域，値域はそれぞれ元の関数の値域，定義域である．

逆関数の求め方 $y=f(x)$ を x について解き（x を y で表し），$x=g(y)$ としたときの g が f の逆関数，つまり $f^{-1}(x)=g(x)$ である．

逆関数のグラフ $y=f(x)$ 上に点 $(X,\ Y)$ があるとき，$y=f^{-1}(x)$ 上に $(Y,\ X)$ があるから，$y=f(x)$ と $y=f^{-1}(x)$ のグラフは直線 $y=x$ に関して対称である．

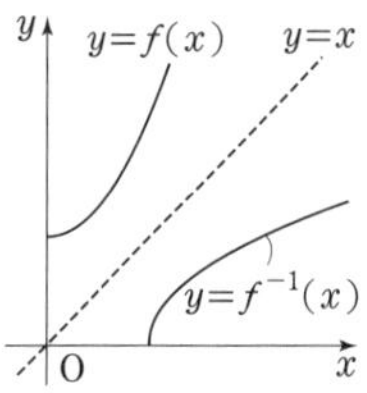

解 答

（1） $y=\sqrt{x+4}$ $(x\geqq-4)$ とおくと，$y\geqq0$ であり，両辺を2乗して

$y^2=x+4$ $\therefore$ $x=y^2-4$

よって，$f^{-1}(x)=x^2-4=g(x)$

⇦$f(x)$ の値域が $g(x)$ の定義域と一致している．

（2） $C_1：y=\sqrt{x+4}$ $(x\geqq-4)$,

$C_2：y=x^2-4$ $(x\geqq0)$

のグラフは右のようになり，両者は交点をただ1つもつ．（1）より C_1 と C_2 は直線 $y=x$ に関して対称だから，交点Pは $y=x$ 上にある．

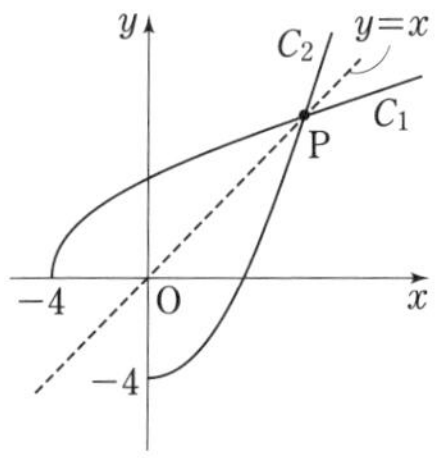

曲線 C_2 と $y=x$ の交点を求めると，x 座標は

$x^2-4=x$ すなわち $x^2-x-4=0$

の解（ただし $x\geqq0$）だから

$$x=\frac{1+\sqrt{1+4\cdot4}}{2}=\frac{1+\sqrt{17}}{2}$$

よって，$\mathbf{P}\left(\frac{1+\sqrt{17}}{2},\ \frac{1+\sqrt{17}}{2}\right)$

⇒**注** （2） $\sqrt{x+4}=x^2-4$ の各辺を2乗すると，$x+4=x^4-8x^2+16$ となり，$x^4-8x^2-x+12=0$
この4次方程式は有理数解をもたないので，解くのは難しい．なお，$(x^2-x-4)(x^2+x-3)=0$ となる．

▨一般に，$y=f(x)$ のグラフと $y=f^{-1}(x)$ のグラフの交点は，直線 $y=x$ 上だけにあるとは限らない．例えば，

$y=-x^3+1$ $(=f(x))$

$y=\sqrt[3]{1-x}$ $(=f^{-1}(x))$

のグラフは下のようになる．

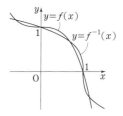

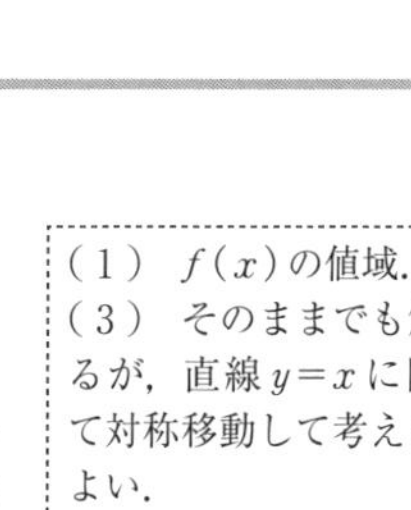

2 演習題（解答は p.88）

関数 $f(x)=2x^2+2x+1$ $\left(x\geqq-\frac{1}{2}\right)$ の逆関数を $g(x)$ とする．

（1） 関数 $g(x)$ の定義域を求めよ．

（2） $g(x)$ を求めよ．

（3） 曲線 $y=g(x)$ 上の点と直線 $y=2x-1$ の距離の最小値と，その最小値を与える $y=g(x)$ 上の点をそれぞれ求めよ． （神戸大・理系－後）

（1） $f(x)$ の値域．
（3） そのままでも解けるが，直線 $y=x$ に関して対称移動して考えるとよい．

3　1次分数関数

$f(x)=\dfrac{2x+1}{3x+1}$，$g(x)=\dfrac{4x+2}{5x+1}$ とすると，$g(f(x))=$ (1) ，$f(g(x))=$ (2) となる．

また，分数関数 $h(x)$ が，$h(x)\neq -\dfrac{1}{3}$ となる x に対して，$f(h(x))=x$ を満たすとき，

$h(x)=$ (3) となる．

（山梨大・医－後）

1次分数関数とは　$\dfrac{ax+b}{cx+d}$（a～d は実数の定数）の形の関数を1次分数関数という．

合成関数　合成関数 $g(f(x))$ を求めるときは，$g(x)$ の x を $f(x)$ にしたものを計算すればよい．$g(f(x))$ は，$g\circ f(x)$ または $(g\circ f)(x)$ と書くことがある．$g(f(x))$ と $f(g(x))$ は一般に異なる関数である（一致することもある）．$f(x)$，$g(x)$ が1次分数関数のとき，$g(f(x))$，$f(g(x))$ は1次分数関数になる．（ここでは，便宜上，1次関数なども1次分数関数に含めている）

逆関数について　1次分数関数の逆関数は1次分数関数になる．また，一般に，$f(x)$ の逆関数を $f^{-1}(x)$ とすると，$f^{-1}(f(x))=x$，$f(f^{-1}(x))=x$ である．

解　答

（1）　$g(f(x))=\dfrac{4\cdot\dfrac{2x+1}{3x+1}+2}{5\cdot\dfrac{2x+1}{3x+1}+1}=\dfrac{4(2x+1)+2(3x+1)}{5(2x+1)+(3x+1)}=\boldsymbol{\dfrac{14x+6}{13x+6}}$

⇦この問題では，定義域は考えなくてよい．

（2）　$f(g(x))=\dfrac{2\cdot\dfrac{4x+2}{5x+1}+1}{3\cdot\dfrac{4x+2}{5x+1}+1}=\dfrac{2(4x+2)+(5x+1)}{3(4x+2)+(5x+1)}=\boldsymbol{\dfrac{13x+5}{17x+7}}$

⇦（1）と（2）は異なる．

（3）　$f(x)$ の逆関数を $f^{-1}(x)$ とする．$f^{-1}(f(h(x)))=f^{-1}(x)$ より，$h(x)=f^{-1}(x)$ である．

⇦この式を省略し，$f(h(x))=x$ だから $h(x)=f^{-1}(x)$ と書いてもかまわないだろう．

$\dfrac{2x+1}{3x+1}=y$ とおいて x を y で表すと，$2x+1=y(3x+1)$ より

$(3y-2)x=-y+1$　　　$\therefore\ x=\dfrac{-y+1}{3y-2}$

［x と y を入れかえて］　$h(x)=\boldsymbol{\dfrac{-x+1}{3x-2}}$

$h(x)=-\dfrac{1}{3}+\dfrac{1}{3(3x-2)}$ より

⇦$h(x)\neq-\dfrac{1}{3}$（これが値域）

3　演習題（解答は p.89）

$-1<x<1$ を定義域とする関数 $f_p(x)=\dfrac{x-p}{1-px}$，$f_q(x)=\dfrac{x-q}{1-qx}$（$-1<p<1$，$-1<q<1$）について，次の問いに答えよ．

（1）　定義域内のすべての x に対して，$-1<f_q(x)<1$ を示せ．

（2）　定義域内のすべての x に対して，$f_p(f_q(x))=\dfrac{x-r}{1-rx}$ を満たすとき，r を p と q を用いて表し，$-1<r<1$ を示せ．ただし，$f_p(f_q(x))$ は $f_p(y)=\dfrac{y-p}{1-py}$ に $y=f_q(x)$ を代入したものを意味するものとする．

（3）　定義域内のすべての x に対して，$f_p(f_q(x))=f_q(x)$ を満たす p を求めよ．

（小樽商大）

（1）　$f_q(x)+1>0$ と $1-f_q(x)>0$ を示す．
（2）　$f_p(f_q(x))$ を計算して $\dfrac{x-r}{1-rx}$ の形にする．
（3）　$r=q$

4 アステロイド

図のように xy 平面上に点 $\mathrm{A}(a,\ 0)$，点 $\mathrm{B}(0,\ b)$ をとり，線分 AB を $1-t:t$ の比に内分する点を P とする．ただし，$a \geqq 0$，$b \geqq 0$，$0<t<1$ であり線分 AB の長さは常に 1 とする．

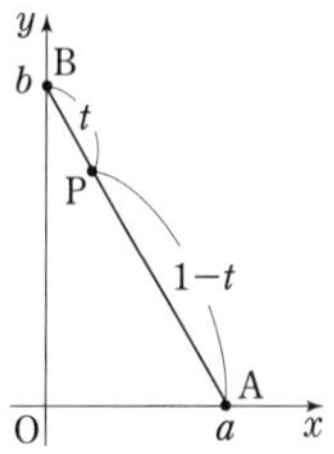

（1） 点 P の x 座標および y 座標を a と t で表せ．

（2） 点 A が $0 \leqq a \leqq 1$ の範囲で動くとき，点 P はどのような曲線上を動くか．

（3） （2）で求めた曲線上の点 P における接線が，直線 AB に一致するとき，a と t の関係を求めよ．また，この関係を満たしながら t が $0<t<1$ の範囲で動くとき，接点はどのような曲線上を動くか．（名古屋市立大・薬一中／後半省略）

アステロイドの性質 アステロイド（$x^{\frac{2}{3}}+y^{\frac{2}{3}}=1$；媒介変数表示は $x=\cos^3\theta$，$y=\sin^3\theta$）は，長さ 1 の線分が x 軸，y 軸上に両端点がある状態で動くときに通過する領域の境界にあらわれる．例題を解くと，（2）が楕円，（3）後半の曲線がアステロイドになり，両者は接する（接点は（3）前半で求めたもの；傍注の図参照）．演習問題も同じ図になるが，AB の通過領域を求める計算をやってみよう．

解 答

（1） $\mathrm{AB}=1$ より $b=\sqrt{1-a^2}$ であるから，$\boldsymbol{\mathrm{P}(ta,\ (1-t)\sqrt{1-a^2})}$

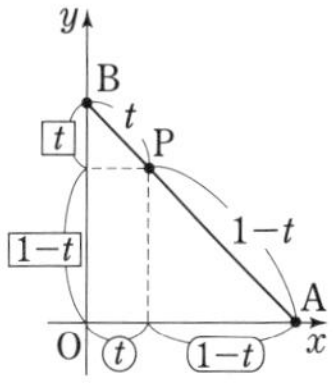

（2） $x=ta$，$y=(1-t)\sqrt{1-a^2}$ から a を消去すると，

$a=\dfrac{x}{t}$，$1-a^2=\left(\dfrac{y}{1-t}\right)^2$ より $\boldsymbol{\dfrac{x^2}{t^2}+\dfrac{y^2}{(1-t)^2}=1}$

（3） 楕円 $\dfrac{x^2}{t^2}+\dfrac{y^2}{(1-t)^2}=1$ 上の $\mathrm{P}(ta,\ (1-t)\sqrt{1-a^2})$ における接線は，

$\dfrac{ta}{t^2}x+\dfrac{(1-t)\sqrt{1-a^2}}{(1-t)^2}y=1$ すなわち $\dfrac{a}{t}x+\dfrac{\sqrt{1-a^2}}{1-t}y=1$ である．

⇦楕円の接線の公式．

一方，直線 AB は $\dfrac{x}{a}+\dfrac{y}{\sqrt{1-a^2}}=1$ だから，両者が一致するとき，

$\dfrac{a}{t}=\dfrac{1}{a}$ かつ $\dfrac{\sqrt{1-a^2}}{1-t}=\dfrac{1}{\sqrt{1-a^2}}$　　∴ $\boldsymbol{a=\sqrt{t}}$

⇦第 2 式からは $1-a^2=1-t$

$a=\sqrt{t}$ のとき，$\mathrm{P}(x,\ y)=(t\sqrt{t},\ (1-t)\sqrt{1-t})$ となるから，

$$x=t^{\frac{3}{2}},\ y=(1-t)^{\frac{3}{2}}$$

t を消して，$y=(1-x^{\frac{2}{3}})^{\frac{3}{2}}$　　∴ $\boldsymbol{x^{\frac{2}{3}}+y^{\frac{2}{3}}=1}$

▨（2）と（3）を重ねて描くと——

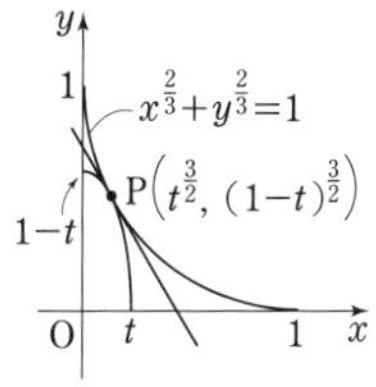

4 演習題（解答は p.90）

xy 平面において，長さが 1 である線分 AB が，A を x 軸上に，B を y 軸上に置いて，動けるところをすべて動くものとする．

（1） t を $0 \leqq t \leqq 1$ なる定数とする．線分 AB を $(1-t):t$ に内分する点 P の軌跡を求めよ．

（2） 線分 AB（両端を含む）が通過する領域を（1）の結果を利用して求め，図示せよ．

（3） s を $0<s<1$ なる定数とする．線分 AB を $(1-s):s$ に内分する点を Q としたとき，線分 AQ（両端を含む）が通過する領域を求め，図示せよ．（日本医大）

（2） ファクシミリの原理を使う．
（3） （1）と（2）を重ねてみよう．

5 極方程式／2次曲線

楕円 $3(x+1)^2+4y^2=12$ を E とする．

（1） E を極方程式で表すと $r=\dfrac{3}{\square+\square\cos\theta}$ である．

（2） l と m はともに原点を通る直線で，l と m は直交しているとする．l と E の交点を A，B とし，m と E の交点を C，D とするとき，$\dfrac{1}{\mathrm{OA}\cdot\mathrm{OB}}+\dfrac{1}{\mathrm{OC}\cdot\mathrm{OD}}=\square$（一定値）である．

直交座標と極座標 直交座標の $(x,\ y)$ と極座標の $(r,\ \theta)$ が同じ点を表すとき，$x=r\cos\theta$，$y=r\sin\theta$ ……☆ であるから，x と y の方程式を r と θ の方程式にするときは，☆を代入すればよい．例題の(1)もこの方針で解くが，単に代入するだけでは問題文にある形にはならない．因数分解できることを覚えておこう．演習題の解答の注も参照．

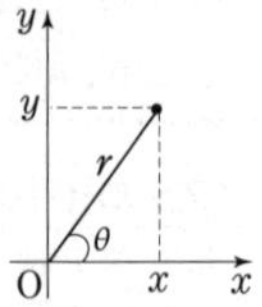

極方程式の使い方 (2)は，x 軸から l までの回転角（＝OA の偏角）を設定することがポイント．

解答

（1） $3(x+1)^2+4y^2=12$ に $x=r\cos\theta$，$y=r\sin\theta$ を代入すると，

$$3(r\cos\theta+1)^2+4(r\sin\theta)^2=12$$

$$\therefore\ 3(r^2\cos^2\theta+2r\cos\theta+1)+4r^2(1-\cos^2\theta)=12$$

⇦ r と cos だけにする．

$$\therefore\ (4-\cos^2\theta)r^2+6\cos\theta\cdot r-9=0$$

$$\therefore\ \{(2-\cos\theta)r+3\}\{(2+\cos\theta)r-3\}=0$$

⇦ $4-\cos^2\theta=(2-\cos\theta)(2+\cos\theta)$

$2-\cos\theta$ ╳ 3
$2+\cos\theta$ ╳ -3

$-1\leqq\cos\theta\leqq1$，$r>0$ より $(2-\cos\theta)r+3>0$ なので，$\boldsymbol{r=\dfrac{3}{2+\cos\theta}}$

（2） x 軸から l までの回転角を θ として右図のように A，B，C，D を定めると，(1)より

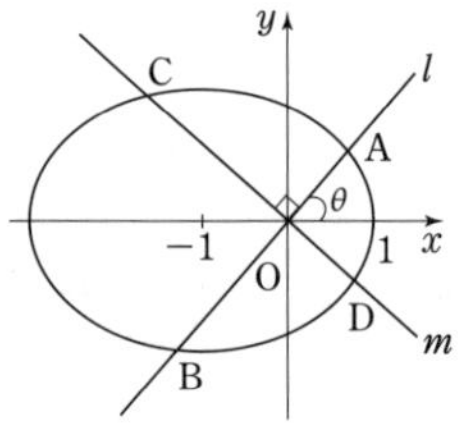

$$\frac{1}{\mathrm{OA}}=\frac{2+\cos\theta}{3},\quad \frac{1}{\mathrm{OB}}=\frac{2+\cos(\theta+180^\circ)}{3},$$

$$\frac{1}{\mathrm{OC}}=\frac{2+\cos(\theta+90^\circ)}{3},$$

$$\frac{1}{\mathrm{OD}}=\frac{2+\cos(\theta+270^\circ)}{3}$$

⇦ OA，OB，OC，OD の偏角はそれぞれ θ，$\theta+180^\circ$，$\theta+90^\circ$，$\theta+270^\circ$．これらを(1)で求めた極方程式の θ に代入する．

である．よって，

$$\frac{1}{\mathrm{OA}\cdot\mathrm{OB}}+\frac{1}{\mathrm{OC}\cdot\mathrm{OD}}=\frac{2+\cos\theta}{3}\cdot\frac{2-\cos\theta}{3}+\frac{2-\sin\theta}{3}\cdot\frac{2+\sin\theta}{3}=\boldsymbol{\frac{7}{9}}$$

⇦ $\dfrac{1}{9}(4-\cos^2\theta)+\dfrac{1}{9}(4-\sin^2\theta)$

⇨**注** （1） $r=-\dfrac{3}{2-\cos\theta}$ は，B を表す関係式である．

5 演習題 （解答は p.91）

（1） 極方程式 $r=\dfrac{\sqrt{6}}{2+\sqrt{6}\cos\theta}$ の表す曲線上の点は，ある2次曲線上にある．その2次曲線を，直交座標 $(x,\ y)$ に関する方程式で表し，その概形を図示せよ．

（2） 原点を O とする．(1)の曲線上の点 $\mathrm{P}(x,\ y)$ から直線 $x=a$ に下ろした垂線を PH とし，$k=\dfrac{\mathrm{OP}}{\mathrm{PH}}$ とおく．点 P が(1)の曲線上を動くとき，k が一定となる a の値を求めよ．また，そのときの k の値を求めよ．

（徳島大・医，歯，薬，工／問題文変更）

（1） $r=\sqrt{x^2+y^2}$，$\cos\theta=\dfrac{x}{\sqrt{x^2+y^2}}$
（2） P を極座標で設定し，(1)を利用して解いてみよう．k より $1/k$ の方が考えやすい．

6 極方程式／有名曲線

a を正の定数とし，極方程式 $r=a\cos\theta\ \left(-\dfrac{\pi}{2}\leqq\theta\leqq\dfrac{\pi}{2}\right)$ で与えられる曲線を C_1 とする．

（1） 曲線 C_1 上の点Pと極Oを結ぶ直線OPの点Pの側の延長上に $PQ=a$ となるように点Qをとる．点Pが C_1 上を動くときの点Qの軌跡 C_2 の極方程式を求めよ．

（2） （1）で求めた曲線 C_2 上の点 $Q(r_0,\ \theta_0)$ を通り，点Qと極Oを結ぶ直線に垂直な直線 l とする．直線 l の直交座標 $(x,\ y)$ に関する方程式を求めよ．

（3） （2）で求めた直線 l は，点Qに関係なく常に点 $(a,\ 0)$ を中心とし半径が a の円に接することを証明せよ．

（鹿児島大）

（極方程式で表すことが多い曲線） $r=$（三角関数の式）の形に表せるものとしては，2次曲線（前頁）の他に，カージオイド（例題の C_2），正葉曲線，レムニスケート（演習題）があげられる．円（例題の C_1）も含め，式の形が似ているので混乱しないようにしよう．曲線の概形は，演習題の解答のあと．

解答

（1） C_2 上の点Qの極座標を $(r,\ \theta)$ とすると，

$r=OP+PQ=a\cos\theta+a=a(\cos\theta+1)$

求める極方程式は，$\boldsymbol{r=a(\cos\theta+1)}$

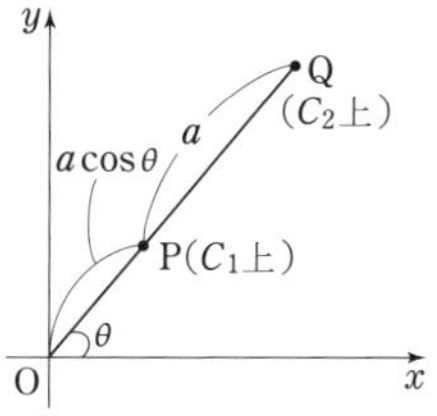

（2） 直線 l の法線ベクトルは $\overrightarrow{OQ}$ の方向ベクトルだから $\begin{pmatrix}\cos\theta_0\\ \sin\theta_0\end{pmatrix}$ であり，l は

$Q(r_0\cos\theta_0,\ r_0\sin\theta_0)$ を通るから，l の方程式は

$\cos\theta_0(x-r_0\cos\theta_0)+\sin\theta_0(y-r_0\sin\theta_0)=0$

$\cos^2\theta_0+\sin^2\theta_0=1$ だから，答えは

$\boldsymbol{(\cos\theta_0)x+(\sin\theta_0)y-r_0=0}$

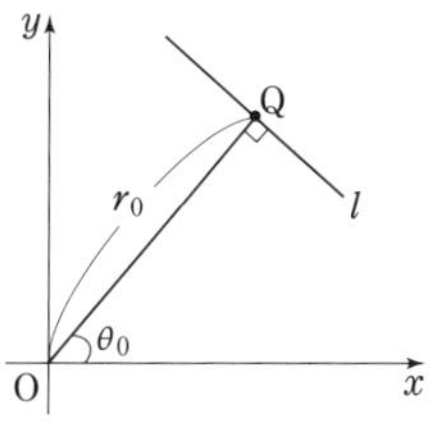

（3） 直線 l と点 $(a,\ 0)$ の距離 d は，

$$d=\frac{|\cos\theta_0\cdot a-r_0|}{\sqrt{\cos^2\theta_0+\sin^2\theta_0}}=|a\cos\theta_0-r_0|$$

Qは C_2 上の点だから $r_0=a(\cos\theta_0+1)$ であり，これを代入すると

$d=|a\cos\theta_0-a(\cos\theta_0+1)|=|-a|=a$

よって，直線 l は常に点 $(a,\ 0)$ を中心とし半径が a の円に接する．

▨ $r=a(\cos\theta+1)$ はカージオイドと呼ばれている．例題より，円からカージオイドを作る方法は2通りあることがわかる．

（1）の作り方：

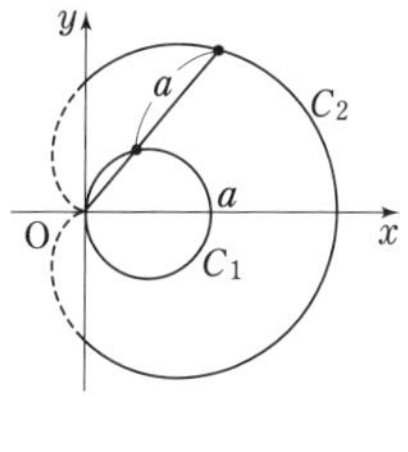

（3）の作り方：

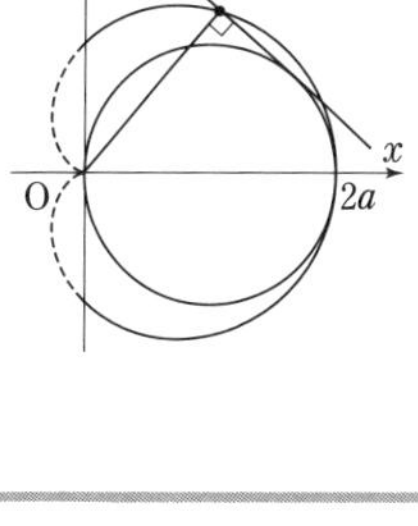

6 演習題（解答は p.92）

（1） 座標平面上に2点 $A(1,\ 0)$，$B(-1,\ 0)$ をとる．条件 $AP\cdot BP=1$ を満たす点 $P(x,\ y)$（ただし $x>0$）の軌跡を極方程式 $r=f(\theta)$ の形に表して求めよ．また，点Pが存在する θ の範囲を $-\dfrac{\pi}{2}<\theta<\dfrac{\pi}{2}$ の範囲で求めよ．

（2） （1）で得られた方程式を利用して，$P(x,\ y)$ の軌跡のおおよその形を描け．

（3） Pの軌跡に原点を加えた曲線で囲まれる部分の面積を求めよ．

（愛知教育大－後／（2）の問題文を変更，（3）を追加）

（1） まず直交座標の方程式を作ってもよい．
（3） 面積の公式 $\displaystyle\int_\alpha^\beta\frac{1}{2}r^2d\theta$ を使う．

7 サイクロイド型

半径2の円板が x 軸上を正の方向に滑らずに回転するとき，円板上の点Pの描く曲線 C を考える．円板の中心の最初の位置を (0, 2)，点Pの最初の位置を (0, 1) とする．

(1) 円板がその中心のまわりに回転した角を θ とするとき，Pの座標は $(2\theta-\sin\theta,\ 2-\cos\theta)$ で与えられることを示せ．

（お茶の水女子大・理／右ページに続く）

媒介変数表示の作り方　円板 D が決まった曲線（直線を含む）L 上を滑らずに転がるときの D 上の定点Pが描く曲線 C を考える問題では，次の手順で媒介変数表示を作る．

Pを直接とらえるのは難しい．$\overrightarrow{OP}=\overrightarrow{OA}+\overrightarrow{AP}$（Aは D の中心）と分解し，$\overrightarrow{OA}$，$\overrightarrow{AP}$ をそれぞれ求めるのがポイントである．

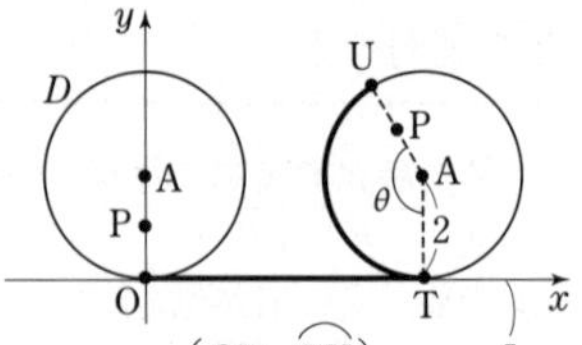

$(OT=\overparen{TU})$

$\overrightarrow{OA}$ は，図の接点Tの座標からわかる．D が滑らずに転がることから，両者が接する部分の長さ（図の太線2つ）は等しく，これを用いるとTの座標が計算できる．

$\overrightarrow{AP}$ は，向きと大きさを考える．大きさは1で，向きは，図から「$\overrightarrow{AT}$ を反時計回り（正の向き）に $-\theta$ だけ回転したもの」ととらえられる．回転の向きは，（少し転がした図を描いて）図から時計回り・反時計回りを判断しよう．なお，曲線の名称については，☞p.94

解答

(1) 円板を D，その中心をAとする．また，D がAのまわりに θ だけ回転したとき，D と x 軸が接する点をT，最初にOの位置にある D の点をUとする．

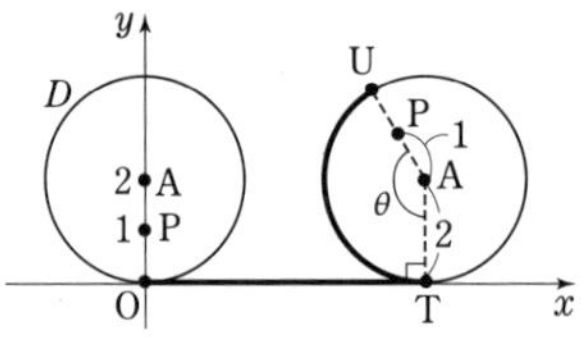

図より，$\overrightarrow{AT}$ を反時計回りに $-\theta$ だけ回転したものが $\overrightarrow{AU}$ である……① から，D が x 軸上を滑らずに転がることと合わせて，

$$OT=\overparen{TU}=2\theta$$

よって，$\overrightarrow{OA}=\begin{pmatrix}2\theta\\2\end{pmatrix}$

▨出てくるものに名前をつけておくと答案が書きやすい．

▨移動後の円を固定し，OTに糸を置いてその糸を $\overparen{TU}$ に巻きつける，と考えるとTからUへ回る向きがわかりやすい．

また，$\overrightarrow{AT}$ は $\begin{pmatrix}1\\0\end{pmatrix}$ を反時計回りに $-90°$ 回転したベクトルと同じ向きだから，これと①より，$\overrightarrow{AP}$（大きさ1）は $\begin{pmatrix}1\\0\end{pmatrix}$ を反時計回りに $-90°-\theta$ 回転したものである．従って，

$$\overrightarrow{OP}=\overrightarrow{OA}+\overrightarrow{AP}=\begin{pmatrix}2\theta\\2\end{pmatrix}+\begin{pmatrix}\cos(-90°-\theta)\\\sin(-90°-\theta)\end{pmatrix}=\begin{pmatrix}2\theta-\sin\theta\\2-\cos\theta\end{pmatrix}$$

⇦ $\begin{pmatrix}1\\0\end{pmatrix}$ を反時計回り（正の向き）に θ だけ回転したベクトルが $\begin{pmatrix}\cos\theta\\\sin\theta\end{pmatrix}$ である．

7 演習題（解答は p.92）

原点Oを中心とする半径2の円を A とする．半径1の円（以下，「動円」と呼ぶ）は，円 A に外接しながら，すべることなく転がる．ただし，動円の中心は円 A の中心に関し反時計回りに動く．動円上の点Pの始めの位置を (2, 0) とする．動円の中心と原点を結ぶ線分が x 軸の正方向となす角を θ とするとき，

(1) Pの座標を θ を用いて表せ．

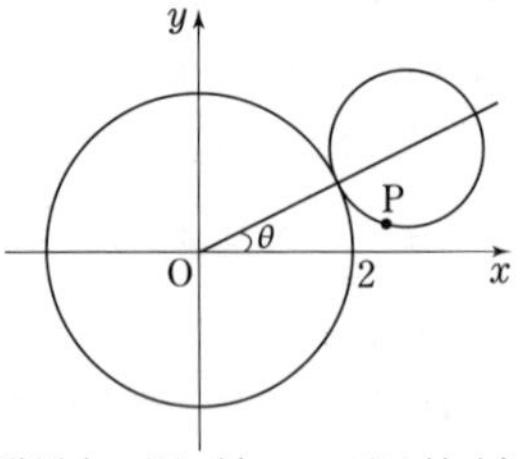

（群馬大・医／右ページに続く）

方針は例題と同じ，動円の中心をBとして
$\overrightarrow{OP}=\overrightarrow{OB}+\overrightarrow{BP}$
を考えよう．

◆8 媒介変数表示／接線など

（左ページの例題の続き）

（２）（１）の点 $\mathrm{P}(2\theta-\sin\theta,\ 2-\cos\theta)$ $(0<\theta<2\pi)$ における曲線 C の法線と x 軸との交点を Q とする．線分 PQ の長さが最大となるような点 P の座標を求めよ．

（３） 曲線 C と x 軸，2 直線 $x=0$，$x=4\pi$ で囲まれた図形を x 軸のまわりに回転してできる立体の体積を求めよ．

（お茶の水女子大・理）

サイクロイドでよく出る問題 サイクロイドなどの曲線では，接線・法線，面積，回転体の体積，曲線の長さといった設問が多い．似たような式が出てくるので，このうちのいくつかを実際に計算しておく，という程度でよいだろう．式の形を一度は見ておこう．

解 答

$\mathrm{P}(2\theta-\sin\theta,\ 2-\cos\theta)$ を $(x,\ y)$ とおく．

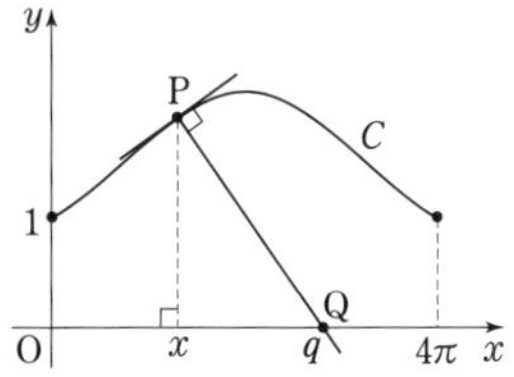

（２） $\dfrac{dx}{d\theta}=2-\cos\theta$，$\dfrac{dy}{d\theta}=\sin\theta$ より

$$\frac{dy}{dx}=\frac{dy/d\theta}{dx/d\theta}=\frac{\sin\theta}{2-\cos\theta}$$

法線 PQ の傾きは，$-\dfrac{2-\cos\theta}{\sin\theta}$ $(\theta\neq\pi)$

▨このような問題では，$\dfrac{dx}{d\theta}=y$ となることが多い．

よって，$\mathrm{Q}(q,\ 0)$ とすると，PQ の傾きについて $\dfrac{0-y}{q-x}=-\dfrac{2-\cos\theta}{\sin\theta}$

であり，$y=2-\cos\theta$ だから $q-x=\sin\theta$

$$\therefore\quad \mathrm{PQ}=\sqrt{\sin^2\theta+(2-\cos\theta)^2}=\sqrt{5-4\cos\theta}\ \cdots\cdots\cdots①$$

⇦$\mathrm{PQ}=\sqrt{(q-x)^2+y^2}$

$\theta=\pi$ のときは $\mathrm{P}(2\pi,\ 3)$，$\mathrm{Q}(2\pi,\ 0)$ だから PQ=3 で，このときも①は成り立つ．①で $-1\leqq\cos\theta<1$ なので，①は $\cos\theta=-1$ $(\theta=\pi)$ のときに最大になり，そのときの点 P の座標は $(\mathbf{2\pi},\ \mathbf{3})$

（３） 求める体積は，

$$\int_0^{4\pi}\pi y^2dx=\int_0^{2\pi}\pi y^2\frac{dx}{d\theta}d\theta=\pi\int_0^{2\pi}(2-\cos\theta)^2(2-\cos\theta)d\theta$$

$$=\pi\int_0^{2\pi}(8-12\cos\theta+6\cos^2\theta-\cos^3\theta)d\theta=\pi\int_0^{2\pi}(8+6\cos^2\theta)d\theta$$

⇦$Y=\cos\theta$ のグラフ（下図）から，$\cos\theta$，$\cos^3\theta$ の積分が 0 になることがわかる．

$$=\pi\int_0^{2\pi}\{8+3(1+\cos2\theta)\}d\theta=\pi\Big[11\theta+\frac{3}{2}\sin2\theta\Big]_0^{2\pi}$$

$$=\mathbf{22\pi^2}$$

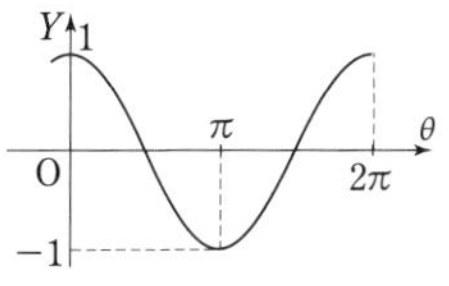

◇8 演習題（解答は p.93）

（左ページの演習題の続き）

θ を $0\leqq\theta\leqq\dfrac{\pi}{2}$ の範囲で動かしたときの P の軌跡を C とする．

（２） P の y 座標が $\dfrac{1}{2}$ のとき，P での C の接線の傾きを求めよ．

（３） C の長さを求めよ． （群馬大・医）

（２） まず θ を求める．傾き $\dfrac{dy}{dx}$ の求め方は例題と同じ．

いろいろな 関数・曲線 演習題の解答

1…A○B*　**2**…B**　**3**…B**
4…C***　**5**…B**　**6**…B**
7…B*　**8**…B**

1 式だけで解くこともできるが，無理関数を含む不等式を解くときには，図を描いて解を視覚的にとらえる方が解きやすいし，間違えにくいだろう．

解 (ア) $y=\sqrt{2x+3}$ の各辺を 2 乗した $y^2=2x+3$ と $y=x-1$ から x を消去すると，

$$y^2=2(y+1)+3 \qquad \therefore \ y^2-2y-5=0$$

$$\therefore \ y=1\pm\sqrt{6}$$

$y=\sqrt{2x+3}\geqq 0$ だから，$y=1+\sqrt{6}$ で，

$$x=y+1=\boldsymbol{2+\sqrt{6}}$$

右のグラフから，$\sqrt{2x+3}>x-1$ の解は

$$\boldsymbol{-\frac{3}{2}\leqq x<2+\sqrt{6}}$$

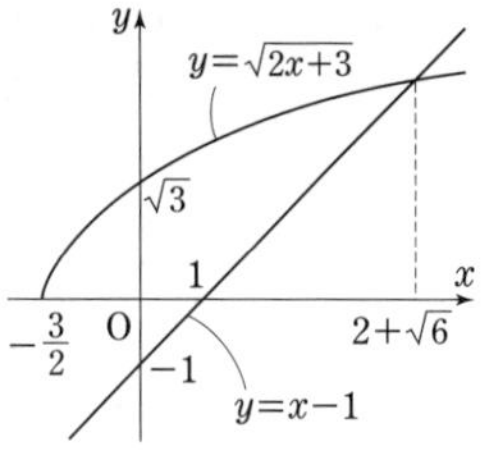

(イ) $y=\sqrt{a^2-x^2}$ は，$y^2=a^2-x^2$ かつ $y\geqq 0$ つまり，$x^2+y^2=a^2$ かつ $y\geqq 0$（半円）である．

$y=\sqrt{a^2-x^2}$ と $y=3x-a$ のグラフを重ねて描くと下のようになる．

$a<0$ のとき

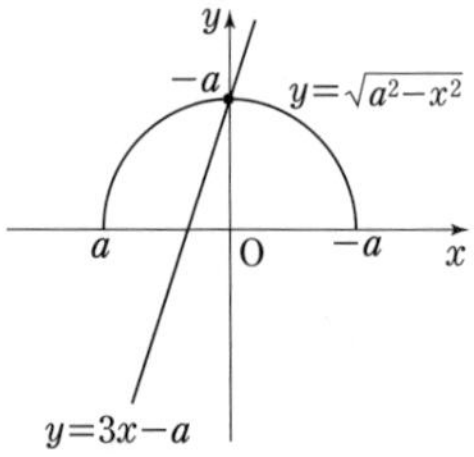

$a>0$ のとき

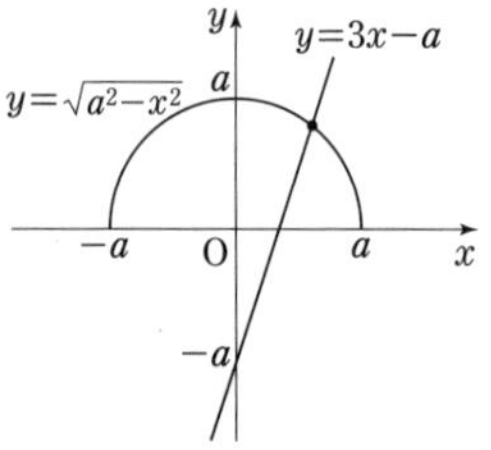

・$\boldsymbol{a<0}$ **のとき**，

$\sqrt{a^2-x^2}>3x-a$ の解は $\boldsymbol{a\leqq x<0}$ である．

・$\boldsymbol{a>0}$ **のとき**，

$\sqrt{a^2-x^2}=3x-a$ の各辺を 2 乗すると，

$$a^2-x^2=9x^2-6ax+a^2 \qquad \therefore \ 10x^2-6ax=0$$

$$\therefore \ x(5x-3a)=0$$

よって図の交点の x 座標は $\frac{3}{5}a$ であり，

$\sqrt{a^2-x^2}>3x-a$ の解は $\boldsymbol{-a\leqq x<\frac{3}{5}a}$

2 (2) $y=2x^2+2x+1$ を $x=$(y の式) にしたときの (y の式) が $g(y)$.

(3) $f(x)$ の逆関数が $g(x)$ なので，$y=f(x)$ のグラフと $y=g(x)$ のグラフは直線 $y=x$ に関して対称である．全体を $y=x$ に関して対称移動して考えると式が簡単になる．解答のあとのコメントも参照．

解 $f(x)=2x^2+2x+1 \quad \left(x\geqq-\frac{1}{2}\right)$

(1) $f(x)=2\left(x+\frac{1}{2}\right)^2+\frac{1}{2}$ より $f(x)$ の値域は

$f(x)\geqq\frac{1}{2}$ だから，逆関数 $g(x)$ の定義域は $\boldsymbol{x\geqq\frac{1}{2}}$

(2) $y=f(x)$ とおくと，$y=2\left(x+\frac{1}{2}\right)^2+\frac{1}{2}$ ………①

$x\geqq-\frac{1}{2}$ に注意して①を x について解くと，

$$x=-\frac{1}{2}+\sqrt{\frac{1}{2}\left(y-\frac{1}{2}\right)}=-\frac{1}{2}+\sqrt{\frac{1}{2}y-\frac{1}{4}}$$

よって，$\boldsymbol{g(x)=-\frac{1}{2}+\sqrt{\frac{1}{2}x-\frac{1}{4}}}$

(3) $y=g(x)$ を直線 $y=x$ に関して対称移動すると $y=f(x)$ になり，$y=2x-1$ を $y=x$ に関して対称移動すると $x=2y-1$ すなわち $x-2y+1=0$ ……②　になる．

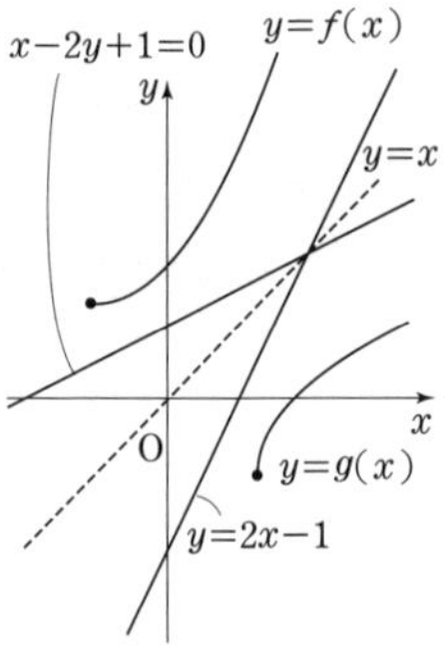

$y=f(x)$ 上の点 $(t,\ 2t^2+2t+1)$ と②の距離は，

$$\frac{|t-2(2t^2+2t+1)+1|}{\sqrt{1^2+(-2)^2}}$$

$$=\frac{|-4t^2-3t-1|}{\sqrt{5}}=\frac{|4t^2+3t+1|}{\sqrt{5}}$$

$$=\frac{1}{\sqrt{5}}\left|4\left(t+\frac{3}{8}\right)^2+\frac{7}{16}\right| \ \cdots\cdots③$$

$t\geqq-\frac{1}{2}$ の範囲で③の最小値は $\frac{7}{16\sqrt{5}} \quad \left(t=-\frac{3}{8}\right)$

であり，これに対応する $y=f(x)$ 上の点の座標を求めると $\left(-\frac{3}{8},\ \frac{17}{32}\right)$ ……④　となる．

従って，曲線 $y=g(x)$ 上の点と直線 $y=2x-1$ の距離の最小値は $\dfrac{\mathbf{7}}{\mathbf{16\sqrt{5}}}$ で，その最小値を与える $y=g(x)$ 上の点は，④を $y=x$ に関して対称移動した

$$\left(\frac{\mathbf{17}}{\mathbf{32}},\ -\frac{\mathbf{3}}{\mathbf{8}}\right)$$

▨ 直線 $y=x$ に関して対称移動したいときは，x と y を入れかえればよい．

• 点 $(a,\ b)$ を $y=x$ に関して対称移動した点は，x 座標と y 座標を交換した $(b,\ a)$

• $y=2x-1$ を $y=x$ に関して対称移動した直線は，x と y を交換した $x=2y-1$

• 一般に，$y=f(x)$ を $y=x$ に関して対称移動した曲線を表す式は，$x=f(y)$．$f(x)$ が逆関数をもつとき，$x=f(y)$ を y について解いたものが $y=f^{-1}(x)$ だから，$x=f(y)$ と $y=f^{-1}(x)$ は同じ曲線（グラフ）である．

別解 （3）［対称移動しない解法．曲線上の点と直線の距離の最小値を考えるときは，直線に平行な曲線の接線を引くのが定石］

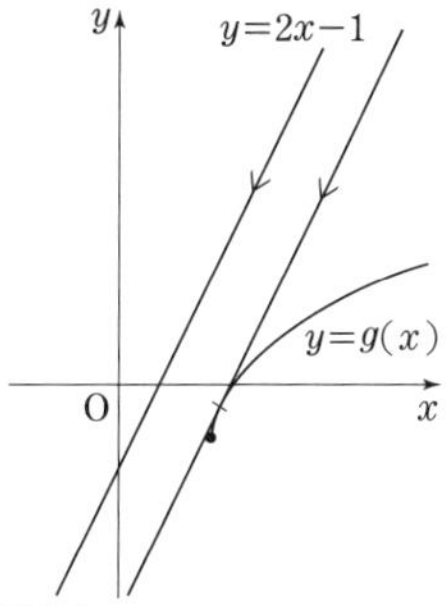

$$g'(x)=\frac{1}{2}\left(\frac{1}{2}x-\frac{1}{4}\right)^{-\frac{1}{2}}\cdot\frac{1}{2}$$

である．$g'(x)=2$ を満たす x を求めると，

$$\left(\frac{1}{2}x-\frac{1}{4}\right)^{-\frac{1}{2}}=8 \text{ より}$$

$$x=2\left(8^{-2}+\frac{1}{4}\right)=\frac{\mathbf{17}}{\mathbf{32}}$$

このとき，$g\left(\dfrac{17}{32}\right)=-\dfrac{1}{2}+\sqrt{\dfrac{1}{64}}=-\dfrac{\mathbf{3}}{\mathbf{8}}$

この点が距離の最小値を与える．その最小値は，

$$\frac{1}{\sqrt{5}}\left|2\cdot\frac{17}{32}-\left(-\frac{3}{8}\right)-1\right|=\frac{\mathbf{7}}{\mathbf{16\sqrt{5}}}$$

3 （1） ここでは $f_q(x)+1>0$ と $1-f_q(x)>0$ を示す．増減を調べてもよい（☞別解）．

（2） $f_p(f_q(x))$ を計算して $\dfrac{x-r}{1-rx}$ の形にする．後半は（1）と同様に $r+1>0$ と $1-r>0$ を示せばよい．

（3） （2）の r が q と一致するときの p を求める．

解 $f_p(x)=\dfrac{x-p}{1-px}$，$f_q(x)=\dfrac{x-q}{1-qx}$ $(-1<x<1)$

$(-1<p<1,\ -1<q<1)$

（1） $f_q(x)+1=\dfrac{x-q+1-qx}{1-qx}=\dfrac{(1-q)(1+x)}{1-qx}$

$1-q>0$，$1+x>0$，$1-qx>0$ だから $f_q(x)+1>0$

同様に，

$$1-f_q(x)=\frac{1-qx-x+q}{1-qx}=\frac{(1+q)(1-x)}{1-qx}>0$$

よって，$-1<f_q(x)<1$

（2） $f_p(f_q(x))=\dfrac{\dfrac{x-q}{1-qx}-p}{1-p\cdot\dfrac{x-q}{1-qx}}$

$$=\frac{x-q-p(1-qx)}{1-qx-p(x-q)}=\frac{(1+pq)x-(p+q)}{(1+pq)-(p+q)x}$$

$$=\frac{x-\dfrac{p+q}{1+pq}}{1-\dfrac{p+q}{1+pq}x}$$

これが $f_r(x)=\dfrac{x-r}{1-rx}$ と一致するので，

$$\boldsymbol{r=\frac{p+q}{1+pq}}$$

このとき，

$$r+1=\frac{p+q+1+pq}{1+pq}=\frac{(1+p)(1+q)}{1+pq}>0$$

$$1-r=\frac{1+pq-p-q}{1+pq}=\frac{(1-p)(1-q)}{1+pq}>0$$

だから $-1<r<1$

（3） （2）の r が q と一致するときだから，

$$\frac{p+q}{1+pq}=q \qquad \therefore\ \ p+q=q(1+pq)$$

$$\therefore\ \ p(1-q^2)=0$$

$-1<q<1$ だから，$\boldsymbol{p=0}$

別解 （1）

$$f_q{}'(x)=\frac{1\cdot(1-qx)-(x-q)(-q)}{(1-qx)^2}=\frac{1-q^2}{(1-qx)^2}>0$$

であり，$f_q(-1)=-1$，$f_q(1)=1$ だから $-1<x<1$ で

$-1<f_q(x)<1$

（2） ［後半で（1）を用いると］

$r=-\dfrac{(-p)-q}{1-q\cdot(-p)}=-f_q(-p)$ となるので，（1）の結果を用いると，$-1<r<1$

➡**注** （2）前半と（3）は，「p が違えば $f_p(x)$ は違う関数になる」……※ ということ（これが（2）で係数比較できる理由，（3）で $r=q$ とできる理由）を言っておく方がよいが，答案は解答程度でも大丈夫だろう．

※は，$f_p(0)=-p$ が p の値によって違うことから示される．あるいは，

$f_p(x)=f_q(x)$ が $-1<x<1$ で成り立つとすると，

$\dfrac{x-p}{1-px}=\dfrac{x-q}{1-qx}$ 整理して $(p-q)(x^2-1)=0$

よって $p=q$

としてもよい．

なお，(3)で $f_q(x)=t$ とおくと $f_p(t)=t$ となる．これがすべての t ($f_q(x)$ の値域なので $-1<t<1$) で成り立つような p を求めればよいが，※よりそのような p は 1 つである．$f_0(x)=\dfrac{x-0}{1-0\cdot x}=x$ だから答えは $p=0$.

▨ $y=f_p(x)$ $(-1<x<1)$ のグラフを漸近線に注意して描くと下のようになる．$p\neq0$ のときは直角双曲線．

$-1<p<0$

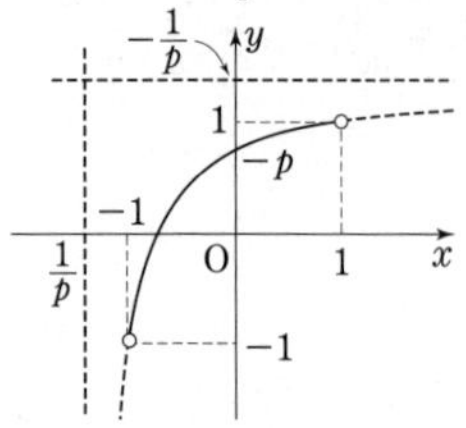

$p=0$

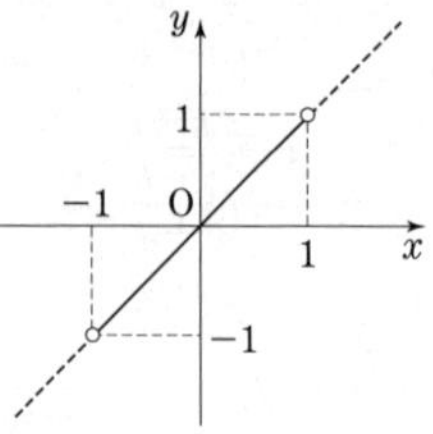

$0<p<1$

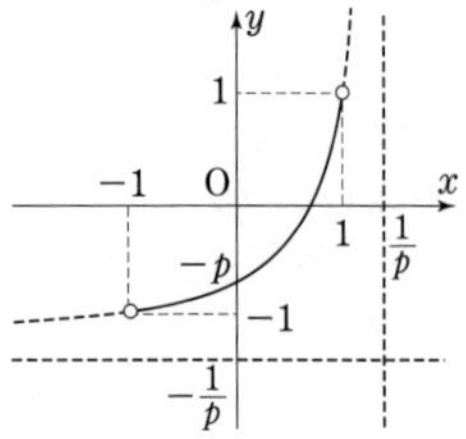

4 (2) ファクシミリの原理を用いる．(1)で得た式で x を $x=k$ と固定し，y^2 を t の関数とみて増減を調べる．

(3) (1)と(2)を重ねて描くと，例題の傍注のように接する．この図をもとに考えよう．

解 (1) AB=1 より，
A$(\cos\theta,\ 0)$，B$(0,\ \sin\theta)$
$(0\leqq\theta<2\pi)$ とおけて，
P$(x,\ y)$
$=(t\cos\theta,\ (1-t)\sin\theta)$
θ を消去すると，

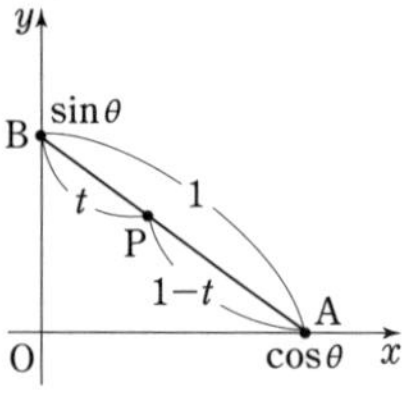

- $\boldsymbol{t\neq0,\ t\neq1}$ **のとき，** $\boldsymbol{\dfrac{x^2}{t^2}+\dfrac{y^2}{(1-t)^2}=1}$ ……………①
- $\boldsymbol{t=0}$ **のとき，** $\boldsymbol{x=0\ (-1\leqq y\leqq1)}$
- $\boldsymbol{t=1}$ **のとき，** $\boldsymbol{y=0\ (-1\leqq x\leqq1)}$

$t\neq0,\ t\neq1$

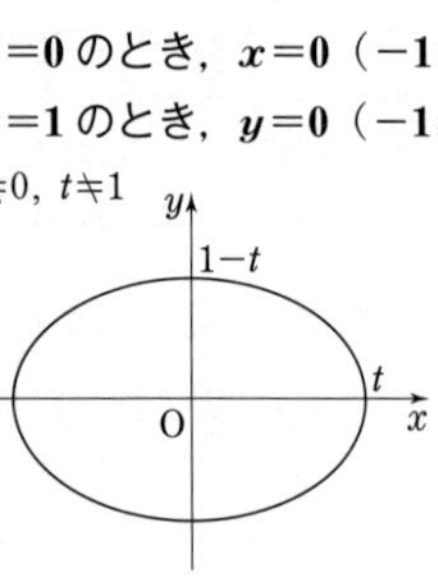

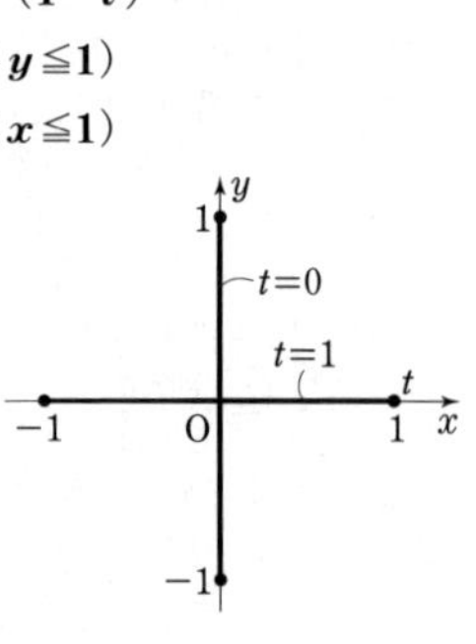

(2) $t\neq0$，$t\neq1$ のとき，

［ t が $0<t<1$ の範囲で動くときの(1)の楕円の通過領域が線分 AB（両端除く）の通過領域である． ］

$x=k$ と固定すると，

$$\frac{k^2}{t^2}+\frac{y^2}{(1-t)^2}=1$$

$$\therefore\quad y^2=(1-t)^2\left(1-\frac{k^2}{t^2}\right)$$

楕円は y 軸に関して対称だから，$k\geqq0$ の範囲で考える．

$f(t)=(1-t)^2(1-k^2t^{-2})$ とおくと，

$$\begin{aligned}f'(t)&=2(1-t)(-1)(1-k^2t^{-2})+(1-t)^2\cdot2k^2t^{-3}\\&=2(1-t)t^{-3}\{(-t^3+k^2t)+k^2(1-t)\}\\&=2(1-t)t^{-3}(k^2-t^3)\end{aligned}$$

$y^2\geqq0$ つまり $1-\dfrac{k^2}{t^2}\geqq0$ であるから，t が動く範囲は $k\leqq t<1$ である．この範囲での増減は右表のようになるので，$f(t)$ の最大値は，

t	k	$\cdots$	$k^{\frac{2}{3}}$	$\cdots$	(1)
$f'(t)$		$+$	0	$-$	
$f(t)$	0	↗		↘	(0)

$$f(k^{\frac{2}{3}})=(1-k^{\frac{2}{3}})^2(1-k^2\cdot k^{-\frac{4}{3}})=(1-k^{\frac{2}{3}})^3$$

つまり，$0\leqq y^2\leqq(1-k^{\frac{2}{3}})^3$

求める領域の第 1 象限での境界は

$$y^2=(1-x^{\frac{2}{3}})^3$$

$$\therefore\quad y^{\frac{2}{3}}=1-x^{\frac{2}{3}}$$

$$\therefore\quad x^{\frac{2}{3}}+y^{\frac{2}{3}}=1$$

となるから，対称性を考えると，答えは右図の太線で囲まれた部分．

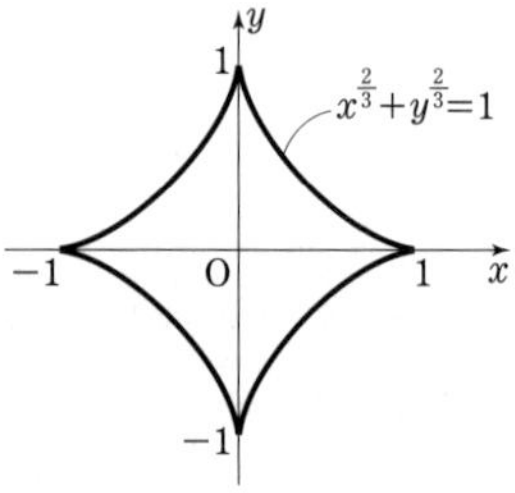

(3) (2)で求めた境界と楕円 $\dfrac{x^2}{s^2}+\dfrac{y^2}{(1-s)^2}=1$ は，$(\pm s^{\frac{3}{2}},\ \pm(1-s)^{\frac{3}{2}})$（複号任意）で接する（☞注）．

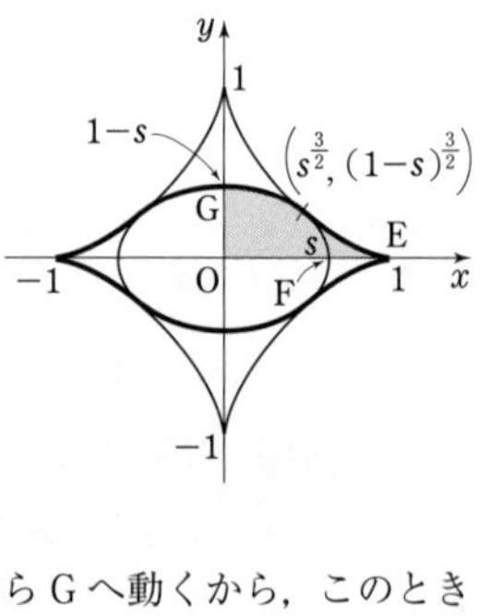

θ が $0\to\dfrac{\pi}{2}$ と動くとき，A は x 軸上を右図の E から O へ，Q は楕円上を F から G へ動くから，このときの AQ の通過領域は網目部になる．

よって，対称性を考え，答えは図の太線で囲まれた部分である．

➡注 (1)の楕円は線分 AB の通過領域に含まれるので，(2)の境界の内側（周を含む）にある．これと，

4点$(\pm s^{\frac{3}{2}},\ \pm(1-s)^{\frac{3}{2}})$が両方の曲線の上にあること（確かめよう）から両者はこれら4点で接すると言える．なお，接点は(2)の極大点で，そのx座標は，($t \Rightarrow s$, $k \Rightarrow x$として) $s=x^{\frac{2}{3}}$から求められる．

5 (1) $r=\sqrt{x^2+y^2}$, $\cos\theta=\dfrac{x}{\sqrt{x^2+y^2}}$を代入して$x$, yの式にする．2次曲線（双曲線になる）の標準形を平行移動した形にしよう．

(2) P$(r\cos\theta,\ r\sin\theta)$とおくと，$r$と$\theta$は(1)の問題で与えられた関係式を満たす．この関係式を使い，kをrかθだけの式（aは含む）にする．なお，kより$1/k$の方が考えやすい．

解 (1) $r=\dfrac{\sqrt{6}}{2+\sqrt{6}\cos\theta}$に$r=\sqrt{x^2+y^2}$,

$\cos\theta=\dfrac{x}{\sqrt{x^2+y^2}}$を代入すると，

$$\sqrt{x^2+y^2}=\frac{\sqrt{6}}{2+\sqrt{6}\cdot\dfrac{x}{\sqrt{x^2+y^2}}}$$

$$\therefore\ \sqrt{x^2+y^2}\left(2+\frac{\sqrt{6}\,x}{\sqrt{x^2+y^2}}\right)=\sqrt{6}$$

$$\therefore\ 2\sqrt{x^2+y^2}=\sqrt{6}\,(1-x)\ \cdots\cdots ①$$

各辺を2乗して

$$4(x^2+y^2)=6(1-2x+x^2)$$

2で割って整理すると

$$x^2-6x-2y^2+3=0$$

$$\therefore\ (x-3)^2-2y^2=6$$

$$\therefore\ \boldsymbol{\frac{(x-3)^2}{6}-\frac{y^2}{3}=1}$$

これは，中心が(3, 0)で漸近線が$y=\pm\dfrac{1}{\sqrt{2}}(x-3)$の，右のような双曲線．

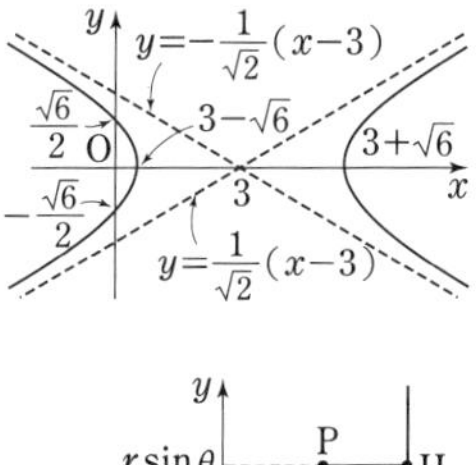

(2) P$(r\cos\theta,\ r\sin\theta)$とおくと

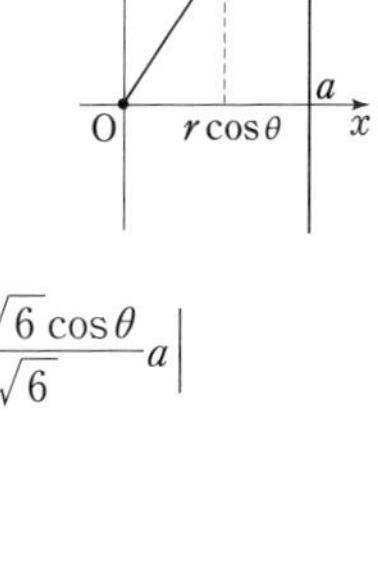

OP$=r$

PH$=|x-a|=|r\cos\theta-a|$

よって，

$$\frac{1}{k}=\frac{\mathrm{PH}}{\mathrm{OP}}=\frac{|r\cos\theta-a|}{r}$$

$$=\left|\cos\theta-\frac{a}{r}\right|=\left|\cos\theta-\frac{2+\sqrt{6}\cos\theta}{\sqrt{6}}a\right|$$

$$=\left|(1-a)\cos\theta-\frac{2}{\sqrt{6}}a\right|$$

これがθによらない値になるとき，$\boldsymbol{a=1}$であり，その一定値は$\left|-\dfrac{2}{\sqrt{6}}\cdot 1\right|=\dfrac{2}{\sqrt{6}}$. $\boldsymbol{k}$**の値は**$\boldsymbol{\dfrac{\sqrt{6}}{2}}$.

⇨注 この曲線は，焦点の一つが原点，準線が$x=a(=1)$, 離心率が$k\left(=\dfrac{\sqrt{6}}{2}\right)$の2次曲線(双曲線)である．

ここでは，逆に，離心率（の定義）を用いて2次曲線の極方程式を作ってみよう．

極Oを焦点，直線$x=a$を準線，離心率をeとすると，解答の(2)の図で$e=\dfrac{\mathrm{OP}}{\mathrm{PH}}$であり，

$$\mathrm{OP}=r,\ \mathrm{PH}=|a-r\cos\theta|$$

だから，$e=\dfrac{r}{|a-r\cos\theta|}$

$$\therefore\ \pm e(a-r\cos\theta)=r$$

これをrについて整理すると，

$$r=\frac{ea}{e\cos\theta\pm 1}$$

例題では，楕円の焦点の一つが原点になっているため，rについての2次式(方程式の左辺)が因数分解され，極方程式が上で求めた形になる．

▨ $r=f(\theta)$［極方程式］と書くとき，

(A) $r<0$となるときには，極座標が$(-r,\ \theta+\pi)$の点を$r=f(\theta)$上の点とする．

(B) $r<0$となるθに対応する$r=f(\theta)$上の点はない．

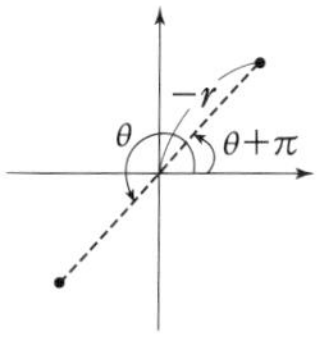

の2つの立場がある．本問の(1)は，どちらの立場で解いても同じ答えになるように問題文の表現を変更した．

＊　　　＊

$$r=\sqrt{x^2+y^2},\ \cos\theta=\frac{x}{\sqrt{x^2+y^2}},\ \sin\theta=\frac{y}{\sqrt{x^2+y^2}}$$

という（極座標と直交座標の）対応は，(B)の立場でのものである．この場合，解答の①で$x\leqq 1$となるので，$r=\dfrac{\sqrt{6}}{2+\sqrt{6}\cos\theta}$は双曲線の左側だけを表す．本問(1)は，曲線の方程式を求めるのが目標なのでこの点は解答では考慮していない．

＊　　　＊

(A)の立場では，極座標と直交座標の対応は

$$r^2=x^2+y^2,\ \cos\theta=\frac{x}{r},\ \sin\theta=\frac{y}{r}$$

となる．これを用いてr, θの式をx, yの式に直すときは，一度$\cos\theta$, $\sin\theta$を消去する．

$r=\dfrac{\sqrt{6}}{2+\sqrt{6}\cos\theta}$に$\cos\theta=\dfrac{x}{r}$を代入して，

$$r=\frac{\sqrt{6}}{2+\sqrt{6}\cdot\dfrac{x}{r}} \qquad \therefore\ r\left(2+\sqrt{6}\cdot\frac{x}{r}\right)=\sqrt{6}$$

$$\therefore\ 2r+\sqrt{6}\,x=\sqrt{6} \qquad \therefore\ 2r=\sqrt{6}\,(1-x)$$

両辺を 2 乗して，$4r^2=6(1-x)^2$

よって，$2(x^2+y^2)=3(1-x)^2$ （以下省略）

なお，(A)の立場では双曲線全体を表す．

6 （1） 直交座標の方程式を作ってもよいが，$\mathrm{P}(r\cos\theta,\ r\sin\theta)$ とおいて条件に代入すれば極方程式が得られる．

（3） 面積の公式 $\displaystyle\int_\alpha^\beta \frac{1}{2}r^2d\theta$ を用いる．積分区間は，(1)で求めた θ の範囲．

解 $\mathrm{A}(1,\ 0)$，$\mathrm{B}(-1,\ 0)$

（1） $\mathrm{P}(r\cos\theta,\ r\sin\theta)$ とおく．$x>0$ と $-\dfrac{\pi}{2}<\theta<\dfrac{\pi}{2}$ より $r>0$ である．$\mathrm{AP}^2\cdot\mathrm{BP}^2=1$ より

$$\{(r\cos\theta-1)^2+r^2\sin^2\theta\}\times\{(r\cos\theta+1)^2+r^2\sin^2\theta\}=1$$

$$\therefore\ (r^2-2r\cos\theta+1)(r^2+2r\cos\theta+1)=1$$

$$\therefore\ (r^2+1)^2-(2r\cos\theta)^2=1$$

$$\therefore\ r^4+2r^2-4r^2\cos^2\theta=0$$

$$\therefore\ r^2\{r^2-2(2\cos^2\theta-1)\}=0$$

$r>0$ より，$r^2=2(2\cos^2\theta-1)=2\cos2\theta$

よって，$\boldsymbol{r=\sqrt{2\cos2\theta}}$

θ の範囲は，$2\cos2\theta>0$ $\left(-\dfrac{\pi}{2}<\theta<\dfrac{\pi}{2}\right)$ となるものだから，$-\dfrac{\pi}{2}<2\theta<\dfrac{\pi}{2}$ より $\boldsymbol{-\dfrac{\pi}{4}<\theta<\dfrac{\pi}{4}}$

（2） 右図．

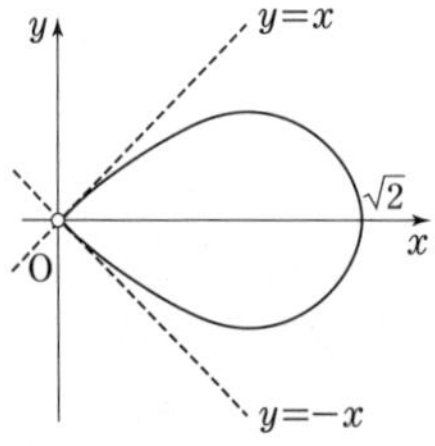

（3） 求める面積は，

$$\int_{-\frac{\pi}{4}}^{\frac{\pi}{4}}\frac{1}{2}r^2d\theta$$

$$=\int_{-\frac{\pi}{4}}^{\frac{\pi}{4}}\frac{1}{2}\cdot2\cos2\theta d\theta$$

$$=\left[\frac{1}{2}\sin2\theta\right]_{-\frac{\pi}{4}}^{\frac{\pi}{4}}$$

$$=\frac{1}{2}\{1-(-1)\}=\boldsymbol{1}$$

⇨注 x，y の方程式を作ると，
$(x^2+y^2)^2-2(x^2-y^2)=0$

▨ 曲線の概形について．

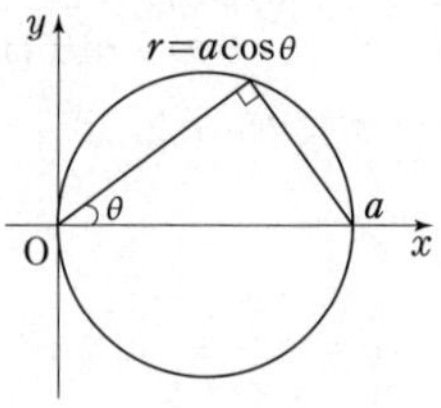

円

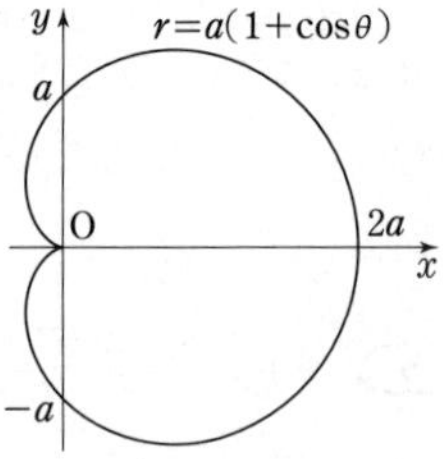

カージオイド

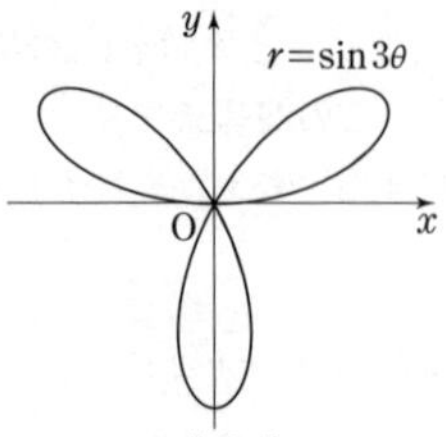

正葉曲線

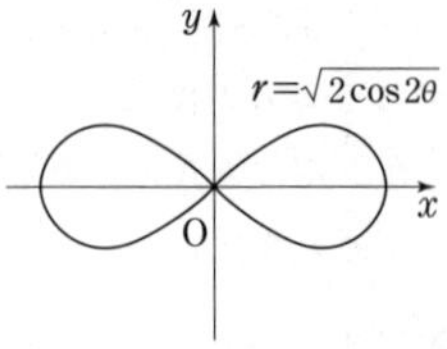

レムニスケート

一般に，$r=\sin a\theta$ の形の曲線を正葉曲線と呼ぶ．
上の図は $a=3$ の場合．

7 （1） 動円の中心を B として，$\overrightarrow{\mathrm{OP}}=\overrightarrow{\mathrm{OB}}+\overrightarrow{\mathrm{BP}}$ ととらえる．$\overrightarrow{\mathrm{OB}}$，$\overrightarrow{\mathrm{BP}}$ とも，向き（偏角）と大きさを考えて求めよう．

解 （1） 動円の中心を B，$(2,\ 0)$ を D，円 A と動円の接点を T とする．

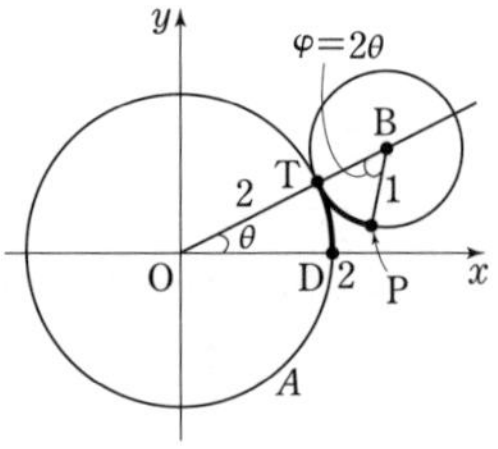

$\overrightarrow{\mathrm{OB}}$ の偏角（x 軸正の向きのベクトルからの回転角）が θ のとき，$|\overrightarrow{\mathrm{OB}}|=3$ だから，$\overrightarrow{\mathrm{OB}}=3\begin{pmatrix}\cos\theta\\ \sin\theta\end{pmatrix}$

また，動円は円 A のまわりをすべらずに動くから，$\overset{\frown}{\mathrm{TD}}=\overset{\frown}{\mathrm{TP}}$ であり，$\overrightarrow{\mathrm{BT}}$ から $\overrightarrow{\mathrm{BP}}$ までの回転角を φ とすると

$$2\cdot\theta=1\cdot\varphi \qquad \therefore\ \varphi=2\theta$$

$\overrightarrow{\mathrm{BT}}$ の偏角は $180°+\theta$（右図）だから，$\overrightarrow{\mathrm{BP}}$ の偏角は $180°+\theta+2\theta$．これと $|\overrightarrow{\mathrm{BP}}|=1$ より

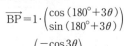

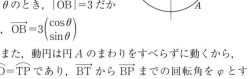

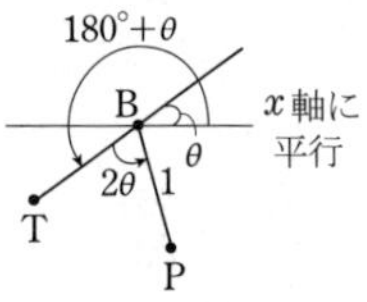

$$\overrightarrow{\mathrm{BP}}=1\cdot\begin{pmatrix}\cos(180°+3\theta)\\ \sin(180°+3\theta)\end{pmatrix}$$

$$=\begin{pmatrix}-\cos3\theta\\ -\sin3\theta\end{pmatrix}$$

従って，

$$\overrightarrow{\mathrm{OP}}=\overrightarrow{\mathrm{OB}}+\overrightarrow{\mathrm{BP}}=\begin{pmatrix}\boldsymbol{3\cos\theta-\cos3\theta}\\ \boldsymbol{3\sin\theta-\sin3\theta}\end{pmatrix}$$

8 （2） まずθを具体的に求める．sinの3倍角の公式（$\sin 3\theta = 3\sin\theta - 4\sin^3\theta$）を使う．

（3） 公式$\int_\alpha^\beta \sqrt{\left(\frac{dx}{d\theta}\right)^2 + \left(\frac{dy}{d\theta}\right)^2}\, d\theta$を用いる．

解 $P(3\cos\theta - \cos 3\theta,\ 3\sin\theta - \sin 3\theta)$を（$x$，$y$）とおく．

（**2**） $y = \frac{1}{2}$ すなわち $3\sin\theta - \sin 3\theta = \frac{1}{2}$ のとき，

$$3\sin\theta - (3\sin\theta - 4\sin^3\theta) = \frac{1}{2} \qquad \therefore\ \sin^3\theta = \frac{1}{8}$$

$$\therefore\ \sin\theta = \frac{1}{2} \qquad \therefore\ \theta = \frac{\pi}{6}$$

次に，

$$\frac{dx}{d\theta} = -3\sin\theta + 3\sin 3\theta \cdots\cdots ①$$

$$\frac{dy}{d\theta} = 3\cos\theta - 3\cos 3\theta \cdots\cdots ②$$

だから，

$$\frac{dy}{dx} = \frac{dy/d\theta}{dx/d\theta} = \frac{3\cos\theta - 3\cos 3\theta}{-3\sin\theta + 3\sin 3\theta}$$

$$= \frac{\cos\theta - \cos 3\theta}{-\sin\theta + \sin 3\theta} \cdots\cdots ③$$

PでのCの接線の傾きは③で$\theta = \frac{\pi}{6}$としたものだから，

$$\frac{\cos\frac{\pi}{6} - \cos\frac{\pi}{2}}{-\sin\frac{\pi}{6} + \sin\frac{\pi}{2}} = \frac{\frac{\sqrt{3}}{2}}{-\frac{1}{2} + 1} = \boldsymbol{\sqrt{3}}$$

（**3**） ①，②より

$$\left(\frac{dx}{d\theta}\right)^2 + \left(\frac{dy}{d\theta}\right)^2$$

$$= (-3\sin\theta + 3\sin 3\theta)^2 + (3\cos\theta - 3\cos 3\theta)^2$$

$$= 9(\sin^2\theta - 2\sin\theta\sin 3\theta + \sin^2 3\theta)$$

$$\quad + 9(\cos^2\theta - 2\cos\theta\cos 3\theta + \cos^2 3\theta)$$

$$= 9 + 9 - 18(\cos\theta\cos 3\theta + \sin\theta\sin 3\theta)$$

$$= 18\{1 - \cos(\theta - 3\theta)\}$$

$$= 18(1 - \cos 2\theta)$$

$$= 18 \cdot 2\sin^2\theta$$

$$= (6\sin\theta)^2$$

となるから，求める長さは

$$\int_0^{\frac{\pi}{2}} \sqrt{\left(\frac{dx}{d\theta}\right)^2 + \left(\frac{dy}{d\theta}\right)^2}\, d\theta$$

$$= \int_0^{\frac{\pi}{2}} \sqrt{(6\sin\theta)^2}\, d\theta$$

［ $0 \leqq \theta \leqq \frac{\pi}{2}$ の範囲で $\sin\theta \geqq 0$ なので ］

$$= 6\int_0^{\frac{\pi}{2}} \sin\theta\, d\theta = 6\Big[-\cos\theta\Big]_0^{\frac{\pi}{2}}$$

$$= \boldsymbol{6}$$

コラム
円が転がってできる曲線

○7 と ○8 では，円板が曲線（直線を含む）上を滑らずに転がるときの，円板上の定点が描く軌跡についての問題をとりあげました．

ここでは，そのような軌跡の名称と概形をいくつか紹介します．以下，円板を D，D が転がる曲線を L，D 上の定点をP，Pの軌跡を C とし，C の図は1周期分（最初に L と接していた D 上の点が再び L に接するまで）を描きます．なお，Pが D の外部の場合も考えます．

まず，L が直線（x 軸）の場合です．

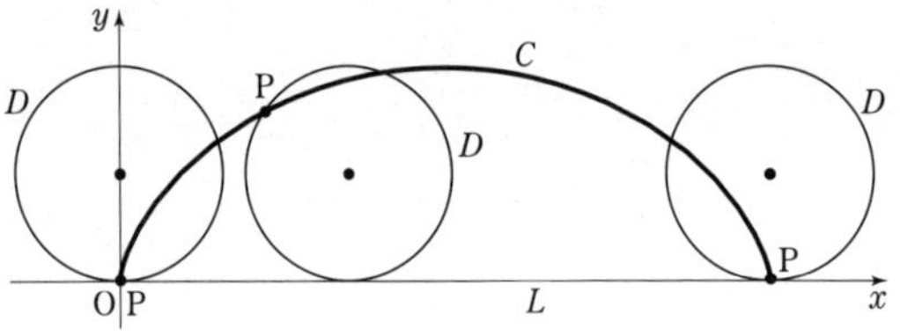

点Pが D の周上にある場合，Pの軌跡は上のような曲線になり，サイクロイドと呼ばれています．この概形は頭に入れておくとよいでしょう．

Pが D の周上にない場合は，軌跡はPの位置により変わりますが，トロコイド（総称）といいます．例えば，○7 の曲線 C は下図のようになります．

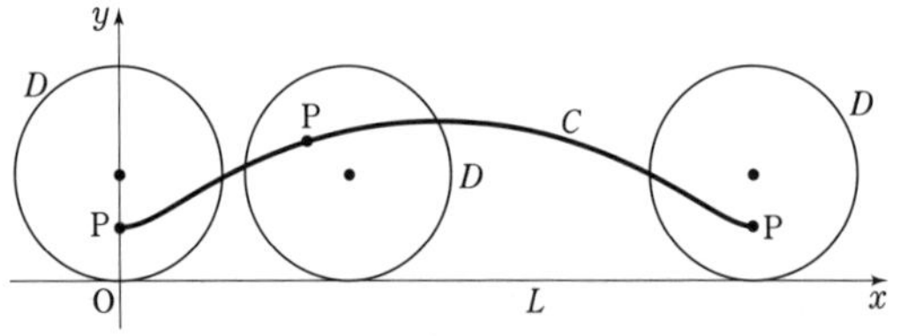

Pが D の外部の場合，C は自分自身と交わる曲線になります（下図；実線が1周期分）．

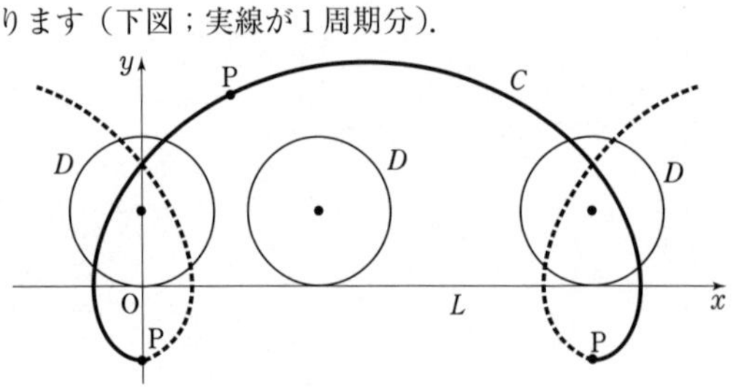

次に，L が円の場合を見てみましょう．

以下，点Pは D の周上の点とします（入試で出るものは，この場合にほぼ限られます）．

D が円 L の外側を転がる場合，Pの軌跡 C はエピサイクロイドまたは外サイクロイド（いずれも総称）と呼ばれています．C の形は D と L の半径の比率で変わります．特に，D の半径と L の半径が等しいとき，C はカージオイドになります（下右図）．

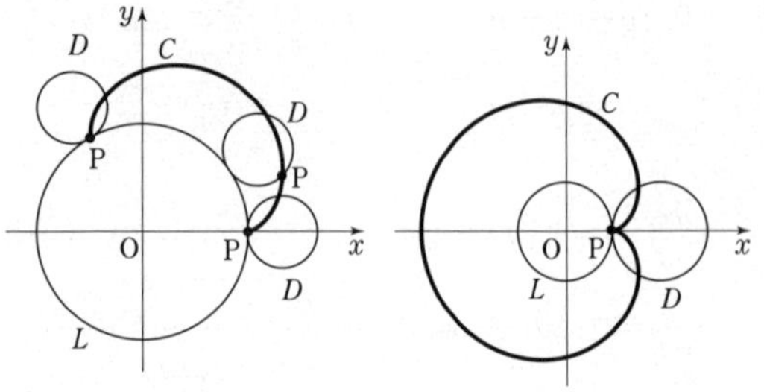

D が円 L の内側を転がる場合，Pの軌跡 C はハイポサイクロイドまたは内サイクロイド（いずれも総称）と呼ばれています．この場合も，C の形は D と L の半径の比率で変わります．特に L の半径が D の半径の4倍のとき，C はアステロイドになります（下右図）．

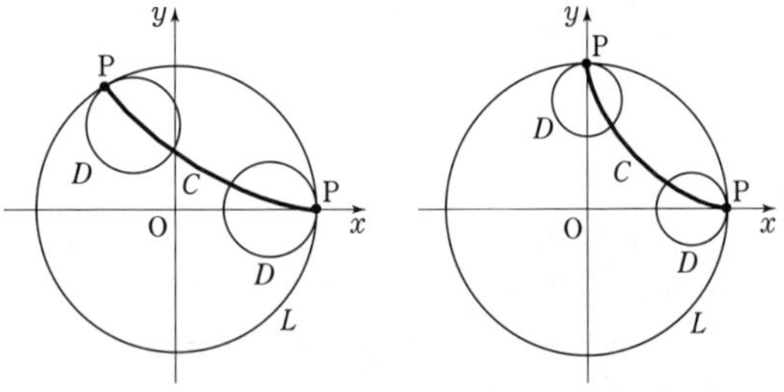

カージオイド（☞○6）やアステロイド（☞○4）は，別の作り方もあります．無関係に見えても同じ曲線になる，というところがおもしろいと言えるでしょう．

ちなみに，内サイクロイドで L の半径が D の半径の2倍のとき，Pの軌跡は線分になります．右図の場合，D は常にOを通り，Pは D と x 軸との交点のうちO以外の点（Oで接するときはPはO）です．

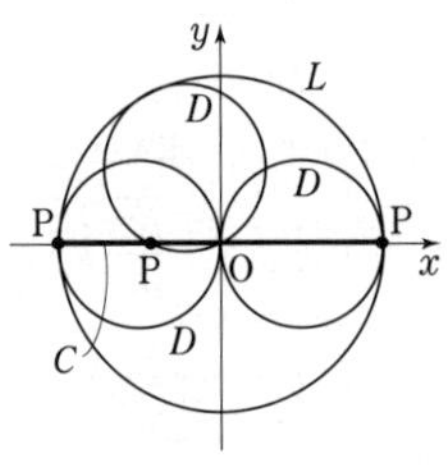

複素数平面

複素数平面
要点の整理

1．複素数平面と共役複素数・絶対値

1・1　複素数平面

$z=a+bi$（a，b は実数）に対して，図のように点（a，b）を対応させた平面を複素数平面という．

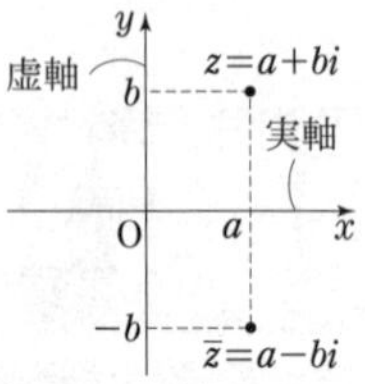

1・2　共役複素数

上の z に対し，$\overline{z}=a-bi$ を z の共役複素数という．右図のように，点 z と点 $\overline{z}$ は実軸に関して対称である．

共役複素数について，次のことが成り立つ．

$$\left.\begin{array}{l}\overline{\alpha+\beta}=\overline{\alpha}+\overline{\beta},\ \overline{\alpha-\beta}=\overline{\alpha}-\overline{\beta}\\ \overline{\alpha\beta}=\overline{\alpha}\,\overline{\beta},\ \overline{\left(\dfrac{\alpha}{\beta}\right)}=\dfrac{\overline{\alpha}}{\overline{\beta}}\end{array}\right\}\cdots\cdots\text{㋐}$$

➡**注**　$\overline{z}$ はゼットバーと読む．㋐（バーは分配できるという性質）が成り立つことは，$\alpha=a+bi$，$\beta=c+di$ とおいて計算することで確認できる．

1・3　実数条件，純虚数条件

右図のようになるから，

・z が実数

$\iff \overline{z}=z$

・z が純虚数

$\iff \overline{z}=-z$，$z\neq0$

が成り立つ．

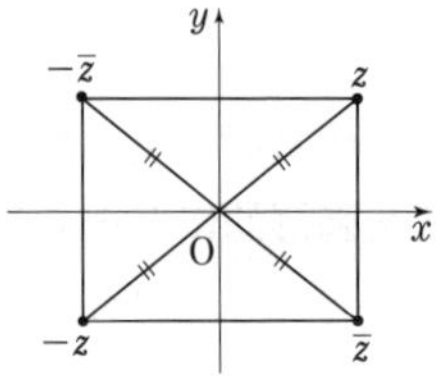

1・4　絶対値

$z=a+bi$ に対して $\sqrt{a^2+b^2}$ を z の絶対値といい $|z|$ で表す．

$|z|=\sqrt{a^2+b^2}$ は，原点と点 z との距離を表すわけだが，

2 点 α，β の距離も $|\beta-\alpha|$ と表すことができる．

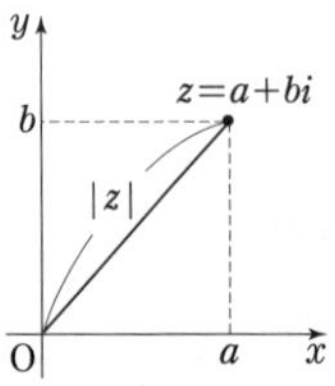

「距離」を意味する絶対値は，共役複素数を用いて

$$|z|^2=z\overline{z}\quad(|z|=\sqrt{z\overline{z}}\,)\cdots\cdots\text{㋑}$$

と表すことができる．絶対値について，次が成り立つ．

$$|\alpha\beta|=|\alpha||\beta|,\ \left|\frac{\alpha}{\beta}\right|=\frac{|\alpha|}{|\beta|}\cdots\cdots\text{㋒}$$

➡**注**　z が実数でないとき，$|z|^2\neq z^2$ であることに要注意．また㋒は，㋑と㋐を使って導くことができる．

2．複素数とベクトル

a，b，c，d，t を実数として，複素数 $a+bi$ を《a，b》で表すことにすると，

《a，b》±《c，d》＝《$a\pm c$，$b\pm d$》（複号同順）

t《a，b》＝《ta，tb》

が成り立つので，和・差・定数倍に関して複素数は平面ベクトルと同じように成分計算ができる．

したがって，内積を除く平面ベクトルで可能な図形的な応用は，複素数平面においても可能である．

複素数はベクトルと見ることもできる わけである．

複素数 α の表す点 A を A(α) と書く．A(α)，B(β) に対して，$\overrightarrow{\mathrm{AB}}$（$=\overrightarrow{\mathrm{OB}}-\overrightarrow{\mathrm{OA}}$）に対応する複素数は $\beta-\alpha$ である（“$\overrightarrow{\alpha\beta}=\beta-\alpha$” ということ）．また，$|\overrightarrow{\mathrm{AB}}|=|\beta-\alpha|$ が成り立つ．

［例］　A($\vec{a}$)，B($\vec{b}$)，C($\vec{c}$) とするとき，△ABC の重心 D($\vec{d}$) は，$\vec{d}=\dfrac{\vec{a}+\vec{b}+\vec{c}}{3}$ と表せる．これに対応して，複素数平面の場合，A(α)，B(β)，C(γ)，D(δ) とすると，$\delta=\dfrac{\alpha+\beta+\gamma}{3}$ が成り立つ．

3．極形式，ド・モアブルの定理

3・1　極形式

0 でない $z=a+bi$ が表す点を P とし，P と原点 O の距離を r，実軸の正の部分から OP まで測った回転角を θ とすると，

$a=r\cos\theta$，$b=r\sin\theta$

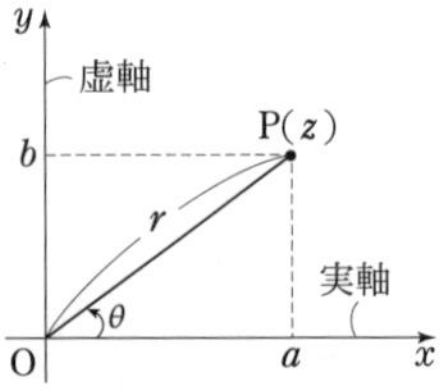

よって，$\boldsymbol{z=r(\cos\theta+i\sin\theta)}$　$(r>0)$

と表すことができ，これを複素数 z の極形式という．

r は z の絶対値 $|z|$ に等しい．

3・2　偏角

上記の θ を偏角といい，$\arg z$ と表す．偏角は 1 つに定まるわけではなく，たとえば $\arg(-i)$ は $\dfrac{3}{2}\pi$ と

いってもよいし，時計まわりはマイナスとするので $-\dfrac{\pi}{2}$ といってもよい．

3・3 偏角の公式

$z_1=r_1(\cos\theta_1+i\sin\theta_1)$，$z_2=r_2(\cos\theta_2+i\sin\theta_2)$

$(z_1\neq0,\ z_2\neq0)$ のとき，加法定理を用いて

$$z_1z_2=r_1r_2\{\cos(\theta_1+\theta_2)+i\sin(\theta_1+\theta_2)\}\ \cdots\cdots☆$$

$$\frac{z_1}{z_2}=\frac{r_1}{r_2}\{\cos(\theta_1-\theta_2)+i\sin(\theta_1-\theta_2)\}$$

となる．したがって，次の①，②が成り立つ．

$$\arg(z_1z_2)=\arg z_1+\arg z_2\ \cdots\cdots\cdots\cdots\cdots\cdots①$$

$$\arg\frac{z_1}{z_2}=\arg z_1-\arg z_2\ \cdots\cdots\cdots\cdots\cdots\cdots②$$

①において，$\arg(z_1z_2)$，$\arg z_1$，$\arg z_2$ はそれぞれ唯一には定まらないから，①は「左辺の偏角の1つは右辺で与えられる」と読む．②も同様である．

なお，②で $z_1=1$ として，

$$\arg\left(\frac{1}{z}\right)=-\arg z$$

［さらに，右図により，$=\arg\overline{z}$］

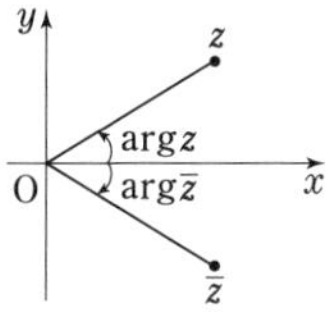

➡注　偏角 θ は，$0\leqq\theta<2\pi$ の範囲では唯一に定まるが，このように定めると①や②の等式が成り立たなくなる（$\arg z_1=300°$，$\arg z_2=330°$ を考えよ）．

3・4 ド・モアブルの定理

n が整数のとき，

$$(\boldsymbol{\cos\theta+i\sin\theta})^n=\boldsymbol{\cos n\theta+i\sin n\theta}$$

が成り立つ．θ の替わりに $-\theta$ を代入すると，

$$(\cos\theta-i\sin\theta)^n=\cos n\theta-i\sin n\theta$$

3・5 $z^n=1$ の解（n は自然数）

$z=r(\cos\theta+i\sin\theta)$　$(0\leqq\theta<2\pi,\ \ r>0)$

と極形式で表すと，ド・モアブルの定理により，

$$z^n=r^n(\cos n\theta+i\sin n\theta)$$

$z^n=1$ のとき，$r=1$，$n\theta=2\pi\times k$（k は整数）

よって，$z^n=1$ の解は，

$$z_k=\cos\left(\frac{2\pi}{n}\times k\right)+i\sin\left(\frac{2\pi}{n}\times k\right)$$

$(k=0,\ 1,\ \cdots,\ n-1)$

の n 個であり，複素数平面上で，単位円に内接し，1を頂点の1つとする正 n 角形の n 個の頂点を表す．

図のように α を定めると（$\alpha=z_1$ と定めると），$z^n=1$ の解は，

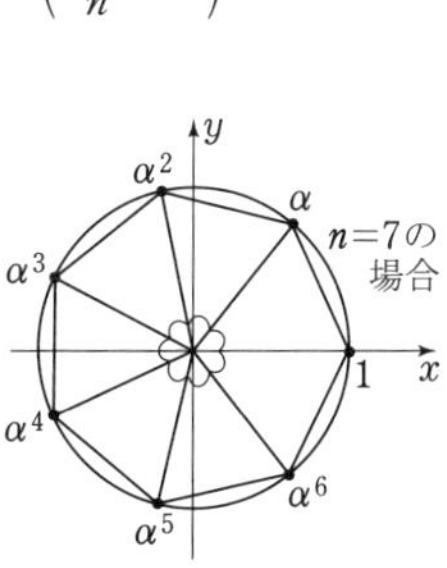

$$1,\ \alpha,\ \alpha^2,\ \cdots,\ \alpha^{n-1}\ の\ n\ 個$$

である（$z_k=\alpha^k$）．また，$1-\alpha^n$ を因数分解して，

$$1-\alpha^n=(1-\alpha)(1+\alpha+\alpha^2+\cdots+\alpha^{n-1})$$

が0であることから

$$1+\alpha+\alpha^2+\cdots+\alpha^{n-1}=0$$

が成り立つ．これは，上図で正 n 角形の重心が原点であることからも分かる．

4. 足し算・掛け算の図形的な意味

4・1 足し算

点 α に対して β を足して得られる点 $\alpha+\beta$ は，点 α を $\overrightarrow{\mathrm{OB}}$ だけ平行移動して得られる点である（ただし，$\mathrm{B}(\beta)$）．

4・2 掛け算

3・3の☆から，z に $r(\cos\theta+i\sin\theta)\ \cdots\cdots\cdots\cdots◇$ を掛けると，絶対値が r 倍になり，偏角が $+\theta$ される．よって，点 z に対して◇を掛けて得られる点 $z\times$◇は，点 z を原点を中心に θ 回転して，さらに r 倍の拡大をして得られる点である．

したがって，点 α を β 倍した点 $\alpha\beta$ は，点 α を原点を中心に $\arg\beta$ 回転して，さらに $|\beta|$ 倍の拡大をして得られる点である．

5. 直線，円

異なる4点を $\mathrm{A}(\alpha)$，$\mathrm{B}(\beta)$，$\mathrm{C}(\gamma)$，$\mathrm{D}(\delta)$ とする．

5・1 平行条件，一直線上にある条件

・$\boldsymbol{\overrightarrow{\mathrm{AB}}\,/\!/\,\overrightarrow{\mathrm{CD}}}$（“$\overrightarrow{\alpha\beta}\,/\!/\,\overrightarrow{\gamma\delta}$”）である条件は，

$\delta-\gamma=t(\beta-\alpha)$（$t$ は実数）と表せること．

つまり，$\boldsymbol{\dfrac{\delta-\gamma}{\beta-\alpha}}$ **が実数** であること．

・**3点** $\boldsymbol{\alpha}$**，**$\boldsymbol{\beta}$**，**$\boldsymbol{\gamma}$ **が一直線上**にある条件は，

（“$\overrightarrow{\alpha\beta}\,/\!/\,\overrightarrow{\alpha\gamma}$”）により $\boldsymbol{\dfrac{\gamma-\alpha}{\beta-\alpha}}$ **が実数** であること．

5・2 なす角

半直線ABからACまでの回転角を $\angle\beta\alpha\gamma$ と表すことにすると，$\angle\beta\alpha\gamma=\arg\dfrac{\gamma-\alpha}{\beta-\alpha}$

5・3 円の方程式

点 α を中心とする半径 r の円は，$\boldsymbol{|z-\alpha|=r}$

➡注　$|z-\alpha|=r\iff(z-\alpha)(\overline{z}-\overline{\alpha})=r^2$

$\iff z\overline{z}-\overline{\alpha}z-\alpha\overline{z}=r^2-|\alpha|^2$（＝実数）

5・4 アポロニウスの円

平面上で，2定点A，Bに対して $\mathrm{AP}:\mathrm{BP}=m:n$ $(m\neq n)$ が一定の点Pの軌跡は，ABを $m:n$ に内分する点Cと外分する点Dを直径の両端とする円である（証明省略）．これをアポロニウスの円という．

1 絶対値，共役複素数，実数条件

(ア) 複素数 α, β が $|\alpha|=2\sqrt{5}$, $|\beta|=\sqrt{5}$, $|\alpha+2\beta|=2\sqrt{15}$ を満たしている．このとき，

$\alpha\overline{\beta}+\overline{\alpha}\beta=$ □，$|\alpha-2\beta|=$ □，$\dfrac{\beta}{\alpha}$ の実部は □ である．　(近大・理工／一部抜粋)

(イ) 虚部が0でない複素数 z について，$z+\dfrac{2}{z}$ が実数であるとき，$|z|$ を求めなさい．

(龍谷大・先端理工)

共役複素数と絶対値 複素数 $z=x+yi$ (x, y は実数) に対し，$\overline{z}=x-yi$ を z の共役複素数という．複素数 z の絶対値 $|z|$ は，$|z|=\sqrt{x^2+y^2}$ と定義される．複素数の絶対値と共役複素数について，

$z\overline{z}=|z|^2$, $\overline{\alpha+\beta}=\overline{\alpha}+\overline{\beta}$, $\overline{\alpha\beta}=\overline{\alpha}\,\overline{\beta}$, $|\alpha\beta|=|\alpha||\beta|$, $|\overline{\alpha}|=|\alpha|$

などが成り立ち，x と y を用いた「成分表示」をしないでスマートに解けることも多い．

実部，虚部 $z=x+yi$ のとき，実部$=x=\dfrac{z+\overline{z}}{2}$，虚部$=y=\dfrac{z-\overline{z}}{2i}$ である．

実数条件 上の z について，『z が実数 $\Longleftrightarrow y=0$』……Ⓐ である．共役複素数を用いると，『z が実数 $\Longleftrightarrow \overline{z}=z$』ととらえることができる．素朴だけどⒶの方が混乱しにくく，有効なことが少なくない．とくに，複素数平面上に図示するケースでは，Ⓐの方法が実戦的だろう．

解答

(ア) $|\alpha+2\beta|^2=(\alpha+2\beta)\overline{(\alpha+2\beta)}=(\alpha+2\beta)(\overline{\alpha}+2\overline{\beta})$

$=\alpha\overline{\alpha}+2\alpha\overline{\beta}+2\overline{\alpha}\beta+4\beta\overline{\beta}=|\alpha|^2+2(\alpha\overline{\beta}+\overline{\alpha}\beta)+4|\beta|^2$

これに $|\alpha+2\beta|=2\sqrt{15}$, $|\alpha|=2\sqrt{5}$, $|\beta|=\sqrt{5}$ を代入して，

$60=20+2(\alpha\overline{\beta}+\overline{\alpha}\beta)+20$　　$\therefore$ $\alpha\overline{\beta}+\overline{\alpha}\beta=\mathbf{10}$

$|\alpha-2\beta|^2=(\alpha-2\beta)(\overline{\alpha}-2\overline{\beta})=|\alpha|^2-2(\alpha\overline{\beta}+\overline{\alpha}\beta)+4|\beta|^2$

$=20-2\cdot10+20=20$

$\therefore$ $|\alpha-2\beta|=\mathbf{2\sqrt{5}}$

$$\frac{\beta}{\alpha}\text{ の実部}=\frac{1}{2}\left\{\frac{\beta}{\alpha}+\left(\overline{\frac{\beta}{\alpha}}\right)\right\}=\frac{1}{2}\left(\frac{\beta}{\alpha}+\frac{\overline{\beta}}{\overline{\alpha}}\right)=\frac{1}{2}\cdot\frac{\overline{\alpha}\beta+\alpha\overline{\beta}}{\alpha\overline{\alpha}}$$

$$=\frac{1}{2}\cdot\frac{\alpha\overline{\beta}+\overline{\alpha}\beta}{|\alpha|^2}=\frac{1}{2}\cdot\frac{10}{20}=\mathbf{\frac{1}{4}}$$

(イ) $z=x+yi$ (x, y は実数で，$y\neq0$) とおくと，

$$z+\frac{2}{z}=z+\frac{2\overline{z}}{z\overline{z}}=z+\frac{2\overline{z}}{|z|^2}=x+yi+\frac{2(x-yi)}{x^2+y^2}\quad\text{……①}$$

$z+\dfrac{2}{z}$ が実数のとき，①の虚部$=y-\dfrac{2y}{x^2+y^2}=\dfrac{y(x^2+y^2-2)}{x^2+y^2}$ が0であるから，

$x^2+y^2=2$　　$\therefore$ $|z|=\sqrt{x^2+y^2}=\mathbf{\sqrt{2}}$

⇦うっかり，
$|\alpha+2\beta|^2=\alpha^2+4\alpha\beta+\beta^2$
などとしないように!! 虚数 w に対しては，$|w|^2=w^2$ は不成立！
正しくは，$|w|^2=w\overline{w}$ である．

▨最初の空欄は，$|\vec{a}|$, $|\vec{b}|$, $|\vec{a}+2\vec{b}|$ が分かっていれば，
$|\vec{a}+2\vec{b}|^2=|\vec{a}|^2+4\vec{a}\cdot\vec{b}+4|\vec{b}|^2$
から $\vec{a}\cdot\vec{b}$ の値が分かるのとほぼ同じことである．

⇦分母を実数化するには，分子・分母に分母の共役複素数を掛ける．

▨共役複素数を使うと
$\overline{z}+\dfrac{2}{\overline{z}}=z+\dfrac{2}{z}$ のときで，両辺に $z\overline{z}$ を掛けて整理すると，
$(z-\overline{z})(|z|^2-2)=0$ (以下略)

1 演習題 (解答は p.112)

(ア) z, w を $|z|=2$, $|w|=5$ を満たす複素数とする．$z\overline{w}$ の実部が3であるとき，$|z-w|=$ □ である．　(愛媛大・教，理，医，工)

(イ) i を虚数単位とする．複素数 z について，$\dfrac{1}{z+i}+\dfrac{1}{z-i}$ が実数となる点 z 全体はどのような図形か，複素数平面上に図示せよ．　(岐阜大・教，医(医)，工ー後)

(ア) $|z-w|^2$ を計算する．
(イ) $z=x+yi$ とおく．

2 極形式，ド・モアブルの定理

（ア） $0 \leqq \theta < \pi$ のとき，次の問いに答えよ．ただし，i は虚数単位，n は自然数とする．

（1） 複素数 $1+\cos\theta+i\sin\theta$ を極形式で表せ．

（2） 複素数 $\left(\dfrac{1+\cos\theta+i\sin\theta}{1+\cos\theta-i\sin\theta}\right)^n$ を極形式で表せ． （岡山理科大／一部省略）

（イ） i を虚数単位とする．このとき，$(-\sqrt{3}+i)^{-10}$ を計算せよ． （北海学園大・工）

極形式 右図の点 P を表す複素数 z は，$z=r(\cos\theta+i\sin\theta)$ と表すことができる．このような表示の仕方を z の極形式といい，θ を偏角という．

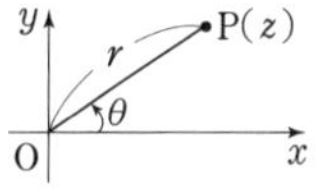

$\cos\theta+i\sin\theta$ は θ 回転を表す複素数 w に $z=\cos\theta+i\sin\theta$ を掛けることは，点 w を原点を中心に θ 回転することであり，割ることは $-\theta$ 回転させることである．よって，$w=r(\cos\varphi+i\sin\varphi)$ のとき，（右図を参照して）

$$wz=r\{\cos(\varphi+\theta)+i\sin(\varphi+\theta)\},\quad \frac{w}{z}=r\{\cos(\varphi-\theta)+i\sin(\varphi-\theta)\}$$

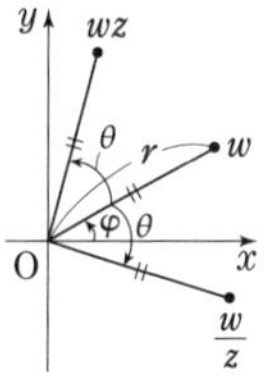

ド・モアブルの定理 $(\cos\theta+i\sin\theta)^n=\cos n\theta+i\sin n\theta$ （n は整数）

ド・モアブルの定理は，負の整数 n に対しても成り立つ．6 乗や 8 乗などの指数が大きな数の計算では，極形式で表して，ド・モアブルの定理を使うとうまくいくことが多い（偏角が $\dfrac{\pi}{6}$，$\dfrac{\pi}{4}$，$\dfrac{\pi}{3}$ などの有名角になることがほとんど）．

解 答

（ア） $z=1+\cos\theta+i\sin\theta$，$\alpha=\dfrac{1+\cos\theta+i\sin\theta}{1+\cos\theta-i\sin\theta}$ とおくと，$\alpha=\dfrac{z}{\overline{z}}$

（1） $1+\cos\theta=2\cos^2\dfrac{\theta}{2}$，$\sin\theta=2\cos\dfrac{\theta}{2}\sin\dfrac{\theta}{2}$，$\cos\dfrac{\theta}{2}>0$ であるから，

⇦ $0 \leqq \theta < \pi$ により，$0 \leqq \dfrac{\theta}{2} < \dfrac{\pi}{2}$

$$z=1+\cos\theta+i\sin\theta=\boldsymbol{2\cos\frac{\theta}{2}\left(\cos\frac{\theta}{2}+i\sin\frac{\theta}{2}\right)}$$

▨ $\mathrm{P}(\cos\theta+i\sin\theta)$，$\mathrm{A}(-1)$ とおくと，z は $\overrightarrow{\mathrm{AP}}$ を表す複素数で下図から，偏角と絶対値が分かる．

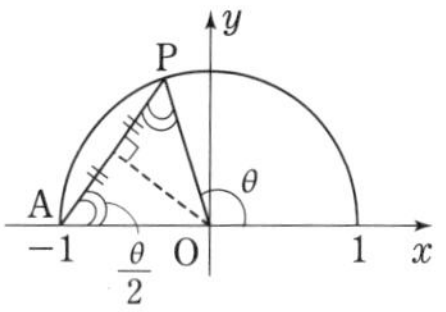

（2） $\overline{z}=2\cos\dfrac{\theta}{2}\left\{\cos\left(-\dfrac{\theta}{2}\right)+i\sin\left(-\dfrac{\theta}{2}\right)\right\}$ であるから，

$$\alpha=\frac{z}{\overline{z}}=\cos\left\{\frac{\theta}{2}-\left(-\frac{\theta}{2}\right)\right\}+i\sin\left\{\frac{\theta}{2}-\left(-\frac{\theta}{2}\right)\right\}=1\cdot(\cos\theta+i\sin\theta)$$

ド・モアブルの定理により，$\alpha^n=1^n\cdot(\cos\theta+i\sin\theta)^n=\boldsymbol{1\cdot(\cos n\theta+i\sin n\theta)}$

（イ） $-\sqrt{3}+i=2\left(-\dfrac{\sqrt{3}}{2}+\dfrac{1}{2}i\right)=2\left(\cos\dfrac{5\pi}{6}+i\sin\dfrac{5\pi}{6}\right)$

$R(\theta)=\cos\theta+i\sin\theta$ とおくと，ド・モアブルの定理により，n が整数のとき，$\{R(\theta)\}^n=R(n\theta)$ であるから，

⇦ $R(\theta)$ は θ 回転を表す複素数．

$$(-\sqrt{3}+i)^{-10}=2^{-10}\left\{R\left(\frac{5\pi}{6}\right)\right\}^{-10}=2^{-10}R\left(\frac{5\pi}{6}\times(-10)\right)=2^{-10}R\left(-\frac{25\pi}{3}\right)$$

⇦ $-\sqrt{3}+i=2R\left(\dfrac{5\pi}{6}\right)$

$$=2^{-10}R\left(-\frac{\pi}{3}\right)=\frac{1}{1024}\left(\cos\frac{-\pi}{3}+i\sin\frac{-\pi}{3}\right)=\boldsymbol{\frac{1}{2048}-\frac{\sqrt{3}}{2048}i}$$

⇦ $-\dfrac{25\pi}{3}=-8\pi-\dfrac{\pi}{3}$

2 演習題 （解答は p.112）

（ア） $i^2=-1$ とするとき，$\left(\dfrac{\sqrt{3}+i}{-1+i}\right)^9=$ □ である． （成蹊大）

（イ） 等式 $(i-\sqrt{3})^m=(1+i)^n$ を満たす自然数 m，n のうち，m が最小となるときの m，n の値を求めよ．ただし，i は虚数単位である． （九州大・工－後）

（ア） 分母・分子を極形式で表す．
（イ） 絶対値と偏角に着目する．

3 絶対値，極形式（証明問題）

（1） 複素数z，wに対して，不等式$|z+w|\leqq|z|+|w|$が成り立つことを示せ．

（2） 複素数平面上で，原点を中心とする半径1の円周上に3点α，β，γがある．ただし，$\alpha+\beta+\gamma\neq0$とする．

（a） 等式$\left|\dfrac{\alpha\beta+\beta\gamma+\gamma\alpha}{\alpha+\beta+\gamma}\right|=1$が成り立つことを示せ．

（b） 不等式$|\alpha(\beta+1)+\beta(\gamma+1)+\gamma(\alpha+1)|\leqq2|\alpha+\beta+\gamma|$が成り立つことを示せ．

（富山大・理(数)－後）

絶対値の条件式の扱い方 例えば$|\alpha|=1$という条件が与えられているとしよう．このとき，

- $|\alpha|^2=1$であるから，$\alpha\overline{\alpha}=1$，$\overline{\alpha}=\dfrac{1}{\alpha}$（$\overline{\alpha}$を$\alpha$で表せる）
- $\alpha=\cos\theta+i\sin\theta$とおく．
- $|\beta\gamma|=k\Longleftrightarrow|\alpha\beta\gamma|=k$

などという使い方がある．

絶対値の等式，不等式の証明 そのままでは変形しにくいときは，両辺を2乗したり，極形式で表してみたりしよう．

解答

（1） $z=r(\cos\theta+i\sin\theta)$，$w=R(\cos\varphi+i\sin\varphi)$（$r\geqq0$，$R\geqq0$）とおくと，

$$\begin{aligned}|z+w|^2&=|(r\cos\theta+R\cos\varphi)+i(r\sin\theta+R\sin\varphi)|^2\\&=(r\cos\theta+R\cos\varphi)^2+(r\sin\theta+R\sin\varphi)^2\\&=r^2(\cos^2\theta+\sin^2\theta)+2rR(\cos\theta\cos\varphi+\sin\theta\sin\varphi)\\&\quad+R^2(\cos^2\varphi+\sin^2\varphi)\\&=r^2+2rR\cos(\theta-\varphi)+R^2\\&\leqq r^2+2rR+R^2=(r+R)^2=(|z|+|w|)^2\end{aligned}$$

$\therefore\ |z+w|\leqq|z|+|w|$

▨P(z)，Q($z+w$)とおくと，wは$\overrightarrow{\mathrm{PQ}}$を表す複素数で，下図のようになる．

△OPQの三辺を考えると（1）が成立．

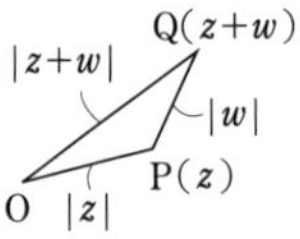

（2）（a） $|\alpha\beta+\beta\gamma+\gamma\alpha|=|\alpha+\beta+\gamma|$……① を示せばよい．

⇦この両辺を2乗した式を示してもよいが，ここでは工夫してみる．

$|\alpha|=|\beta|=|\gamma|=1$により，$|\alpha\beta\gamma|=1$，$\alpha\overline{\alpha}=1$，$\beta\overline{\beta}=1$，$\gamma\overline{\gamma}=1$であるから，

$$|\alpha\beta+\beta\gamma+\gamma\alpha|=\frac{|\alpha\beta+\beta\gamma+\gamma\alpha|}{|\alpha\beta\gamma|}=\left|\frac{\alpha\beta+\beta\gamma+\gamma\alpha}{\alpha\beta\gamma}\right|=\left|\frac{1}{\gamma}+\frac{1}{\alpha}+\frac{1}{\beta}\right|$$

$$=|\overline{\gamma}+\overline{\alpha}+\overline{\beta}|=|\overline{\gamma+\alpha+\beta}|=|\gamma+\alpha+\beta|$$

⇦$\gamma\overline{\gamma}=1$により$\dfrac{1}{\gamma}=\overline{\gamma}$

したがって，題意の等式が成り立つ．

（b） $|\alpha(\beta+1)+\beta(\gamma+1)+\gamma(\alpha+1)|=|(\alpha\beta+\beta\gamma+\gamma\alpha)+(\alpha+\beta+\gamma)|$……②

（1）で，$z=\alpha\beta+\beta\gamma+\gamma\alpha$，$w=\alpha+\beta+\gamma$とおくと，①により$|z|=|w|$で，

②$=|z+w|\leqq|z|+|w|=|w|+|w|=2|w|=2|\alpha+\beta+\gamma|$

$\therefore\ |\alpha(\beta+1)+\beta(\gamma+1)+\gamma(\alpha+1)|\leqq2|\alpha+\beta+\gamma|$

3 演習題（解答は p.113）

$|z_1|=|z_2|=|z_3|=1$をみたす三つの複素数z_1，z_2，z_3に対して，$\alpha=z_1+z_2+z_3$，$\beta=z_1z_2+z_2z_3+z_3z_1$，$\gamma=z_1z_2z_3$とおく．

（1） $\dfrac{1}{\gamma}=\overline{\gamma}$となることを示せ．　（2） $\overline{\alpha}=\dfrac{\beta}{\gamma}$，$|\alpha|=|\beta|$となることを示せ．

（3） $z=\dfrac{(z_1+z_2)(z_2+z_3)(z_3+z_1)}{z_1z_2z_3}$は実数であることを示せ．（宮城教大）

（3） zの分子はz_1，z_2，z_3の対称式だから，α，β，γで表せる．$z_1+z_2=\alpha-z_3$などとしよう．

4 方程式 $z^n=\alpha$ の解

（ア） 方程式 $z^2=\dfrac{-1+\sqrt{3}\,i}{2}$ を解け． （東京電機大・工）

（イ） $z^3=8i$ を満たす複素数 z のうち，実部が負であるものを求めよ． （高知工科大・システム工，理工，情一後）

$z^2=a+bi$ の解き方 $z^2=a+bi$（a，b は実数）を解くには，$z=x+yi$（x，y は実数）とおいて z^2 を計算し，各成分を比較すればよいが，場合によってはもっと効率のよい解き方がある．それは $a+bi$ を極形式で表すと偏角が分かる場合で，次の場合と同様に処理するのがよい．

$z^n=a+bi$（$n\geqq 3$）の解き方 左の形の方程式を解け，という場合は，$a+bi$ を極形式で表すと偏角が分かる場合と考えて構わないだろう．z を $z=r(\cos\theta+i\sin\theta)$ と極形式で表して，ド・モアブルの定理を使う．なお，$R>0$，$r'>0$ のとき，次の〰〰に注意．

$r'(\cos\theta'+i\sin\theta')=R(\cos\alpha+i\sin\alpha)$

$\iff r'=R$ かつ $\theta'=\alpha+2\pi\times k$（$k$ は整数）

解 答

（ア） 右辺を極形式で表すと，$\dfrac{-1+\sqrt{3}i}{2}=1\cdot\left(\cos\dfrac{2\pi}{3}+i\sin\dfrac{2\pi}{3}\right)$ ……………①

$z=r(\cos\theta+i\sin\theta)$（$r>0$，$0\leqq\theta<2\pi$……②）とおくと，

$$z^2=r^2(\cos 2\theta+i\sin 2\theta)$$

これが①に等しいから，絶対値と偏角を比較すると，k を整数として，

$r^2=1$，$2\theta=\dfrac{2\pi}{3}+2\pi k$　　∴ $r=1$，$\theta=\dfrac{\pi}{3}+\pi k$

②により，$k=0$，1 であるから，

$$z=\cos\frac{\pi}{3}+i\sin\frac{\pi}{3}=\boldsymbol{\frac{1}{2}+\frac{\sqrt{3}}{2}i},\ \cos\frac{4\pi}{3}+i\sin\frac{4\pi}{3}=\boldsymbol{-\frac{1}{2}-\frac{\sqrt{3}}{2}i}$$

▨ $z=x+yi$（x，y は実数）とおいて解くと――
$z^2=x^2-y^2+2xyi$
実部と虚部を比較して，
$x^2-y^2=-\dfrac{1}{2}$，$2xy=\dfrac{\sqrt{3}}{2}$
後者から，y を x で表して前者に代入すると，$x^2-\dfrac{3}{16}\cdot\dfrac{1}{x^2}=-\dfrac{1}{2}$
∴ $16x^4+8x^2-3=0$
∴ $(4x^2-1)(4x^2+3)=0$
∴ $(x,\ y)=\pm\left(\dfrac{1}{2},\ \dfrac{\sqrt{3}}{2}\right)$

（イ） 右辺を極形式で表すと，$8i=8\left(\cos\dfrac{\pi}{2}+i\sin\dfrac{\pi}{2}\right)$ ……………①

$z=r(\cos\theta+i\sin\theta)$ $\left(r>0,\ \dfrac{\pi}{2}<\theta<\dfrac{3\pi}{2}\cdots\cdots②\right)$ とおくと，

⇦ z の実部は負

$$z^3=r^3(\cos 3\theta+i\sin 3\theta)$$

これが①に等しいから，絶対値と偏角を比較すると，k を整数として，

$r^3=8$，$3\theta=\dfrac{\pi}{2}+2\pi k$　　∴ $r=2$，$\theta=\dfrac{\pi}{6}+\dfrac{2\pi}{3}\cdot k$

②により，$k=1$，$\theta=\dfrac{5\pi}{6}$ であるから，

⇦ $k=2$ のとき $\theta=\dfrac{3\pi}{2}$

$$z=2\left(\cos\frac{5\pi}{6}+i\sin\frac{5\pi}{6}\right)=\boldsymbol{-\sqrt{3}+i}$$

4 演習題 （解答は p.113）

（ア） i を虚数単位とし，a を実数とする．$2i$ が方程式 $z^6=a$ の解であるとき，a の値と $2i$ 以外の解をすべて求めよ． （愛媛大・理，工一後）

（イ） 方程式 $X^6-\sqrt{2}X^3+1=0$ の複素数解の絶対値と偏角を求めよ．ただし偏角は $-\pi$ 以上 π 未満とする． （信州大・経，理／改題）

（イ） まず X^3 を求める．

5 1の n 乗根

(ア) 複素数 α が $\alpha^5=1$ を満たしているとき，$A=(1+\alpha)(1+\alpha^2)(1+\alpha^4)(1+\alpha^8)$ の値を求めよ．

（東北学院大・文，教養）

(イ) $\theta=\dfrac{2}{5}\pi$ とし，複素数 z は $z=\cos\theta+i\sin\theta$ とする．このとき，$z^5=$ $\boxed{}$，$z^4+z^3+z^2+z+1=$ $\boxed{}$，$\cos\theta+\cos 2\theta=$ $\boxed{}$ である．

（西南学院大／一部変更）

$z^n=1$ を満たす z（$=1$ の n 乗根） z^n-1 を因数分解すると，

$$z^n-1=(z-1)(z^{n-1}+z^{n-2}+\cdots+z+1)$$

となるから，$z^n=1$ のとき $z\neq1$ ならば，$z^{n-1}+z^{n-2}+\cdots+z+1=0$ を満たす．

次に，ド・モアブルの定理を用いて，$z^n=1$ を解いてみよう．$z^n=1$ により，$|z|^n=|z^n|=1$ であるから，$|z|=1$ であり，$z=\cos\theta+i\sin\theta$ $(0\leqq\theta<2\pi)$ とおける．ド・モアブルの定理により，z^n を計算する．

$z^n=1$ のとき，$\cos n\theta+i\sin n\theta=1$ $\quad\therefore\quad \cos n\theta=1,\ \sin n\theta=0$

$\therefore\quad n\theta=2\pi\times k$ $(0\leqq n\theta<2\pi\times n$ により，$k=0,\ 1,\ 2,\ \cdots,\ n-1)$

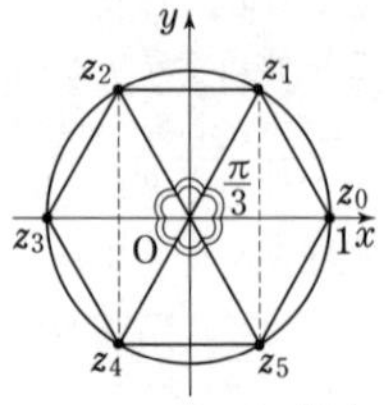

$n=6$の場合

θ を求め，1の n 乗根は，$z_k=\cos\left(\dfrac{2\pi}{n}\times k\right)+i\sin\left(\dfrac{2\pi}{n}\times k\right)$ $(k=0,\ 1,\ 2,\ \cdots,\ n-1)$ の n 個．

点 z_k は，図のように点1を1つの頂点とする正 n 角形の n 個の頂点になっている．

なお，$z^5=1$ の $z=1$ 以外の解の1つを α とすると，$z^5=1$ の1以外の4解が $\alpha,\ \alpha^2,\ \alpha^3,\ \alpha^4$ であることから（詳しくは☞演習題の研究），$z^5-1=(z-1)(z-\alpha)(z-\alpha^2)(z-\alpha^3)(z-\alpha^4)$

$$(z-\alpha)(z-\alpha^2)(z-\alpha^3)(z-\alpha^4)=z^4+z^3+z^2+z+1 \cdots\cdots☆$$

が成り立つ．

解答

(ア) $\alpha^5-1=0$ により，$(\alpha-1)(\alpha^4+\alpha^3+\alpha^2+\alpha+1)=0$ ……①

$\alpha=1$ のとき $A=2^4=$**16** である．以下，**$\alpha\neq1$ のとき**とする．

$\alpha^5=1$ のとき，$\alpha^8=\alpha^5\cdot\alpha^3=\alpha^3$ であるから，

$A=(1+\alpha)(1+\alpha^2)\cdot(1+\alpha^4)(1+\alpha^3)=(1+\alpha^2+\alpha+\alpha^3)(1+\alpha^3+\alpha^4+\alpha^7)$

$=(1+\alpha+\alpha^2+\alpha^3)(1+\alpha^3+\alpha^4+\alpha^2)$ （∵ $\alpha^5=1$ により $\alpha^7=\alpha^2$）

$\alpha\neq1$ と①により，$1+\alpha+\alpha^2+\alpha^3+\alpha^4=0$ ………② であるから，

$A=(-\alpha^4)(-\alpha)=\alpha^5=\mathbf{1}$

(イ) $z^n=\cos n\theta+i\sin n\theta$ ……① であり，$5\theta=2\pi$ ……② であるから，

$$z^5=\cos 2\pi+i\sin 2\pi=\mathbf{1}$$

よって，$z^5-1=0$ であるから，$(z-1)(z^4+z^3+z^2+z+1)=0$

$z\neq1$ により，$z^4+z^3+z^2+z+1=\mathbf{0}$

これに①を代入する．実部$=0$ であるから，

$$\cos 4\theta+\cos 3\theta+\cos 2\theta+\cos\theta+1=0$$

②から，$\cos 4\theta=\cos(2\pi-\theta)=\cos\theta$，$\cos 3\theta=\cos(2\pi-2\theta)=\cos 2\theta$

よって，$2\cos\theta+2\cos 2\theta+1=0$ $\quad\therefore\quad \cos\theta+\cos 2\theta=-\dfrac{\mathbf{1}}{\mathbf{2}}$

▨ A を（ひとまずは $\alpha^5=1$ を使わず）展開すると，
$1+\alpha+\alpha^2+\cdots+\alpha^{15}$
ここで $\alpha^5=1$ を使うと
$1+\alpha+\alpha^2+\alpha^3+\alpha^4$
$+(1+\alpha+\alpha^2+\alpha^3+\alpha^4)$
$+(1+\alpha+\alpha^2+\alpha^3+\alpha^4)+1$
となるので，$\alpha\neq1$ のとき②から
$A=1$

▨前文の☆に $z=-1$ を代入して
$(-1-\alpha)(-1-\alpha^2)\cdots(-1-\alpha^4)$
$=1-1+1-1+1=1$
$\alpha^8=\alpha^3$ なので，左辺$=A=1$

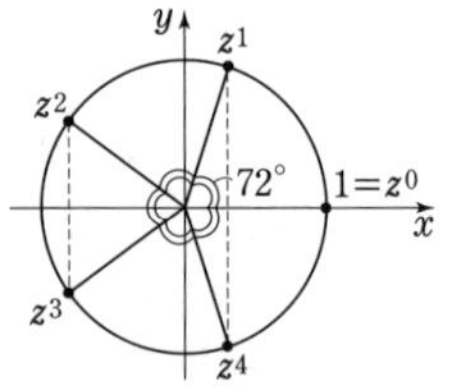

5 演習題（解答は p.114）

複素数 z が，$z^5=1$，$z\neq1$ を満たすとき，$(1-z)(1-z^2)(1-z^3)(1-z^4)=$ $\boxed{\text{ア}}$，

$\dfrac{1}{1-z}+\dfrac{1}{1-z^2}+\dfrac{1}{1-z^3}+\dfrac{1}{1-z^4}=$ $\boxed{\text{イ}}$

（東京理科大・理工）

例題と違い，本問では $z^5=1$ が使えるような2つをペアにするのがよい．

6 複素数平面／複素数を点やベクトルと見る

（ア） 複素数平面上で$3-i$，$2+3i$，$-1-2i$を表す点をそれぞれA，B，Cとする．このとき，線分BA，BCを2辺とする平行四辺形の頂点Dを表す複素数を求めよ． （福井工大／一部省略）

（イ） 複素数平面上の3点A(-2)，B$(2+3i)$，C$(a+bi)$が正三角形の頂点をなし，かつ$b<0$であるとき，実数a，bの値を求めよ． （立教大・経済）

（ウ） 複素数平面上において，複素数z_1，z_2，z_3の表す点をP，Q，Rとする．△PQRが PQ：QR：RP＝3：4：5なる三角形ならば，$\dfrac{z_3-z_2}{z_1-z_2}=$ □ である． （東北学院大・工）

複素数を点やベクトルと見る 複素数は点と見るだけでなく，ベクトルと見ることもでき，このような見方は重要である．複素数α，βを表す点をA，Bとするとき，βは$\overrightarrow{\mathrm{OB}}$と見ることができ，例えば$\alpha+\beta$は「点A$(\alpha)$から$\overrightarrow{\mathrm{OB}}$だけ平行移動した点」ととらえることができる．

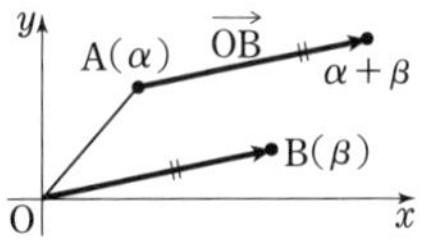

点Aを中心とするθ回転 A(α)を中心に点B(β)をθ回転して得られる点C(γ)のとらえ方を考えよう．点Aを中心とする回転は，右図のように，$\overrightarrow{\mathrm{AB}}$を$\theta$回転すると$\overrightarrow{\mathrm{AC}}$になるととらえる．$\overrightarrow{\mathrm{AB}}=\overrightarrow{\mathrm{OB}}-\overrightarrow{\mathrm{OA}}$に対応する複素数は$\beta-\alpha$（“$\overrightarrow{\alpha\beta}=\beta-\alpha$” ということ）であるから，

$\overrightarrow{\mathrm{AC}}=$（$\overrightarrow{\mathrm{AB}}$を$\theta$回転したもの）

⇨ $\gamma-\alpha=(\beta-\alpha)(\cos\theta+i\sin\theta)$

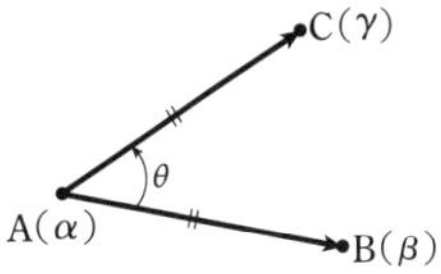

解 答

（ア） D(z)とおくと，$\overrightarrow{\mathrm{AD}}=\overrightarrow{\mathrm{BC}}$により，

$z-(3-i)=(-1-2i)-(2+3i)$

$\therefore\ z=\boldsymbol{-6i}$

図をきちんと描けば答えが
⇦出る（右図）．

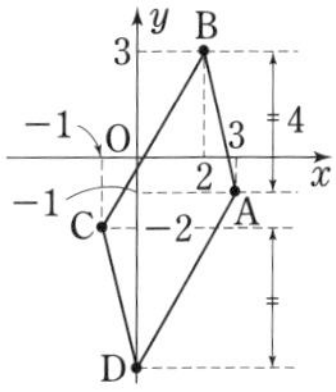

（イ） $b<0$により，右図のようになる．

$\overrightarrow{\mathrm{AB}}$を$-\dfrac{\pi}{3}$回転したものが$\overrightarrow{\mathrm{AC}}$である．

$\overrightarrow{\mathrm{AB}}$に対応する複素数は，$4+3i$ ⇦$(2+3i)-(-2)=4+3i$

$\overrightarrow{\mathrm{AC}}$に対応する複素数は，$a+2+bi$ ⇦$(a+bi)-(-2)=a+2+bi$

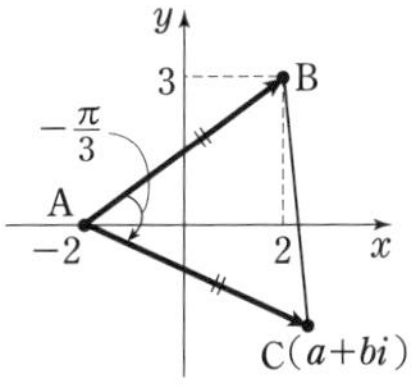

よって，$a+2+bi=(4+3i)\left\{\cos\left(-\dfrac{\pi}{3}\right)+i\sin\left(-\dfrac{\pi}{3}\right)\right\}$

$\therefore\ a+bi=-2+(4+3i)\left(\dfrac{1}{2}-\dfrac{\sqrt{3}}{2}i\right)=\boldsymbol{\dfrac{3\sqrt{3}}{2}+\left(\dfrac{3}{2}-2\sqrt{3}\right)i}$

（ウ） z_1-z_2，z_3-z_2は，それぞれ$\overrightarrow{\mathrm{QP}}$，$\overrightarrow{\mathrm{QR}}$に対応する複素数である．$\overrightarrow{\mathrm{QR}}$は$\overrightarrow{\mathrm{QP}}$を4/3倍して$\pi/2$または$-\pi/2$回転させたものなので，

$\dfrac{z_3-z_2}{z_1-z_2}=\pm\boldsymbol{\dfrac{4}{3}i}$

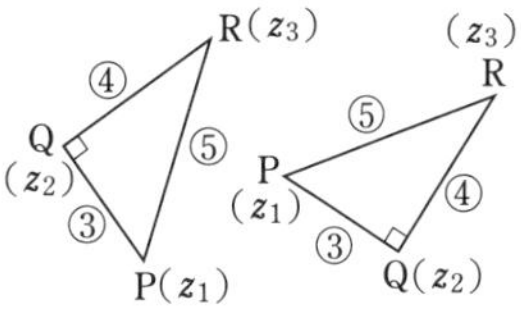

⇦$\cos\left(\pm\dfrac{\pi}{2}\right)+i\sin\left(\pm\dfrac{\pi}{2}\right)$
$=\pm i$ （複号同順）

6 演習題（解答は p.114）

複素数平面において，点P(z)を原点Oのまわりに$\theta\ (0<\theta<\pi)$だけ回転し，さらに点E(1)のまわりにθだけ回転した点をQ(w)とする．このとき，点Q(w)は点P(z)をある点A(α)のまわりに2θだけ回転した点と一致する．ただし，回転はすべて反時計まわりとする．複素数γを$\gamma=\cos\theta+i\sin\theta$とする．

（1） 複素数wをzとγを用いて表せ． （2） 複素数αをγを用いて表せ．

（3） 三角形OEAが正三角形となるようなθの値を求めよ．（大阪市大・商，経，生活科学）

例題の前文のように，ベクトルを回転させる．

7 絶対値の式を図形的にとらえる

(ア) 複素数 α, β が $|\alpha|=|\beta|=|\alpha-\beta|=1$ を満たすとき, $|2\beta-\alpha|=$ ☐, $\left(\dfrac{\beta}{\alpha}\right)^3=$ ☐ である. (自治医大・看護)

(イ) 複素数 z が $|z|=1$ を満たすとき, $|z+1-2i|$ の最大値は ☐ である. ただし, i は虚数単位を表す. (芝浦工大)

$+\alpha$ は平行移動, $\times\alpha$ は回転◦拡大を表す 複素数平面上で, $z+\alpha$ は点 z を $\overrightarrow{O\alpha}$ だけ平行移動して得られる点を表す. また, α が極形式で $\alpha=r(\cos\theta+i\sin\theta)$ と表されるとき, $z\alpha$ は, 点 z を原点Oを中心に θ 回転して, さらに r 倍の拡大をして得られる点を表す.

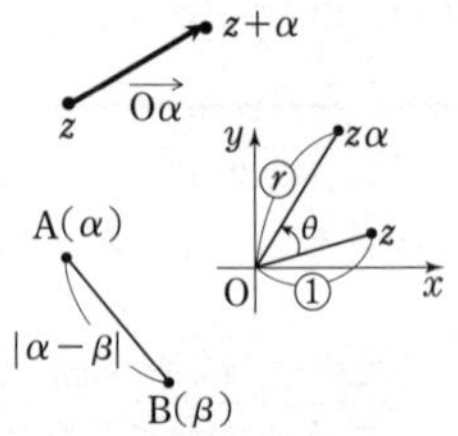

絶対値を距離と見る $|\alpha|$ は点 α と原点Oの距離を表す. また $|\alpha-\beta|$ は, 点 α と点 β の距離を表す. $\mathrm{A}(\alpha)$, $\mathrm{B}(\beta)$ とすれば, $|\alpha|=\mathrm{OA}$, $|\alpha-\beta|=\mathrm{AB}$ (線分の長さ) ということである.

$\dfrac{\gamma-\alpha}{\beta-\alpha}$ の極形式が表す意味 $\dfrac{\gamma-\alpha}{\beta-\alpha}=r(\cos\theta+i\sin\theta)$ と表されるとする. この式は, $\overrightarrow{\mathrm{AB}}$ を θ 回転して r 倍すると $\overrightarrow{\mathrm{AC}}$ になることを意味する. (○6の「点Aを中心とする θ 回転」を逆用するということ)

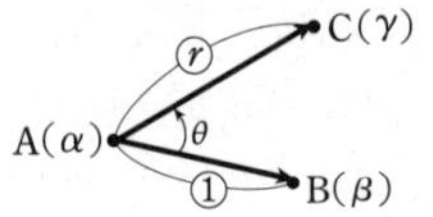

解答

(ア) 複素数平面上で, $\mathrm{A}(\alpha)$, $\mathrm{B}(\beta)$ とする.

$|\alpha|=|\beta|=|\alpha-\beta|$ により, $\mathrm{OA}=\mathrm{OB}=\mathrm{AB}$

よって, △OABは正三角形である. $\mathrm{C}(2\beta)$ とすると, 右図のような点であり, $|2\beta-\alpha|=\mathrm{AC}$ である. △OACに余弦定理を使って,

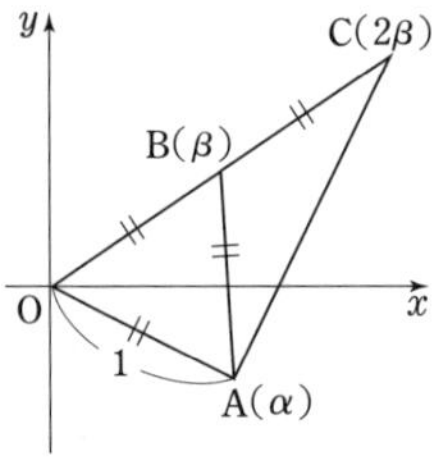

$\mathrm{AC}^2=\mathrm{OA}^2+\mathrm{OC}^2-2\cdot\mathrm{OA}\cdot\mathrm{OC}\cdot\cos60^\circ$

$=1+4-2=3$

$\therefore\ |2\beta-\alpha|=\mathrm{AC}=\boldsymbol{\sqrt{3}}$

⇦△OACが60°定規の形になる(∠OCA$=\theta$ とおくと, ∠BAC$=\theta$, ∠OBA$=2\theta$ により $\theta=30^\circ$) から, $\mathrm{AC}=\sqrt{3}$ とすることもできる.

次に, $\dfrac{\beta}{\alpha}$ ($=\gamma$ とおく) は, $\dfrac{\pi}{3}$ 回転または $-\dfrac{\pi}{3}$ 回転を表す複素数なので,

γ^3 は π 回転または $-\pi$ 回転を表す複素数で, $\gamma^3=\cos(\pm\pi)+i\sin(\pm\pi)=\boldsymbol{-1}$

⇦$\overrightarrow{\mathrm{OA}}$ を $\dfrac{\pi}{3}$ 回転か $-\dfrac{\pi}{3}$ 回転すると $\overrightarrow{\mathrm{OB}}$ になるから.

(イ) 複素数平面上で, $|z|=1$ は原点を中心とする半径1の円 (右図太線部) を表す. $|z+1-2i|$ は, $\alpha=-1+2i$ とおくと, 点 z と点 α の距離を表す. $\mathrm{P}(z)$, $\mathrm{A}(\alpha)$ とすると, $|z+1-2i|=\mathrm{AP}$ である. APが最大になるのはPが図の P_0 のときであるから, 求める最大値は,

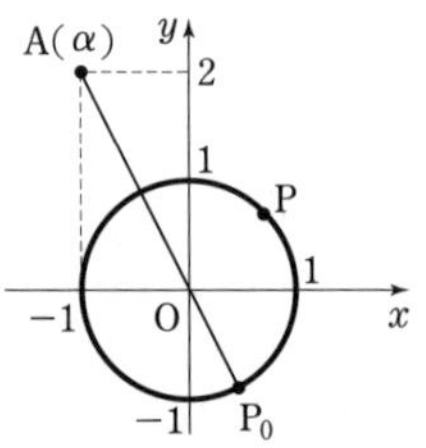

$\mathrm{AP}_0=\mathrm{AO}+\mathrm{OP}_0=\sqrt{(-1)^2+2^2}+1=\boldsymbol{\sqrt{5}+1}$

⇦$|z+1-2i|=|z-\alpha|$

⇦ $=\mathrm{AP}$

⇦Pが, AOの延長と円 $|z|=1$ の交点になるとき.

○7 演習題 (解答は p.115)

(ア) $\alpha+\beta=\alpha\beta$, $|\alpha|=|\beta|=1$ を満たす複素数 α, β の組をすべて求めよ. (高知大)

(イ) 複素数 z が $|z-2|=\sqrt{3}$ を満たすとき, $\dfrac{z}{\overline{z}}+\dfrac{\overline{z}}{z}$ の最小値は ☐ である. (立教大・経)

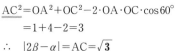

> (ア) β を消去する.
> (イ) z を $z=r(\cos\theta+i\sin\theta)$ と極形式で表す.

8 円

（ア） 方程式 $z\bar{z}+\bar{\beta}z+\beta\bar{z}+1=0$ は，β が $\boxed{}$ という条件を満たすとき，円を表す．

（立教大・観光，コミュニティ福祉）

（イ） $|z-2i|=|2z-i|$ を満たす z の全体は複素数平面の中のどのような図形になるか調べなさい．

（城西大・理）

（ウ） 複素数 z が等式 $|z-1|=2$ を満たすとき，複素数 $w=1+2iz$ を表す点Qは，複素数平面のどのような図形上にあるか．

（東北芸術工科大）

$|z-\alpha|^2$ の形にする　$|z-\alpha|^2=(z-\alpha)\overline{(z-\alpha)}=(z-\alpha)(\bar{z}-\bar{\alpha})=z\bar{z}-\bar{\alpha}z-\alpha\bar{z}+\alpha\bar{\alpha}$ と展開できるが，これを反対向きに使うことで，$z\bar{z}+\bar{\beta}z+\beta\bar{z}$ の形を $|\quad|^2$ を用いた形に直せる．

$|z-\alpha|^2$ の形にすることにこだわり過ぎない　$z=x+yi$ (x, y は実数) とおいて，x, y の関係式を求める方法も忘れずに．計算量が少し増えたりするが，バーが出て来ないというメリットがある．

複素数の足し算，掛け算を操作と見る　すでにこれについては述べているが，(ウ)のような問題についてもこのような見方をしよう．z に複素数の定数を掛けるのは回転・拡大に，複素数の定数を足すのは平行移動にあたる．

解答

（ア） $z\bar{z}+\bar{\beta}z+\beta\bar{z}+1=0$　　∴　$(z+\beta)(\bar{z}+\bar{\beta})-\beta\bar{\beta}+1=0$

∴　$(z+\beta)\overline{(z+\beta)}=\beta\bar{\beta}-1$　　∴　$|z+\beta|^2=|\beta|^2-1$

これが円を表す条件は，$|\beta|^2-1>0$　　∴　$|\beta|>1$

⇦左辺 $|z+\beta|^2$ は正の実数．

（イ） $z=x+yi$ (x, y は実数) とおくと，$|z-2i|=|2z-i|$ のとき，

$|x+(y-2)i|=|2x+(2y-1)i|$．両辺を2乗して，

⇦ $|a+bi|=\sqrt{a^2+b^2}$

$x^2+(y-2)^2=4x^2+(2y-1)^2$　　∴　$3x^2+3y^2-3=0$

したがって，$x^2+y^2=1$ となるから，z の全体は**原点Oを中心とする半径1の円**（単位円）である．

【別解】 $|z-2i|^2=|2z-i|^2$ により，$(z-2i)\overline{(z-2i)}=(2z-i)\overline{(2z-i)}$

∴　$(z-2i)(\bar{z}+2i)=(2z-i)(2\bar{z}+i)$　　∴　$z\bar{z}+4=4z\bar{z}+1$

∴　$|z|^2=1$　　∴　$|z|=1$

▨ $|z-2i|=2\left|z-\dfrac{i}{2}\right|$ により，

$|z-2i|:\left|z-\dfrac{i}{2}\right|=2:1$

であるから，アポロニウスの円の知識（○13）を使って答えを確認できる．

（ウ） $z\to w$ の変換を図形的にとらえる．z ⇨ $z\times(2i)$ ⇨ $z\times(2i)+1(=w)$ と考えると，点 z を原点Oを中心に $\pi/2$ 回転して2倍をして，さらに実軸方向に1だけ平行移動して得られる点が w である．

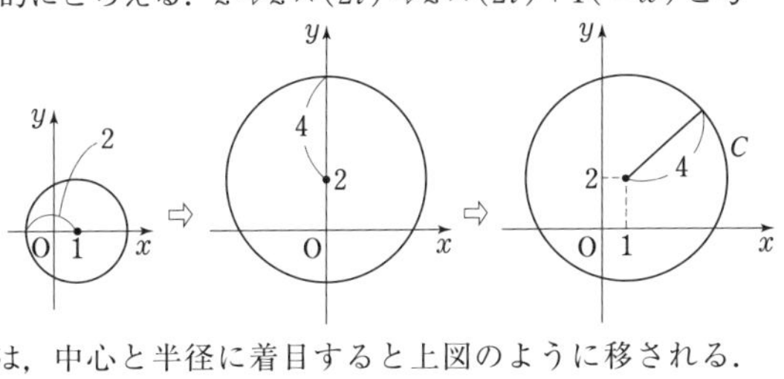

$|z-1|=2$ は点1を中心とする円である．この円は，中心と半径に着目すると上図のように移される．

よってQ(w)は，**中心 $1+2i$，半径4の円 $|w-1-2i|=4$** 上にある．

［逆手流（☞○13）で解くと］

$w=1+2iz$ を z について解いて，$z=\dfrac{w-1}{2i}$

$|z-1|=2$ に代入して，

$\left|\dfrac{w-1}{2i}-1\right|=2$

∴　$|w-1-2i|=2|2i|=4$

8 演習題（解答は p.115）

$(x-2)^2+(y-1)^2=3^2$ で表される円は，複素数 $z=x+iy$ を用いて

$|z-(\square+\square i)|=\square$ と書ける．$\bar{z}=x-iy$ とすれば

$z\bar{z}-(\square-\square i)z-(\square+\square i)\bar{z}-\square=0$ とも書ける．また

$\left|z+\dfrac{\square}{\square}(\square+i)\right|=\dfrac{\square}{\sqrt{\square}}|z|$ と表すこともできる．

（慶大・環境情報）

最後の式は右辺にも z があることに注意．2乗して，手前の式と比較しよう．

◆9 直線の方程式

a と b は $|a|=|b|=1$ をみたす，相異なる複素数とする．複素数平面上で複素数 z が a と b を結ぶ直線上にあるとき，$z+ab\bar{z}=a+b$ が成立することを示せ．　　　　（京都教大）

平行条件　相異なる4点A(α)，B(β)，C(γ)，D(δ)を考える．
AB∥CDのとき，$\overrightarrow{\mathrm{CD}}$ は $\overrightarrow{\mathrm{AB}}$ の実数倍であるから，

（ア）　AB∥CD $\iff \dfrac{\delta-\gamma}{\beta-\alpha}$ が実数

AB⊥CDのとき，$\overrightarrow{\mathrm{CD}}$ は $\overrightarrow{\mathrm{AB}}$ を90°回転して，さらに実数倍して得られるから，

（イ）　AB⊥CD $\iff \dfrac{\delta-\gamma}{\beta-\alpha}$ が純虚数

直線のとらえ方　3点A，B，Zが一直線上にあることを，AZ∥ABととらえ，上の（ア）を使う他に，ベクトルの媒介変数表示に対応した表現を活用する方法もある．
　右図の直線AB上の点Z(z)は，t を実数の媒介変数として，

$z=(1-t)\alpha+t\beta$　（$\overrightarrow{\mathrm{OZ}}=(1-t)\overrightarrow{\mathrm{OA}}+t\overrightarrow{\mathrm{OB}}$ に対応）

と表すことができる．
　また，$z=x+yi$（x，y は実数）とおく素朴な方法も忘れないように．

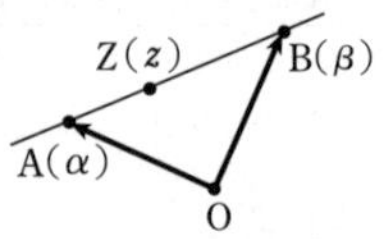

解 答

3点 a，b，z が一直線上にあるとき，$\dfrac{z-a}{b-a}$ は実数である．よって，

$$\overline{\left(\frac{z-a}{b-a}\right)}=\frac{z-a}{b-a}\qquad\therefore\quad \frac{\overline{z-a}}{\overline{b-a}}=\frac{z-a}{b-a}\qquad\therefore\quad \frac{\bar{z}-\bar{a}}{\bar{b}-\bar{a}}=\frac{z-a}{b-a}\quad\cdots\cdots①$$

⇦A(a)，B(b)，Z(z)とするとき，AB∥AZとして前文の（ア）を使った．

$|a|=|b|=1$ のとき，$|a|^2=1$，$|b|^2=1$　　$\therefore$　$a\bar{a}=1$，$b\bar{b}=1$ ……………②

①の分母を払った式に，②を使って $\bar{a}$，$\bar{b}$ を a，b で表した式を代入すると，

$$(b-a)\left(\bar{z}-\frac{1}{a}\right)=\left(\frac{1}{b}-\frac{1}{a}\right)(z-a)$$

⇦証明すべき式に $\bar{a}$，$\bar{b}$ は登場しない．②から，$\bar{a}=\dfrac{1}{a}$，$\bar{b}=\dfrac{1}{b}$ として消去する．

両辺を ab 倍して，$(b-a)(ab\bar{z}-b)=(a-b)(z-a)$

$b-a\ (\neq 0)$ で割って，$ab\bar{z}-b=-(z-a)$　　$\therefore$　$z+ab\bar{z}=a+b$

【別解】　z は直線 ab 上にあるから $z=(1-t)a+tb$（t は実数）とおけ，

$$\begin{aligned}z+ab\bar{z}&=(1-t)a+tb+ab\{(1-t)\bar{a}+t\bar{b}\}\\&=(1-t)a+tb+(1-t)|a|^2b+t|b|^2a\\&=(1-t)a+tb+(1-t)b+ta=a+b\end{aligned}$$

⇦$1-t$，t は実数であるから，$\overline{1-t}=1-t$，$\bar{t}=t$

9 演習題（解答は p.116）

0でない複素数 α に対し，方程式 $\alpha z+\bar{\alpha}\bar{z}=1$ で定まる複素数平面上の直線を $l_{[\alpha]}$ で表す．

（1）　$\alpha=1$ のときの直線 $l_{[1]}$ を図示せよ．
（2）　$\alpha=i$ のときの直線 $l_{[i]}$ を図示せよ．
（3）　直線 $l_{[\alpha]}$ が2つの点 $3+i$，$-1-2i$ を通るとき，α を求めよ．
（4）　原点0と直線 $l_{[\alpha]}$ の距離を α を用いて表せ．
（5）　0でない複素数 α，β に対し，$l_{[\alpha]}$ と $l_{[\beta]}$ が1点 γ で交わるとする．このとき，γ は0ではなく，$l_{[\gamma]}$ は α と β を通ることを示せ．　　　　（電通大－後）

（1）～（4）　うまい手が思い浮かばなければ，$\alpha=a+bi$，$z=x+yi$ とおいて座標平面の問題にしてしまうのが実戦的．

● 10 対称点

原点をOとする複素数平面上に，Oと異なる点A(α)，および，2点O，Aを通る直線lがある．

（1） 直線lに関して点P(z)と対称な点をP$'(z')$とするとき，$z'=\dfrac{\alpha}{\overline{\alpha}}\overline{z}$が成り立つことを示せ．

（2） $\alpha=3+i$とする．$\beta=2+4i$，$\gamma=-8+7i$を表す点をそれぞれB，Cとおく．

(2−1) 点Bの直線lに関して対称な点をB$'(\beta')$とする．β'を求めよ．

(2−2) 線分OA上の点Q(w)について，$\angle\mathrm{AQB}=\angle\mathrm{CQO}$が成り立つときの$w$を求めよ．

（九工大・工）

原点を通る直線lに関する折り返し 実軸に関する対称点はすぐに分かる（バーをつけるだけ．$z\Rightarrow\overline{z}$）ので，lが実軸に重なるようにOを中心に回転させて考える．l（x軸をθ回転したもの）に関して対称な位置にあるP(z)，P$'(z')$については，θ回転を表す複素数をwとすると，P，P$'$を$-\theta$回転した点Q$\left(\dfrac{z}{w}\right)$，Q$'\left(\dfrac{z'}{w}\right)$が実軸に関して対称であるから，$\overline{\left(\dfrac{z}{w}\right)}=\dfrac{z'}{w}$ととらえることができる．

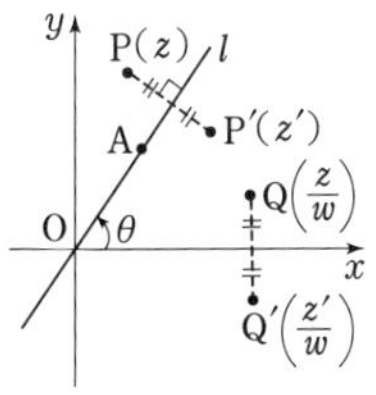

解答

（1） $\arg\alpha=\theta$とおくと，P，P$'$をOのまわりに$-\theta$回転して得られる2点Q，Q$'$は実軸に関して対称である． ⇦上図を参照．

$\alpha=|\alpha|(\cos\theta+i\sin\theta)$であるから，$\theta$回転を表す複素数は，$\dfrac{\alpha}{|\alpha|}$（$=w$とおく）

よって，$\overline{\left(\dfrac{z}{w}\right)}=\dfrac{z'}{w}$ $\quad\therefore\quad z'=w\cdot\dfrac{\overline{z}}{\overline{w}}=\dfrac{w}{\overline{w}}\overline{z}=\dfrac{\alpha}{\overline{\alpha}}\overline{z}$ ⇦$\dfrac{w}{\overline{w}}=\dfrac{\alpha}{|\alpha|}\div\dfrac{\overline{\alpha}}{|\alpha|}=\dfrac{\alpha}{\overline{\alpha}}$

（2） (2−1) （1）により，$\beta'=\dfrac{\alpha}{\overline{\alpha}}\overline{\beta}=\dfrac{3+i}{3-i}(2-4i)=\mathbf{4-2i}$ ⇦$\dfrac{10-10i}{3-i}=\dfrac{(10-10i)(3+i)}{10}=(1-i)(3+i)=4-2i$

(2−2) B$'$とBはlに関して対称であるから，

$\angle\mathrm{AQB}'=\angle\mathrm{AQB}=\angle\mathrm{CQO}$

α，β，γ，β'の具体的な値から，右図のようになり，3点B$'$，Q，Cは同一直線上にある．よって，

$w=(1-s)\beta'+s\gamma$（sは実数） ⇦$\overrightarrow{\mathrm{OQ}}=(1-s)\overrightarrow{\mathrm{OB'}}+s\overrightarrow{\mathrm{OC}}$

とおけ，$w=(1-s)(4-2i)+s(-8+7i)$

$=4-12s+(9s-2)i$

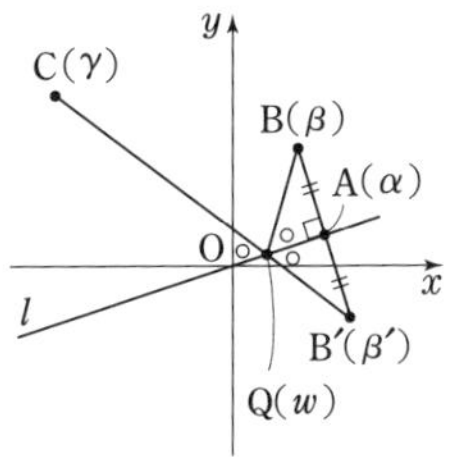

Qは OA上にもあるから，$w=t\alpha=t(3+i)=3t+ti$（tは実数）とおける．これらが等しいから，$4-12s=3t$，$9s-2=t$

$\therefore\quad s=\dfrac{10}{39}$，$t=\dfrac{4}{13}$ $\quad\therefore\quad w=t(3+i)=\mathbf{\dfrac{12}{13}+\dfrac{4}{13}i}$ ⇦$4-12s=3(9s-2)$

◎10 演習題（解答はp.117）

複素数平面上で原点Oと2点A(α)，B(β)を頂点とする△OABがある．直線OBに関して点Aと対称な点をC，直線OAに関して点Bと対称な点をDとし，$\dfrac{\alpha}{\beta}=z$とおく．

（1） 点C(γ)とするとき，$\gamma=\overline{z}\beta$であることを示せ．

（2） 辺ABと直線DCが平行なとき，zの満たす関係式を利用することによって，△OABはどのような三角形か，求めよ． （兵庫医大／改題）

（2） ○9の平行条件を使う．

11 三角形の形状

0でない複素数α，βが$\alpha^2-2\alpha\beta+4\beta^2=0$をみたすとき，次の問いに答えよ．

ただし，$\dfrac{\alpha}{\beta}$の偏角は$0<\arg\dfrac{\alpha}{\beta}<\pi$とする．

（1） $\dfrac{\alpha}{\beta}$を求めよ．

（2） 複素数平面上の原点をO，αの表す点をA，βの表す点をBとするとき，△OABはどんな三角形か．

（3） $\beta=1+i$のとき，四角形OABCがOBを対角線とする平行四辺形となるように点Cを定めよ．

（東京電機大・工）

2辺の関係をとらえる複素数 実はすでに○6の(ウ)でも現れているが，ここでまとめておこう．

A(α)，B(β)，C(γ)とする．$\overrightarrow{\mathrm{AB}}$（対応する複素数は$\beta-\alpha$）と$\overrightarrow{\mathrm{AC}}$（対応する複素数は$\gamma-\alpha$）の関係を表す複素数が，$\dfrac{\gamma-\alpha}{\beta-\alpha}$ ……☆ である．☆を極形式で表すと，$r(\cos\theta+i\sin\theta)$となるとき，$\overrightarrow{\mathrm{AB}}$を$\theta$回転して$r$倍したものが$\overrightarrow{\mathrm{AC}}$であることを意味するからである．

$\dfrac{\alpha}{\beta}$なら，$\overrightarrow{\mathrm{OB}}$と$\overrightarrow{\mathrm{OA}}$の関係を表す複素数である．

解 答

（1） $\alpha^2-2\alpha\beta+4\beta^2=0$の両辺を$\beta^2$で割ると，

$$\left(\frac{\alpha}{\beta}\right)^2-2\left(\frac{\alpha}{\beta}\right)+4=0 \qquad \therefore \quad \frac{\alpha}{\beta}=1\pm\sqrt{3}\,i$$

⇦ $\dfrac{\alpha}{\beta}=w$とおいて，$\alpha=\beta w$を与式に代入し，wの2次方程式を作ってもよい．

$0<\arg\dfrac{\alpha}{\beta}<\pi$であるから，$\boldsymbol{\dfrac{\alpha}{\beta}=1+\sqrt{3}\,i}$ ……①

（2） $1+\sqrt{3}\,i=2\left(\dfrac{1}{2}+\dfrac{\sqrt{3}}{2}i\right)=2\left(\cos\dfrac{\pi}{3}+i\sin\dfrac{\pi}{3}\right)$

であるから，①により，

$\overrightarrow{\mathrm{OB}}$を$\dfrac{\pi}{3}$回転して2倍拡大したものが$\overrightarrow{\mathrm{OA}}$

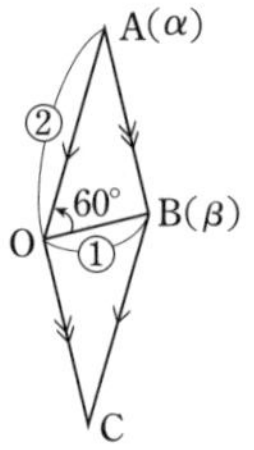

⇦△OABは，60°の三角定規の形．

である．よって，△OABは，**OA：OB＝2：1**，

∠AOB＝60°，**∠OBA＝90°**の直角三角形である．

（3） $\overrightarrow{\mathrm{OC}}=\overrightarrow{\mathrm{AB}}$であるから，Cを表す複素数は，①により，

$$\beta-\alpha=\beta-(1+\sqrt{3}\,i)\beta=-\sqrt{3}\,i\beta=-\sqrt{3}\,i(1+i)=\boldsymbol{\sqrt{3}\,(1-i)}$$

11 演習題（解答はp.117）

（ア） αを正の実数，βを複素数とする．複素数平面上の3点0，α，βを頂点とする三角形の面積が1で，αとβが$5\alpha^2-4\alpha\beta+\beta^2=0$を満たすとき，$\alpha$と$\beta$の値を求めよ．

（三重大・医（医），工）

（イ） 複素数α，β，γが等式$(1-i)\alpha+(1+i)\beta=2\gamma$を満たすとき，複素数平面上で3点A($\alpha$)，B($\beta$)，C($\gamma$)を頂点とする△ABCの形は[　　]である．

（東北学院大・工）

（イ） $\alpha-\gamma=A$，$\beta-\gamma=B$とおこう．

12 図形の証明

複素数平面上において，右の図のように三角形 ABC の各辺の外側に正方形 ABEF，BCGH，CAIJ を作る．

(1) 点 A，B，C がそれぞれ複素数 α，β，γ で表されているとき，点 F，H，J を α，β，γ の式で表せ．

(2) 三つの正方形 ABEF，BCGH，CAIJ の中心をそれぞれ P，Q，R とする．このとき，線分 AQ と線分 PR は長さが等しく，AQ⊥PR であることを証明せよ． （岡山大・理系）

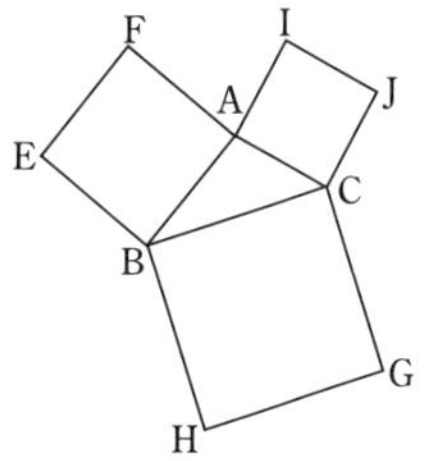

回転を表す複素数の活用 複素数平面上の場合，例えば正三角形の 2 頂点を表す複素数を使って，第 3 の頂点を表す複素数が，回転を表す複素数を用いて容易に表せる．図形の証明問題を複素数平面を使って解くときは，回転を用いて図形をとらえることがポイントになることが多い．

対等性の活用 本問の場合，例えば H を β，γ で表すのは，F を α，β で表す手順と同じなので，同じ計算を二度する必要はない（F，H，J は対等）．P，Q，R も対等である．

解 答

(1) F を表す複素数を f とする．$\overrightarrow{\mathrm{AF}}$ は $\overrightarrow{\mathrm{AB}}$ を $-\frac{\pi}{2}$ 回転したベクトルである．$-\frac{\pi}{2}$ 回転を表す複素数は $\cos\left(-\frac{\pi}{2}\right)+i\sin\left(-\frac{\pi}{2}\right)=-i$ であるから

$$f-\alpha=-i(\beta-\alpha)$$

$$\therefore\quad f=(1+i)\alpha-i\beta \cdots\cdots ①$$

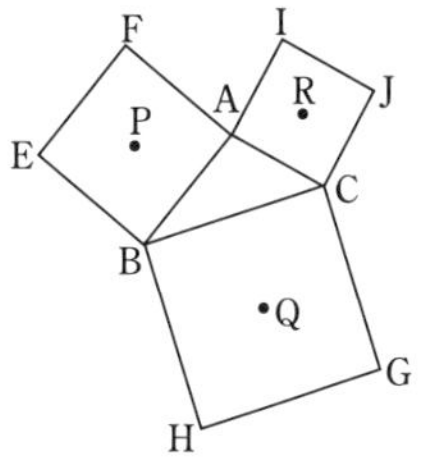

同様に，H，J を表す複素数を h，j とすると，

$h=(1+i)\beta-i\gamma$，$j=(1+i)\gamma-i\alpha$

⇦ $\overrightarrow{\mathrm{BH}}$ は $\overrightarrow{\mathrm{BC}}$ を $-\frac{\pi}{2}$ 回転したベクトル．H を表す複素数は，①で α⇨β，β⇨γ としたもの．

(2) P，Q，R を表す複素数をそれぞれ p，q，r とすると，P は BF の中点であるから，$p=\frac{\beta+f}{2}=\frac{(1+i)\alpha+(1-i)\beta}{2}$

同様に，$q=\frac{(1+i)\beta+(1-i)\gamma}{2}$，$r=\frac{(1+i)\gamma+(1-i)\alpha}{2}$

⇦ q は p で，α⇨β，β⇨γ としたもの．

これらにより，

$$q-\alpha=\frac{-2\alpha+(1+i)\beta+(1-i)\gamma}{2},\quad r-p=\frac{-2i\alpha+(-1+i)\beta+(1+i)\gamma}{2}$$

$$\therefore\quad \left(\cos\frac{\pi}{2}+i\sin\frac{\pi}{2}\right)(q-\alpha)=i(q-\alpha)=r-p$$

よって，$\overrightarrow{\mathrm{AQ}}$ を $\frac{\pi}{2}$ 回転すると $\overrightarrow{\mathrm{PR}}$ になるから，

$$\mathrm{AQ}=\mathrm{PR},\ \mathrm{AQ}\perp\mathrm{PR}$$

⇦目標は，$\overrightarrow{\mathrm{AQ}}$（対応する複素数は $q-\alpha$）を $\frac{\pi}{2}$ 回転すると $\overrightarrow{\mathrm{PR}}$（対応する複素数は $r-p$）になること．$\frac{\pi}{2}$ 回転を表す複素数は $\cos\frac{\pi}{2}+i\sin\frac{\pi}{2}=i$ であるから $i(q-\alpha)$ を計算して $r-p$ になることを確かめる．

12 演習題 （解答は p.118）

複素数平面上に三角形 ABC と 2 つの正三角形 ADB，ACE とがある．ただし点 C，点 D は直線 AB に関して反対側にあり，また点 B，点 E は直線 AC に関して反対側にある．線分 AB の中点を K，線分 AC の中点を L，線分 DE の中点を M とする．線分 KL の中点を N とするとき，直線 MN と直線 BC とは垂直であることを示せ． （名古屋工大）

正三角形の頂点は 60° 回転を使ってとらえることができる．

◆13 1次分数変換

（1） 複素数平面上で関係式 $2|z-i|=|z+2i|$ を満たす複素数 z の描く図形 C を求め，図示せよ．

（2） 複素数 z が（1）の図形 C 上を動くとき，$w=\dfrac{iz}{z-2i}$ の描く図形を求め，図示せよ．

（埼玉大・理）

（アポロニウスの円） （1）は，A(i)，B$(-2i)$，P(z) とすると，AP : BP $=1:2$ となる点 P の軌跡を求めよ，ということ．この軌跡はアポロニウスの円（☞p.97）と呼ばれていて，AB を $1:2$ に内分する点を D，外分する点を E とするとき，DE を直径とする円になる．実際に C の方程式を求め，図示するには，○8 の（イ）と同様に，$z=x+yi$ とおく方法で十分だろう．（○8 の（イ）もアポロニウスの円）

（変換による像） ○8 の（ウ）と違って図形的に容易にとらえられない場合，z を w で表して（表せる場合），z の満たす関係式に代入して，w の関係式を求める（逆手流）のが基本．（☞本シリーズ「数Ⅱ」p.93）

解答

（1） $z=x+yi$（x，y は実数）とおくと，$2|z-i|=|z+2i|$ のとき，

$2|x+(y-1)i|=|x+(y+2)i|$．両辺を 2 乗して，

$$4\{x^2+(y-1)^2\}=x^2+(y+2)^2$$

$$\therefore\ 3x^2+3y^2-12y=0 \qquad \therefore\ x^2+(y-2)^2=2^2$$

（つまり，$|z-2i|=2$ ……………………①）

したがって，C は右図の円である．

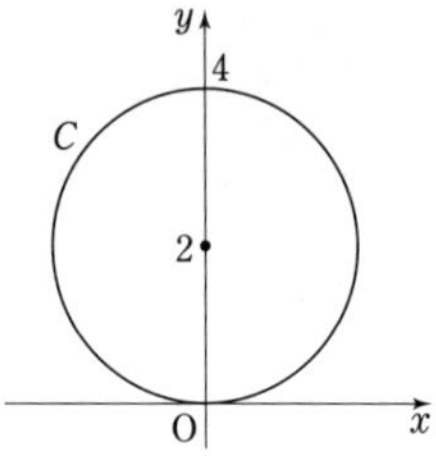

▨前文のアポロニウスの円の知識を使うと：前文の D，E は右図の点なので，これから答えが分かる．答えのチェックに役立つだろう．

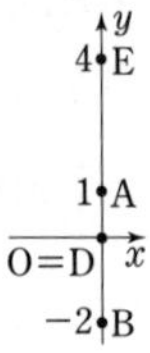

（2） $w=\dfrac{iz}{z-2i}$ を z について解く．

$w(z-2i)=iz$ により，$(w-i)z=2iw$

この式は $w=i$ では成り立たないから，$w\neq i$ ……②，$z=\dfrac{2iw}{w-i}$ ……………③

③を①に代入して，$\left|\dfrac{2iw}{w-i}-2i\right|=2$

$$\therefore\ |2iw-2i(w-i)|=2|w-i|$$

$$\therefore\ |-2|=2|w-i|$$

$$\therefore\ |w-i|=1 \text{ ……………………………④}$$

④のとき，②は成り立つから，求める図形は右図の円である．

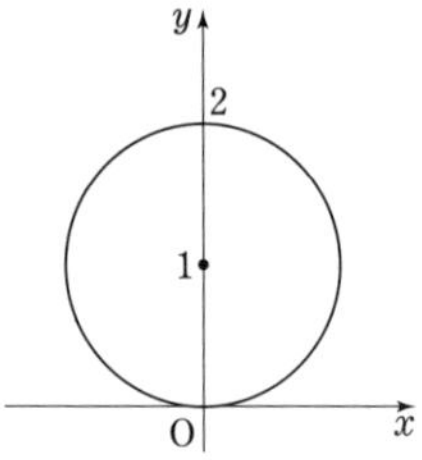

⇦ $\dfrac{iz}{z-2i}$ は，$\dfrac{z\text{の1次式}}{z\text{の1次式}}$ の形をしている．そこで，このような変換を1次分数変換と呼ぶ．

（なお，$w=\dfrac{1}{z}$ で表される変換は反転（☞本シリーズ「数Ⅱ」p.93）である．）

○13 演習題（解答は p.118）

（ア） 複素数平面上で点 z が点 $\dfrac{3}{4}$ を通り，実軸に垂直な直線上を動くとき，$w=\dfrac{8z}{2z-1}$ で表される点 w が描く図形は，点［　　］を中心とする半径［　　］の円（ただし，点［　　］を除く）である．（中京大・工）

（イ） a は $-1<a<1$ をみたす実数とする．複素数 z に対して $w=\dfrac{z-ai}{1+aiz}$ とおく．

（1） 複素数平面上で，点 z が原点 O を中心とする半径 1 の円上を動くとき，点 w はどのような図形をえがくか．

（2） 複素数平面上で，点 z が原点 O を中心とする半径 1 の円の内部を動くとき，点 w の動く範囲を答えよ．（奈良女子大）

z を w で表す．

14 軌跡／$w=z^2$

複素数 $z=x+yi$ が複素数平面上で直線 $x+y=1$ 上を動くとき，$w=z^2=X+Yi$ の軌跡は，曲線 $Y=$ ［　　］ である．ただし，X，Y は実数とする．この曲線上の点 $w=1$ における接線の方程式は $Y=$ ［　　］ である．

（明治学院大・文，経）

$w=z^2$ タイプの変換　○13と違い，z を w で表しにくいので，X，Y を x，y で表して，x，y を媒介変数（パラメータ）と見て処理するところである．軌跡の方程式を求めるには，パラメータを消去するのが基本である．本問の場合，z は直線 $x+y=1$ 上を動くので，x か y を消去することで，X，Y は x，y の一方だけで表すことができる．

なお，問題によっては極形式を活用する．$z=r(\cos\theta+i\sin\theta)$ のとき，$z^2=r^2(\cos2\theta+i\sin2\theta)$ となることを利用する（演習題）．

解答

$z=x+yi$ のとき，

$$z^2=(x+yi)^2=x^2-y^2+2xyi$$

これが $w=z^2=X+Yi$ に等しいから，

$$X=x^2-y^2,\quad Y=2xy$$

$x+y=1$ により，$y=1-x$ であり，上式に代入して，

$$X=x^2-(1-x)^2=2x-1 \quad \cdots\cdots ①$$

$$Y=2x(1-x) \quad \cdots\cdots ②$$

①により，$x=\dfrac{X+1}{2}$ であり，②に代入して

$$Y=2\cdot\frac{X+1}{2}\left(1-\frac{X+1}{2}\right)=\frac{1}{2}(X+1)(1-X)$$

$$\therefore\ \boldsymbol{Y=\frac{1}{2}-\frac{1}{2}X^2}$$

両辺を X で微分して，$Y'=-X$

よって $w=1(=1+0\cdot i)$，つまり $X=1$，$Y=0$ における接線の方程式は，

$$Y=-1\cdot(X-1)$$

$$\therefore\ \boldsymbol{Y=-X+1}$$

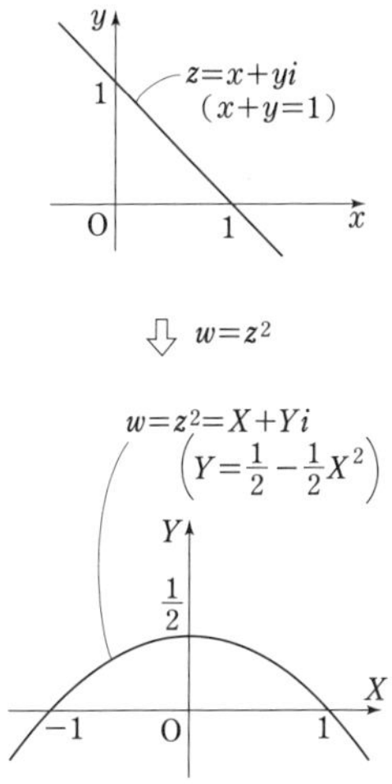

14 演習題（解答は p.119）

複素数 $z\neq0$ の絶対値を r，偏角を θ $(-\pi\leqq\theta<\pi)$ とし，$w=z^2+rz$ とする．

（1） w の絶対値を r，θ を用いて表せ．

（2） 複素数平面上の2点 $1+\sqrt{3}i$，$-1-\sqrt{3}i$ を結ぶ線分を L とする．z が L 上を動くとき，w の描く図形を示せ．

（青山学院大・理工）

（2）もあるので，w を r と θ で表しておこう．

複素数平面
演習題の解答

1…A*B*	**2**…A∘B*∘	**3**…B**
4…A*B*	**5**…B*∘	**6**…B**
7…B***B**	**8**…B***	**9**…B***
10…B**∘	**11**…A∘B**	**12**…B**
13…B*∘C***	**14**…B***	

1 （ア） $|z-w|^2$ を展開すると $z\overline{w}$ が現れる．

「α の実部 $=\dfrac{\alpha+\overline{\alpha}}{2}$」を使う．

（イ） 与式を通分して整理し，分母を実数化したあと，分子が実数となる条件を $z=x+yi$ とおいてとらえる．

解 （ア） $|z-w|^2=(z-w)\overline{(z-w)}$

$$=(z-w)(\overline{z}-\overline{w})$$

$$=|z|^2-(z\overline{w}+\overline{z}w)+|w|^2 \quad \cdots\cdots①$$

$$z\overline{w} \text{ の実部}=\frac{z\overline{w}+\overline{z\overline{w}}}{2}=\frac{z\overline{w}+\overline{z}w}{2} \quad \cdots\cdots②$$

②$=3$ であるから，$z\overline{w}+\overline{z}w=6$

よって，①$=2^2-6+5^2=23$

∴ $|z-w|=\boldsymbol{\sqrt{23}}$

（イ） $z=x+yi$（x，y は実数）とおくと，

$$\frac{1}{z+i}+\frac{1}{z-i}=\frac{2z}{(z+i)(z-i)}=\frac{2z}{z^2+1} \quad \cdots\cdots①$$

$$=\frac{2z(\overline{z^2+1})}{(z^2+1)(\overline{z^2+1})}=\frac{2z(\overline{z}^2+1)}{|z^2+1|^2}=\frac{2z(\overline{z}\,\overline{z}+1)}{|z^2+1|^2}$$

これが実数のとき，$z(\overline{z}\,\overline{z}+1)$……② も実数であり，

$$②=(z\overline{z})\overline{z}+z=|z|^2\overline{z}+z$$

$$=(x^2+y^2)(x-yi)+x+yi$$

の虚部が0である．よって，

$$(x^2+y^2)(-y)+y=0$$

∴ $-y(x^2+y^2-1)=0$

∴ $y=0$ または $x^2+y^2=1$

①の左辺の（分母）$\neq0$ により，$z\neq\pm i$ に注意して図示すると，答えは図の太線部（白丸を除く）である．

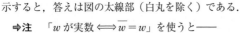

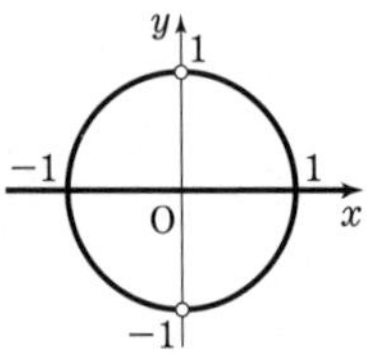

⇨**注** 「w が実数 $\Longleftrightarrow \overline{w}=w$」を使うと——

①が実数のとき，

$$\frac{2z}{z^2+1}=\overline{\left(\frac{2z}{z^2+1}\right)} \qquad ∴ \quad \frac{z}{z^2+1}=\frac{\overline{z}}{(\overline{z})^2+1}$$

∴ $z(\overline{z}\,\overline{z}+1)=\overline{z}(zz+1)$

∴ $|z|^2\overline{z}+z=|z|^2z+\overline{z}$

∴ $(|z|^2-1)(\overline{z}-z)=0$

∴ $|z|=1$ または $\overline{z}=z$ （以下略）

2 （ア） 分子・分母を極形式で表して …………※ 9乗する前の極形式を求め，ド・モアブルの定理を使う．※の後，分子・分母を9乗してから求めてもよい．

（イ） まず両辺の絶対値が等しいことから m，n の関係式を出し，つぎに偏角が一致するように定める．

解 （ア） $A=\dfrac{\sqrt{3}+i}{-1+i}$ とおく．

$$\sqrt{3}+i=2\left(\frac{\sqrt{3}}{2}+\frac{1}{2}i\right)=2\left(\cos\frac{\pi}{6}+i\sin\frac{\pi}{6}\right) \cdots\cdots①$$

$$-1+i=\sqrt{2}\left(-\frac{1}{\sqrt{2}}+\frac{1}{\sqrt{2}}i\right)$$

$$=\sqrt{2}\left(\cos\frac{3\pi}{4}+i\sin\frac{3\pi}{4}\right) \cdots\cdots②$$

$$∴ \quad A=\frac{2}{\sqrt{2}}\left\{\cos\left(\frac{\pi}{6}-\frac{3\pi}{4}\right)+i\sin\left(\frac{\pi}{6}-\frac{3\pi}{4}\right)\right\}$$

$$=\sqrt{2}\left\{\cos\left(-\frac{7\pi}{12}\right)+i\sin\left(-\frac{7\pi}{12}\right)\right\}$$

$$∴ \quad A^9=(\sqrt{2})^9\left\{\cos\left(-\frac{7\pi}{12}\right)+i\sin\left(-\frac{7\pi}{12}\right)\right\}^9$$

$$=16\sqrt{2}\left\{\cos\left(-\frac{7\pi}{12}\cdot9\right)+i\sin\left(-\frac{7\pi}{12}\cdot9\right)\right\}$$

$$=16\sqrt{2}\left\{\cos\left(-\frac{21\pi}{4}\right)+i\sin\left(-\frac{21\pi}{4}\right)\right\}$$

$$=16\sqrt{2}\left(\cos\frac{3\pi}{4}+i\sin\frac{3\pi}{4}\right)=\boldsymbol{-16+16i}$$

⇨**注** $R(\theta)=\cos\theta+i\sin\theta$ とおくと，

①の9乗$=2^9R\left(\dfrac{9}{6}\pi\right)=2^9R\left(\dfrac{3}{2}\pi\right)$

②の9乗$=(\sqrt{2})^9R\left(\dfrac{27\pi}{4}\right)$

よって，$A^9=\dfrac{2^9}{(\sqrt{2})^9}R\left(\dfrac{3}{2}\pi-\dfrac{27}{4}\pi\right)$

$$=16\sqrt{2}\,R\left(-\frac{21}{4}\pi\right)$$

（イ） $(i-\sqrt{3})^m=(1+i)^n$ ……………………………①

$$i-\sqrt{3}=2\left(-\frac{\sqrt{3}}{2}+\frac{1}{2}i\right)=2\left(\cos\frac{5\pi}{6}+i\sin\frac{5\pi}{6}\right) \cdots②$$

$$1+i=\sqrt{2}\left(\frac{1}{\sqrt{2}}+\frac{1}{\sqrt{2}}i\right)=\sqrt{2}\left(\cos\frac{\pi}{4}+i\sin\frac{\pi}{4}\right) \cdots③$$

①の両辺の絶対値について，②，③により

$$2^m=(\sqrt{2})^n$$

よって，$(\sqrt{2})^{2m}=(\sqrt{2})^n$ となるから，$n=2m$

①の両辺の偏角が一致することから，k を整数として，

$$\frac{5\pi}{6}\times m=\frac{\pi}{4}\times 2m+2\pi\times k$$

が成り立つ．よって，

$$\frac{\pi}{3}\times m=2\pi\times k \qquad \therefore\ m=6k \cdots\cdots ④$$

④により，自然数 m の最小値は $k=1$ のときの $\boldsymbol{m=6}$ であり，このとき $\boldsymbol{n=2m=12}$

3 （3） z の分子は z_1，z_2，z_3 の対称式であるから基本対称式 α，β，γ を用いて表せる．そのとき，$z_1+z_2=\alpha-z_3$ などとするのが楽である．なお，$\alpha\sim\gamma$ を用いなくてもできる（☞別解）．

解 （1） $|z_1|^2=1$ により，$z_1\overline{z_1}=1$

よって，$\dfrac{1}{z_1}=\overline{z_1}$，同様に $\dfrac{1}{z_2}=\overline{z_2}$，$\dfrac{1}{z_3}=\overline{z_3}$ $\cdots\cdots$①

であるから，

$$\frac{1}{\gamma}=\frac{1}{z_1z_2z_3}=\overline{z_1}\cdot\overline{z_2}\cdot\overline{z_3}=\overline{\gamma} \cdots\cdots ②$$

（2） $\dfrac{\beta}{\gamma}=\dfrac{z_1z_2+z_2z_3+z_3z_1}{z_1z_2z_3}=\dfrac{1}{z_3}+\dfrac{1}{z_1}+\dfrac{1}{z_2}$

$=\overline{z_3}+\overline{z_1}+\overline{z_2}$ （∵ ①）

$\alpha=z_1+z_2+z_3$ であるから，$\overline{\alpha}=\dfrac{\beta}{\gamma}$ $\cdots\cdots$③

$|\alpha|=|\overline{\alpha}|$ に注意して，$|\alpha|=|\overline{\alpha}|=\left|\dfrac{\beta}{\gamma}\right|=\dfrac{|\beta|}{|\gamma|}$

②により $\gamma\overline{\gamma}=1$，つまり $|\gamma|^2=1$ $\quad\therefore\ |\gamma|=1$

であるから，$|\alpha|=|\beta|$

（3） $z_1+z_2=\alpha-z_3$ などにより，z の分子は，

$(z_1+z_2)(z_2+z_3)(z_3+z_1)$

$=(\alpha-z_3)(\alpha-z_1)(\alpha-z_2)$

$=\alpha^3-(z_1+z_2+z_3)\alpha^2+(z_1z_2+z_2z_3+z_3z_1)\alpha-z_1z_2z_3$

$=\alpha^3-\alpha\cdot\alpha^2+\beta\alpha-\gamma=\beta\alpha-\gamma$

であるから，

$$z=\frac{\alpha\beta-\gamma}{\gamma}=\alpha\cdot\frac{\beta}{\gamma}-1=\alpha\overline{\alpha}-1 \quad (∵\ ③)$$

$\alpha\overline{\alpha}=|\alpha|^2$ は実数であるから，z も実数．

別解 （3） $z_1=\dfrac{1}{\overline{z_1}}$，$z_2=\dfrac{1}{\overline{z_2}}$，$z_3=\dfrac{1}{\overline{z_3}}$ により，

$$z=(z_1+z_2)(z_2+z_3)(z_3+z_1)\cdot\frac{1}{z_1z_2z_3}$$

$$=\left(\frac{1}{\overline{z_1}}+\frac{1}{\overline{z_2}}\right)\left(\frac{1}{\overline{z_2}}+\frac{1}{\overline{z_3}}\right)\left(\frac{1}{\overline{z_3}}+\frac{1}{\overline{z_1}}\right)\overline{z_1}\,\overline{z_2}\,\overline{z_3}$$

$$=\frac{\overline{z_2}+\overline{z_1}}{\overline{z_1}\,\overline{z_2}}\cdot\frac{\overline{z_3}+\overline{z_2}}{\overline{z_2}\,\overline{z_3}}\cdot\frac{\overline{z_1}+\overline{z_3}}{\overline{z_3}\,\overline{z_1}}\cdot\overline{z_1}\,\overline{z_2}\,\overline{z_3}$$

$$=\frac{(\overline{z_2}+\overline{z_1})(\overline{z_3}+\overline{z_2})(\overline{z_1}+\overline{z_3})}{\overline{z_1}\,\overline{z_2}\,\overline{z_3}}=\overline{z}$$

つまり $z=\overline{z}$ であるから，z は実数．

4 （ア） 方程式に解 $2i$ を代入して a を求める．

（イ） まず解の公式を使って X^3 を求める．

解 （ア） $2i$ が方程式 $z^6=a$ の解であるから，

$$(2i)^6=a \qquad \therefore\ 2^6(-1)^3=a$$

$$\therefore\ \boldsymbol{a=-2^6=-64}$$

$z=r(\cos\theta+i\sin\theta)$ $(r>0,\ 0\leqq\theta<2\pi)$ とおくと，

$$z^6=r^6(\cos 6\theta+i\sin 6\theta)$$

これが $a=-2^6=2^6(\cos\pi+i\sin\pi)$ に等しいから，絶対値と偏角を比較すると，k を整数として，

$$r^6=2^6,\ 6\theta=\pi+2\pi k$$

$$\therefore\ r=2,\ \theta=\frac{\pi}{6}+\frac{2\pi}{6}\cdot k$$

$0\leqq\theta<2\pi$ であるから，$k=0,\ 1,\ 2,\ 3,\ 4,\ 5$ で

$$\theta=\frac{\pi}{6},\ \frac{\pi}{2},\ \frac{5\pi}{6},\ \frac{7\pi}{6},\ \frac{3\pi}{2},\ \frac{11\pi}{6}$$

これらに対応する z を順に z_1，…，z_6 とする．一般に，$\cos(\varphi+\pi)=-\cos\varphi$，$\sin(\varphi+\pi)=-\sin\varphi$ に注意すると $z_4=-z_1$，$z_5=-z_2$，$z_6=-z_3$ であるから，$z_2=2i$ 以外の解は，$r=2$ に注意して，

$$\boldsymbol{z=\pm(\sqrt{3}+i),\ -2i,\ \pm(-\sqrt{3}+i)}$$

（イ） $(X^3)^2-\sqrt{2}(X^3)+1=0$ であるから，

$$X^3=\frac{\sqrt{2}\pm\sqrt{2}\,i}{2}=\cos\left(\pm\frac{\pi}{4}\right)+i\sin\left(\pm\frac{\pi}{4}\right) \cdots\cdots ①$$

（複号同順）

$X=r(\cos\theta+i\sin\theta)$ $(r>0,\ -\pi\leqq\theta<\pi)$ とおくと，

$$X^3=r^3(\cos 3\theta+i\sin 3\theta)$$

①の絶対値と偏角を比較すると，k を整数として，

$$r^3=1,\ 3\theta=\pm\frac{\pi}{4}+2\pi k$$

$$\therefore\ r=1,\ \theta=\pm\frac{\pi}{12}+\frac{2\pi}{3}\cdot k$$

$-\pi\leqq\theta<\pi$ により，$k=-1,\ 0,\ 1$

したがって，**X の絶対値は 1** であり，**偏角は**

$$\boldsymbol{-\frac{7\pi}{12},\ \frac{\pi}{12},\ \frac{3\pi}{4},\ -\frac{3\pi}{4},\ -\frac{\pi}{12},\ \frac{7\pi}{12}}$$

のいずれかである（解は 6 個）．

5 $z^5=1$がうまく使えるように，まずは$1-z$と$1-z^4$，$1-z^2$と$1-z^3$をペアにする．なお，$x^5=1$の解が，1，z，z^2，z^3，z^4になるので，x^5-1の因数分解を2通り考える手もある（☞研究）．

解 ア：　$(1-z)(1-z^2)(1-z^3)(1-z^4)$

$=(1-z)(1-z^4)\times(1-z^2)(1-z^3)$

$=\{1-(z+z^4)+z^5\}\{1-(z^2+z^3)+z^5\}$

$=\{2-(z+z^4)\}\{2-(z^2+z^3)\}$

$=4-2(z+z^2+z^3+z^4)+(z+z^4)(z^2+z^3)$ ……①

ここで，$(z+z^4)(z^2+z^3)=z^3+z^4+z^6+z^7$

$=z^3+z^4+z+z^2$　（∵　$z^5=1$）

よって，①$=4-(z+z^2+z^3+z^4)$ ……………………②

$z^5-1=0$により，$(z-1)(z^4+z^3+z^2+z+1)=0$

であるから，$z^4+z^3+z^2+z+1=0$

よって，②$=4-(-1)=$**5**

イ：　$\dfrac{1}{1-z}+\dfrac{1}{1-z^4}=\dfrac{2-z-z^4}{(1-z)(1-z^4)}=\dfrac{2-z-z^4}{2-z-z^4}=1$

$\dfrac{1}{1-z^2}+\dfrac{1}{1-z^3}=\dfrac{2-z^2-z^3}{(1-z^2)(1-z^3)}=\dfrac{2-z^2-z^3}{2-z^2-z^3}=1$

よって，与式$=$**2**

別解 イ：　$z^5=1$により，$z^4=\dfrac{1}{z}$，$z^3=\dfrac{1}{z^2}$

であるから，

$\dfrac{1}{1-z}+\dfrac{1}{1-z^4}=\dfrac{1}{1-z}+\dfrac{1}{1-\frac{1}{z}}=\dfrac{1}{1-z}+\dfrac{z}{z-1}=1$

$\dfrac{1}{1-z^2}+\dfrac{1}{1-z^3}=\dfrac{1}{1-z^2}+\dfrac{1}{1-\frac{1}{z^2}}=\dfrac{1}{1-z^2}+\dfrac{z^2}{z^2-1}=1$

よって，与式$=$**2**

【研究】 ア：　$z^5=1$

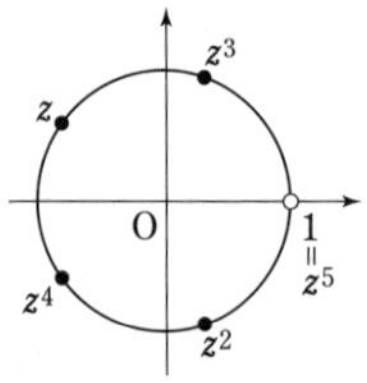

$(z\neq1)$により，z^2，z^3，z^4も5乗とすると1になり，1，z，z^2，z^3，z^4は互いに異なる（たとえば$z^4=z$とすると$z^3=1$になり，$z^5=1$とから$z^2=1$となるが，$z=1$以外の解$z=-1$は$z^5=1$を満たさないので矛盾）．よって$x^5=1$（$\Longleftrightarrow$ $x^5-1=0$）の解は1，z，z^2，z^3，z^4で

$x^5-1=(x-1)(x-z)(x-z^2)(x-z^3)(x-z^4)$ …④

と因数分解される．一方

$x^5-1=(x-1)(x^4+x^3+x^2+x+1)$ ……………⑤

④と⑤の右辺は恒等的に等しいから，

$(x-z)(x-z^2)(x-z^3)(x-z^4)=x^4+x^3+x^2+x+1$

$x=1$を代入して，

$(1-z)(1-z^2)(1-z^3)(1-z^4)=$**5**

イ：　$f(x)=(x-z)(x-z^2)(x-z^3)(x-z^4)$

とおくと，

$f'(x)=(x-z^2)(x-z^3)(x-z^4)$

$+(x-z)(x-z^3)(x-z^4)$

$+(x-z)(x-z^2)(x-z^4)$

$+(x-z)(x-z^2)(x-z^3)$

により，$\dfrac{1}{x-z}+\dfrac{1}{x-z^2}+\dfrac{1}{x-z^3}+\dfrac{1}{x-z^4}=\dfrac{f'(x)}{f(x)}$

一方，$f(x)=x^4+x^3+x^2+x+1$でもあるから，

$f'(x)=4x^3+3x^2+2x+1$で，

$$与式=\frac{f'(1)}{f(1)}=\frac{10}{5}=\mathbf{2}$$

➡**注**　z，z^2，z^3，z^4は図の黒丸の4点全部を表す（点zは黒丸の4点のどれか）．よって，ア，イの値は点zが黒丸の4点のどれであっても同じ値である．

6 回転の中心が原点でない場合は，ベクトルを回すと考えればよい．

解 $\gamma=\cos\theta+i\sin\theta$

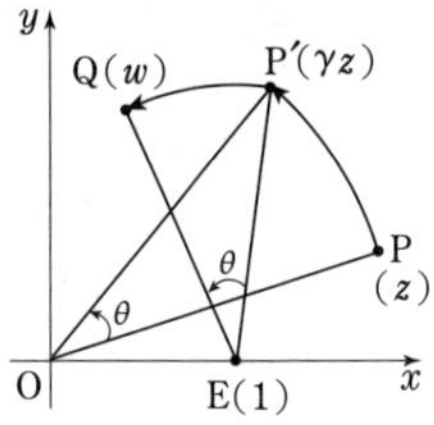

（1）　P(z)を原点Oのまわりにθ回転させた点をP′とおくとP′(γz)であり，$\overrightarrow{\mathrm{EQ}}$は$\overrightarrow{\mathrm{EP'}}$を$\theta$回転させたものであるから（右図参照），

$w-1=\gamma(\gamma z-1)$ ……①

∴　$\boldsymbol{w=\gamma^2z+1-\gamma}$ ………②

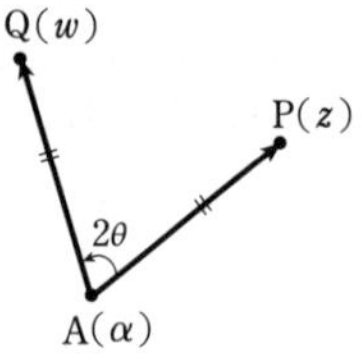

（2）　$\overrightarrow{\mathrm{AQ}}$は$\overrightarrow{\mathrm{AP}}$を$2\theta$回転させたものであり，

$\cos2\theta+i\sin2\theta=\gamma^2$

であるから，

$w-\alpha=\gamma^2(z-\alpha)$

∴　$w=\gamma^2z+\alpha(1-\gamma^2)$ …③

②と③を比べて，$\alpha(1-\gamma^2)=1-\gamma$ ……………………④

$0<\theta<\pi$により$\gamma\neq\pm1$であるから，

$$\boldsymbol{\alpha=\frac{1}{1+\gamma}} \quad\cdots\cdots\cdots\cdots\cdots\cdots\cdots⑤$$

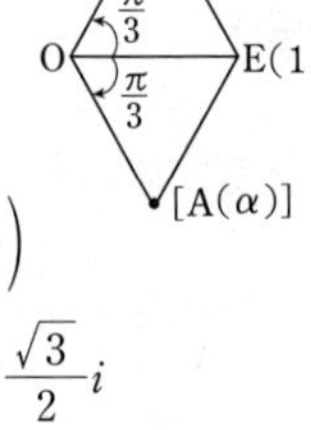

（3）　△OEAが正三角形となるのは，

$\alpha=\cos\left(\pm\dfrac{\pi}{3}\right)+i\sin\left(\pm\dfrac{\pi}{3}\right)$

のときである．⑤により，

$1+\gamma=\dfrac{1}{\alpha}=\cos\left(\mp\dfrac{\pi}{3}\right)+i\sin\left(\mp\dfrac{\pi}{3}\right)$

∴　$\gamma=-1+\left(\dfrac{1}{2}\mp\dfrac{\sqrt{3}}{2}i\right)=-\dfrac{1}{2}\mp\dfrac{\sqrt{3}}{2}i$

$=\cos\left(\mp\dfrac{2\pi}{3}\right)+i\sin\left(\mp\dfrac{2\pi}{3}\right)$ （複号同順）

$0<\theta<\pi$ であるから，$\boldsymbol{\theta=\dfrac{2\pi}{3}}$

➡注 1. $\alpha=\cos\beta+i\sin\beta$（$\beta$ 回転を表す複素数）のとき，$\dfrac{1}{\alpha}=\cos(-\beta)+i\sin(-\beta)$（$-\beta$ 回転を表す複素数）となる．

➡注 2.（２） 回転の中心は回転移動によって動かない（P＝A のとき Q＝A となる）ので，②で $z=w=\alpha$ としても④が得られる，

➡注 3. $\theta+\varphi\neq 2\pi\times k$（$k$ は整数）のとき，θ 回転と φ 回転を続けて行った結果は（回転の中心は異なってもよい），ある点のまわりの $\theta+\varphi$ 回転になる．

７（ア） 連立方程式の原則にしたがって，１文字消去をしよう．２円の交点として求められる．

（イ） とりあえず $|z-2|=\sqrt{3}$ は無視して z を極形式で表すと，$\dfrac{z}{\overline{z}}+\dfrac{\overline{z}}{z}$ は z の偏角のみで表せる．

なお，$z=2+\sqrt{3}(\cos\varphi+i\sin\varphi)$ とおくと面倒．

解（ア） $\alpha+\beta=\alpha\beta$ ……………………………………①

により，$(\alpha-1)\beta=\alpha$

$\alpha=1$ はこの式を満たさないから，$\beta=\dfrac{\alpha}{\alpha-1}$ …………②

$|\beta|=1$ に代入し，$\left|\dfrac{\alpha}{\alpha-1}\right|=1$　　$\therefore$　$\dfrac{|\alpha|}{|\alpha-1|}=1$

よって，$|\alpha-1|=|\alpha|$ ……③

これと $|\alpha|=1$ ………………④

により，$|\alpha-1|=1$ ………⑤

④，⑤により，点 α は右図の２円の交点である．実部が $\dfrac{1}{2}$

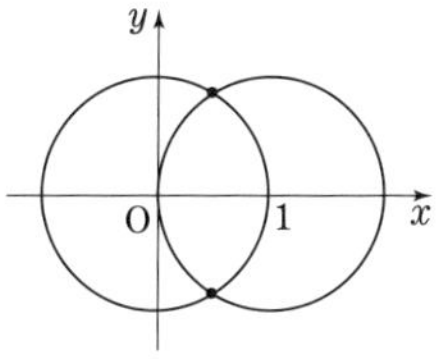

であり，④とから，$\alpha=\dfrac{1}{2}\pm\dfrac{\sqrt{3}}{2}i$ ……………………………⑥

②に代入して，

よって $(\boldsymbol{\alpha},\ \boldsymbol{\beta})=\left(\dfrac{\mathbf{1}\pm\sqrt{\mathbf{3}}\,\boldsymbol{i}}{\mathbf{2}},\ \dfrac{\mathbf{1}\mp\sqrt{\mathbf{3}}\,\boldsymbol{i}}{\mathbf{2}}\right)$（複号同順）

➡注 1. ⑤を持ち出さず，③から α は１と０から等距離にあるから，α の実部は $\dfrac{1}{2}$ とするのも明快．

➡注 2. ⑥以降は，与えられた条件の対称性により β も $\dfrac{1\pm\sqrt{3}\,i}{2}$ だが，$\alpha=\beta$ とすると①により $\alpha=0,\ 2$ となり，不適――と処理することもできる．

（イ） $z=r(\cos\theta+i\sin\theta)$（$r>0$，$-\pi\leqq\theta<\pi$）とおくと，

$\dfrac{z}{\overline{z}}=\dfrac{r(\cos\theta+i\sin\theta)}{r(\cos\theta-i\sin\theta)}=(\cos\theta+i\sin\theta)^2$

$=\cos 2\theta+i\sin 2\theta$

$\dfrac{z}{\overline{z}}+\dfrac{\overline{z}}{z}=\left(\dfrac{z}{\overline{z}}\right)+\overline{\left(\dfrac{z}{\overline{z}}\right)}$

$=(\cos 2\theta+i\sin 2\theta)+(\cos 2\theta-i\sin 2\theta)$

$=2\cos 2\theta$

$|z-2|=\sqrt{3}$ により，点 z は A(2) を中心とする半径 $\sqrt{3}$ の円 C 上を動く．原点 O から C に接線を引き，右図のように接点を H とする．△OAH は 60° 定規の形なので ∠AOH＝60°.

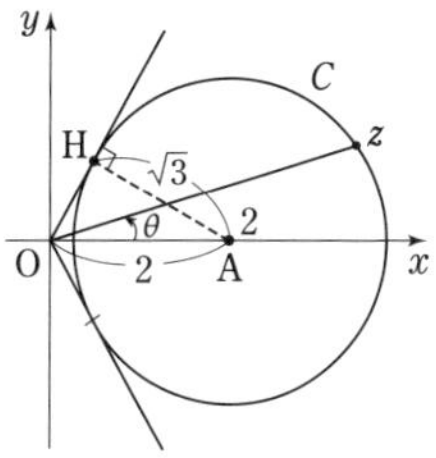

θ の取り得る値の範囲は，$-\dfrac{\pi}{3}\leqq\theta\leqq\dfrac{\pi}{3}$

よって，$-\dfrac{2\pi}{3}\leqq 2\theta\leqq\dfrac{2\pi}{3}$ であるから，$2\cos 2\theta$ は

$2\theta=\pm\dfrac{2\pi}{3}$ のとき**最小値 −1** を取る．

➡注 $\dfrac{z}{\overline{z}}$ と $\dfrac{\overline{z}}{z}$ は共役であり，$\dfrac{z}{\overline{z}}$ の絶対値は１になることから，z を $z=r(\cos\theta+i\sin\theta)$ と極形式で表したとき，$\dfrac{z}{\overline{z}}+\dfrac{\overline{z}}{z}$ がすっきり表されるわけである．

８ 最後の式は１つ手前の式を変形すれば導けるはずだが，右辺にも $|z|$ があるのでやりにくい（別解）．

$|z+a(b+i)|=c|z|$ とか $|z-\alpha|=c|z|$ などとおいて両辺を２乗し，１つ手前の式と見比べるのが着実だろう．なお，アポロニウスの円（○13）を使って空欄を埋めることもできるが，意外に面倒（☞注）．

解 $z=x+iy$ のとき，$(x-2)^2+(y-1)^2=3^2$ で表される円は，中心が $2+i$，半径が３であるから，

$\boldsymbol{|z-(2+i)|=3}$　$(|z-(2+1\cdot i)|=3)$ …………①

よって，$|z-(2+i)|^2=9$

$\therefore$　$\{z-(2+i)\}\{\overline{z}-(2-i)\}=9$

$\therefore$　$\boldsymbol{z\overline{z}-(2-i)z-(2+i)\overline{z}-4=0}$ …………………②

$|z-\alpha|=c|z|$　$(c>0)$ とおくと，$|z-\alpha|^2=c^2|z|^2$

$\therefore$　$(z-\alpha)(\overline{z}-\overline{\alpha})=c^2z\overline{z}$

$\therefore$　$(1-c^2)z\overline{z}-\overline{\alpha}z-\alpha\overline{z}+\alpha\overline{\alpha}=0$

$\therefore$　$z\overline{z}-\dfrac{\overline{\alpha}}{1-c^2}z-\dfrac{\alpha}{1-c^2}\overline{z}+\dfrac{\alpha\overline{\alpha}}{1-c^2}=0$ ………③

②と③を比べて $\frac{\overline{\alpha}}{1-c^2}=2-i$ …④, $\frac{\alpha\overline{\alpha}}{1-c^2}=-4$ …⑤

⑤÷④により, $\alpha=\frac{-4}{2-i}=-\frac{4}{5}(2+i)$

$\alpha\overline{\alpha}=|\alpha|^2=\frac{16}{5}$ なので, ⑤により $\frac{16}{5(1-c^2)}=-4$

$\therefore\ 4=-5(1-c^2)\qquad\therefore\ c=\frac{3}{\sqrt{5}}$

したがって,

$$\boldsymbol{\left|z+\frac{4}{5}(2+i)\right|=\frac{3}{\sqrt{5}}|z|}$$

別解 ②をp倍して(pは0でない実数).

$pz\overline{z}-p(2-i)z-p(2+i)\overline{z}-4p=0$

$\therefore\ z\overline{z}-p(2-i)z-p(2+i)\overline{z}-4p=(1-p)z\overline{z}$

$\therefore\ \{z-p(2+i)\}\{\overline{z}-p(2-i)\}-5p^2-4p$
$=(1-p)z\overline{z}$

$\therefore\ |z-p(2+i)|^2-5p^2-4p=(1-p)|z|^2$

これが問題文の最後の式の形に変形できるとき,

$-5p^2-4p=0\qquad\therefore\ p=-\frac{4}{5}$

$$\therefore\ \boldsymbol{\left|z+\frac{4}{5}(2+i)\right|=\frac{3}{\sqrt{5}}|z|}$$

➡注 アポロニウスの円を使うと: 円の中心をA$(2+i)$とし, 直線OAと円の交点を右図のようにB, Cとする. 直線OA上にOB:DB=OC:DCとなる点Dをとると, 円上の点P(z)について

OP:DP=OB:DB

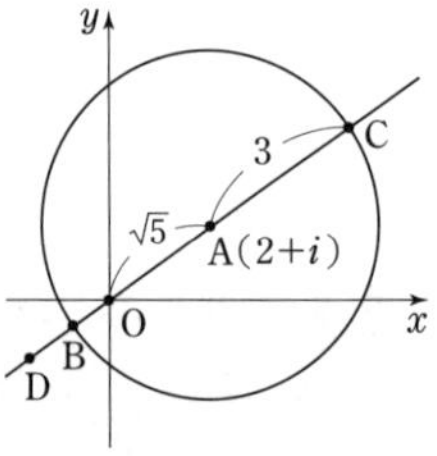

が成り立つ. OA$=\sqrt{5}$ と半径が3であることから,

OB$=3-\sqrt{5}$, OC$=3+\sqrt{5}$

DB$=l$ とおくと, DC$=l+6$ であり, 〰〰により,

$(3-\sqrt{5}):l=(3+\sqrt{5}):(l+6)$

$\therefore\ l=\frac{3(3-\sqrt{5})}{\sqrt{5}}\left(=\frac{9}{5}\sqrt{5}-3\right)$

$\therefore\ \mathrm{OD}=\mathrm{OB}+l=\frac{4}{5}\sqrt{5}\qquad\therefore\ \mathrm{D}\left(-\frac{4}{5}(2+i)\right)$

………により, $\mathrm{DP}=\frac{l}{\mathrm{OB}}\mathrm{OP}=\frac{3}{\sqrt{5}}\mathrm{OP}$

$$\therefore\ \left|z+\frac{4}{5}(2+i)\right|=\frac{3}{\sqrt{5}}|z|$$

9 (1)〜(4) うまい手が思い浮かばなければ, $\alpha=a+bi$, $z=x+yi$ とおいて, おなじみの座標平面の問題にして解くのが実戦的だろう.

(5) 点uが直線$l_{[\delta]}$上にある

$\Longleftrightarrow$ $l_{[\delta]}$の方程式に$z=u$を代入すると成り立つ

に着目すると, 交点の計算は不要である. (☞p.75)

解 $\alpha=a+bi$, $z=x+yi$ (a, b, x, yは実数) とおき,

$\alpha z+\overline{\alpha}\overline{z}=1$ ……①

に代入すると,

$(a+bi)(x+yi)+(a-bi)(x-yi)=1$

$\therefore\ 2(ax-by)=1$ ……②

(1) $\alpha=1$のとき,
$a=1$, $b=0$であるから,
②は, $x=\frac{1}{2}$ となる. よって,
答えは図1の太線.

図 1

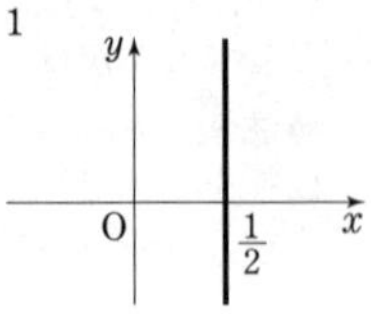

(2) $\alpha=i$のとき,
$a=0$, $b=1$であるから,
②は, $y=-\frac{1}{2}$ となる. よって答えは図2の太線.

図 2

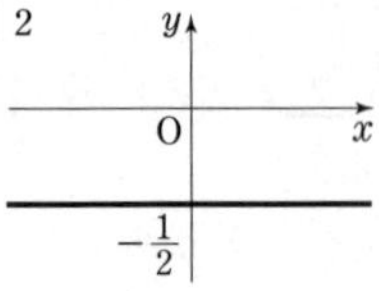

(3) ②が, $(x,\ y)=(3,\ 1)$, $(-1,\ -2)$を通るから,

$2(3a-b)=1$ ……③, $2(-a+2b)=1$ ……④

③×2+④により, $10a=3\qquad\therefore\ a=\frac{3}{10}$

③により, $b=3a-\frac{1}{2}=\frac{2}{5}\qquad\therefore\ \boldsymbol{\alpha=\frac{3}{10}+\frac{2}{5}i}$

(4) 原点と直線②の距離は,

$$\frac{1}{\sqrt{(2a)^2+(-2b)^2}}=\frac{1}{2\sqrt{a^2+b^2}}=\boldsymbol{\frac{1}{2|\alpha|}}$$

(5) ①と, $l_{[\beta]}:\beta z+\overline{\beta}\overline{z}=1$ の上にγがあるから,

$\alpha\gamma+\overline{\alpha}\overline{\gamma}=1$, $\beta\gamma+\overline{\beta}\overline{\gamma}=1$ ……⑤

$\gamma=0$は⑤を満たさないから$\gamma\neq0$

⑤により, $l_{[\gamma]}:\gamma z+\overline{\gamma}\overline{z}=1$ に$z=\alpha$, βを代入した式が成り立つから, $l_{[\gamma]}$はαとβを通る.

別解1. [一般に, zの実部$=\frac{z+\overline{z}}{2}$ に着目すると]

$\alpha z+\overline{\alpha}\overline{z}=1$ ……① において, $\alpha z=w$とおくと

$w+\overline{w}=1\qquad\therefore\ \frac{w+\overline{w}}{2}=\frac{1}{2}\qquad\therefore\ w$の実部$=\frac{1}{2}$

$z=\frac{w}{\alpha}$ であり, $\alpha=r(\cos\theta+i\sin\theta)$ とおくと,

点zは, 点wを原点のまわりに$-\theta$回転し, さらに$\frac{1}{r}$倍拡大して得られる. $z=x+yi$ (x, yは実数) とおく.

(1) $\alpha=1$のとき, $z=w$により, $x=\frac{1}{2}$ ……⑥

(2) $\alpha=i$のとき, αは$\pi/2$回転を表す複素数であるか

ら，答えは⑥を $-\pi/2$ 回転して得られる $y=-\frac{1}{2}$

（４） 点 w は，実部$=\frac{1}{2}$ 上にあり，この直線と原点との距離は $\frac{1}{2}$ である．求める距離は，これを $\frac{1}{r}$ 倍して，

$$\frac{1}{2}\cdot\frac{1}{r}=\boldsymbol{\frac{1}{2|\alpha|}}$$

⇨注 （３）を複素数のまま解くと――――

①に $z=3+i$，$z=-1-2i$ を代入して

$(3+i)\alpha+(3-i)\overline{\alpha}=1$ ……………………⑦

$(-1-2i)\alpha+(-1+2i)\overline{\alpha}=1$ ………………⑧

$\overline{\alpha}$ を消去する．⑦×$(-1+2i)$－⑧×$(3-i)$ により，

$\{(3+i)(-1+2i)-(-1-2i)(3-i)\}\alpha=-4+3i$

$\therefore\ 10i\alpha=-4+3i \qquad \therefore\ \alpha=\frac{3}{10}+\frac{2}{5}i$

別解 2.（４） ［垂直二等分線としてとらえると］

①は原点を通らないから，原点と，ある点 β $(\neq 0)$ との垂直二等分線として表せる．

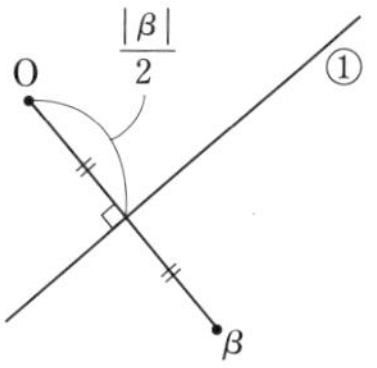

よって，$|z|=|z-\beta|$

２乗して，

$$z\overline{z}=(z-\beta)(\overline{z}-\overline{\beta})$$

$$\therefore\ \overline{\beta}z+\beta\overline{z}=\beta\overline{\beta} \qquad \therefore\ \frac{1}{\beta}z+\frac{1}{\overline{\beta}}\overline{z}=1$$

①と比べると $\alpha=\frac{1}{\beta}$ で，求める距離は $\frac{|\beta|}{2}=\boldsymbol{\frac{1}{2|\alpha|}}$

10 （１） 例題と同様である．

（２） 平行条件は，例題９の前文のように実数条件でとらえることができる．z を極形式 $r(\cos\varphi+i\sin\varphi)$ と表せば，点Bを原点を中心に φ 回転して r 倍して得られる点がAである．

解 A(α)，B(β)，$z=\frac{\alpha}{\beta}$

（１） $\arg\beta=\theta$ とおくと，A，Cを O のまわりに $-\theta$ 回転して得られる２点は実軸に関して対称である．

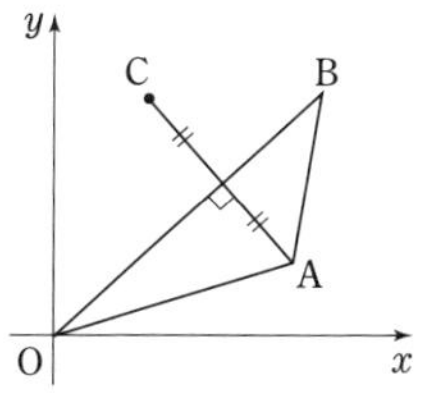

$\beta=|\beta|(\cos\theta+i\sin\theta)$

であるから，θ 回転を表す複素数は，$\frac{\beta}{|\beta|}$（$=w$ とおく）．

よって，$\overline{\left(\frac{\alpha}{w}\right)}=\frac{\gamma}{w}$ であるから，

$$\gamma=w\cdot\frac{\overline{\alpha}}{\overline{w}}=\frac{w}{\overline{w}}\overline{\alpha}=\frac{\frac{\beta}{|\beta|}}{\frac{\overline{\beta}}{|\beta|}}\overline{\alpha}=\frac{\beta}{\overline{\beta}}\overline{\alpha}=\frac{\overline{\alpha}}{\overline{\beta}}\beta=\overline{z}\beta$$

（２） D(δ) とすると，（１）と同様にして，

$$\delta=\frac{\overline{\beta}}{\overline{\alpha}}\alpha=\frac{1}{\overline{z}}\alpha$$

AB∥DC のとき，

$$\frac{\gamma-\delta}{\beta-\alpha}=\frac{\overline{z}\beta-\frac{1}{\overline{z}}\alpha}{\beta-\alpha}=\frac{\overline{z}-\frac{1}{\overline{z}}\cdot\frac{\alpha}{\beta}}{1-\frac{\alpha}{\beta}}=\frac{\overline{z}-\frac{z}{\overline{z}}}{1-z}$$

$$=\frac{(\overline{z})^2-z}{\overline{z}(1-z)}=\frac{(\overline{z})^2-z}{\overline{z}-|z|^2}$$

が実数であるから，$\overline{\left(\frac{(\overline{z})^2-z}{\overline{z}-|z|^2}\right)}=\frac{(\overline{z})^2-z}{\overline{z}-|z|^2}$

$$\therefore\ \frac{z^2-\overline{z}}{z-|z|^2}=\frac{(\overline{z})^2-z}{\overline{z}-|z|^2}$$

$$\therefore\ (z^2-\overline{z})(\overline{z}-|z|^2)=\{(\overline{z})^2-z\}(z-|z|^2)$$

［$z^2\overline{z}=z(z\overline{z})=z|z|^2$，$(\overline{z})^2z=\overline{z}(\overline{z}z)=\overline{z}|z|^2$ に注意し］

$$\therefore\ z|z|^2-z^2|z|^2-(\overline{z})^2+\overline{z}|z|^2$$
$$=\overline{z}|z|^2-(\overline{z})^2|z|^2-z^2+z|z|^2$$

$$\therefore\ (1-|z|^2)(z^2-(\overline{z})^2)=0$$

$$\therefore\ (1-|z|^2)(z+\overline{z})(z-\overline{z})=0$$

z は実数ではないから，$|z|=1$ または $\overline{z}=-z$

よって，$z=\frac{\alpha}{\beta}$ は，回転を表す複素数または純虚数であるから，**△OABはOA＝OBの二等辺三角形**または **∠O＝90° の直角三角形**である．

11 （ア） $5\alpha^2-4\alpha\beta+\beta^2$……☆ において，すべての項の次数が等しいので同次式という．この，

同次式 $=0$，つまり☆$=0$ から，$\frac{\beta}{\alpha}$ が求まる．

（イ） $\frac{\beta-\gamma}{\alpha-\gamma}$（またはこれに類するもの）が分かれば三角形の形状もわかる．

解 （ア） $5\alpha^2-4\alpha\beta+\beta^2=0$ の両辺を α^2 で割ると（α は正の実数であるから，$\alpha^2\neq 0$），

$$\left(\frac{\beta}{\alpha}\right)^2-4\left(\frac{\beta}{\alpha}\right)+5=0$$

$\therefore\ \frac{\beta}{\alpha}=2\pm i \qquad \therefore\ \beta=2\alpha\pm\alpha i$ ………………①

O(0), A(α), B(β)とすると，右図のようになるから，

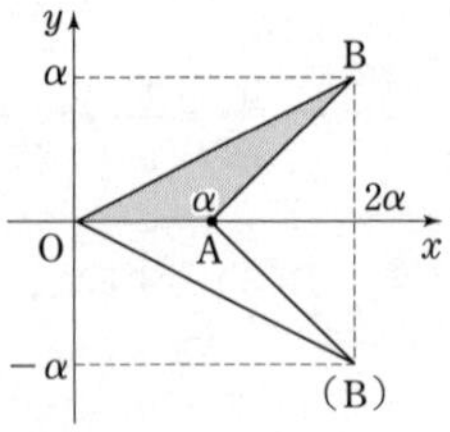

$\triangle OAB=\frac{1}{2}\cdot\alpha\cdot\alpha$

これが1のとき，$\frac{1}{2}\alpha^2=1$

$\alpha>0$であるから，$\boldsymbol{\alpha=\sqrt{2}}$で，①から

$$\boldsymbol{\beta=2\sqrt{2}\pm\sqrt{2}\,i}$$

(イ) ［条件式において，α，βは似た形なので，$\overrightarrow{CA}$と$\overrightarrow{CB}$の関係をとらえよう］　$\alpha-\gamma=A$，$\beta-\gamma=B$とおくと，$\alpha=A+\gamma$，$\beta=B+\gamma$であるから，

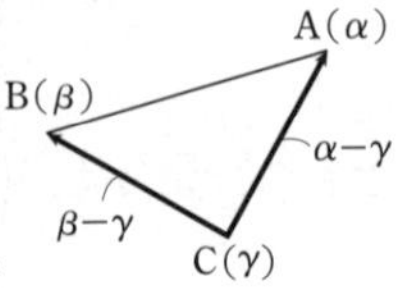

$(1-i)\alpha+(1+i)\beta=2\gamma$

のとき，

$(1-i)A+(1+i)B=0$

$\therefore\ \frac{B}{A}=-\frac{1-i}{1+i}=-\frac{(1-i)^2}{2}=i$

$\therefore\ \frac{\beta-\gamma}{\alpha-\gamma}=\frac{B}{A}=\cos\frac{\pi}{2}+i\sin\frac{\pi}{2}$

よって，$\overrightarrow{CB}$は$\overrightarrow{CA}$を$\frac{\pi}{2}$回転させたものであるから，

△ABCは∠C＝90°の直角二等辺三角形．

⇨**注**　Aを中心にしても解ける．$\beta-\alpha=P$，$\gamma-\alpha=Q$とおくと，解答と同様にして，$(1+i)P=2Q$

$\therefore\ \frac{\gamma-\alpha}{\beta-\alpha}=\frac{Q}{P}=\frac{1+i}{2}=\frac{1}{\sqrt{2}}\left(\cos\frac{\pi}{4}+i\sin\frac{\pi}{4}\right)$

$\overrightarrow{AC}$は$\overrightarrow{AB}$を$\frac{\pi}{4}$回転して$\frac{1}{\sqrt{2}}$倍したものである．

12　正三角形の頂点は$\frac{\pi}{3}$回転で，垂直は純虚数（$\frac{\pi}{2}$回転と実数倍）でとらえることができる．また，Aを原点Oにして構わない．

解　Aが原点Oで，A，B，Cの順に反時計回りに並んでいるとしてよい．このとき，Bを表す複素数をbなどと表し，$\frac{\pi}{3}$回転を表す複素数

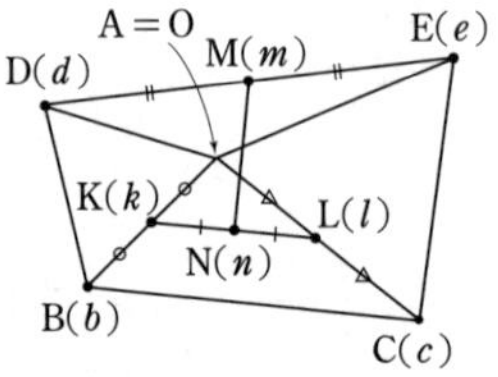

$\cos\frac{\pi}{3}+i\sin\frac{\pi}{3}=\frac{1}{2}+\frac{\sqrt{3}}{2}i$を$w$とおく．

EはCをOのまわりに$\frac{\pi}{3}$回転させた点であり，BはDをOのまわりに$\frac{\pi}{3}$回転させた点であるから，

$$e=wc,\ b=wd$$

MはDEの中点であるから，$m=\frac{d+e}{2}=\frac{d+wc}{2}$

同様に，$k=\frac{b}{2}=\frac{wd}{2}$，$l=\frac{c}{2}$，$n=\frac{k+l}{2}=\frac{wd+c}{4}$

よって，$\overrightarrow{MN}$に対応する複素数は，

$$n-m=\frac{(1-2w)c+(w-2)d}{4}$$
$$=\frac{1}{4}\left\{-\sqrt{3}\,ic+\left(-\frac{3}{2}+\frac{\sqrt{3}}{2}i\right)d\right\}$$
$$=-\frac{\sqrt{3}\,i}{4}\left\{c+\left(-\frac{1}{2}-\frac{\sqrt{3}}{2}i\right)d\right\}$$

$\overrightarrow{BC}$に対応する複素数は，

$$c-b=c-wd=c+\left(-\frac{1}{2}-\frac{\sqrt{3}}{2}i\right)d$$

よって，$\frac{n-m}{c-b}=-\frac{\sqrt{3}}{4}i$（純虚数，$\overrightarrow{BC}$を$\frac{\pi}{2}$回転して$-\frac{\sqrt{3}}{4}$倍したものが$\overrightarrow{MN}$）であるから，MN⊥BC

13　(ア)　実軸に垂直な直線は，実部を使ってとらえることができる．なお，2点（A，Bとする）からの距離が等しい点の集合（ABの垂直二等分線）としてとらえることもでき，Aとして1次分数変換の分母を0にする点にとるとうまく解ける（☞別解）．

(イ)　zをwで表した式をzの満たす関係式に代入すれば，(1)と(2)は，“＝”か“＜”かの違いだけで，計算は全く一緒である．

解　(ア)　$w=\frac{8z}{2z-1}$のとき，$(2z-1)w=8z$

$\therefore\ 2(w-4)z=w$

この式は$w=4$では成り立たないから，

$w\neq4$……①，$z=\frac{w}{2(w-4)}$ ……………………②

$w=x+yi$（x，yは実数）とおくと，②により

$$z=\frac{w(\overline{w}-4)}{2(w-4)(\overline{w}-4)}=\frac{|w|^2-4w}{2|w-4|^2}$$
$$=\frac{x^2+y^2-4(x+yi)}{2\{(x-4)^2+y^2\}}$$

zの実部が$\frac{3}{4}$であるから，$\frac{x^2+y^2-4x}{2\{(x-4)^2+y^2\}}=\frac{3}{4}$

$\therefore\ 3\{(x-4)^2+y^2\}=2(x^2+y^2-4x)$

$\therefore\ x^2+y^2-16x+48=0$

$\therefore\ (x-8)^2+y^2=16$

①とから，点 w の描く図形は，点 **8** を中心とする半径 **4** の円（ただし点 **4** を除く）である．

別解（ア） 解答の②以降———

右図により，点 z は

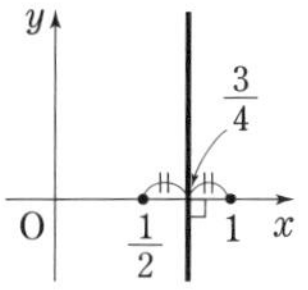

$$\left|z-\frac{1}{2}\right|=|z-1| \cdots\cdots\cdots③$$

を満たす．上式に②を代入して，

$$\left|\frac{w}{2(w-4)}-\frac{1}{2}\right|=\left|\frac{w}{2(w-4)}-1\right|$$

$$\therefore\ \left|\frac{4}{2(w-4)}\right|=\left|\frac{-w+8}{2(w-4)}\right|$$

$\therefore\ 4=|-w+8|\qquad \therefore\ |w-8|=4$ （以下略）

⇒注 ③の代わりに $|z|=\left|z-\dfrac{3}{2}\right|$ とすると $|w|=2|w-6|$ となり，手間が増える．

（イ） $w=\dfrac{z-ai}{1+aiz}$ のとき，$(1+aiz)w=z-ai$

$\therefore\ (1-aiw)z=w+ai$ ……………………①

$1-aiw=0$ ……② とすると $w+ai=0$ であるが，$w=-ai$ を②に代入すると $1-a^2=0$　$\therefore\ a=\pm1$ となり，$-1<a<1$ に反する．

よって $1-aiw\neq0$ で，①から

$$z=\frac{w+ai}{1-aiw}$$

（1） $|z|=1$ により，$\left|\dfrac{w+ai}{1-aiw}\right|=1$

$\therefore\ |w+ai|=|1-aiw|$ ……………………③

両辺を 2 乗すると，

$$(w+ai)(\overline{w}-ai)=(1-aiw)(1+ai\overline{w})$$

$\therefore\ (1-a^2)w\overline{w}=1-a^2$ ……………………④

$1-a^2\neq0$ により $w\overline{w}=1$　$\therefore\ |w|=1$

であるから，点 w の軌跡は**単位円**．

（2） $|z|<1$ であるから，（1）において④までの“$=$”を“$<$”に代えたものになり，$(1-a^2)w\overline{w}<1-a^2$

$1-a^2>0$ により $w\overline{w}<1$　$\therefore\ |w|<1$

であるから，w の範囲は**単位円の内部**．

⇒注 1. （1）（2）まとめて，$|z|\leqq1 \iff |w|\leqq1$ で，等号には等号が対応する——としても OK.

⇒注 2. ③以降，$w=x+yi$ とおいてもよい．

$|x+(y+a)i|=|1+ay-axi|$

$\therefore\ x^2+(y+a)^2=(1+ay)^2+(-ax)^2$

$\therefore\ (1-a^2)(x^2+y^2)=1-a^2$ （以下省略）

⇒注 3. 1 次分数変換において，内部が内部に対応するとは限らない．実際，本問の変換において $|a|>1$ なら（2）の答えは単位円の外部になる．

【研究】 単位円を単位円に移す 1 次分数変換は，次のいずれかの形であることが知られている．

（i） $w=\dfrac{\gamma}{z}$ $(|\gamma|=1)$

（ii） $w=\gamma\dfrac{z-\alpha}{\overline{\alpha}z-1}$ $(|\gamma|=1,\ |\alpha|\neq1)$

（i）の場合，単位円の内部は単位円の外部に移される．

単位円の内部が単位円の内部に移されるのは（ii）の形で $|\alpha|<1$ のときである．

本問は（ii）で，$\gamma=-1$，$\alpha=ai$ $(-1<a<1)$ のときである．

14 （2） $z=t\left(\cos\dfrac{\pi}{3}+i\sin\dfrac{\pi}{3}\right)$，$-2\leqq t\leqq2$ $(t\neq0)$ と表せるが，$t<0$ のときは t は z の絶対値ではない．よって，$t>0$ と $t<0$ では様子が異なる．

解 $z=r(\cos\theta+i\sin\theta)$ $(r>0,\ -\pi\leqq\theta<\pi)$ と表せる．

（1） $w=z^2+rz$

$=r^2(\cos\theta+i\sin\theta)^2+r\cdot r(\cos\theta+i\sin\theta)$

$=r^2(\cos2\theta+i\sin2\theta)+r^2(\cos\theta+i\sin\theta)$

$=r^2\{\cos2\theta+\cos\theta+i(\sin2\theta+\sin\theta)\}$ ……①

$\therefore\ |w|=r^2\sqrt{(\cos2\theta+\cos\theta)^2+(\sin2\theta+\sin\theta)^2}$

$=r^2\sqrt{2+2(\cos2\theta\cos\theta+\sin2\theta\sin\theta)}$

$=r^2\sqrt{2+2\cos(2\theta-\theta)}=r^2\sqrt{2+2\cos\theta}$ ……②

（②を答えにしてもよいが）

$=r^2\sqrt{4\cos^2\dfrac{\theta}{2}}=2r^2\left|\cos\dfrac{\theta}{2}\right|=\boldsymbol{2r^2\cos\dfrac{\theta}{2}}$

$(\because\ -\pi\leqq\theta<\pi)$

（2） 点 z が図の線分 OA（O を除く）上にあるとき，

$\theta=\dfrac{\pi}{3}$，$0<r\leqq2$

であり，①により，$w=\sqrt{3}\,r^2i$

点 z が図の線分 OB（O を除く）上にあるとき，

$\theta=-\dfrac{2\pi}{3}$，$0<r\leqq2$

であり，①により，$w=-r^2$

答えは図 2 の太線の折れ線．（原点を除く）

図 1

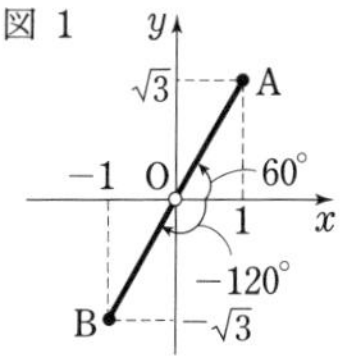

図 2

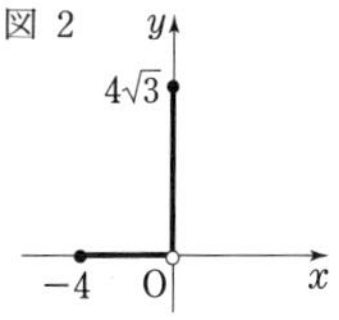

⇒注 （2）でも使うので正直に①を導いたが，

$|w|=|z^2+rz|=|z(z+r)|=|z||z+r|$

$=r|r(\cos\theta+1+i\sin\theta)|$

$=r^2\sqrt{(\cos\theta+1)^2+\sin^2\theta}$

とすると直接②が出る．

別解 (1) $|w|^2=w\overline{w}=(z^2+rz)(\overline{z^2}+r\overline{z})$

$=z^2\overline{z^2}+rz\overline{z}(z+\overline{z})+r^2z\overline{z}$

$=(z\overline{z})^2+r(z\overline{z})(z+\overline{z})+r^2(z\overline{z})$

$=(r^2)^2+r\cdot r^2\cdot(2r\cos\theta)+r^2\cdot r^2$ ($\because$ $z\overline{z}=|z|^2$)

$=2r^4(1+\cos\theta)$ (以下略)

▨ 図形的には――

$A(rz)$, $B(z^2)$, $C(w)$ とする.

$\arg z=\theta$, $\arg z^2=2\theta$

$(-\pi\leqq\theta<\pi$ ………③)

により, $\overrightarrow{OA}$ から $\overrightarrow{OB}$ まで測った回転角が θ である.

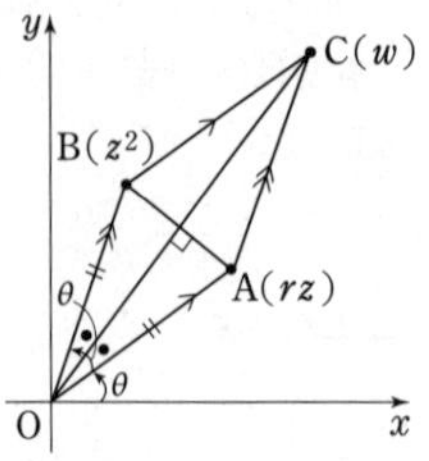

$|z^2|=r^2$, $|rz|=r^2$

$w=rz+z^2$

により, 4点O, A, C, Bはひし形を作り, 上図のようになる. したがって, $OA=r^2$ などから,

$$|w|=2r^2\cos\frac{\theta}{2},\ \arg w=\theta+\frac{\theta}{2}=\frac{3}{2}\theta$$

$\theta=\dfrac{\pi}{3}$ のとき, $|w|=\sqrt{3}\,r^2$, $\arg w=\dfrac{\pi}{2}$

$\theta=-\dfrac{2\pi}{3}$ のとき, $|w|=r^2$, $\arg w=-\pi$

となる.

なお, θ の範囲を③としているので, $\arg w=\dfrac{3}{2}\theta$ が成り立つ. θ の範囲を $0\leqq\theta<2\pi$ とし, $\theta=-\dfrac{2\pi}{3}$ の代わりに $\theta=\dfrac{4\pi}{3}$ を代入した式 ($\arg w=2\pi$) は成り立たない (正しくは $\arg w=\pi$).

超ミニ講座・格子点の幾何と複素数

下図の2つの角 α と β の和が45°になるのは有名事実です.

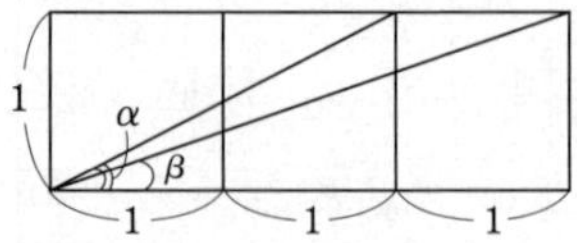

証明せよ, といわれたらどういう方法をとりますか? 次のようにtanの加法定理を使う人が多数派でしょう.

[解1] $\tan\alpha=\dfrac{1}{2}$, $\tan\beta=\dfrac{1}{3}$ であるから, 加法定理により,

$$\tan(\alpha+\beta)=\frac{\tan\alpha+\tan\beta}{1-\tan\alpha\tan\beta}$$

$$=\frac{6\tan\alpha+6\tan\beta}{6-6\tan\alpha\tan\beta}=\frac{3+2}{6-1}=1$$

よって, $\alpha+\beta=45°$

[解2] 格子点の幾何でも, 次のようにすっきりと証明できます.

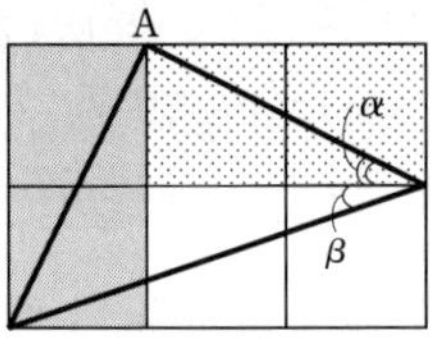

右図の網目の長方形を,

点Aのまわりに90°回転させる

と, 打点の長方形になるから, 図の太線の三角形は

直角二等辺三角形

で, したがって, $\alpha+\beta=45°$

[解3] 複素数平面では,

$\alpha+\beta$ は,

$(2+i)(3+i)$

$=5+5i$

の偏角であるから,

$\alpha+\beta=45°$

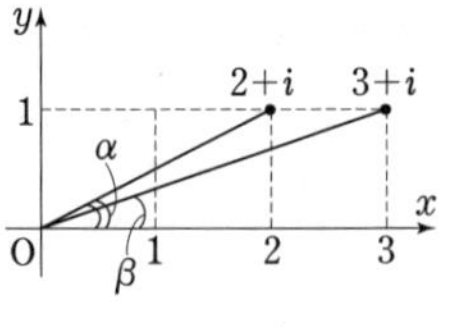

*　　　　　*

複素数平面による解法の簡明さは見事ですね.

本問を一般化すると, 次の鋭角 α, β の和が45°となります. (本問は $a=2$, $b=1$)

$$\tan\alpha=\frac{b}{a},\ \tan\beta=\frac{a-b}{a+b}\ (a>b>0)$$

数ⅢC総合問題

数ⅢCの総合問題を取り上げます．是非知っておきたい解法などがあるテーマ（6テーマ）については例題と演習題がセットになっていて，例題1～6とp.130～131の演習題1～6が，1対1に対応しています．
それ以外に，是非とも演習しておきたい総合問題を14題選び，p.132～133に掲載しました（演習題7番から20番）．

数Ⅲ C 総合問題
要点の整理

1. 平均値の定理

関数 $f(x)$ が閉区間 $[a,\ b]$ で連続，開区間 $(a,\ b)$ で微分可能のとき，

$$\frac{f(b)-f(a)}{b-a}=f'(c) \quad \cdots\cdots ①$$

を満たす実数 c が $a<c<b$ の範囲に存在する．

（平均値の定理）

①の左辺は，2 点 $A(a,\ f(a))$，$B(b,\ f(b))$ を結ぶ直線の傾きであるから，平均値の定理は，「$y=f(x)$ の接線で，直線 AB と平行なものが存在する（ただし，接点は A と B の間にある）」ということを言っている（右図）．

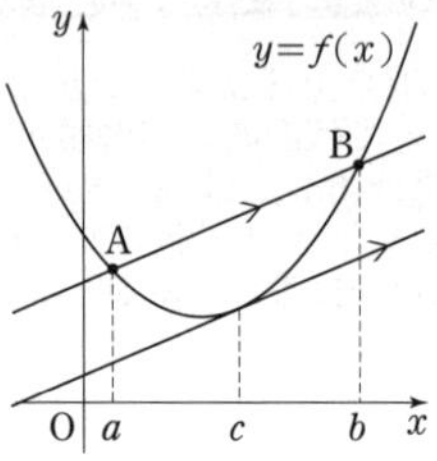

平均値の定理は，①の分母を払った形

$$f(b)-f(a)=f'(c)(b-a) \quad \cdots\cdots ②$$

で使うことも多い．②の形は，$f(b)-f(a)$ から $b-a$ を“取り出す”ときに用いる（☞○2）．

c の値は 1 つとは限らず，また，a と b の値によって変わる，ということに注意しよう．

［例］

$\dfrac{1}{x+1}<\log\left(1+\dfrac{1}{x}\right)<\dfrac{1}{x}$ $(x>0)$ を証明しよう．

$f(x)=\log x$ とすると，$f'(x)=\dfrac{1}{x}$ であるから，

$a=x$，$b=x+1$ として②を用いると，

$$\log(x+1)-\log x=\frac{1}{c} \quad (x<c<x+1)$$

を満たす c が存在する．ここで，$\dfrac{1}{x+1}<\dfrac{1}{c}<\dfrac{1}{x}$ だから，

$$\frac{1}{x+1}<\log(x+1)-\log x<\frac{1}{x}$$

$$\therefore\ \frac{1}{x+1}<\log\left(1+\frac{1}{x}\right)<\frac{1}{x}$$

2. 区分求積法

基本公式は，

$$\lim_{n\to\infty}\sum_{k=1}^{n}\frac{1}{n}f\left(\frac{k}{n}\right)=\int_0^1 f(x)\,dx$$

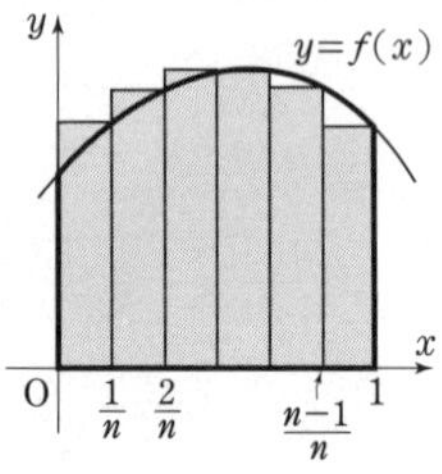

これは，右図網目部の面積（lim の中）の $n\to\infty$ の極限（左辺）が，太線部の面積（右辺）に等しい，という式である．

この式を用いて極限（左辺）を求める手法（求めたいものが左辺で，計算するものが右辺の定積分）を区分求積法という．次の例は公式そのものの形であるが，そうでなくても区分求積法が使えることがある．和がどこの面積を表すかを考え（図示し），それの極限を（図を用いて）定積分で表す，という手順でやるとよい．

［例］

$\displaystyle\lim_{n\to\infty}\frac{1}{n^5}\sum_{k=1}^{n}k^4$ を求めよう．

和を具体的に計算することもできるが，区分求積法を使うと早い．ポイントは，上図の網目の長方形の幅にあたる $\dfrac{1}{n}$ をくくり出すこと．

$$\lim_{n\to\infty}\frac{1}{n^5}\sum_{k=1}^{n}k^4$$

$$=\lim_{n\to\infty}\sum_{k=1}^{n}\frac{1}{n}\left(\frac{k}{n}\right)^4$$

［和の部分は右図網目部の面積．太線部の面積に収束するから，］

$$=\int_0^1 x^4dx=\frac{1}{5}$$

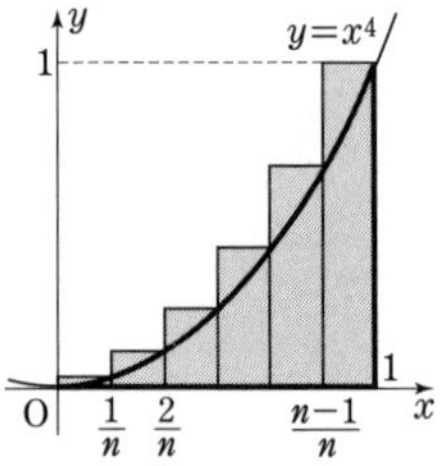

3. 速度・加速度

3・1　直線上を運動する点の速度・加速度

数直線上を運動する点Pがあり，時刻 t におけるPの位置（座標）x が $x=f(t)$ で与えられているとする．

このとき，時刻 t におけるPの速度 $v(t)$ は，

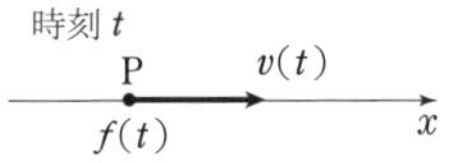

$$v(t)=\frac{dx}{dt}=f'(t)$$

であり，$|v(t)|$ を（時刻 t におけるPの）速さという．

また，時刻 t におけるPの加速度 $\alpha(t)$ は，

$$\alpha(t)=\frac{d^2x}{dt^2}=f''(t)$$

であり，$|\alpha(t)|$ を（時刻 t におけるPの）加速度の大きさという．

速度，加速度は符号つきであることに注意しよう．

3・2　平面上を運動する点の速度・加速度

座標平面上を運動する点Pがあり，時刻 t におけるPの座標 $(x,\ y)$ が $x=f(t)$，$y=g(t)$ で与えられているとする．

このとき，時刻 t におけるPの速度（ベクトル）$\overrightarrow{v(t)}$ は，

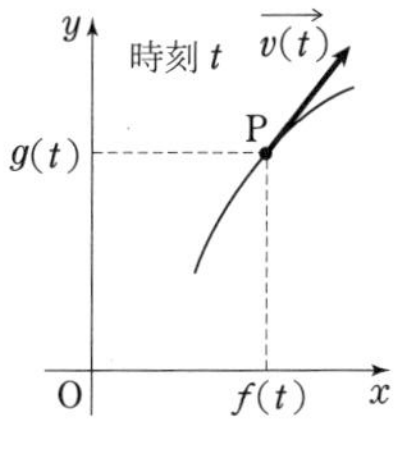

$$\overrightarrow{v(t)}=\left(\frac{dx}{dt},\ \frac{dy}{dt}\right)=(f'(t),\ g'(t))$$

であり，

$$|\overrightarrow{v(t)}|=\sqrt{\left(\frac{dx}{dt}\right)^2+\left(\frac{dy}{dt}\right)^2}=\sqrt{\{f'(t)\}^2+\{g'(t)\}^2}$$

を（時刻 t におけるPの）速さという．

速度ベクトルは，$(x,\ y)=(f(t),\ g(t))$ と媒介変数表示される曲線の接線の方向ベクトルの一つである．

また，時刻 t におけるPの加速度（ベクトル）$\overrightarrow{\alpha(t)}$ は，

$$\overrightarrow{\alpha(t)}=\left(\frac{d^2x}{dt^2},\ \frac{d^2y}{dt^2}\right)=(f''(t),\ g''(t))$$

であり，

$$|\overrightarrow{\alpha(t)}|=\sqrt{\left(\frac{d^2x}{dt^2}\right)^2+\left(\frac{d^2y}{dt^2}\right)^2}=\sqrt{\{f''(t)\}^2+\{g''(t)\}^2}$$

を（時刻 t におけるPの）加速度の大きさという．

単に速度，加速度というときは，それぞれ速度ベクトル，加速度ベクトルを指すものとする．

なお，t による微分を $'$ で表し，

$\dfrac{dx}{dt}$ を x'，$\dfrac{dy}{dt}$ を y'，$\dfrac{d^2x}{dt^2}$ を x''，$\dfrac{d^2y}{dt^2}$ を y''

と書くことがある．

［例］

時刻 t におけるPの座標を

$$\mathrm{P}(x,\ y)=(t\cos t,\ t\sin t)$$

とする．

$$\overrightarrow{v(t)}=\left(\frac{dx}{dt},\ \frac{dy}{dt}\right)=(\cos t-t\sin t,\ \sin t+t\cos t)$$

$$\begin{aligned}|\overrightarrow{v(t)}|^2&=(\cos t-t\sin t)^2+(\sin t+t\cos t)^2\\&=\cos^2 t+t^2\sin^2 t-2t\cos t\sin t\\&\quad+\sin^2 t+t^2\cos^2 t+2t\sin t\cos t\\&=1+t^2\end{aligned}$$

より $|\overrightarrow{v(t)}|=\sqrt{1+t^2}$

$$\begin{aligned}\overrightarrow{\alpha(t)}&=\left(\frac{d^2x}{dt^2},\ \frac{d^2y}{dt^2}\right)\\&=(-\sin t-\sin t-t\cos t,\ \cos t+\cos t-t\sin t)\\&=(-2\sin t-t\cos t,\ 2\cos t-t\sin t)\end{aligned}$$

$$\begin{aligned}|\overrightarrow{\alpha(t)}|^2&=(-2\sin t-t\cos t)^2+(2\cos t-t\sin t)^2\\&=4\sin^2 t+t^2\cos^2 t+4t\sin t\cos t\\&\quad+4\cos^2 t+t^2\sin^2 t-4t\cos t\sin t\\&=4+t^2\end{aligned}$$

より $|\overrightarrow{\alpha(t)}|=\sqrt{4+t^2}$

1 関数方程式

すべての実数で定義された関数 $f(x)$ は次の2条件(A), (B)を満たすものとする.

(A) すべての実数 x, y に対して $f(x+y)=f(x)+f(y)+8xy$

(B) $f'(0)=3$

(1) $f(0)$ の値を求めよ.

(2) $f(x)$ はすべての実数 x で微分可能であることを示し, $f'(x)$ を求めよ.

(3) $f(x)$ を求めよ. (東京理科大・工をもとに作成)

関数方程式の使い方 条件(A)を(関数 $f(x)$ が満たす)関数方程式という. すべての x, y について成り立つ式であるから, 問題を解くのに都合がよい値を代入するなどして使うのであるが, 次の3つの使い方を頭に入れておくとよいだろう.

- $x=0$, $y=0$ などの具体的な値を代入する. 例題(1)はこれで求められるが, $x=y=0$ では何も得られないことがある. $x=0$, $y=1$ とする, $x=0$ (y は変数のまま) とする, など, 式を見て柔軟に考えよう.
- $y=h$ とおいて $h\to 0$ とする (x は固定). 例題(2)で説明しよう. $f(x)$ が微分可能である, つまり $f'(x)$ が存在することを言うのであるから, $\lim_{h\to 0}\frac{f(x+h)-f(x)}{h}$ が存在する (収束する) ことを示す. この分子を, (A)で $x⇨x$, $y⇨h$ とした式 $f(x+h)=f(x)+f(h)+8xh$ を用いて書き直すことがポイントである (x を固定, y を h にして動かす).
- $f(x)$ が微分可能のとき, 関数方程式の各辺を x または y で微分する. 解答の横のコメント参照.

解 答

$f(x+y)=f(x)+f(y)+8xy$ ……………………☆

(1) ☆で $x=0$, $y=0$ とすると, $f(0)=f(0)+f(0)+0$

よって, $\boldsymbol{f(0)=0}$

(2) ☆で $y=h$ とすると, $f(x+h)=f(x)+f(h)+8xh$ ……………①

①を用いると,

$$\frac{f(x+h)-f(x)}{h}=\frac{f(h)+8xh}{h}=\frac{f(h)}{h}+8x \quad \cdots\cdots ②$$

②で x を固定し, $h\to 0$ とする. $f(0)=0$ より $\frac{f(h)}{h}=\frac{f(h)-f(0)}{h}$

となることに注意すると,

$$\lim_{h\to 0}② =\lim_{h\to 0}\left\{\frac{f(h)-f(0)}{h}+8x\right\}=f'(0)+8x \ [\text{(B)を用いて}]$$

$$=8x+3$$

よって, $f(x)$ はすべての x で微分可能であり, $\boldsymbol{f'(x)=8x+3}$ である.

(3) $f(x)$ は $f'(x)$ の原始関数の一つだから,

$$f(x)=4x^2+3x+C \quad (C\text{は定数})$$

とおける.

(1)より $f(0)=0$ であるから, $C=0$

従って, $\boldsymbol{f(x)=4x^2+3x}$

⇨**注** (3)で求めた $f(x)$ について,

$f(x+y)=4(x^2+2xy+y^2)+3(x+y)=f(x)+f(y)+8xy$, $f'(0)=3$

となるので, 確かに(A), (B)が成り立つ. 入試では, 答えが一つに決まった場合は, 十分性の確認は省略してもよいだろう.

▨原題では, $f(x)$ がすべての実数で微分可能である……※ が仮定されていたが, (2)で示したように, ※は条件(B) ($x=0$ でのみ微分可能) から証明できる. すべての実数で微分可能であることが仮定されている (または途中で証明された) 場合は, ☆を微分するという手もある. ☆で y を定数とみて両辺を x で微分すると,

$f'(x+y)=f'(x)+8y$

ここで $x=0$ とすると,

$f'(y)=f'(0)+8y$

(B)を用いると,

$f'(y)=8y+3$

y を x にすれば,

$f'(x)=8x+3$

[$f'(y)=8y+3$ は, 固定された各 y の値に対して成り立つから, 変数 x にしてよい]

2 数列の極限／平均値の定理の応用

$f(x)=\log(x+\sqrt{x^2+4})$ とおく．

（１） $y=f(x)$ のグラフの概形を描け（凹凸も調べよ）．

（２） 平均値の定理を用いて，$a \neq b$ のとき $|f(a)-f(b)| \leqq \frac{1}{2}|a-b|$ が成り立つことを示せ．

（３） p を実数とし，数列 $\{a_n\}$ を $a_1=p$, $a_{n+1}=f(a_n)$ $(n \geqq 1)$ で定める．α を $f(\alpha)=\alpha$ を満たす実数とする（（１）のグラフより α は１つである．このことは証明しなくてよい）．$|a_n-\alpha|$ を考えることにより，$\lim_{n\to\infty} a_n=\alpha$ を示せ． （津田塾大／一部変更）

平均値の定理とその応用 $f(x)$ を微分可能な関数とするとき，$f(a)-f(b)=f'(c)(a-b)$ を満たす c が a と b の間に存在する（平均値の定理：$a<b$, $a>b$ いずれの場合も成り立つ）．（２）は，この式と示すべき式を見くらべて何を示せばよいかを考えよう．

（３）は，（２）の式を繰り返し用いて $|a_n-\alpha| \to 0$ を示す．

解答

（１） $f'(x)=\dfrac{1+\dfrac{2x}{2\sqrt{x^2+4}}}{x+\sqrt{x^2+4}}=\dfrac{\sqrt{x^2+4}+x}{\sqrt{x^2+4}(x+\sqrt{x^2+4})}=\dfrac{1}{\sqrt{x^2+4}}$

$f''(x)=\left((x^2+4)^{-\frac{1}{2}}\right)'=-\dfrac{1}{2}(x^2+4)^{-\frac{3}{2}}\cdot 2x$

$f'(x)>0$ だから $f(x)$ は増加関数．また，

$x<0$ のとき $f''(x)>0$ だから下に凸，

$x>0$ のとき $f''(x)<0$ だから上に凸

なので，グラフの概形は右図．

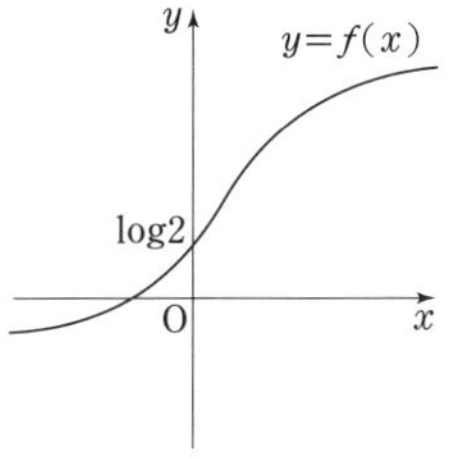

（２） 平均値の定理より，

$f(a)-f(b)=f'(c)(a-b)$ ………①

を満たす c が a と b の間に存在する．

$0<f'(c)=\dfrac{1}{\sqrt{c^2+4}} \leqq \dfrac{1}{\sqrt{0^2+4}}=\dfrac{1}{2}$ であるから，①の各辺の絶対値を考え，

$$|f(a)-f(b)|=|f'(c)||a-b| \leqq \frac{1}{2}|a-b|$$

よって示された．

（３） （２）の式で $a=a_n$, $b=\alpha$ とすると，$f(a_n)=a_{n+1}$, $f(\alpha)=\alpha$ より

$$|a_{n+1}-\alpha| \leqq \frac{1}{2}|a_n-\alpha|$$

これを繰り返し用いると，$|a_n-\alpha| \leqq \left(\dfrac{1}{2}\right)^{n-1}|a_1-\alpha|$ ……………………………②

$a_1=p$（定数）だから，$n\to\infty$ のとき②の右辺は０に収束する．

よって，$\lim_{n\to\infty}|a_n-\alpha|=0$ であり，$\lim_{n\to\infty}a_n=\alpha$ が示された．

➡**注** $\alpha>0$ であるが，「$y=f(x)$ が $(0, \log 2)$ を通り，$x>0$ の範囲で増加で上に凸だから $y=f(x)$ と $y=x$ はただ１つ交点をもつ」とは言えない（$y=x+\log 2+\log(x+1)$ を考えよ）．なお，α が１個以下であることは，（２）を用いて示すこともできる（$f(a)=a$, $f(b)=b$ とすると矛盾）．

▨ x が十分大きいとき，
$f(x)=\log(x+\sqrt{x^2+4})$
$\fallingdotseq \log(x+x)=\log 2x$
となるから，$y=f(x)$ のグラフは $y=\log x$ に近い形になる．

▨ $f(x)$ の形によっては
$f(a)-f(b)$
$=$（a と b の式）$\times(a-b)$
と因数分解できる．〰〰の絶対値が，１未満のある定数以下であることを示せば，（３）は例題と同様に $a_n \to \alpha$ となる．例題では，上のような因数分解ができない．このようなときは平均値の定理を用いるのが定石である．

▨ 原題は，（１）が「$f(\alpha)=\alpha$ となる定数 α がただ１つ存在することを示せ」．グラフの形状からほとんど明らかなので変更した．

3 区分求積法

（ア） $\displaystyle\lim_{n\to\infty}\frac{1}{n}\left\{\log\left(1+\frac{1}{n}\right)+\log\left(1+\frac{2}{n}\right)+\cdots+\log\left(1+\frac{n}{n}\right)\right\}=\boxed{}$

（愛媛大・工一後）

（イ） $\displaystyle\lim_{n\to\infty}\sum_{k=1}^{2n}\frac{n}{2n^2+3nk+k^2}=\boxed{}$　（芝浦工大）

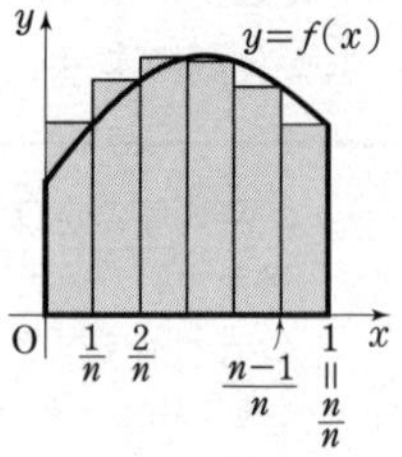

（区分求積の基本の形） $\displaystyle\lim_{n\to\infty}\sum_{k=1}^{n}\frac{1}{n}f\left(\frac{k}{n}\right)=\int_0^1 f(x)\,dx$ が基本の公式である．左辺は右図網目部の面積の極限で，これは太線部の面積（右辺）に等しい．

（変形バージョンについて） 例題(イ)は，$k=1\sim 2n$ なので上の公式にそのままあてはめることはできない．このようなときは，まず $\sum$ の中を公式の形にする．つまり，$\dfrac{n}{2n^2+3nk+k^2}=\dfrac{1}{n}f\left(\dfrac{k}{n}\right)$ となるように $f(x)$ を定める．そして，これの和の極限がどこの面積になるかを考え（解答の図参照），積分区間を求める．

解　答

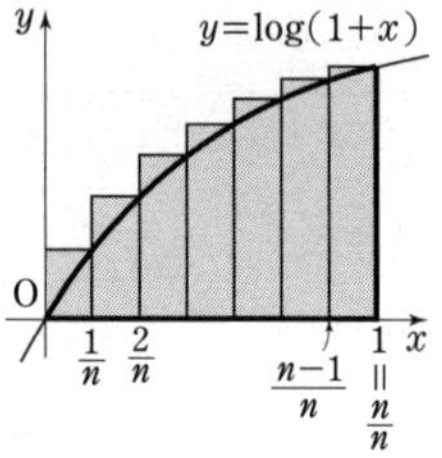

（ア） $\displaystyle\lim_{n\to\infty}\sum_{k=1}^{n}\frac{1}{n}\log\left(1+\frac{k}{n}\right)$

$\displaystyle=\int_0^1\log(1+x)\,dx$

$\displaystyle=\Big[(1+x)\log(1+x)-x\Big]_0^1$

$=\mathbf{2\log 2-1}$

▨公式そのものの形なので，答案は式だけでもよいが，図を描くと間違えにくい．与式の lim の中は網目部の面積で，それの極限が太線部の面積．

⇦$\displaystyle\int(x+1)'\log(1+x)\,dx$

$\displaystyle=(1+x)\log(1+x)-\int dx$

（イ） $\displaystyle\frac{n}{2n^2+3nk+k^2}=\frac{1}{n}\cdot\frac{1}{2+3\cdot\frac{k}{n}+\left(\frac{k}{n}\right)^2}$ であるから，

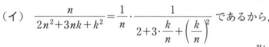

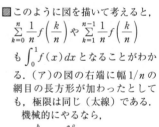

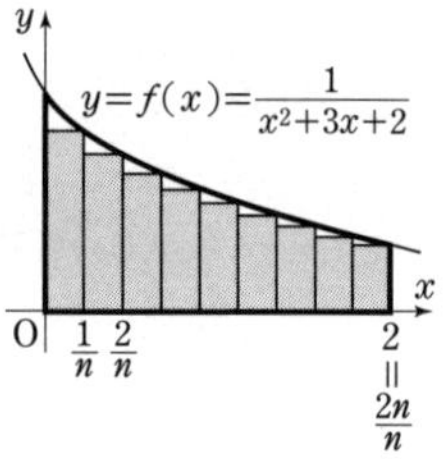

$f(x)=\dfrac{1}{x^2+3x+2}$ とおくと，与式の lim の中は

$\displaystyle\sum_{k=1}^{2n}\frac{1}{n}f\left(\frac{k}{n}\right)$ ……………………………①

となる．これは右図の網目部の面積だから，

$\displaystyle\lim_{n\to\infty}$①=(右図太線部の面積)

$\displaystyle=\int_0^2\frac{1}{x^2+3x+2}dx=\int_0^2\frac{1}{(x+1)(x+2)}dx$

$\displaystyle=\int_0^2\left(\frac{1}{x+1}-\frac{1}{x+2}\right)dx$

$\displaystyle=\Big[\log(x+1)-\log(x+2)\Big]_0^2$

$=(\log 3-\log 4)-(-\log 2)$

$\displaystyle=\log\frac{3\cdot 2}{4}=\mathbf{\log\frac{3}{2}}$

▨このように図を描いて考えると，$\displaystyle\sum_{k=0}^{n}\frac{1}{n}f\left(\frac{k}{n}\right)$ や $\displaystyle\sum_{k=1}^{n-1}\frac{1}{n}f\left(\frac{k}{n}\right)$ も $\displaystyle\int_0^1 f(x)\,dx$ となることがわかる．(ア)の図の右端に幅 $1/n$ の網目の長方形が加わったとしても，極限は同じ（太線）である．

機械的にやるなら，

$\displaystyle\sum_{k=a}^{b}$ ⇨ $\displaystyle\int_\alpha^\beta$

となるとき，

$\displaystyle\alpha=\lim_{n\to\infty}\frac{a}{n},\quad \beta=\lim_{n\to\infty}\frac{b}{n}$

4 不等式／定積分を短冊で評価

（1） 自然数 m，n は $2 \leqq m < n$ を満たすとする．次の不等式が成り立つことを証明せよ．

$$\frac{n+1-m}{m(n+1)} < \frac{1}{m^2} + \frac{1}{(m+1)^2} + \cdots + \frac{1}{(n-1)^2} + \frac{1}{n^2} < \frac{n+1-m}{n(m-1)}$$

（2） $S_n = 1 + \frac{1}{2^2} + \frac{1}{3^2} + \cdots + \frac{1}{n^2}$ $(n=1,\ 2,\ 3,\ \cdots)$ とおく．$n\to\infty$ のとき，S_n は収束することが知られている．$\lim_{n\to\infty} S_n = S$ とするとき，$\frac{3}{2} \leqq S \leqq 2$ が成り立つことを証明せよ．

（3） （2）の S について，$\frac{29}{18} \leqq S \leqq \frac{61}{36}$ が成り立つことを証明せよ．　（日本医大／問題文変更）

和を定積分で評価 （1）の示すべき式の中辺は，右図の網目部の面積であるから，これは太線部の面積より大きい．この大小関係を用いると（1）の左側の不等式が示される．右側も同様である．

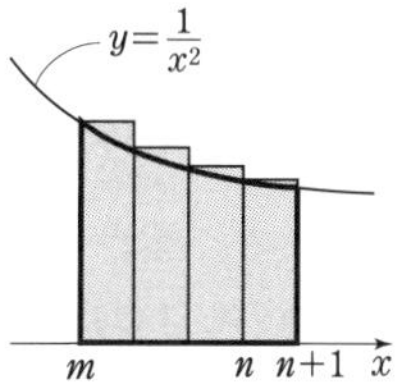

誤差を小さくするには 右図の，太線からはみ出た網目部を見よう．右図では 4 か所あるが，左（m に近い方）が大きく，右の方が小さい．この部分の面積の合計が誤差（中辺と左辺の差）であるから，m を大きくすると誤差が小さくなることがわかるだろう．

解 答

（1） 右図で，面積について

（図 1 の太線部）
<（図 1 の網目部）
=（図 2 の網目部）
<（図 2 の太線部）

が成り立つ．網目部の面積は示すべき不等式の中辺であり，

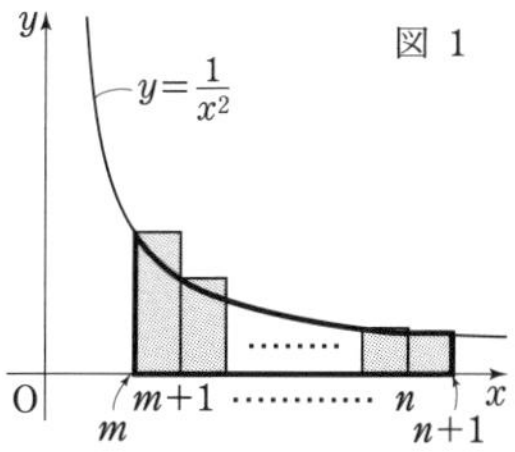

図 1

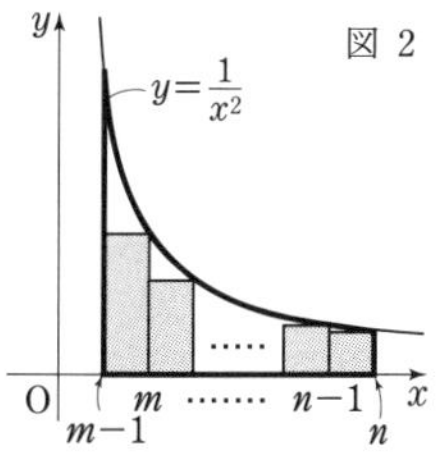

図 2

$$（図 1 の太線部）= \int_m^{n+1} \frac{1}{x^2}dx = \left[-\frac{1}{x}\right]_m^{n+1} = -\frac{1}{n+1} + \frac{1}{m} = \frac{n+1-m}{m(n+1)}$$

$$（図 2 の太線部）= \int_{m-1}^{n} \frac{1}{x^2}dx = \left[-\frac{1}{x}\right]_{m-1}^{n} = -\frac{1}{n} + \frac{1}{m-1} = \frac{n+1-m}{n(m-1)}$$

だから題意は示された．

（2） $S_n = 1 + \left(\frac{1}{2^2} + \frac{1}{3^2} + \cdots + \frac{1}{n^2}\right)$ と（1）で $m=2$ とした式から，

⇦この式のカッコ内に（1）の不等式を用いる．

$$1 + \frac{n-1}{2(n+1)} < S_n < 1 + \frac{n-1}{n}$$

$n\to\infty$ のとき，左辺 $\to \frac{3}{2}$，右辺 $\to 2$ だから，$\frac{3}{2} \leqq S \leqq 2$

⇦極限をとるので，3/2 と 2 に等号がつく．

（3） $S_n = 1 + \frac{1}{2^2} + \frac{1}{3^2} + \left(\frac{1}{4^2} + \cdots + \frac{1}{n^2}\right)$ と（1）で $m=4$ とした式から，

⇦“誤差”の大きい最初の方を具体的に計算することがポイント．

$$1 + \frac{1}{4} + \frac{1}{9} + \frac{n-3}{4(n+1)} < S_n < 1 + \frac{1}{4} + \frac{1}{9} + \frac{n-3}{3n}$$

$1 + \frac{1}{4} + \frac{1}{9} = \frac{49}{36}$ より，$n\to\infty$ として $\frac{29}{18} \leqq S \leqq \frac{61}{36}$

⇦左辺：$\frac{49+9}{36}$，右辺：$\frac{49+12}{36}$．

5 速度・加速度

xy 平面上を運動する点Pの時刻 t における位置が

$$x=\frac{1}{2}t^2-4t,\ y=-\frac{1}{3}t^3+4t^2-16t$$

であるとする．このとき，加速度の大きさが最小となる時刻 T を求めると $T=$ (1) である．この T に対して $t=0$ から $t=T$ までの間に点Pが動く道のりは (2) である．（福岡大・薬）

速度と加速度 xy 平面上を運動する点Pがあり，時刻 t における座標が $\mathrm{P}(x,\ y)=(f(t),\ g(t))$ で与えられているとする．このとき，時刻 t における点Pの速度（ベクトル）を $\overrightarrow{v(t)}$，加速度（ベクトル）を $\overrightarrow{\alpha(t)}$ とすると，

$$\overrightarrow{v(t)}=\left(\frac{dx}{dt},\ \frac{dy}{dt}\right)=(f'(t),\ g'(t)),\ |\overrightarrow{v(t)}|=\sqrt{\left(\frac{dx}{dt}\right)^2+\left(\frac{dy}{dt}\right)^2}=\sqrt{\{f'(t)\}^2+\{g'(t)\}^2}$$

$$\overrightarrow{\alpha(t)}=\left(\frac{d^2x}{dt^2},\ \frac{d^2y}{dt^2}\right)=(f''(t),\ g''(t)),\ |\overrightarrow{\alpha(t)}|=\sqrt{\left(\frac{d^2x}{dt^2}\right)^2+\left(\frac{d^2y}{dt^2}\right)^2}=\sqrt{\{f''(t)\}^2+\{g''(t)\}^2}$$

である．速度ベクトルの大きさ $|\overrightarrow{v(t)}|$ をPの速さという．

道のりは弧長 時刻 t から $t+\Delta t$（Δt は微小時間）の間に点Pが動く道のりは $|\overrightarrow{v(t)}|\Delta t$（速さ×微小時間）であるから，これを足し合わせたものがPが動く道のりになる．つまり，$t=0$ から $t=T$ の間に点Pが動く道のりは $\int_0^T|\overrightarrow{v(t)}|dt=\int_0^T\sqrt{\left(\frac{dx}{dt}\right)^2+\left(\frac{dy}{dt}\right)^2}dt$ となる．これはPが描く曲線の弧長に他ならない．(弧長)=(道のり)=(速さ×微小時間 の合計）のように覚えるとよいだろう．

解答

$x=\frac{1}{2}t^2-4t,\quad y=-\frac{1}{3}t^3+4t^2-16t$ より

$$\frac{dx}{dt}=t-4,\quad \frac{dy}{dt}=-t^2+8t-16=-(t-4)^2$$

$$\frac{d^2x}{dt^2}=1,\quad \frac{d^2y}{dt^2}=-2(t-4)$$

加速度の大きさを $\alpha(t)$ とすると，

$$\alpha(t)^2=\left(\frac{d^2x}{dt^2}\right)^2+\left(\frac{d^2y}{dt^2}\right)^2=1+4(t-4)^2$$

であるから，$\alpha(t)$ が最小になる時刻 T は $\boldsymbol{T=4}$

$t=0$ から $t=4$ までの間に点Pが動く道のりは，

$$\begin{aligned}\int_0^4\sqrt{\left(\frac{dx}{dt}\right)^2+\left(\frac{dy}{dt}\right)^2}dt&=\int_0^4\sqrt{(t-4)^2+(t-4)^4}\,dt\\&=\int_0^4|t-4|\sqrt{1+(t-4)^2}\,dt\\&=-\int_0^4(t-4)\{1+(t-4)^2\}^{\frac{1}{2}}dt\\&=-\int_0^4\frac{1}{2}\{1+(t-4)^2\}'\{1+(t-4)^2\}^{\frac{1}{2}}dt\\&=-\frac{1}{2}\left[\frac{2}{3}\{1+(t-4)^2\}^{\frac{3}{2}}\right]_0^4=\boldsymbol{\frac{17\sqrt{17}-1}{3}}\end{aligned}$$

⇦ $0\leqq t\leqq 4$ より $|t-4|=-(t-4)$

⇦ $\{f(t)\}f'(t)$ の形の関数（本書では「特殊基本関数」と呼ぶ）

6 水の問題

曲線 $y=e^x-1$ $(x\geqq 0)$ を y 軸のまわりに1回転してできる容器がある．この容器に毎秒 a の割合で水を注ぐ．水面の高さが b に達したときの水面の上昇する速さ，および水面の面積が増加する速さを a，b を用いて表せ．

（信州大・医－後／一部省略）

水の問題の解き方 ここでは，空の容器に一定の割合で水を注ぐ問題を扱う．登場する量は，容器の底から水面までの高さ H，水面の面積 S，水の量 V であり，これらを時刻 t の関数と考えるのが基本である．解答では，単に H と書いたら時刻 t における高さを表すものとする（他も同様）．

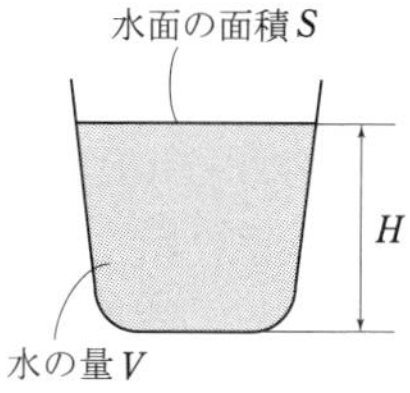

このタイプの問題では，水の量（または水を注ぐ割合）を2通りの方法で表すことがポイントになる．容器の底から水面までの高さが h のときの水面の面積を $S(h)$ とすると，体積の公式より $V=\int_0^H S(h)\,dh$ ……① であり，一方，毎秒 a の割合で水を注ぐから $V=at$ ……② である．①＝②と，S を H で表した式から求めたいものを計算する．水面の上昇する速さは $\dfrac{dH}{dt}$，水面の面積が増加する速さは $\dfrac{dS}{dt}$ である．

解答

注水開始時点を時刻0とし，時刻 t における水面の高さを H とする．

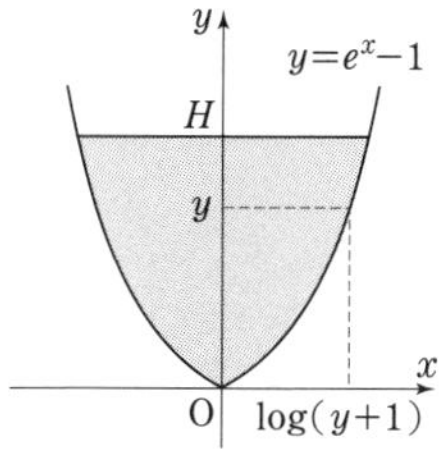

$y=e^x-1$ のとき $x=\log(y+1)$ であるから，時刻 t における水の量 V は，

$$V=\int_0^H \pi\{\log(y+1)\}^2 dy \ \cdots\cdots ①$$

一方，毎秒 a の割合で水を注ぐから，

$$V=at \ \cdots\cdots ②$$

①＝②であり，これを t で微分して，

$$\left(\frac{dV}{dt}=\right)\pi\{\log(H+1)\}^2\cdot\frac{dH}{dt}=a$$

$$\therefore \quad \frac{dH}{dt}=\frac{a}{\pi\{\log(H+1)\}^2} \ \cdots\cdots ③$$

よって，$H=b$ のときに水面の上昇する速さは，$\boldsymbol{\dfrac{a}{\pi\{\log(b+1)\}^2}}$

▨ 水面の上昇する速さは $\dfrac{dH}{dt}$
水面の高さ H が b に達したときの水面の上昇する速さを求めるので，$\dfrac{dH}{dt}$ を H で表して $H=b$ を代入する．

合成関数の微分法を用いる．
⇦ H は t の関数であることに注意．

⇦ （水面の面積）×（水面の上昇速度）が注水速度 a に等しい，という式である．（水面の面積）$=\pi\{\log(H+1)\}^2$，（水面の上昇速度）$=\dfrac{dH}{dt}$．こう考えると納得できるだろう．

時刻 t における水面の面積を S とすると，$S=\pi\{\log(H+1)\}^2$ ……④ であるから，④の両辺を t で微分して，

$$\frac{dS}{dt}=\pi\cdot 2\{\log(H+1)\}\cdot\frac{1}{H+1}\cdot\frac{dH}{dt}$$

$$=2\pi\cdot\frac{\log(H+1)}{H+1}\cdot\frac{a}{\pi\{\log(H+1)\}^2} \quad （③を用いた）$$

$$=\frac{2a}{(H+1)\log(H+1)}$$

従って，$H=b$ のときに水面の面積が増加する速さは，

$$\boldsymbol{\frac{2a}{(b+1)\log(b+1)}}$$

▨ 前半と同様に考える．
水面の面積が増加する速さは，$\dfrac{dS}{dt}$
水面の高さ H が b に達したときの水面の面積が増加する速さを求めるので，$\dfrac{dS}{dt}$ を H で表して $H=b$ を代入する．

数ⅢC総合問題　演習題

1

微分可能な関数 $f(x)$ が，すべての実数 x，y に対して

$$f(x)f(y)-f(x+y)=\sin x\sin y$$

を満たし，さらに $f'(0)=0$ を満たすとする．次の問いに答えよ．

（1）$f(0)$ を求めよ．

（2）関数 $f(x)$ の導関数 $f'(x)$ を求めよ．

（3）定積分 $\displaystyle\int_0^{\frac{\pi}{3}}\frac{dx}{f(x)}$ を求めよ．　（新潟大・理，工，医(医)，歯）

（1）$x=0$ を代入．
（2）$y=h\to 0$ とするか，両辺を微分．
（3）まず $f(x)$ を求める．

2

$f(x)=2^{\frac{x}{2}}$ とし，数列 $\{a_n\}$ を

$$a_1=1,\ a_{n+1}=f(a_n)\ (n=1,\ 2,\ \cdots)$$

によって定める．

（1）$a_n<a_{n+1}$ $(n=1,\ 2,\ \cdots)$ を示せ．

（2）$a_n<2$ $(n=1,\ 2,\ \cdots)$ を示せ．

（3）$f(x)=x$ をみたす x を求めよ．

（4）$f(\alpha)=\alpha$ のとき，

$$\alpha-a_{n+1}<\frac{\alpha\log 2}{2}(\alpha-a_n)\quad(n=1,\ 2,\ \cdots)$$

が成り立つことを示せ．

（5）$\displaystyle\lim_{n\to\infty}a_n$ を求めよ．ただし，$e>2$ であることは証明なしに用いてよい．

（大分大・医／(５)のただし書きを変更）

（1）と（2）は数学的帰納法を用いる．
（3）$y=f(x)$ と $y=x$ のグラフを描いてみよう．交点は２個．
（4）平均値の定理を使う．

3

（ア）a_n $(n=1,\ 2,\ 3,\ \cdots)$ を $a_n=\dfrac{1}{n}\sqrt[n]{n(n+1)(n+2)\cdots(2n-1)}$ で定める．

$\displaystyle\lim_{n\to\infty}a_n$ を求めよ．　（広島大・理(数)－後／一部省略）

（イ）放物線 $C：y=\dfrac{1}{4}x^2$ および点 F(0，1) について考える．以下の問いに答えよ．ただし，O は原点を表す．

（1）放物線 C 上の点 A$(x,\ y)$ $(x>0$ とする$)$ に対して $\theta=\angle$OFA，$r=$FA とおく．r を θ を用いて表せ．

（2）放物線 C 上に n 個の点 A$_1(x_1,\ y_1)$，A$_2(x_2,\ y_2)$，…，A$_n(x_n,\ y_n)$ を

$$x_k>0\quad かつ\quad \angle \mathrm{OFA}_k=\frac{k\pi}{2n}\ (k=1,\ 2,\ 3,\ \cdots,\ n)$$

を満たすようにとる．極限 $\displaystyle\lim_{n\to\infty}\frac{1}{n}\sum_{k=1}^{n}\mathrm{FA}_k$ を求めよ．　（熊本大・理系）

（ア）log をとる．
（イ）（1）は A$(x,\ y)$ を r，θ で表して C に代入．
（2）は区分求積だが，積分計算が問題．分母の定数を消す三角関数の公式は？

4

以下の問に答えよ．

（1） 2 以上の自然数 n に対して

$$\log 1+\log 2+\cdots+\log(n-1)\leqq n\log n-n+1$$

が成り立つことを示せ．

（2） 2 以上の自然数 n に対して

$$n\log n-n+1\leqq \log 2+\log 3+\cdots+\log n$$

が成り立つことを示せ．

（3） 実数 $x>0$ に対して $\log x\leqq 2\sqrt{x}-2$ が成り立つことを示し，$\displaystyle\lim_{n\to\infty}\frac{\log n}{n}$ の値を求めよ．

（4） $\displaystyle\lim_{n\to\infty}\log\frac{\sqrt[n]{n!}}{n}$ と $\displaystyle\lim_{n\to\infty}\frac{\sqrt[n]{n!}}{n}$ の値を求めよ．　（神戸大・理系－後）

（1） 左辺は短冊の和，右辺は定積分．
（3） 前半は右辺に集めて微分で示す．
（4） （1）と（2）ではさみうち．

5

座標平面上を運動する点 P の時刻 t における座標 $(x,\ y)$ が

$$x=\sin t,\ y=\frac{1}{2}\cos 2t$$

で表されているとする．このとき，点 P は曲線 (1) 上を動く．また，点 P の速度ベクトルは $\vec{v}=$ (2) であり，加速度ベクトルは $\vec{a}=$ (3) である．

速さ $|\vec{v}|$ が 0 になるとき，点 P は点 Q((4)) あるいは点 R((5)) の位置にある（ただし，Q の x 座標＞R の x 座標とする）．$0\leqq t\leqq 30$ において，点 P は定点 Q を (6) 回通る．

$|\vec{v}|$ の最大値は (7) であり，加速度の大きさ $|\vec{a}|$ の最小値は (8) である．

（立命館大・理系）

（1） t を消去．
（7）（8） sin か cos に統一する．

6

空の容器に毎秒 $a\pi$ の割合で水を入れ始めた（a は正の定数）．この容器にたまる水の面は常に円をなしている．容器の底からの高さが h のときの水面の面積を $S(h)$ とおく．このとき以下の問いに答えよ．

（1） 水面の高さ h が H に達したときにたまっている水の量 $V(H)$ を，H と $S(h)$ を用いて表せ．

（2） 水を入れ始めてから t 秒後の水面の高さを $H(t)$ としたとき，$H'(t)$ は常に水面の面積 $S(H(t))$ に反比例すること，すなわち $H'(t)\cdot S(H(t))=k$ （k は定数）となることを示し，k の値を求めよ．

高さ h での水面の半径を $r(h)$ とおく．以下では $r(h)=\dfrac{\log(h+1)}{\sqrt{h+1}}$ であるとする．

（3） このとき $V(H)$ を H を用いて表せ．

（4） $H(t)$ を a と t を用いて表せ．　（中央大・理工）

（1） 積分の式を書く．
（2） $V(H(t))=a\pi t$ の各辺を t で微分する．
（3） （1）の積分計算を実行する．
（4） $V(H(t))=a\pi t$ を再び用いる．

7 $y=\sqrt{x}$ のグラフの(1，1)での接線の式は
$y=\boxed{\text{ア}}x+\boxed{\text{イ}}$ であり，接線上で $x=1+h$ での値は $\boxed{\text{ウ}}+\boxed{\text{エ}}h$ $(=f(h)$ とおく) である．h が小さいとき $f(h)$ は $\sqrt{1+h}$ の良い近似となっている．

(1) $h>0$ のとき，$0<f(h)-\sqrt{1+h}<\dfrac{1}{8}h^2$ が成り立つことを示せ．

(2) $\sqrt{17}=4\sqrt{1+\boxed{\text{オ}}}$ であることを利用して，$\sqrt{17}$ を小数第2位まで求めよ．

(3) 同様にして $\sqrt{37}$ を小数第2位まで求めよ．

（順天堂大・医／一部変更）

8 a を正の定数とし，座標平面上に異なる2点 A$(a,\ 0)$，P$(x,\ 0)$をとる．線分の長さ OP と PA の比の値 $\dfrac{\mathrm{OP}}{\mathrm{PA}}$ について，次の問に答えよ．ただし，O は原点を表す．

(1) $\dfrac{\mathrm{OP}}{\mathrm{PA}}$ を x，a を用いて表せ．

(2) $\dfrac{\mathrm{OP}}{\mathrm{PA}}=\dfrac{1}{2}$ のとき，P の座標を求めよ．

(3) $f(x)=\dfrac{\mathrm{OP}}{\mathrm{PA}}$ とするとき，関数 $y=f(x)$ のグラフの概形をかけ．

（香川大・教，農）

9 次の問に答えよ．

(1) $x\geqq0$ のとき，$x-\dfrac{x^3}{6}\leqq\sin x\leqq x$ を示せ．

(2) $x\geqq0$ のとき，$\dfrac{x^3}{3}-\dfrac{x^5}{30}\leqq\displaystyle\int_0^x t\sin t\,dt\leqq\dfrac{x^3}{3}$ を示せ．

(3) 極限値 $\displaystyle\lim_{x\to0}\frac{\sin x-x\cos x}{x^3}$ を求めよ．

（北海道大・理系）

10 数列 $\{a_n\}_{n=1,\ 2,\ 3,\ \cdots}$ を $a_n=\dfrac{1}{n!}\displaystyle\int_0^1 t^ne^{-t}dt$ で定める．ここで e は自然対数の底とする．次の問いに答えよ．

(1) $0\leqq\displaystyle\int_0^1 t^ne^{-t}dt\leqq1-e^{-1}$ $(n=1,\ 2,\ 3,\ \cdots)$ を示せ．

(2) $\displaystyle\lim_{n\to\infty}a_n=0$ を示せ．

(3) $a_{n+1}=a_n-\dfrac{1}{(n+1)!e}$ $(n=1,\ 2,\ 3,\ \cdots)$ を示せ．

(4) $e=1+\displaystyle\sum_{n=1}^{\infty}\frac{1}{n!}$ を示せ．

（高知大・理）

11 $I_n=\displaystyle\int_0^{\frac{\pi}{4}}\tan^n\theta\,d\theta$ $(n=1,\ 2,\ 3,\ \cdots)$ とするとき，次の問に答えよ．

(1) I_1 および I_n+I_{n+2} $(n=1,\ 2,\ 3,\ \cdots)$ を求めよ．

(2) 不等式 $I_n\geqq I_{n+1}$ $(n=1,\ 2,\ 3,\ \cdots)$ を示せ．

(3) $\displaystyle\lim_{n\to\infty}nI_n$ を求めよ．

（琉球大・理系）

12 数列 $\{S_n\}$ が $S_n=\displaystyle\int_{-\pi}^{\pi}\left(\sum_{k=1}^{n}k\cos kx\right)^2dx$ で与えられている．次の問いに答えよ．

(1) l，m を自然数とするとき，定積分 $\displaystyle\int_{-\pi}^{\pi}\cos lx\cos mx\,dx$ の値を求めよ．

(2) 一般項 S_n を求めよ．

(3) 極限値 $\displaystyle\lim_{N\to\infty}\sum_{n=1}^{N}\frac{2n+1}{(n+2)S_n}$ を求めよ．

（山口大・理－後）

13 $-2 \leqq x \leqq 2$ 上で関数 $f(x)$, $g(x)$ を

$$f(x)=\frac{1}{2}-\frac{1}{4}|x|,\quad g(x)=\int_{-2}^{x} f(t)\,dt$$

によって定める.

(1) $y=f(x)$ のグラフの概形を描け.

(2) $g(x)$ を計算し, $y=g(x)$ のグラフの概形を描け.

(3) $y=g(x)$ の逆関数 $y=g^{-1}(x)$ を求め, そのグラフの概形を描け.

(4) $\int_0^1 (g^{-1}(x))^2 dx$ を計算せよ.

(5) $y=g^{-1}(x)$ は $x=\frac{1}{2}$ で微分可能であることを示せ. (お茶の水女大・理)

14 $x>0$ に対し関数 $f(x)$ を $f(x)=\int_0^x \frac{dt}{1+t^2}$ と定め, $g(x)=f\left(\frac{1}{x}\right)$ とおく. 以下の問に答えよ.

(1) $\frac{d}{dx}f(x)$ を求めよ.

(2) $\frac{d}{dx}g(x)$ を求めよ.

(3) $f(x)+f\left(\frac{1}{x}\right)$ を求めよ. (神戸大・理系)

15 区間 $-\infty<x<\infty$ で定義された連続関数 $f(x)$ に対して $F(x)=\int_0^{2x} tf(2x-t)\,dt$ とおく.

(1) $F\left(\frac{x}{2}\right)=\int_0^x (x-s)f(s)\,ds$ となることを示せ.

(2) 2次導関数 F'' を f で表せ.

(3) F が3次多項式で $F(1)=f(1)=1$ となるとき, f と F を求めよ. (北海道大・理系)

16 関数

$$f(x)=\log(x+1)-\frac{1}{2}\log(x^2+1)\quad(x>-1)$$

について, 次の問いに答えよ.

(1) $f(x)$ の増減を調べて極値を求めよ.

(2) k を実数とする. x についての方程式 $f(x)=k$ の相異なる実数解の個数を求めよ.

(3) 曲線 $y=f(x)$, x 軸および直線 $x=1$ で囲まれる図形の面積 S を求めよ. (名古屋工大)

17 不等式

$$(\sqrt{x^2+y^2}-1)^2+z^2 \leqq 1$$

を満たす点 $(x,\ y,\ z)$ からなる立体 V がある.

以下の設問に答えなさい.

(1) 平面 $z=0$ による V の切り口の面積 $S(0)$ を求めなさい.

(2) 平面 $z=t$ による V の切り口の面積 $S(t)$ を求めなさい.

(3) V の体積を求めなさい.

(専修大・ネットワーク)

18 正四面体 V を考える. V の4頂点を A, B, C, D とする. V の重心 G は, 三角形 BCD の重心を M とするとき, AM を 3:1 に内分する点である. G を中心とし GM を半径とする球は V に内接している. G を中心とする球 S があり, V の各面と S の共通部分はその面 (正三角形) の内接円となっている. このとき V の1辺の長さを $6\sqrt{2}$ として, 次の問いに答えよ.

(1) 線分 GM の長さと V の体積を求めよ.

(2) S の半径と S の体積を求めよ.

(3) V と S の共通部分を V_1 とする. V_1 の体積を求めよ.

(京都工繊大－後／省略と変更あり)

19 極方程式 $r=2(1+\cos\theta)$ で表される曲線を C とする. C は右図のような曲線で心臓形とよばれる. いま, 複素数平面の領域 $\{z=x+yi\,|\,x \geqq 0\}$ に曲線 S があって, 点 $z=x+yi$ が S 上を動くとき, 点 z^2 は心臓形 C をえがくという. x, y を用いて S の方程式を求めよ.

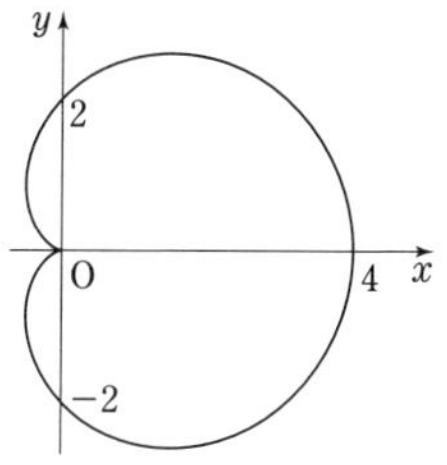

(信州大・理, 医)

20 中心の xyz 座標が $(0,\ 0,\ 1)$ で半径が1の球 G と点 $\mathrm{P}(0,\ -2,\ a)$ に関して, 点 P を通る直線が球 G と共有点をもつとき, この直線と xy 平面の交点全体が作る図形の外形を表す方程式を求めよ. また, その方程式が表す図形を実数 a に関して分類せよ. ただし, $a \neq 0$ とする. (大分大・医／$a \neq 0$ の条件を追加)

数Ⅲ C 総合問題 演習題の解答

1…B**○	2…B***	3…B*C***
4…B***	5…B***	6…B**
7…B***	8…A*○	9…B***
10…B**○	11…C**	12…B**○
13…B****	14…B**	15…C***
16…B***	17…B**	18…B**○
19…B**	20…C***	

1 （1） $x=0$ を代入する．

（2） 導関数の定義を用いて求めるのであれば，関数方程式で $y=h$ とした式を使い，$h\to 0$ とする．あるいは，関数方程式の各辺を y で微分する（別解）．

（3） まず（1）と（2）から $f(x)$ を求める．

解 $f(x)f(y)-f(x+y)=\sin x\sin y$ ……………☆

（1） ☆に $x=0$ を代入すると，

$$f(0)f(y)-f(y)=0$$

$$\therefore\ f(y)\{f(0)-1\}=0 \quad \cdots\cdots①$$

ここで，$f(0)\neq 1$ とすると，①はすべての実数 y について成り立つので，$f(y)=0$．このとき，☆の左辺は常に0であるが，右辺はそうではないので矛盾する．

よって，$\boldsymbol{f(0)=1}$

（2） ☆で $y=h$ とした式

$$f(x+h)=f(x)f(h)-\sin x\sin h$$

を用いると，$h\neq 0$ のとき

$$\frac{f(x+h)-f(x)}{h}=\frac{f(x)f(h)-\sin x\sin h-f(x)}{h}$$

$$=f(x)\cdot\frac{f(h)-1}{h}-\sin x\cdot\frac{\sin h}{h} \quad \cdots\cdots②$$

ここで，

$$\lim_{h\to 0}\frac{f(h)-1}{h}=\lim_{h\to 0}\frac{f(h)-f(0)}{h}=f'(0)=0$$

であるから，

$$f'(x)=\lim_{h\to 0}②=f(x)\cdot 0-\sin x\cdot 1=\boldsymbol{-\sin x}$$

（3） （2）より $f(x)=\cos x+C$（C は定数）と書け，これと $f(0)=1$ から $f(x)=\cos x$

よって，

$$\int_0^{\frac{\pi}{3}}\frac{1}{f(x)}dx=\int_0^{\frac{\pi}{3}}\frac{1}{\cos x}dx$$

$$=\int_0^{\frac{\pi}{3}}\frac{\cos x}{\cos^2 x}dx=\int_0^{\frac{\pi}{3}}\frac{\cos x}{1-\sin^2 x}dx \quad \cdots\cdots③$$

③で $\sin x=t$ とおくと，$\cos x\,dx=dt$ であり，積分区間の対応は $\begin{array}{c|c} x & 0\to\pi/3 \\ \hline t & 0\to\sqrt{3}/2 \end{array}$ であるから，

$$③=\int_0^{\frac{\sqrt{3}}{2}}\frac{1}{1-t^2}dt=\int_0^{\frac{\sqrt{3}}{2}}\frac{1}{2}\left(\frac{1}{1+t}+\frac{1}{1-t}\right)dt$$

$$=\frac{1}{2}\Big[\log|1+t|-\log|1-t|\Big]_0^{\frac{\sqrt{3}}{2}}$$

$$=\frac{1}{2}\left[\log\left|\frac{1+t}{1-t}\right|\right]_0^{\frac{\sqrt{3}}{2}}=\frac{1}{2}\log\frac{2+\sqrt{3}}{2-\sqrt{3}}$$

$$=\frac{1}{2}\log(2+\sqrt{3})^2=\boldsymbol{\log(2+\sqrt{3})}$$

別解 （2） ☆で x を固定し，y の関数とみて各辺を微分すると，

$$f(x)f'(y)-f'(x+y)=\sin x\cos y$$

この式に $y=0$ を代入し，$f'(0)=0$ を用いると，

$$f(x)\cdot 0-f'(x)=\sin x\cdot 1$$

よって，$\boldsymbol{f'(x)=-\sin x}$

⇨**注** ☆は $f(x+y)=f(x)f(y)-\sin x\sin y$ と書ける．ここで加法定理を思い浮かべると，$f(x)=\cos x$ が☆を満たすことはわかる．さらに $f'(0)=0$ もクリアしているので，カンのいい人ならこれが答えに違いないと思うだろう．このようにアタリをつけておくと解きやすい．言うまでもないことであるが，条件を満たす $f(x)$ をすべて求める（他にないことを示す）必要があるので，1つ見つけただけでは正解にならない．

2 （1）と（2）は数学的帰納法で示す．ここではまとめて証明する．

（3） グラフを描くと，交点が2個あることがわかる（注も参照）．答えを見つけよう．1つは，（2）の過程から $x=2$．

（4） 平均値の定理を用いる．

解 $f(x)=2^{\frac{x}{2}}$

$$a_1=1,\ a_{n+1}=f(a_n)\ (n=1,\ 2,\ \cdots)$$

（1）（2） 数学的帰納法を用いて $a_n<a_{n+1}<2$ ………☆ を示す．

• $n=1$ のとき，$a_2=f(a_1)=2^{\frac{1}{2}}=\sqrt{2}$ であるから，$1<\sqrt{2}<2$ すなわち $a_1<a_2<2$ となって☆は成り立つ．

• $n=k$ のとき☆が成り立つとする．$f(x)$ は増加関数であるから，

$$f(a_k)<f(a_{k+1})<f(2) \quad \cdots\cdots①$$

ここで $f(2)=2^1=2$ であるから，①は $a_{k+1}<a_{k+2}<2$

よって，☆は $n=k+1$ のときも成り立つ．

以上で示された．

(3) $y=f(x)$ と $y=x$ のグラフは右図のように2点で交わるので，$f(x)=x$ をみたす x は，$\boldsymbol{x=2,\ 4}$

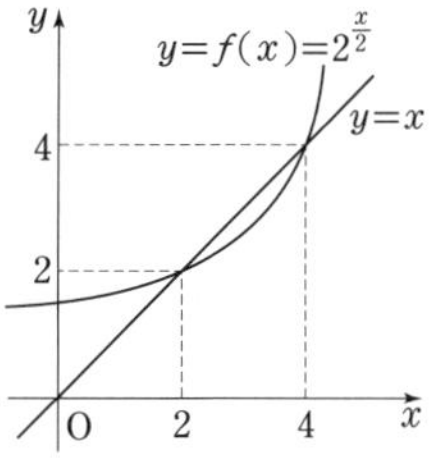

(4) ☆と(3)より

$a_n<2\leqq\alpha$ であるから，平均値の定理より，

$$\frac{f(\alpha)-f(a_n)}{\alpha-a_n}=f'(c)\cdots\cdots②,\quad a_n<c<\alpha$$

を満たす c が存在する．

$$f'(x)=\left(2^{\frac{x}{2}}\log 2\right)\cdot\frac{1}{2}=\frac{f(x)\log 2}{2}\ \text{と}\ c<\alpha,$$

$f(\alpha)=\alpha$ より，

$$f'(c)=\frac{f(c)\log 2}{2}<\frac{f(\alpha)\log 2}{2}=\frac{\alpha\log 2}{2}$$

となるので，これと②から

$$\frac{f(\alpha)-f(a_n)}{\alpha-a_n}<\frac{\alpha\log 2}{2}$$

$f(a_n)=a_{n+1}$ と $\alpha-a_n>0$ から，

$$\alpha-a_{n+1}<\frac{\alpha\log 2}{2}(\alpha-a_n)\cdots\cdots\cdots\cdots\cdots\cdots\cdots\cdots③$$

(5) ③で $\alpha=2$ とすると，

$$2-a_{n+1}<(\log 2)(2-a_n)$$

これを繰り返し用いると，

$$2-a_n<(\log 2)^{n-1}(2-a_1)$$

$e>2$ より $0<\log 2<1$ であるので，

$$\lim_{n\to\infty}(\log 2)^{n-1}(2-a_1)=0$$

一方，☆より $0<2-a_n$ だから，はさみうちの原理により，$\lim_{n\to\infty}(2-a_n)=0$

よって，$\boldsymbol{\lim_{n\to\infty}a_n=2}$

➡注 $y=f(x)$ のグラフは下に凸であるから，$y=f(x)$ と $y=x$ の交点は多くても2個である（答案ではこれを述べる必要はないだろう）．従って，$f(x)=x$ をみたす x が2個見つかれば，他にはないと言える．

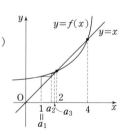

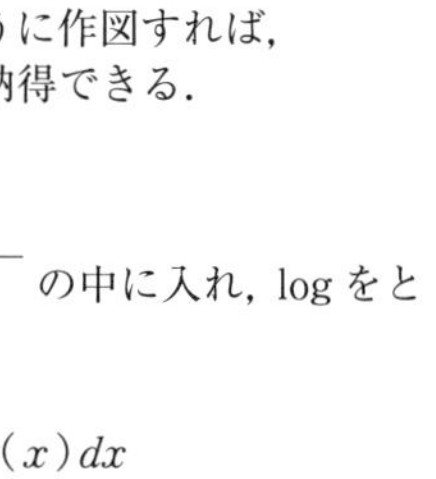

また，a_2，a_3，… を図のように作図すれば，$a_n\to 2$ $(n\to\infty)$ となることも納得できる．

3 （ア） 先頭の $1/n$ を $\sqrt[n]{\quad}$ の中に入れ，log をとると，区分求積法の公式

$$\lim_{n\to\infty}\sum_{k=1}^{n}\frac{1}{n}f\left(\frac{k}{n}\right)=\int_0^1 f(x)\,dx$$

が使える形になる．

（イ）（1）は $\mathrm{A}(x,\ y)$ を r と θ で表して C の方程式に代入する．p.84 の ○5 と同様，因数分解できる．

（2）は区分求積そのものの形であるが，積分計算が問題．倍角（半角）の公式を使う．

解 （ア） $a_n=\dfrac{1}{n}\sqrt[n]{n(n+1)(n+2)\cdots(2n-1)}$

$$=\sqrt[n]{\frac{n(n+1)(n+2)\cdots(2n-1)}{n^n}}$$

$$=\sqrt[n]{\frac{n}{n}\cdot\frac{n+1}{n}\cdot\frac{n+2}{n}\cdots\cdots\frac{n+(n-1)}{n}}$$

であるから，

$$\log a_n=\frac{1}{n}\log\frac{n}{n}\cdot\frac{n+1}{n}\cdot\frac{n+2}{n}\cdots\cdots\frac{n+(n-1)}{n}$$

$$=\sum_{k=0}^{n-1}\frac{1}{n}\log\frac{n+k}{n}$$

$$=\sum_{k=0}^{n-1}\frac{1}{n}\log\left(1+\frac{k}{n}\right)\cdots\cdots\cdots\cdots\cdots\cdots\cdots\cdots\cdots①$$

よって，

$$\lim_{n\to\infty}\log a_n=\lim_{n\to\infty}①$$

$$=\int_0^1\log(1+x)\,dx=\Big[(1+x)\log(1+x)-x\Big]_0^1$$

$$=2\log 2-1=\log\frac{4}{e}$$

従って，$\boldsymbol{\lim_{n\to\infty}a_n=\dfrac{4}{e}}$

（イ）（1） 右図より

$\mathrm{A}(x,\ y)$

$=(r\sin\theta,\ 1-r\cos\theta)$

である．これが $C:y=\dfrac{1}{4}x^2$ 上にあるので，

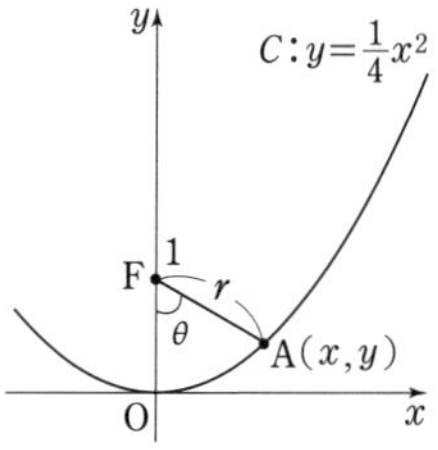

$$1-r\cos\theta=\frac{1}{4}r^2\sin^2\theta$$

$$\therefore\quad (1-\cos^2\theta)r^2+(4\cos\theta)r-4=0$$

$$\therefore\quad \{(1+\cos\theta)r-2\}\{(1-\cos\theta)r+2\}=0$$

$r>0$ より，$\boldsymbol{r=\dfrac{2}{1+\cos\theta}}$

（2）（1）より，

$$\mathrm{FA}_k=\frac{2}{1+\cos\dfrac{k\pi}{2n}}$$

であるから，区分求積法を用いると，

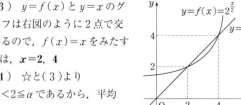

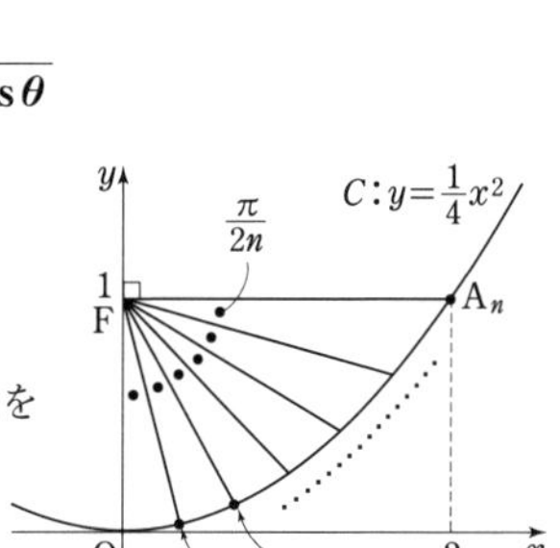

$$\lim_{n\to\infty}\frac{1}{n}\sum_{k=1}^{n}\mathrm{FA}_k$$

$$=\lim_{n\to\infty}\sum_{k=1}^{n}\frac{1}{n}\cdot\frac{2}{1+\cos\left(\dfrac{\pi}{2}\cdot\dfrac{k}{n}\right)}$$

$$=\int_0^1 \frac{2}{1+\cos\frac{\pi}{2}x}dx \cdots\cdots①$$

①で $\frac{\pi}{2}x=t$ とおくと，$\frac{\pi}{2}dx=dt$ であり，積分区間の対応は $\begin{array}{c|c} x & 0\to1 \\ \hline t & 0\to\pi/2 \end{array}$ となるから，

$$①=\int_0^{\frac{\pi}{2}} \frac{2}{1+\cos t}\cdot\frac{2}{\pi}dt=\frac{4}{\pi}\int_0^{\frac{\pi}{2}}\frac{1}{1+\cos t}dt$$

$$=\frac{4}{\pi}\int_0^{\frac{\pi}{2}}\frac{1}{2\cos^2\frac{t}{2}}dt$$

$$\left[\frac{d}{d\theta}(\tan\theta)=\frac{1}{\cos^2\theta}\text{を用いて}\right]$$

$$=\frac{4}{\pi}\left[\tan\frac{t}{2}\right]_0^{\frac{\pi}{2}}=\frac{4}{\pi}\cdot1=\boldsymbol{\frac{4}{\pi}}$$

別解 （1） 放物線 C の焦点は $\mathrm{F}(0,\ 1)$，準線は $l：y=-1$ である．よって，A から l に下ろした垂線の足を H とすると，

$$\mathrm{AF}=\mathrm{AH}\cdots\cdots②$$

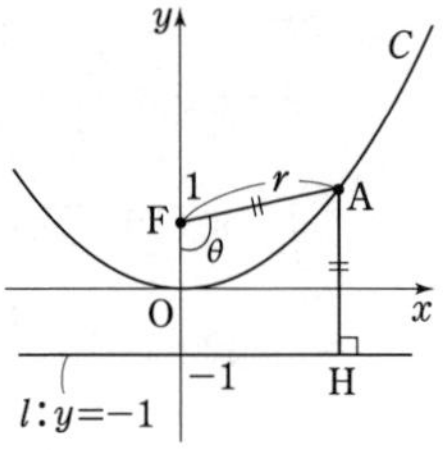

ここで，A の y 座標は $1-r\cos\theta$ であるから，

$$\mathrm{AH}=1-r\cos\theta-(-1)$$

よって，②は　$r=2-r\cos\theta$

$$\therefore\quad \boldsymbol{r=\frac{2}{1+\cos\theta}}$$

⇨注　（2）は，FA_1，FA_2，…，FA_n の長さの平均を求めたことになる．

4　log の和（（1）の左辺，（2）の右辺）を短冊の面積の和とみるが，この短冊を，（1）は $y=\log x$ の下側に，（2）は $y=\log x$ からはみ出すように作ることがポイント．（3）は，右辺に集めて微分する．（4）は（1）と（2）を用いてはさみうち．

解 （1） $n\geqq2$ のとき，

$$\log1+\log2+\cdots+\log(n-1)\quad\cdots\cdots①$$

は，右図の網目部の面積に等しく（ただし，$n=2$ のときは①$=0$），これは太線で囲まれた部分の面積より小さいから，

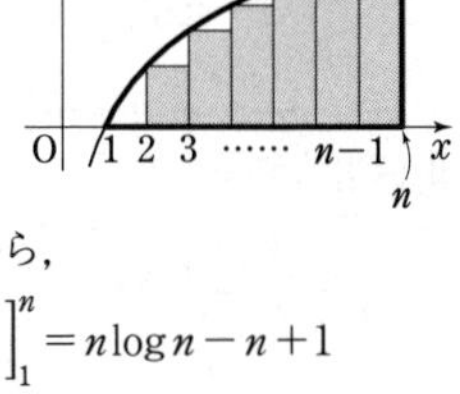

$$①\leqq\int_1^n\log x\,dx=\Big[x\log x-x\Big]_1^n=n\log n-n+1$$

である．よって示された．

（2） $n\geqq2$ のとき，

$$\log2+\log3+\cdots+\log n\quad\cdots\cdots②$$

は右図の網目部の面積に等しく，これは太線で囲まれた部分の面積より大きいから，

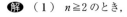

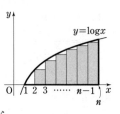

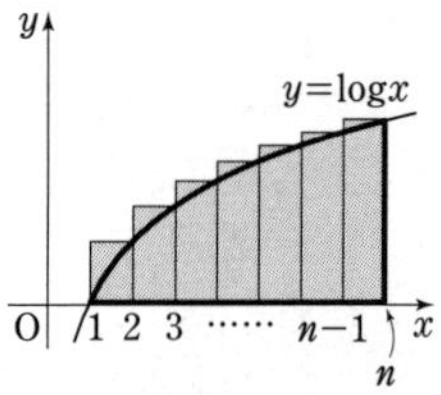

$$②\geqq\int_1^n\log x\,dx=n\log n-n+1$$

である．よって示された．

（3） $2\sqrt{x}-2-\log x\geqq0\cdots\cdots③$　を示す．

$f(x)=2\sqrt{x}-2-\log x$ とおくと，

$$f'(x)=2\cdot\frac{1}{2\sqrt{x}}-\frac{1}{x}=\frac{\sqrt{x}-1}{x}$$

であるから，増減表は右のようになる．よって，

x	(0)	…	1	…
$f'(x)$	／	−	0	+
$f(x)$	(∞)	↘		↗

$$f(x)\geqq f(1)=2-2=0$$

であり，③が示された．

$x\geqq1$ のとき $0\leqq\log x\leqq2\sqrt{x}-2$ だから，$n=1,\ 2,\ \cdots$ に対して，

$$0\leqq\log n\leqq2\sqrt{n}-2$$

$$\therefore\quad 0\leqq\frac{\log n}{n}\leqq\frac{2}{\sqrt{n}}-\frac{2}{n}$$

が成り立つ．ここで $\lim_{n\to\infty}\left(\frac{2}{\sqrt{n}}-\frac{2}{n}\right)=0$ であるから，はさみうちの原理により，

$$\boldsymbol{\lim_{n\to\infty}\frac{\log n}{n}=0}$$

（4） $\log\frac{\sqrt[n]{n!}}{n}=\frac{1}{n}\log(n!)-\log n$

$$=\frac{\log(n!)-n\log n}{n}\quad\cdots\cdots④$$

であり，

$$\log(n!)=\log1+\log2+\cdots+\log(n-1)+\log n$$

である．

（1）の不等式の各辺に $\log n$ を加えた不等式により

［④の分子の形にするために $n\log n$ を左辺に移項して］

$$\log1+\log2+\cdots+\log(n-1)+\log n-n\log n$$
$$\leqq\log n-n+1$$

（2）の不等式の各辺に $0=\log1$ を加えた不等式により

$$-n+1$$
$$\leqq\log1+\log2+\cdots+\log(n-1)+\log n-n\log n$$

これらを④の分子に用いると，

$$\frac{-n+1}{n}\leqq\frac{\log(n!)-n\log n}{n}\leqq\frac{\log n-n+1}{n}$$

$$\therefore\quad \underbrace{-1+\frac{1}{n}}_{⑤} \leqq \log\frac{\sqrt[n]{n!}}{n} \leqq \underbrace{-1+\frac{\log n}{n}+\frac{1}{n}}_{⑥}$$

ここで，$\lim_{n\to\infty}⑤=-1$，$\lim_{n\to\infty}⑥=-1$（(3)の結果を用いた）であるから，はさみうちの原理より

$$\lim_{n\to\infty}\log\frac{\sqrt[n]{n!}}{n}=-1$$

従って，$\displaystyle\lim_{n\to\infty}\frac{\sqrt[n]{n!}}{n}=e^{-1}=\frac{1}{e}$

▨本問で示したことから，1，2，…，n の相乗平均 $\sqrt[n]{n!}$ は，n が大きいとだいたい $\dfrac{n}{e}$ であることがわかる．

つまり，$n!\fallingdotseq\left(\dfrac{n}{e}\right)^n$ となるが，この ≒ は両辺の比が $n\to\infty$ のときに1に収束するという意味ではなく，正確には次のようになる．

$$\lim_{n\to\infty}\frac{n!}{\sqrt{2\pi n}\left(\dfrac{n}{e}\right)^n}=1\quad（スターリングの公式）$$

5 （1） $\cos 2t$ を $\sin t$ で表す．

（4）（5） $|\vec{v}|=0 \iff \vec{v}=\vec{0}$

（6） 点Qを通る時刻を一般形で表す．

（7）（8） $|\vec{v}|^2$，$|\vec{a}|^2$ を計算する．sin か cos に統一すると平方完成で最大・最小が求められる．

解 $\mathrm{P}(x,\ y)=\left(\sin t,\ \dfrac{1}{2}\cos 2t\right)$

（1） $y=\dfrac{1}{2}\cos 2t=\dfrac{1}{2}(1-2\sin^2 t)$ より，Pは曲線

$\boldsymbol{y=\dfrac{1}{2}(1-2x^2)}$ 上を動く．

（2） $\dfrac{dx}{dt}=\cos t$，$\dfrac{dy}{dt}=-\sin 2t$

より，$\boldsymbol{\vec{v}=(\cos t,\ -\sin 2t)}$

（3） $\dfrac{d^2x}{dt^2}=-\sin t$，$\dfrac{d^2y}{dt^2}=-2\cos 2t$

より，$\boldsymbol{\vec{a}=(-\sin t,\ -2\cos 2t)}$

（4）（5） $|\vec{v}|=0 \iff \vec{v}=\vec{0}$

$\iff \cos t=0$ かつ $-\sin 2t=0$ ……………①

$\sin 2t=2\sin t\cos t$ だから①は $\cos t=0$ と同値．このとき，

$$x=\sin t=\pm1,\ y=\frac{1}{2}(1-2x^2)=-\frac{1}{2}$$

答えは，$\boldsymbol{\mathrm{Q}\left(1,\ -\dfrac{1}{2}\right)}$，$\boldsymbol{\mathrm{R}\left(-1,\ -\dfrac{1}{2}\right)}$

（6） Qを通る時刻 t は，$\cos t=0$，$\sin t=1$ を満たすから，$t=\dfrac{\pi}{2}+2n\pi$（$n=0$，±1，±2，…）

［$2\pi\fallingdotseq6.28$ なので $0\leqq t\leqq30$ となる n は0～4．$n\leqq-1$ は明らかに不適．$n=4$，5を調べてきちんと示すと，］

$$\frac{\pi}{2}+8\pi<8.5\times3.2=27.2<30,\quad \frac{\pi}{2}+10\pi>10\pi>30$$

だから，$0\leqq t\leqq30$ となる n は0，1，2，3，4の5個．

よって，$0\leqq t\leqq30$ においてPは定点Qを**5**回通る．

（7）
$$\begin{aligned}|\vec{v}|^2&=\cos^2 t+(-\sin 2t)^2\\&=\cos^2 t+4\sin^2 t\cos^2 t\\&=\cos^2 t+4(1-\cos^2 t)\cos^2 t\\&=-4\cos^4 t+5\cos^2 t\\&=-4\left(\cos^2 t-\frac{5}{8}\right)^2+\frac{25}{16}\end{aligned}$$

より，$|\vec{v}|$ は $\cos^2 t=\dfrac{5}{8}$ のとき**最大値** $\sqrt{\dfrac{25}{16}}=\boldsymbol{\dfrac{5}{4}}$ をとる．

（8）
$$\begin{aligned}|\vec{a}|^2&=(-\sin t)^2+(-2\cos 2t)^2\\&=\sin^2 t+4\cos^2 2t\\&=\frac{1-\cos 2t}{2}+4\cos^2 2t\\&=4\left(\cos 2t-\frac{1}{16}\right)^2-\frac{1}{64}+\frac{1}{2}\end{aligned}$$

より，$|\vec{a}|$ は $\cos 2t=\dfrac{1}{16}$ のとき**最小値**

$\sqrt{-\dfrac{1}{64}+\dfrac{1}{2}}=\boldsymbol{\dfrac{\sqrt{31}}{8}}$ をとる．

➡**注** （7）の $|\vec{v}|^2$ は，

$$\begin{aligned}|\vec{v}|^2&=\cos^2 t+\sin^2 2t\\&=\frac{1+\cos 2t}{2}+(1-\cos^2 2t)\\&=-\left(\cos 2t-\frac{1}{4}\right)^2+\frac{25}{16}\end{aligned}$$

としてもよい．

▨Pは，放物線 $y=\dfrac{1}{2}(1-2x^2)$ 上を右のように動く．Pの速さが0になるのは，両端点に来るときである．

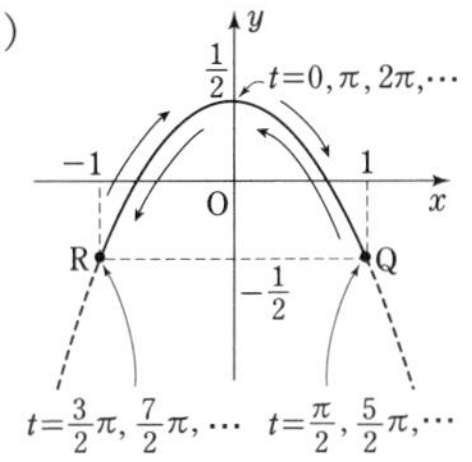

6 (1) 積分の式を書けばよい．

(2) $V(H(t))$ は t 秒間に入る水の量だから，$a\pi t$．$V(H(t))=a\pi t$ の各辺を t で微分する．

(3) (1)の式で計算する．特殊基本関数の積分．

(4) $V(H(t))=a\pi t$ の左辺に(3)の結果を代入して $H(t)$ を求める．

解 (1) $\boldsymbol{V(H)=\int_0^H S(h)\,dh}$

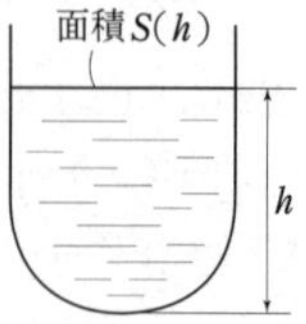

(2) (1)より，

$V(H(t))=\int_0^{H(t)} S(h)\,dh$

これは t 秒間に入る水の量 $a\pi t$ に等しいから，

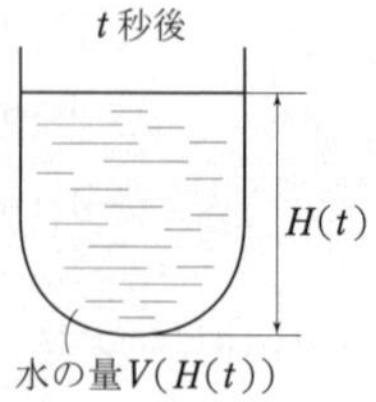

$\int_0^{H(t)} S(h)\,dh=a\pi t$

両辺を t で微分すると，

$S(H(t))H'(t)=a\pi$

よって，$H'(t)\cdot S(H(t))=k$

となる定数 k は，$\boldsymbol{k=a\pi}$

(3) $S(h)=\pi\{r(h)\}^2=\pi\cdot\dfrac{\{\log(h+1)\}^2}{h+1}$

$=\pi\{\log(h+1)\}^2\cdot\{\log(h+1)\}'$

であるから，(1)より

$$V(H)=\int_0^H \pi\{\log(h+1)\}^2\{\log(h+1)\}'\,dh$$

$$=\pi\left[\frac{1}{3}\{\log(h+1)\}^3\right]_0^H$$

$$=\boldsymbol{\frac{\pi}{3}\{\log(H+1)\}^3}$$

(4) (3)より $V(H(t))=\dfrac{\pi}{3}\{\log(H(t)+1)\}^3$

であり，一方，$V(H(t))=a\pi t$ であるから，

$$\frac{\pi}{3}\{\log(H(t)+1)\}^3=a\pi t$$

$$\therefore\ \{\log(H(t)+1)\}^3=3at$$

$$\therefore\ \log(H(t)+1)=\sqrt[3]{3at}$$

$$\therefore\ H(t)+1=e^{\sqrt[3]{3at}}$$

$$\therefore\ \boldsymbol{H(t)=e^{\sqrt[3]{3at}}-1}$$

▨ (2)の $S(H(t))\cdot H'(t)=a\pi$ は，

（水面の面積）×（水面の上昇速度）＝（注水速度）

という式である．本問は，「示せ」なので解答のように(1)と合成関数の微分法を用いるのがよいだろう．

7 $y=f(x)$ の $x=a$ の近くにおいては，$x=a$ における接線を用いて近似式を作ることができる．(1)は，その誤差がどれくらいか，という式である．

(2)(3)は，$f(h)-\dfrac{1}{8}h^2<\sqrt{1+h}<f(h)$ を用いて，小数第2位まで求める．

解 アイ： $y=\sqrt{x}$ のとき，$y'=\dfrac{1}{2\sqrt{x}}$ であるから，(1, 1)における接線の式は，

$$y=\frac{1}{2}(x-1)+1 \qquad \therefore\ \boldsymbol{y=\frac{1}{2}x+\frac{1}{2}}\ \cdots\cdots\text{①}$$

ウエ： ①に $x=1+h$ を代入して，

$$y=\frac{1}{2}(1+h)+\frac{1}{2} \qquad \therefore\ \boldsymbol{f(h)=1+\frac{1}{2}h}$$

(1) $p(h)=f(h)-\sqrt{1+h}=1+\dfrac{1}{2}h-\sqrt{1+h}$ とおくと，

$$p'(h)=\frac{1}{2}-\frac{1}{2\sqrt{1+h}}>0\ (h>0)$$

よって，$h>0$ のとき $p(h)$ は増加し，$p(0)=0$ とから

$$p(h)>0\ (h>0)$$

$q(h)=\dfrac{1}{8}h^2-p(h)$ とおくと，

$$q'(h)=\frac{1}{4}h-\frac{1}{2}+\frac{1}{2\sqrt{1+h}}=\frac{1}{4}h+\frac{1}{2}(1+h)^{-\frac{1}{2}}-\frac{1}{2}$$

$$q''(h)=\frac{1}{4}-\frac{1}{4}(1+h)^{-\frac{3}{2}}>0\ (h>0)$$

よって，$h>0$ のとき $q'(h)$ は増加し，$q'(0)=0$ とから，$q'(h)>0\ (h>0)$ である．したがって，$h>0$ のとき $q(h)$ は増加し，$q(0)=0$ とから

$$q(h)>0\ (h>0)$$

以上により，$0<f(h)-\sqrt{1+h}<\dfrac{1}{8}h^2\ (h>0)$ ……②

が成り立つ．

(2) ②により，$h>0$ のとき，

$$1+\frac{1}{2}h-\frac{1}{8}h^2<\sqrt{1+h}<1+\frac{1}{2}h\ \cdots\cdots\text{③}$$

$\sqrt{17}=\sqrt{16+1}=4\sqrt{1+\boldsymbol{\dfrac{1}{16}}}$ であり，③により，

$$1+\frac{1}{2}\cdot\frac{1}{16}-\frac{1}{8}\left(\frac{1}{16}\right)^2<\sqrt{1+\frac{1}{16}}<1+\frac{1}{2}\cdot\frac{1}{16}$$

両辺を4倍して，$4+\dfrac{1}{8}-\dfrac{1}{512}<\sqrt{17}<4+\dfrac{1}{8}$

$$\therefore\ 4.125-0.0019\cdots<\sqrt{17}<4.125$$

よって，$\sqrt{17}$ を小数第2位まで求めると **4.12** となる．

(3) $\sqrt{37}=\sqrt{36+1}=6\sqrt{1+\dfrac{1}{36}}$ であり，③により，

$$1+\frac{1}{2}\cdot\frac{1}{36}-\frac{1}{8}\left(\frac{1}{36}\right)^2<\sqrt{1+\frac{1}{36}}<1+\frac{1}{2}\cdot\frac{1}{36}$$

$\therefore\ \ 6+\dfrac{1}{12}-\dfrac{1}{1728}<\sqrt{37}<6+\dfrac{1}{12}$

$\therefore\ \ 6.083\cdots-0.0005\cdots<\sqrt{37}<6.083\cdots$

よって，$\sqrt{37}$ を小数第２位まで求めると **6.08** となる．

⇨**注**　(１)は微分法を用いず，$f(h)-\sqrt{1+h}$ の分子を有理化することによっても解ける．

$$f(h)-\sqrt{1+h}=1+\frac{h}{2}-\sqrt{1+h}$$

$$=\frac{1}{2}(2+h-2\sqrt{1+h})=\frac{(2+h)^2-(2\sqrt{1+h})^2}{2(2+h+2\sqrt{1+h})}$$

$$=\frac{h^2}{2(2+h+2\sqrt{1+h})}$$

であるから，$h>0$ のとき，

$$0<\frac{h^2}{2(2+h+2\sqrt{1+h})}<\frac{h^2}{2(2+2)}=\frac{1}{8}h^2$$

8　(３)　１次分数関数のグラフを描くには，分子を分母により低次にした形を利用する．また，$y=|g(x)|$ のグラフは，$y=g(x)$ のグラフの $y<0$ の部分を x 軸に関して折り返したもの（$y\geqq0$ の部分はそのまま）になる．

解　(１)　$\mathrm{A}(a,\ 0)$，$\mathrm{P}(x,\ 0)$ により，

$\mathrm{OP}=|x|$，$\mathrm{PA}=|x-a|$

$\therefore\ \ \dfrac{\mathrm{OP}}{\mathrm{PA}}=\dfrac{|\boldsymbol{x}|}{|\boldsymbol{x}-\boldsymbol{a}|}$

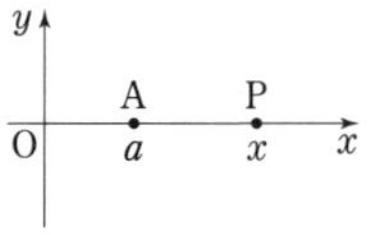

(２)　$\dfrac{\mathrm{OP}}{\mathrm{PA}}=\dfrac{1}{2}$ のとき，

$2|x|=|x-a|$

$\therefore\ \ 2x=\pm(x-a)\qquad\therefore\ \ x=-a,\ \dfrac{a}{3}$

よって，P の座標は，$(\boldsymbol{-a},\ \boldsymbol{0})$，$\left(\boldsymbol{\dfrac{a}{3}},\ \boldsymbol{0}\right)$

(３)　$f(x)=\dfrac{\mathrm{OP}}{\mathrm{PA}}=\left|\dfrac{x}{x-a}\right|=\left|\dfrac{x-a+a}{x-a}\right|$

$$=\left|1+\frac{a}{x-a}\right|$$

よって，$y=f(x)$ のグラフは，

$y=1+\dfrac{a}{x-a}$

のグラフの $y<0$ の部分を x 軸に関して折り返したものであるから，右図の実線部分である．

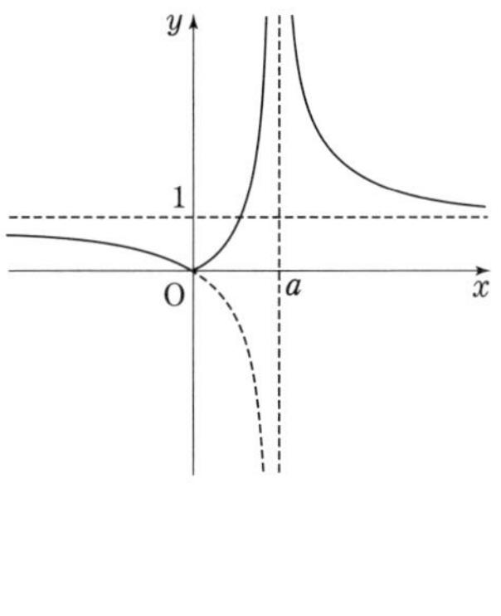

9　(１)　差をとって微分する．

(２)　(１)の式から示すべき式の中辺を作ることを考えよう．(１)で x⇨t とすると $t-\dfrac{t^3}{6}\leqq\sin t\leqq t$

これの各辺に t をかけて $t=0\sim x$ で積分する

(３)　まず(２)の中辺を計算してみよう．

解　(１)　$f(x)=x-\sin x$ とおく．

$f'(x)=1-\cos x\geqq0$ と $f(0)=0$ より，

$f(x)\geqq0\ \ (x\geqq0)\cdots\cdots①$

$\therefore\ \ \sin x\leqq x$

$g(x)=\sin x-\left(x-\dfrac{x^3}{6}\right)$ とおくと，

$$g'(x)=\cos x-\left(1-\frac{x^2}{2}\right)$$

$g''(x)=-\sin x+x=f(x)$ であるから，①より $g''(x)\geqq0\ \ (x\geqq0)$．よって，$g'(0)$ と合わせて，$g'(x)\geqq0\ \ (x\geqq0)$．これと $g(0)=0$ から，$g(x)\geqq0\ \ (x\geqq0)$

$$\therefore\ \ x-\frac{x^3}{6}\leqq\sin x$$

よって，示された．

(２)　(１)より，$t-\dfrac{t^3}{6}\leqq\sin t\leqq t\ \ (t\geqq0)$ であるから，これの各辺に t をかけて $t=0\sim x$ で積分すると，

$$\underbrace{\int_0^x\left(t^2-\frac{t^4}{6}\right)dt}_{②}\leqq\int_0^x t\sin t\,dt\leqq\underbrace{\int_0^x t^2dt}_{③}$$

$$②=\left[\frac{t^3}{3}-\frac{t^5}{30}\right]_0^x=\frac{x^3}{3}-\frac{x^5}{30},$$

$$③=\left[\frac{t^3}{3}\right]_0^x=\frac{x^3}{3}$$

であるから，示された．

(３)　極限を求める式について，

$$\frac{\sin(-x)-(-x)\cos(-x)}{(-x)^3}=\frac{\sin x-x\cos x}{x^3}$$

であるから，これは偶関数である．よって，$x\to+0$ のときの極限を求めればよい．

$$\int_0^x t\sin t\,dt=\int_0^x t(-\cos t)'\,dt$$

$$=\Big[-t\cos t\Big]_0^x+\int_0^x\cos t\,dt$$

$$=\Big[-t\cos t+\sin t\Big]_0^x=-x\cos x+\sin x$$

であるから，(２)より，$x>0$ のとき

$$\frac{x^3}{3}-\frac{x^5}{30}\leqq\sin x-x\cos x\leqq\frac{x^3}{3}$$

$\therefore\quad \underset{\sim\sim\sim}{\frac{1}{3}-\frac{x^2}{30}}\leqq\frac{\sin x-x\cos x}{x^3}\leqq\frac{1}{3}$

〰〰 は $x\to+0$ のとき $\frac{1}{3}$ に収束するから，はさみうちの原理より，$\displaystyle\lim_{x\to+0}\frac{\sin x-x\cos x}{x^3}=\frac{1}{3}$

従って，求める極限値は，$\boldsymbol{\frac{1}{3}}$

▨マクローリン展開（☞「微積分/基礎の極意」p.68〜）より，

$$\sin x=x-\frac{x^3}{6}+\frac{x^5}{120}-\cdots$$

$$\cos x=1-\frac{x^2}{2}+\frac{x^4}{24}-\cdots$$

なので，

$$\sin x-x\cos x$$
$$=\left(x-\frac{x^3}{6}+\frac{x^5}{120}-\cdots\right)-x\left(1-\frac{x^2}{2}+\frac{x^4}{24}-\cdots\right)$$
$$=\left(-\frac{1}{6}+\frac{1}{2}\right)x^3+(x^5\text{ 以上の項})$$
$$=\frac{1}{3}x^3+(x^5\text{ 以上の項})$$

これより，(3)の極限値は $\frac{1}{3}$ と予想できる．

10 (1) $t^ne^{-t}\leqq$ ☐ で，☐ を $0\leqq t\leqq 1$ で積分すると $1-e^{-1}$ になるものは？

(3) 部分積分を使って漸化式を作る．

(4) まず a_N を求めよう．

解 (1) $0\leqq t\leqq 1$ のとき，$0\leqq t^n\leqq 1$，$e^{-t}>0$ により，

$$0\leqq t^ne^{-t}\leqq e^{-t}$$

が成り立つから，

$$0\leqq\int_0^1 t^ne^{-t}dt\leqq\int_0^1 e^{-t}dt=\Big[-e^{-t}\Big]_0^1=1-e^{-1}$$

(2) (1)により，

$$0\leqq a_n=\frac{1}{n!}\int_0^1 t^ne^{-t}dt\leqq\frac{1-e^{-1}}{n!}$$

$\displaystyle\lim_{n\to\infty}\frac{1-e^{-1}}{n!}=0$ であるから，はさみうちの原理により，

$$\lim_{n\to\infty}a_n=0$$

(3) $a_{n+1}=\dfrac{1}{(n+1)!}\displaystyle\int_0^1 t^{n+1}e^{-t}dt$

$$=\frac{1}{(n+1)!}\left\{\Big[t^{n+1}(-e^{-t})\Big]_0^1-\int_0^1(n+1)t^n(-e^{-t})dt\right\}$$
$$=\frac{1}{(n+1)!}\left\{-e^{-1}+(n+1)\int_0^1 t^ne^{-t}dt\right\}$$
$$=-\frac{1}{(n+1)!e}+\frac{1}{n!}\int_0^1 t^ne^{-t}dt=a_n-\frac{1}{(n+1)!e}$$

(4) $a_1=\dfrac{1}{1!}\displaystyle\int_0^1 te^{-t}dt$

$$=\Big[t(-e^{-t})\Big]_0^1-\int_0^1(-e^{-t})dt$$
$$=\Big[-te^{-t}-e^{-t}\Big]_0^1=1-\frac{2}{e}$$

であり，(3)により，$N\geqq 2$ のとき，

$$a_N=a_1+\sum_{n=1}^{N-1}(a_{n+1}-a_n)$$
$$=1-\frac{2}{e}+\sum_{n=1}^{N-1}\left(-\frac{1}{(n+1)!e}\right)$$
$$=1-\frac{2}{e}-\frac{1}{e}\sum_{n=1}^{N-1}\frac{1}{(n+1)!}$$
$$=1-\frac{2}{e}-\frac{1}{e}\left(\frac{1}{2!}+\frac{1}{3!}+\cdots+\frac{1}{N!}\right)$$
$$=1-\frac{1}{e}\left(1+\frac{1}{1!}+\frac{1}{2!}+\cdots+\frac{1}{N!}\right)\left(\because\quad 2=1+\frac{1}{1!}\right)$$
$$=1-\frac{1}{e}\left(1+\sum_{n=1}^{N}\frac{1}{n!}\right)$$
$$\therefore\quad 1+\sum_{n=1}^{N}\frac{1}{n!}=e(1-a_N)$$

$N\to\infty$ とすると(2)の結果により，$1+\displaystyle\sum_{n=1}^{\infty}\frac{1}{n!}=e$

➡**注** $a_0=\displaystyle\int_0^1 e^{-t}dt$ と定めると，(3)が $n=0$ でも成り立つ．a_0 を利用すると，次のように(4)がもう少しすっきりする．

$$a_0=\int_0^1 e^{-t}dt$$
$$=\Big[-e^{-t}\Big]_0^1=1-\frac{1}{e}$$

$N\geqq 1$ のとき，

$$a_N=a_0+\sum_{n=0}^{N-1}(a_{n+1}-a_n)$$
$$=1-\frac{1}{e}+\sum_{n=0}^{N-1}\left(-\frac{1}{(n+1)!e}\right)$$
$$=1-\frac{1}{e}\left(1+\frac{1}{1!}+\frac{1}{2!}+\cdots+\frac{1}{N!}\right)$$

（以下略）

▨(1)は，(2)が目標なら右辺は $1-e^{-1}$ ではなく 1 でも OK．これを示すなら，$0\leqq t\leqq 1$ のとき，$0\leqq t^n\leqq 1$，$e^{-1}\leqq e^{-t}\leqq 1$ により $0\leqq t^ne^{-t}\leqq 1$

$$\therefore\quad 0\leqq\int_0^1 t^ne^{-t}dt\leqq\int_0^1 1dt=1$$

とすればよい．

▨$e=\displaystyle\sum_{n=0}^{\infty}\frac{1}{n!}=1+\frac{1}{1!}+\frac{1}{2!}+\frac{1}{3!}+\cdots\cdots$

は，マクローリン展開によっても得られる．

11 (1) 定積分の漸化式を作るとき，部分積分を使うことが多いが，tan はその例外である．I_n+I_{n+2} において，積分を1つにまとめて計算する．
(3) (2)の不等式を利用するはずなので，「はさみうち」で求める．(1)(2)を使って，まず I_n についての不等式を作ろう．

解 (1) $\boldsymbol{I_1}=\int_0^{\frac{\pi}{4}}\tan\theta d\theta$

$$=\int_0^{\frac{\pi}{4}}\frac{\sin\theta}{\cos\theta}d\theta=\int_0^{\frac{\pi}{4}}\frac{-(\cos\theta)'}{\cos\theta}d\theta$$

$$=\Big[-\log\cos\theta\Big]_0^{\frac{\pi}{4}}=-\log\frac{1}{\sqrt{2}}=\boldsymbol{\frac{1}{2}\log 2}$$

$$\boldsymbol{I_n+I_{n+2}}=\int_0^{\frac{\pi}{4}}\tan^n\theta d\theta+\int_0^{\frac{\pi}{4}}\tan^{n+2}\theta d\theta$$

$$=\int_0^{\frac{\pi}{4}}\tan^n\theta(1+\tan^2\theta)d\theta=\int_0^{\frac{\pi}{4}}\tan^n\theta\cdot\frac{1}{\cos^2\theta}d\theta$$

$$=\int_0^{\frac{\pi}{4}}\tan^n\theta(\tan\theta)'d\theta=\left[\frac{\tan^{n+1}\theta}{n+1}\right]_0^{\frac{\pi}{4}}=\boldsymbol{\frac{1}{n+1}}$$

(2) $0\leqq\theta\leqq\frac{\pi}{4}$ のとき，$0\leqq\tan\theta\leqq 1$ により

$$\tan^n\theta\geqq\tan^{n+1}\theta$$

であるから，

$$\int_0^{\frac{\pi}{4}}\tan^n\theta d\theta\geqq\int_0^{\frac{\pi}{4}}\tan^{n+1}\theta d\theta \qquad \therefore\ I_n\geqq I_{n+1}$$

が成り立つ．

(3) $I_n+I_{n+2}=\frac{1}{n+1}$ ……①，$I_n\geqq I_{n+1}$ ……②

②により $I_n\geqq I_{n+2}$ であるから，

$$I_n+I_n\geqq I_n+I_{n+2}\geqq I_{n+2}+I_{n+2}$$

$$\therefore\ 2I_n\geqq\frac{1}{n+1}\geqq 2I_{n+2}$$

右側の不等式で，n に $n-2$ を代入して，

$$\frac{1}{n-1}\geqq 2I_n \qquad \therefore\ I_n\leqq\frac{1}{2(n-1)} \quad (n\geqq 3)$$

よって，$\frac{1}{2(n+1)}\leqq I_n\leqq\frac{1}{2(n-1)}$

$$\therefore\ \frac{n}{2(n+1)}\leqq nI_n\leqq\frac{n}{2(n-1)}$$

$\lim_{n\to\infty}\frac{n}{2(n+1)}=\frac{1}{2}$，$\lim_{n\to\infty}\frac{n}{2(n-1)}=\frac{1}{2}$ であるから，

はさみうちの原理により，$\boldsymbol{\lim_{n\to\infty}nI_n=\frac{1}{2}}$

12 (1) 積→和の公式を使い，被積分関数を $\cos A+\cos B$ の形にする．$l=m$ の場合と $l\neq m$ の場合で答えが違うことに注意しよう．
(2) まず $\left(\sum_{k=1}^{n}k\cos kx\right)^2$ を展開する．積分したときに残る（0にならない）項だけを考える．
(3) 階差の形にする．

解 (1) 三角関数の積→和の公式より

$$2\cos lx\cos mx=\cos(l+m)x+\cos(l-m)x$$

これと，$\cos lx\cos mx$ が偶関数であることを合わせて，

$$\int_{-\pi}^{\pi}\cos lx\cos mx\,dx$$

$$=2\int_0^{\pi}\cos lx\cos mx\,dx$$

$$=\int_0^{\pi}\{\cos(l+m)x+\cos(l-m)x\}dx \ \cdots\cdots①$$

• $\boldsymbol{l\neq m}$ **のとき**，l と m が自然数であることに注意して

$$①=\left[\frac{\sin(l+m)x}{l+m}+\frac{\sin(l-m)x}{l-m}\right]_0^{\pi}=\boldsymbol{0}$$

• $\boldsymbol{l=m}$ **のとき**，

$$①=\int_0^{\pi}(\cos 2lx+1)dx=\left[\frac{\sin 2lx}{2l}+x\right]_0^{\pi}=\boldsymbol{\pi}$$

(2) $\left(\sum_{k=1}^{n}k\cos kx\right)^2$

$$=(1\cdot\cos x+2\cdot\cos 2x+3\cdot\cos 3x+\cdots+n\cdot\cos nx)$$
$$\times(1\cdot\cos x+2\cdot\cos 2x+3\cdot\cos 3x+\cdots+n\cdot\cos nx)$$

これを展開すると $lm\cos lx\cos mx$ の形の項の和になるが，$-\pi$ から π まで積分したときに残るものは $l=m$ ($=1, 2, \cdots, n$) の項だけなので，

$$S_n=\int_{-\pi}^{\pi}\left(\sum_{k=1}^{n}k\cos kx\right)^2dx$$

$$=\int_{-\pi}^{\pi}(1^2\cos^2 x+2^2\cos^2 2x+\cdots+n^2\cos^2 nx)dx$$

ここで，(1)により，$\int_{-\pi}^{\pi}\cos^2 kx\,dx=\pi$ であるから，

$$S_n=(1^2+2^2+\cdots+n^2)\pi=\boldsymbol{\frac{\pi}{6}n(n+1)(2n+1)}$$

(3) $\sum_{n=1}^{N}\frac{2n+1}{(n+2)S_n}=\sum_{n=1}^{N}\frac{2n+1}{n+2}\cdot\frac{6}{\pi}\cdot\frac{1}{n(n+1)(2n+1)}$

$$=\frac{6}{\pi}\sum_{n=1}^{N}\frac{1}{n(n+1)(n+2)}$$

$$=\frac{6}{\pi}\sum_{n=1}^{N}\left\{\frac{1}{n(n+1)}-\frac{1}{(n+1)(n+2)}\right\}\cdot\frac{1}{2}$$

$$=\frac{3}{\pi}\left\{\frac{1}{1\cdot 2}-\frac{1}{(N+1)(N+2)}\right\}\ \cdots\cdots②$$

よって，

$$\lim_{N\to\infty}\sum_{n=1}^{N}\frac{2n+1}{(n+2)S_n}=\lim_{N\to\infty}②=\frac{3}{\pi}\cdot\frac{1}{2}=\boldsymbol{\frac{3}{2\pi}}$$

13 （2） 面積と見て計算しよう．

（4） $y=g(x)$ は，点 $\left(0,\ \dfrac{1}{2}\right)$ に関して対称であるから，$y=g^{-1}(x)$ は点 $\left(\dfrac{1}{2},\ 0\right)$ に関して対称である．

よって，$0\leqq x\leqq\dfrac{1}{2}$ における積分と $\dfrac{1}{2}\leqq x\leqq 1$ における積分の値は一致する．「点対称であるから2倍すればよい」と書いても構わないだろうが，ここでは置換積分を使って示しておく．

（5） 左側微分係数と右側微分係数が一致することを示せばよい．ここでは，工夫をしてみる．

解 （1） $f(x)=\dfrac{1}{2}-\dfrac{1}{4}|x|$ は偶関数であるから，$y=f(x)$ $(-2\leqq x\leqq 2)$ のグラフは y 軸に関して対称であり，図1のようになる．

図 1

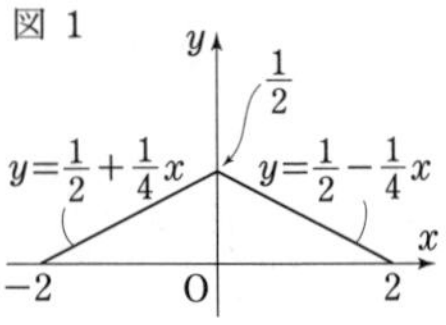

図 2

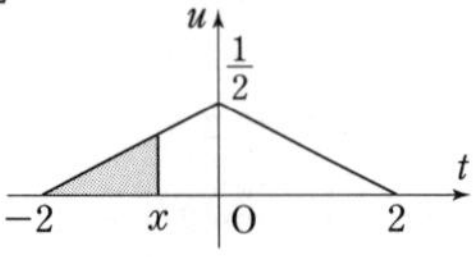

図 3

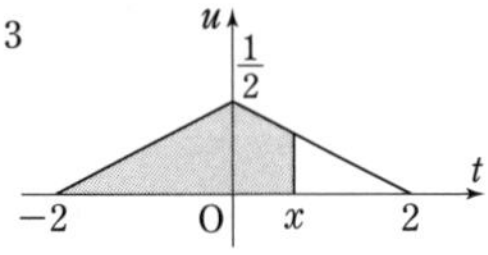

（2） $g(x)=\displaystyle\int_{-2}^{x}f(t)\,dt$

• **$-2\leqq x\leqq 0$ のとき**

$g(x)$ は図2の網目部の面積を表すから，

$$g(x)=\frac{1}{2}(x+2)\left(\frac{1}{2}+\frac{1}{4}x\right)=\boldsymbol{\frac{1}{8}(x+2)^2}$$

• **$0\leqq x\leqq 2$ のとき**

$g(x)$ は図3の網目部の面積を表すから，（二等辺三角形から，“白い”三角形を引くと考えて，）

$$g(x)=\frac{1}{2}\cdot 4\cdot\frac{1}{2}-\frac{1}{2}(2-x)\left(\frac{1}{2}-\frac{1}{4}x\right)$$

$$=\boldsymbol{1-\frac{1}{8}(2-x)^2}$$

以上により，$y=g(x)$ のグラフは図4のようになる．

図 4

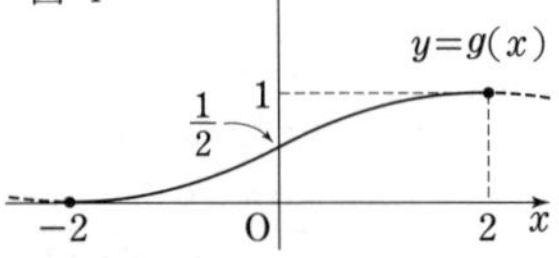

（3） • $-2\leqq x\leqq 0$ のときの $y=g(x)$ の逆関数を求める．

$y=\dfrac{1}{8}(x+2)^2$ $\left(0\leqq y\leqq\dfrac{1}{2}\right)$ を x について解くと，

$x+2\geqq 0$ により，$x+2=\sqrt{8y}$ $\quad\therefore\quad x=\sqrt{8y}-2$

よって，$\boldsymbol{g^{-1}(x)=\sqrt{8x}-2}$ $\left(\boldsymbol{0\leqq x\leqq\dfrac{1}{2}}\right)$

• $0\leqq x\leqq 2$ のときの $y=g(x)$ の逆関数を求める．

$y=1-\dfrac{1}{8}(2-x)^2$ $\left(\dfrac{1}{2}\leqq y\leqq 1\right)$ を x について解くと，

$2-x\geqq 0$ により，$2-x=\sqrt{8(1-y)}$

$\therefore\quad x=2-\sqrt{8(1-y)}$

よって，$\boldsymbol{g^{-1}(x)=2-\sqrt{8(1-x)}}$ $\left(\boldsymbol{\dfrac{1}{2}\leqq x\leqq 1}\right)$

$y=g^{-1}(x)$ のグラフは，$y=g(x)$ のグラフと直線 $y=x$ に関して対称であるから，図5のようになる．

図 5

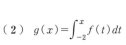

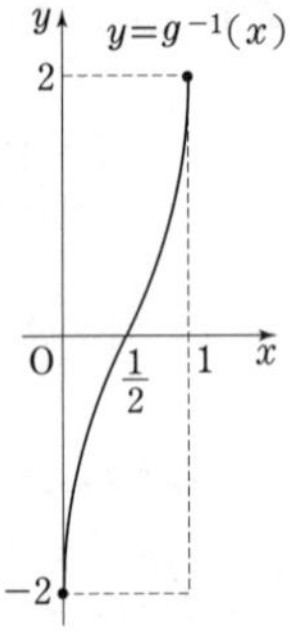

（4） $\displaystyle\int_0^1(g^{-1}(x))^2dx$

$$=\int_0^{\frac{1}{2}}(\sqrt{8x}-2)^2dx+\int_{\frac{1}{2}}^{1}\{2-\sqrt{8(1-x)}\}^2dx$$

〰〰 で $1-x=t$ とおくと，$dx=-dt$ であり，積分区間の対応は

x	$1/2\to 1$
t	$1/2\to 0$

であるから，

$$〰〰=\int_{\frac{1}{2}}^{0}(2-\sqrt{8t})^2(-dt)=\int_0^{\frac{1}{2}}(\sqrt{8t}-2)^2dt$$

よって，$\displaystyle\int_0^1(g^{-1}(x))^2dx=2\int_0^{\frac{1}{2}}(\sqrt{8x}-2)^2dx$

$$=2\int_0^{\frac{1}{2}}(8x-8\sqrt{2}\sqrt{x}+4)\,dx\quad(\because\ \sqrt{8}=2\sqrt{2})$$

$$=2\left[4x^2-\frac{16}{3}\sqrt{2}\,x^{\frac{3}{2}}+4x\right]_0^{\frac{1}{2}}=\boldsymbol{\frac{2}{3}}$$

（5） $p(x)=\sqrt{8x}-2=2\sqrt{2}\sqrt{x}-2$ $(x\geqq 0)$

とおくと，$p'(x)=2\sqrt{2}\cdot\dfrac{1}{2\sqrt{x}}=\dfrac{\sqrt{2}}{\sqrt{x}}$ $(x>0)$

$q(x)=2-\sqrt{8(1-x)}=2-2\sqrt{2}\sqrt{1-x}$ $(x\leqq 1)$

とおくと，$q'(x)=-2\sqrt{2}\cdot\dfrac{-1}{2\sqrt{1-x}}=\dfrac{\sqrt{2}}{\sqrt{1-x}}$ $(x<1)$

ここで，$p\left(\dfrac{1}{2}\right)=q\left(\dfrac{1}{2}\right)=0$ であるから，

$$g^{-1}(x)=\begin{cases}p(x) & (0\leqq x\leqq 1/2)\\ q(x) & (1/2\leqq x\leqq 1)\end{cases}$$

は $x=\dfrac{1}{2}$ で連続である．さらに，

$$\lim_{x\to\frac{1}{2}-0}\frac{g^{-1}(x)-g^{-1}\left(\frac{1}{2}\right)}{x-\frac{1}{2}}=\lim_{x\to\frac{1}{2}-0}\frac{p(x)-p\left(\frac{1}{2}\right)}{x-\frac{1}{2}}$$

$$=p'\left(\frac{1}{2}\right)=2$$

$$\lim_{x\to\frac{1}{2}+0}\frac{g^{-1}(x)-g^{-1}\left(\frac{1}{2}\right)}{x-\frac{1}{2}}=\lim_{x\to\frac{1}{2}+0}\frac{q(x)-q\left(\frac{1}{2}\right)}{x-\frac{1}{2}}$$

$$=q'\left(\frac{1}{2}\right)=2$$

であって，これらの値は一致する．よって，$x=\frac{1}{2}$ において $g^{-1}(x)$ は微分可能であることが示された．

▨ $y=g(x)$ のグラフの対称性について

$x\geqq 0$ のとき，頂点が $(2,\ 1)$，x^2 の係数が $-\frac{1}{8}$

$x\leqq 0$ のとき，頂点が $(-2,\ 0)$，x^2 の係数が $\frac{1}{8}$

の 2 次関数のグラフなので，$y=g(x)$ は $(2,\ 1)$ と $(-2,\ 0)$ の中点 $\left(0,\ \frac{1}{2}\right)$ に関して対称である．この対称性は，$g(x)$ の式を求めなくても分かる．

右図のようにはめ込むことができ，網目部を合わせてできる二等辺三角形の面積が 1 であるから，

$$g(|x|)+g(-|x|)=1$$

$$\therefore\quad g(x)+g(-x)=1$$

$$\therefore\quad \frac{g(x)+g(-x)}{2}=\frac{1}{2}$$

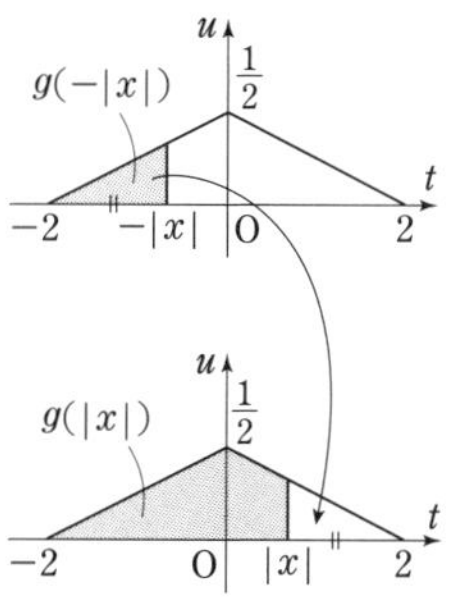

よって，$(x,\ g(x))$ と $(-x,\ g(-x))$ の中点が $\left(0,\ \frac{1}{2}\right)$ であるから，$y=g(x)$ のグラフは $\left(0,\ \frac{1}{2}\right)$ に関して対称である．

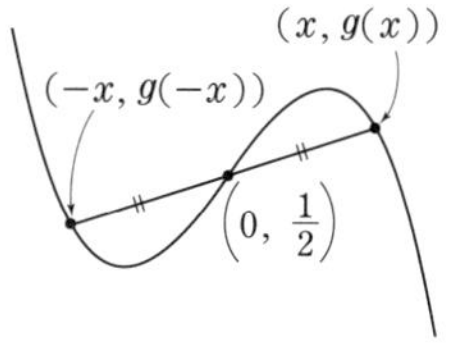

▨ $y=g^{-1}(x)$ のグラフと $y=g(x)$ のグラフは直線 $y=x$ に関して対称であるから，$g^{-1}(a)=b$ のとき，

$g^{-1}(x)$ が $x=a$ で微分可能

$\Longleftrightarrow$ $g(x)$ が $x=b$ で微分可能

が成り立つ．よって，(5)では，$g(x)$ が $x=0$ で微分可能であることを示してもよい．

14 (2) 合成関数の微分法を使う．

(3) $h'(x)=0$ のとき $h(x)$ は定数である．(1)，(2)から答えが定数だと分かるので，計算しやすい x の値を考えよう．それは $x=1$ である．

解 以下では，$\frac{d}{dx}f(x)$ を $f'(x)$ などのように書く．

(1) $f(x)=\int_0^x\frac{dt}{1+t^2}$ のとき，$f'(x)=\boldsymbol{\frac{1}{1+x^2}}$

(2) $g'(x)=\left\{f\left(\frac{1}{x}\right)\right\}'=f'\left(\frac{1}{x}\right)\cdot\left(\frac{1}{x}\right)'$

$$=\frac{1}{1+\left(\frac{1}{x}\right)^2}\cdot\left(-\frac{1}{x^2}\right)=\boldsymbol{-\frac{1}{x^2+1}}$$

(3) $h(x)=f(x)+f\left(\frac{1}{x}\right)=f(x)+g(x)$ とおくと，

(1)，(2)により，

$$h'(x)=f'(x)+g'(x)=0$$

よって $h(x)$ は定数であるから，

$$h(x)=h(1)=2f(1)=2\int_0^1\frac{dt}{1+t^2}$$

が成り立つ．ここで $t=\tan\theta$ とおくと，$dt=\frac{d\theta}{\cos^2\theta}$

であり，積分区間の対応は，

t	$0\to 1$
θ	$0\to\pi/4$

となるから，

$$\int_0^1\frac{dt}{1+t^2}=\int_0^{\frac{\pi}{4}}\frac{1}{1+\tan^2\theta}\cdot\frac{d\theta}{\cos^2\theta}=\int_0^{\frac{\pi}{4}}d\theta=\frac{\pi}{4}$$

したがって，$h(x)=2\cdot\frac{\pi}{4}=\boldsymbol{\frac{\pi}{2}}$

▨ $f(x)$ を計算するには，$x=\tan\theta$ $\left(-\frac{\pi}{2}<\theta<\frac{\pi}{2}\right)$ となる θ（ただ 1 つ存在する）を用いる．$t=\tan u$ とおいて(3)と同様に置換積分すると，

$$f(x)=\int_0^\theta du=\theta\qquad\therefore\quad f(\tan\theta)=\theta\ \cdots\cdots\cdots\cdots☆$$

となる．これはどんな θ でも成り立つ．

$x=\tan\theta$ のとき，$\frac{1}{x}=\frac{1}{\tan\theta}=\tan\left(\frac{\pi}{2}-\theta\right)$

であるから，☆により，

$$f\left(\frac{1}{x}\right)=f\left(\tan\left(\frac{\pi}{2}-\theta\right)\right)=\frac{\pi}{2}-\theta$$

$$\therefore\quad f(x)+f\left(\frac{1}{x}\right)=\theta+\frac{\pi}{2}-\theta=\frac{\pi}{2}$$

となる．なお，☆により，$f(x)$ は，$\tan x$ $\left(-\frac{\pi}{2}<x<\frac{\pi}{2}\right)$ の逆関数である．

15 (1) まず f の中身に着目して，$2x-t=s$ と置換する．

（2）（1）の式の積分の中の x を外に出してから微分する．$\left\{F\left(\frac{x}{2}\right)\right\}'=F'\left(\frac{x}{2}\right)\cdot\left(\frac{x}{2}\right)'$ となることに注意しよう．

（3） $F(x)$ が3次式であることと，（2）の結果の式および $F(1)=f(1)=1$ だけでは求まらない．というのは，

$$g(x)=\int_c^x h(t)\,dt\cdots\cdots☆ \implies g'(x)=h(x)$$

は成り立つが，$\Longleftarrow$ が成り立たないから．そこで，☆のとき，$g'(x)=h(x)$ 以外に $g(c)=0$ も成り立つことに着目する．

解 （1） $F(x)=\int_0^{2x} tf(2x-t)\,dt$ において，

$2x-t=s$ とおくと，$t=2x-s$，$dt=-ds$

であり，積分区間の対応は，

t	$0\to2x$
s	$2x\to0$

であるから，

$$F(x)=\int_{2x}^0 (2x-s)f(s)(-ds)$$

$$=\int_0^{2x}(2x-s)f(s)\,ds \cdots\cdots①$$

この x を $\frac{x}{2}$ に代えて，$F\left(\frac{x}{2}\right)=\int_0^x (x-s)f(s)\,ds$

（2） $F\left(\frac{x}{2}\right)=x\int_0^x f(s)\,ds-\int_0^x sf(s)\,ds$

両辺を x で微分して，

$$F'\left(\frac{x}{2}\right)\cdot\frac{1}{2}=1\cdot\int_0^x f(s)\,ds+xf(x)-xf(x)$$

$$\therefore\quad F'\left(\frac{x}{2}\right)=2\int_0^x f(s)\,ds \cdots\cdots②$$

両辺を x で微分して，$F''\left(\frac{x}{2}\right)\cdot\frac{1}{2}=2f(x)$ ……③

$\frac{x}{2}$ を x に代えて，$\boldsymbol{F''(x)=4f(2x)}$

⇨注 ①により，

$$F(x)=2x\int_0^{2x}f(s)\,ds-\int_0^{2x}sf(s)\,ds$$

となり，これを微分するときも「合成関数の微分法」のお世話になる．

$$\frac{d}{dx}\int_0^{2x}g(t)\,dt=g(2x)\cdot(2x)'=g(2x)\cdot2$$

となることに注意して，

$$F'(x)=2\int_0^{2x}f(s)\,ds+2xf(2x)\cdot2-2xf(2x)\cdot2$$

$$=2\int_0^{2x}f(s)\,ds$$

$$\therefore\quad F''(x)=2f(2x)\cdot2=4f(2x)$$

（3） F は3次式であるから，

$$F(x)=ax^3+bx^2+cx+d\ (a\neq0)$$

とおく．①により $F(0)=0$ であるから，$d=0$ である．

また，$F'(x)=3ax^2+2bx+c$

$$F''(x)=6ax+2b$$

②により $F'(0)=0$ であるから $c=0$ である．

よって，$F(x)=ax^3+bx^2$

③と $f(1)=1$ により，$F''\left(\frac{1}{2}\right)=4f(1)=4$

$$\therefore\quad 3a+2b=4 \cdots\cdots④$$

また，$F(1)=1$ により，$a+b=1$ ……⑤

④，⑤を解くと，$a=2$，$b=-1$

$$\therefore\quad \boldsymbol{F(x)=2x^3-x^2},\ F''(x)=12x-2$$

③により，$\boldsymbol{f(x)}=\frac{1}{4}F''\left(\frac{x}{2}\right)=\frac{1}{4}\left(12\cdot\frac{x}{2}-2\right)$

$$=\boldsymbol{\frac{3}{2}x-\frac{1}{2}}$$

16 （2） $y=f(x)$ のグラフを描いて図から求める．（1）で調べた増減に加え，$x\to-1+0$，$x\to\infty$ でどうなるかを考えてグラフを描く．

（3） $\log(x^2+1)$ の積分が問題．まず $(x)'\log(x^2+1)$ とみて部分積分する．

解 $f(x)=\log(x+1)-\frac{1}{2}\log(x^2+1)\ (x>-1)$

（1） $f'(x)=\frac{1}{x+1}-\frac{1}{2}\cdot\frac{2x}{x^2+1}$

$$=\frac{(x^2+1)-x(x+1)}{(x+1)(x^2+1)}=\frac{1-x}{(x+1)(x^2+1)}$$

$f(x)$ の増減は右表のようになるから，**極値は**

x	-1	$\cdots$	1	$\cdots$
$f'(x)$	／	$+$	0	$-$
$f(x)$	／	↗		↘

$$f(1)=\log2-\frac{1}{2}\log2$$

$$=\boldsymbol{\frac{1}{2}\log2}\quad（極大値）$$

（2） $x\to-1+0$ のとき $x+1\to+0$，$x^2+1\to2$ だから $f(x)\to-\infty$，また，$x>0$ のとき

$$f(x)=\log\frac{x+1}{\sqrt{x^2+1}}=\log\frac{1+\frac{1}{x}}{\sqrt{1+\frac{1}{x^2}}}$$

であり，$x\to\infty$ のとき log の中 $\to1$ だから $f(x)\to0$

（1）の増減と合わせ，

$y=f(x)$ のグラフは右のようになる．これと $y=k$ の交点の個数を考え，

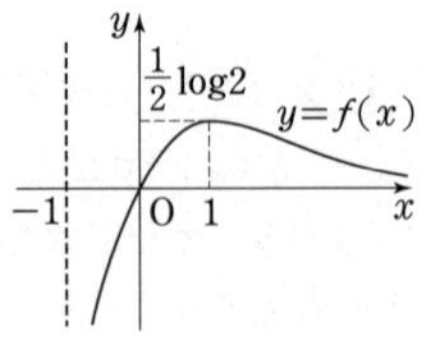

- **$k\leqq0$ のとき1個**
- **$0<k<\frac{1}{2}\log2$ のとき2個**

・$\boldsymbol{k=\frac{1}{2}\log 2}$ **のとき 1 個**

・$\boldsymbol{k>\frac{1}{2}\log 2}$ **のとき 0 個**

（３） $f(0)=0$ だから

$$S=\int_0^1\left\{\log(x+1)-\frac{1}{2}\log(x^2+1)\right\}dx$$

まず，

$$\int_0^1\log(x+1)\,dx=\Big[(x+1)\log(x+1)-x\Big]_0^1$$
$$=2\log 2-1$$

次に，

$$\int_0^1\log(x^2+1)\,dx=\int_0^1(x)'\log(x^2+1)\,dx$$
$$=\Big[x\log(x^2+1)\Big]_0^1-\int_0^1 x\cdot\frac{2x}{x^2+1}dx$$
$$=\log 2-2\int_0^1\frac{x^2+1-1}{x^2+1}dx$$
$$=\log 2-2\int_0^1 dx+2\underbrace{\int_0^1\frac{1}{x^2+1}dx}_{①}$$

①で $x=\tan\theta$ と置換すると，$dx=\dfrac{1}{\cos^2\theta}d\theta$ であり，

積分区間の対応は

x	$0\to 1$
θ	$0\to\pi/4$

であるから，

$$①=\int_0^{\frac{\pi}{4}}\frac{1}{\tan^2\theta+1}\cdot\frac{1}{\cos^2\theta}d\theta=\int_0^{\frac{\pi}{4}}d\theta=\frac{\pi}{4}$$

以上より，

$$S=2\log 2-1-\frac{1}{2}\left(\log 2-2+2\cdot\frac{\pi}{4}\right)$$
$$=\boldsymbol{\frac{3}{2}\log 2-\frac{\pi}{4}}$$

$$\therefore\quad 0\leqq\sqrt{x^2+y^2}\leqq 2$$

これは，平面 $z=0$ 内で，原点を中心とする半径 2 の円の周および内部だから，その面積は，

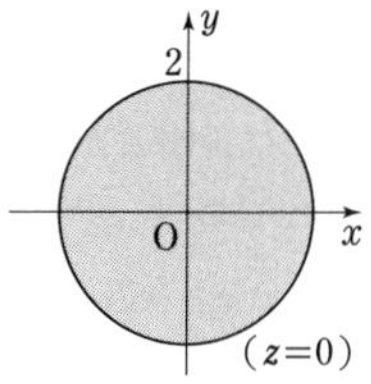

$$S(0)=\pi\cdot 2^2=\boldsymbol{4\pi}$$

（２） ①で $z=t$ とすると，

$$(\sqrt{x^2+y^2}-1)^2+t^2\leqq 1$$
$$\therefore\quad(\sqrt{x^2+y^2}-1)^2\leqq 1-t^2$$

これを満たす x，y が存在するのは，$1-t^2\geqq 0$ すなわち $-1\leqq t\leqq 1$ のときである．このとき，

$$-\sqrt{1-t^2}\leqq\sqrt{x^2+y^2}-1\leqq\sqrt{1-t^2}$$
$$\therefore\quad 1-\sqrt{1-t^2}\leqq\sqrt{x^2+y^2}\leqq 1+\sqrt{1-t^2}$$

これは，平面 $z=t$ 内で，中心が $(0,\ 0,\ t)$ で半径が $1-\sqrt{1-t^2}$，$1+\sqrt{1-t^2}$ の 2 つの円ではさまれた領域を表す．その面積は，

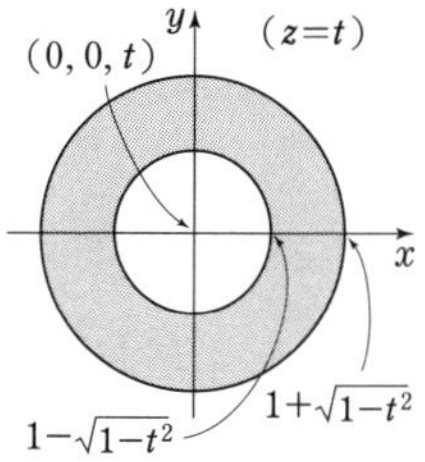

$$S(t)=\pi(1+\sqrt{1-t^2})^2$$
$$-\pi(1-\sqrt{1-t^2})^2$$

［和と差の積で計算］

$$=\pi\cdot 2\cdot 2\sqrt{1-t^2}=\boldsymbol{4\pi\sqrt{1-t^2}}\ \ (\boldsymbol{-1\leqq t\leqq 1})$$

$\boldsymbol{t<-1}$ **または** $\boldsymbol{t>1}$ **のとき** $S(t)=\boldsymbol{0}$

（３） $V=\displaystyle\int_{-1}^1 S(t)\,dt=4\pi\int_{-1}^1\sqrt{1-t^2}\,dt$

この定積分は，右図の半円の面積だから，

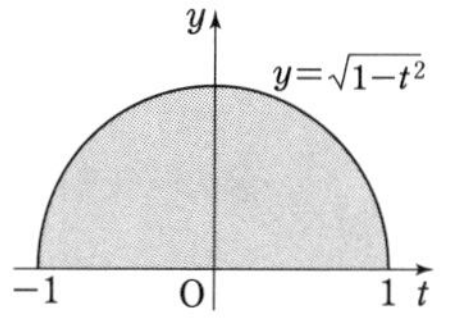

$$V=4\pi\cdot\frac{1}{2}\cdot\pi\cdot 1^2$$
$$=\boldsymbol{2\pi^2}$$

17 （１） 平面 $z=0$ による V の切り口は，V を表す不等式に $z=0$ を代入して得られる式（x と y の式）が表す図形である．立体の概形を考える必要はない．

（２）（１）と同様で，不等式に $z=t$ を代入すればよい．$\sqrt{x^2+y^2}$ は，平面 $z=t$ 上で $(0,\ 0,\ t)$ と $(x,\ y,\ t)$ の距離である．$\sqrt{x^2+y^2}$ についての式を作る．

（３） 切り口が $a\leqq(z=)\,t\leqq b$ の範囲に存在するとして，$V=\displaystyle\int_a^b S(t)\,dt$

解 $V:(\sqrt{x^2+y^2}-1)^2+z^2\leqq 1$ ……………………①

（１） ①で $z=0$ とすると，

$$(\sqrt{x^2+y^2}-1)^2\leqq 1$$
$$\therefore\quad -1\leqq\sqrt{x^2+y^2}-1\leqq 1$$

18 （２） S は，中心が G で V の各辺の中点を通る．

（３） まず，S が V からはみ出している部分の体積を求める．この立体（の一つ）は球を平面で切ったときの片方だが，円の一部を回転させたものである．

解 （１） CD の中点を N とする．△BCN に着目して，$\mathrm{BN}=\dfrac{\sqrt{3}}{2}\mathrm{BC}=\dfrac{\sqrt{3}}{2}\cdot 6\sqrt{2}=3\sqrt{6}$

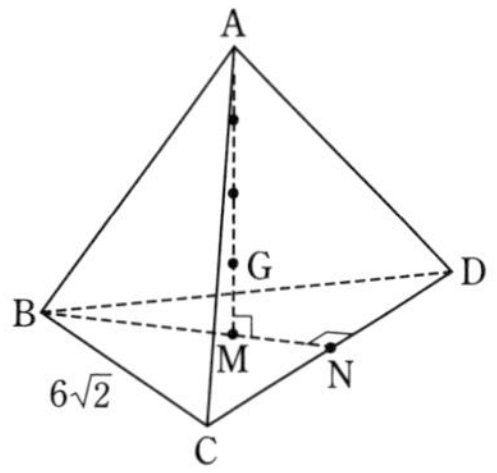

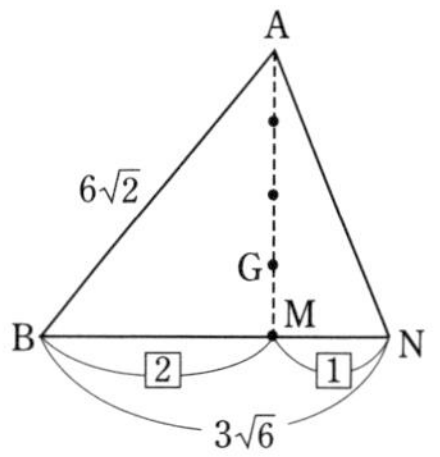

よって，$\mathrm{BM}=\dfrac{2}{3}\cdot 3\sqrt{6}=2\sqrt{6}$

Vは正四面体だから，AM⊥平面 BCD.

△ABM に三平方の定理を用いて，

$$\mathrm{AM}=\sqrt{\mathrm{AB}^2-\mathrm{BM}^2}=\sqrt{(6\sqrt{2})^2-(2\sqrt{6})^2}$$
$$=\sqrt{72-24}=\sqrt{48}=4\sqrt{3}$$

これより，$\mathbf{GM}=\dfrac{1}{4}\mathrm{AM}=\boldsymbol{\sqrt{3}}$

また，Vの体積は，

$$\frac{1}{3}\cdot\triangle\mathrm{BCD}\cdot\mathrm{AM}=\frac{1}{3}\cdot\frac{1}{2}(6\sqrt{2})^2\cdot\sin 60^\circ\cdot 4\sqrt{3}$$
$$=\frac{1}{3}\cdot\frac{1}{2}\cdot 72\cdot\frac{\sqrt{3}}{2}\cdot 4\sqrt{3}=\mathbf{72}$$

（2） SはNを通るから，半径はGNである．△GMN に三平方の定理を用いて求める．$\mathrm{MN}=\dfrac{1}{3}\cdot 3\sqrt{6}=\sqrt{6}$ より，

$$\mathrm{GN}=\sqrt{(\sqrt{3})^2+(\sqrt{6})^2}=\mathbf{3}$$

よって，Sの体積は $\dfrac{4}{3}\pi\cdot 3^3=\mathbf{36\pi}$

（3） GとVの各面の距離は $\mathrm{GM}=\sqrt{3}$ である．Sのうち，平面 BCD に関して A と反対側にある部分は，右図の網目部をx軸のまわりに回転してできる立体と合同であるから，その体積は

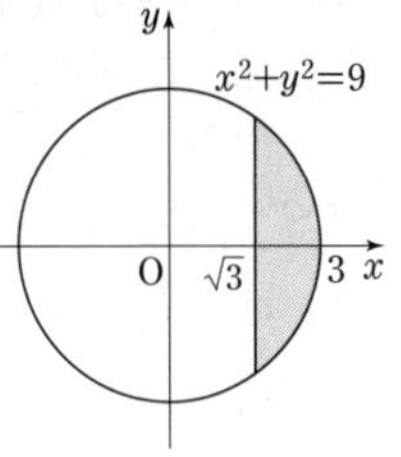

$$\int_{\sqrt{3}}^{3}\pi y^2dx=\pi\int_{\sqrt{3}}^{3}(9-x^2)\,dx$$
$$=\pi\Big[9x-\frac{1}{3}x^3\Big]_{\sqrt{3}}^{3}$$
$$=\pi\{(27-9)-(9\sqrt{3}-\sqrt{3})\}$$
$$=\pi(18-8\sqrt{3})\ \cdots\cdots\cdots ①$$

V_1の体積は，Sの体積から①×4を引いたものだから，

$$36\pi-4\pi(18-8\sqrt{3})=\mathbf{32\sqrt{3}\pi-36\pi}$$

19 $z\to z^2$ の変換によって，心臓形（カージオイド）になる曲線を求めよう，という問題である．

zかz^2を極形式にするところだろう．

解 ［zを極形式にする方針］

曲線S上の点 $z=x+yi$ $(x\geqq 0)$を，

$$z=R(\cos\varphi+i\sin\varphi)\ \left(R\geqq 0,\ -\frac{\pi}{2}\leqq\varphi\leqq\frac{\pi}{2}\cdots ①\right)$$

とおく．すなわち，

$$x=R\cos\varphi,\ y=R\sin\varphi\ \cdots\cdots\cdots ②$$

とおく．このとき，

$$z^2=R^2(\cos 2\varphi+i\sin 2\varphi)$$

が，C：$r=2(1+\cos\theta)$を描くことにより，

$$R^2=r=2(1+\cos\theta),\ 2\varphi=\theta$$

$\therefore\ R^2=2(1+\cos 2\varphi)$ $\qquad\therefore\ R^2=4\cos^2\varphi$

①により $R\geqq 0$，$\cos\varphi\geqq 0$ であるから，

$$R=2\cos\varphi\ \cdots\cdots ③$$

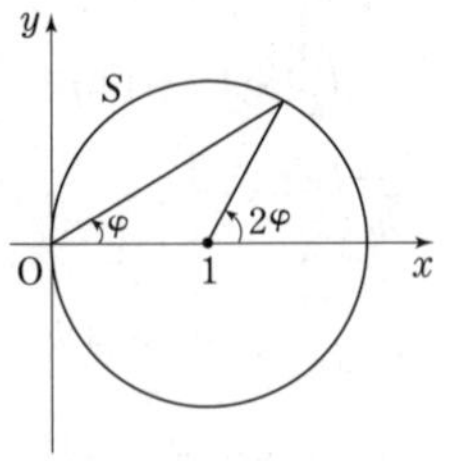

②に代入して，

$$\begin{cases}x=2\cos^2\varphi=1+\cos 2\varphi\\ y=2\cos\varphi\sin\varphi=\sin 2\varphi\end{cases}$$

$(-\pi\leqq 2\varphi\leqq\pi)$

したがって，

$\mathbf{S}$：$\boldsymbol{(x-1)^2+y^2=1}$

⇨**注** ③以降，次のように処理することもできる．

$R^2=2R\cos\varphi$ $\qquad\therefore\ x^2+y^2=2x$

$\qquad\therefore\ (x-1)^2+y^2=1$

別解 ［z^2を極形式にする方針］

曲線S上の点zに対して，

$$z=x+yi,\ z^2=x^2-y^2+2xyi$$

いま，$z^2=r(\cos\theta+i\sin\theta)$とおくと，

$$r\cos\theta=x^2-y^2,\ r=|z^2|=|z|^2=x^2+y^2$$

$r=0$ のとき $z=0$ であり，$z^2=0$ はC上にあるから，点0はS上にある．$r\neq 0$，つまり $z\neq 0$ のとき

$$\cos\theta=\frac{x^2-y^2}{r}=\frac{x^2-y^2}{x^2+y^2}$$

点z^2がCを描くことにより，$r=2(1+\cos\theta)$が成り立つから，

$$x^2+y^2=2\left(1+\frac{x^2-y^2}{x^2+y^2}\right)$$

$\therefore\ (x^2+y^2)^2=4x^2,\ x^2+y^2\neq 0$

$x\geqq 0$ により，$x^2+y^2=2x$，$x^2+y^2\neq 0$

よって，点0と合わせ，$\mathbf{S}$：$\boldsymbol{(x-1)^2+y^2=1}$

20 方針はいくつか考えられるが，ここでは逆手流で解いてみる．xy平面上の点を $\mathrm{X}(x,\ y,\ 0)$とおき，直線PXが球Gと共有点をもつことを「直線PX上の点でGの中心 $(0,\ 0,\ 1)$からの距離が1であるものが存在する」ととらえよう．他の解法などについては，解答のあとのコメントを参照．

解 xy平面上に点 $\mathrm{X}(x,\ y,\ 0)$をとる．$\mathrm{P}(0,\ -2,\ a)$ において $a\neq 0$ であるから，X≠P．このとき，直線PX上の点Qは，実数tを用いて

$\overrightarrow{OQ}=\overrightarrow{OP}+t\overrightarrow{PX}$

$=\begin{pmatrix}0\\-2\\a\end{pmatrix}+t\begin{pmatrix}x\\y+2\\-a\end{pmatrix}$

$=\begin{pmatrix}xt\\(y+2)t-2\\-at+a\end{pmatrix}$

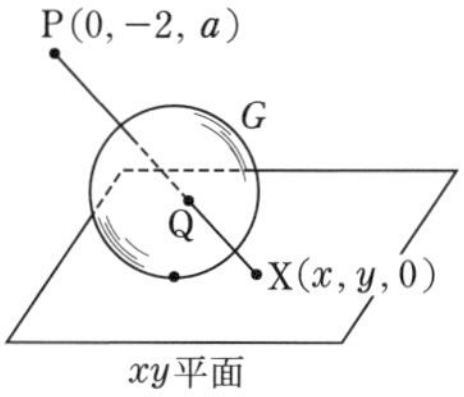

とおける．Qが(0, 0, 1)を中心とする半径1の球 G の上にあるとき，

$(xt)^2+\{(y+2)t-2\}^2+(-at+a-1)^2=1$

$\therefore\ \{x^2+(y+2)^2+a^2\}t^2$
$\quad -2\{2(y+2)+a(a-1)\}t$
$\quad +(a-1)^2+3=0$ ……………①

であるから，直線PXと球 G が共有点をもつための条件は，t の方程式①が実数解をもつことである．

$a\neq0$ より $x^2+(y+2)^2+a^2\neq0$ であることに注意すると，①が実数解をもつ条件は，判別式/4≧0，つまり

$\{2(y+2)+a(a-1)\}^2$
$\quad -\{x^2+(y+2)^2+a^2\}\{(a-1)^2+3\}\geqq0$

[これを $y+2$ と x について整理]

$\therefore\ \{4-(a-1)^2-3\}(y+2)^2+4a(a-1)(y+2)$
$\quad -\{(a-1)^2+3\}x^2$
$\quad +a^2(a-1)^2-a^2\{(a-1)^2+3\}\geqq0$

$\therefore\ (2a-a^2)(y^2+4y+4)+(4a^2-4a)(y+2)$
$\quad -\{(a-1)^2+3\}x^2-3a^2\geqq0$

$\therefore\ (2a-a^2)y^2+4ay-\{(a-1)^2+3\}x^2$
$\quad +4(2a-a^2)+2(4a^2-4a)-3a^2\geqq0$

$\therefore\ (2a-a^2)y^2+4ay-\{(a-1)^2+3\}x^2+a^2\geqq0$

この領域の外形（境界）を表す方程式は，

$(2a-a^2)y^2+4ay-\{(a-1)^2+3\}x^2+a^2=0$

$\therefore\ \boldsymbol{\{(a-1)^2+3\}x^2+a(a-2)y^2-4ay-a^2=0}$ ………②

[y の項を平方完成して] ②は，$a\neq2$ のとき

$\{(a-1)^2+3\}x^2+a(a-2)\left(y-\dfrac{2}{a-2}\right)^2$

$=a^2+\dfrac{4a}{a-2}$ ………………③

③の右辺は，

$\dfrac{a^2(a-2)+4a}{a-2}=\dfrac{a(a^2-2a+4)}{a-2}=\dfrac{a\{(a-1)^2+3\}}{a-2}$

よって，②の表す図形は，[③左辺の x^2 の係数は正．y^2 の係数の符号を考えて]

- **$a=2$ のとき．** ②は $4x^2-8y-4=0$ より**放物線．**
- **$a<0$ または $a>2$ のとき．** $a(a-2)>0$ であり，③の右辺は正だから**楕円．**
- **$0<a<2$ のとき，** $a(a-2)<0$ であり，③の右辺は0ではないから**双曲線．**

▨球 G は，中心が(0, 0, 1)で半径が1だから xy 平面と原点Oで接する．$a=0$ のとき，P(0, −2, 0)は xy 平面上にあるから，Pを通る直線 l が球 G と共有点をもつならば，l は y 軸である（このとき l と xy 平面の交点は y 軸全体）か，l と xy 平面の交点はPのみである．

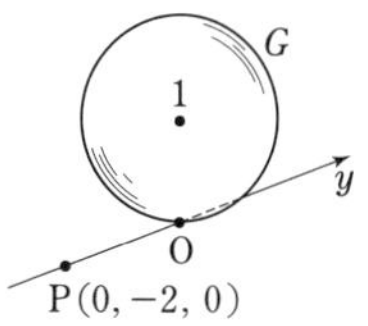

▨[まず G 上の点を設定してみると…]

球 G 上の点を R(p, q, r)とすると，

$p^2+q^2+(r-1)^2=1$ ……………………④

直線PR上の点Sは，実数 k を用いて

$\overrightarrow{OS}=\overrightarrow{OP}+k\overrightarrow{PR}$

$=\begin{pmatrix}0\\-2\\a\end{pmatrix}+k\begin{pmatrix}p\\q+2\\r-a\end{pmatrix}=\begin{pmatrix}kp\\k(q+2)-2\\k(r-a)+a\end{pmatrix}$

と表せる．Sが xy 平面上にあるとき，

$k(r-a)+a=0 \qquad \therefore\ k=\dfrac{a}{a-r}$

このとき，S(x, y, 0)とおくと，

$x=kp,\ y=k(q+2)-2$

となるが，p, q, r を動かしたとき，これがどんな図形であるか直接読み取るのは困難．このあとは，④を用いて p と q を消去し，r の存在条件を考えて(x, y)の範囲を出すところだろう（つまり，逆手流．ここでは解答に合流するまでをやってみる）．

$p=\dfrac{x}{k}=\dfrac{(a-r)x}{a}$ 　　[$a\neq0$ に注意]

$q=\dfrac{y+2}{k}-2=\dfrac{(a-r)(y+2)}{a}-2$

これらを④に代入すると，

$\dfrac{(a-r)^2x^2}{a^2}+\left\{\dfrac{(a-r)(y+2)}{a}-2\right\}^2+(r-1)^2=1$

分母を払い，{　}内を r について整理すると，

$(a-r)^2x^2+\{-r(y+2)+ay\}^2+a^2(r-1)^2=a^2$

r について整理して，

$\{x^2+(y+2)^2+a^2\}r^2$
$\quad -2a\{x^2+a+y(y+2)\}r+a^2(x^2+y^2)=0$

この r の方程式が実数解をもつ条件（x と y が満たす式）がS(x, y)の存在領域．計算すると解答と同じものになる．

▨本問で求める外形は，Pを通り球Gに接する直線とxy平面の交点の全体（軌跡）である．xy平面上に$\mathrm{X}(x,\ y,\ 0)$をとり，直線PXとGの中心の距離が1，と考えると次のようになる．

球Gの中心$(0,\ 0,\ 1)$をCとし，xy平面上に$\mathrm{X}(x,\ y,\ 0)$をとる．直線PXが球Gと接する，つまり，CからPXに下ろした垂線の足をHとするとき，$\mathrm{CH}=1$であるとする．

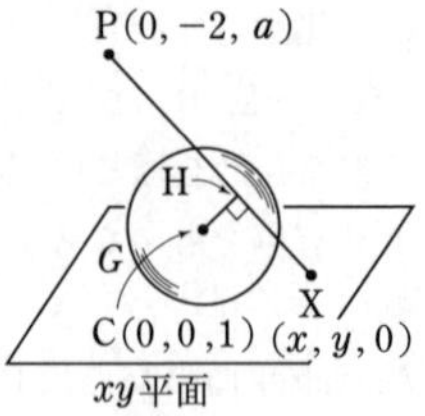

$\overrightarrow{\mathrm{PH}}$は，$\overrightarrow{\mathrm{PC}}$の$\overrightarrow{\mathrm{PX}}$への正射影ベクトルであるから，公式（☞本シリーズ「数B」のp.16）を用いると，

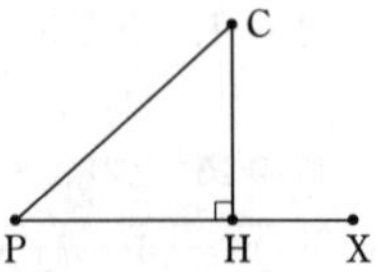

$$\overrightarrow{\mathrm{PH}}=\frac{(\overrightarrow{\mathrm{PX}}\cdot\overrightarrow{\mathrm{PC}})}{|\overrightarrow{\mathrm{PX}}|^2}\overrightarrow{\mathrm{PX}}$$

よって，$\overrightarrow{\mathrm{CH}}=\overrightarrow{\mathrm{PH}}-\overrightarrow{\mathrm{PC}}$の大きさが1のとき，

$$\left|\frac{(\overrightarrow{\mathrm{PX}}\cdot\overrightarrow{\mathrm{PC}})}{|\overrightarrow{\mathrm{PX}}|^2}\overrightarrow{\mathrm{PX}}-\overrightarrow{\mathrm{PC}}\right|^2=1$$

$$\therefore\quad \frac{(\overrightarrow{\mathrm{PX}}\cdot\overrightarrow{\mathrm{PC}})^2}{|\overrightarrow{\mathrm{PX}}|^4}|\overrightarrow{\mathrm{PX}}|^2+|\overrightarrow{\mathrm{PC}}|^2-2\cdot\frac{(\overrightarrow{\mathrm{PX}}\cdot\overrightarrow{\mathrm{PC}})}{|\overrightarrow{\mathrm{PX}}|^2}\cdot(\overrightarrow{\mathrm{PX}}\cdot\overrightarrow{\mathrm{PC}})=1$$

$$\therefore\quad -\frac{(\overrightarrow{\mathrm{PX}}\cdot\overrightarrow{\mathrm{PC}})^2}{|\overrightarrow{\mathrm{PX}}|^2}+|\overrightarrow{\mathrm{PC}}|^2=1$$

$$\therefore\quad -(\overrightarrow{\mathrm{PX}}\cdot\overrightarrow{\mathrm{PC}})^2+(|\overrightarrow{\mathrm{PC}}|^2-1)|\overrightarrow{\mathrm{PX}}|^2=0$$

$\overrightarrow{\mathrm{PX}}=\begin{pmatrix}x\\y+2\\-a\end{pmatrix}$，$\overrightarrow{\mathrm{PC}}=\begin{pmatrix}0\\2\\1-a\end{pmatrix}$より，

$$-\{2(y+2)-a(1-a)\}^2+\{3+(1-a)^2\}\{x^2+(y+2)^2+a^2\}=0$$

（以下略）

この解法は，解答のtのような媒介変数を使わずにxとyの関係式が得られる，というメリットがある．なお，$\mathrm{X}(x,\ y,\ z)$とおけば，円錐面の方程式を求めることができる．

▨Pを通り，Gに接する直線の全体は円錐面になる（接点全体は円である）．本問は，円錐面と平面が交わってできる曲線を調べよう，という問題である．

右のコラムも参照．

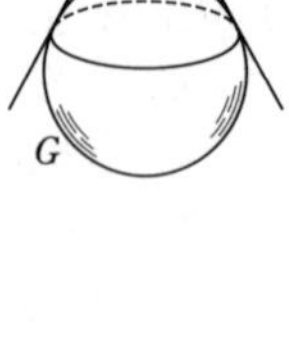

コラム 円錐曲線

演習題20.（問題はp.133）では，円錐面と平面（xy平面）が交わってできる曲線について調べました．

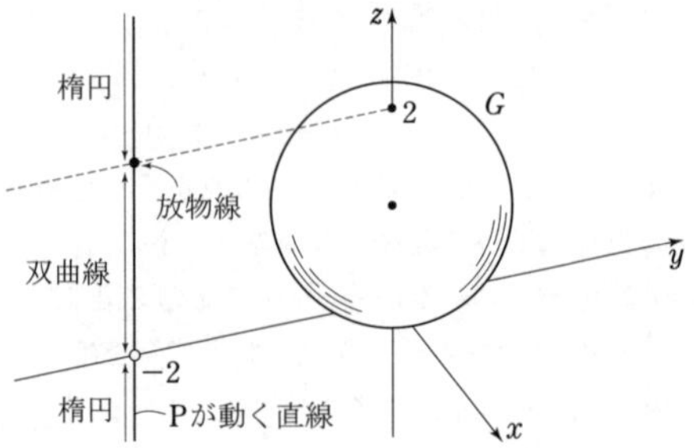

結果をまとめると上のようになります．

$\mathrm{P}(0,\ -2,\ a)$について，$a>2$または$a<0$のときは，Pを通りGに接する直線が作る円錐面とxy平面の交わりは1つの閉じた曲線になります．$0<a<2$のときは，$y<-2$の部分にも（円錐面とxy平面の）交わりがあり，無限に広がる曲線が2か所に出てきます．このことは，下の図を見ると納得できるでしょう．

一般に円錐面と平面が交わってできる曲線は，平面が円錐面の頂点（この問題のP）を通る場合を除くと，楕円，放物線，双曲線のいずれかになります．この問題で$a=0$の場合は，平面（xy平面）が円錐面の頂点Pを通るので例外です．なお，このような性質があるため，2次曲線（楕円，放物線，双曲線）は円錐曲線とも呼ばれます．

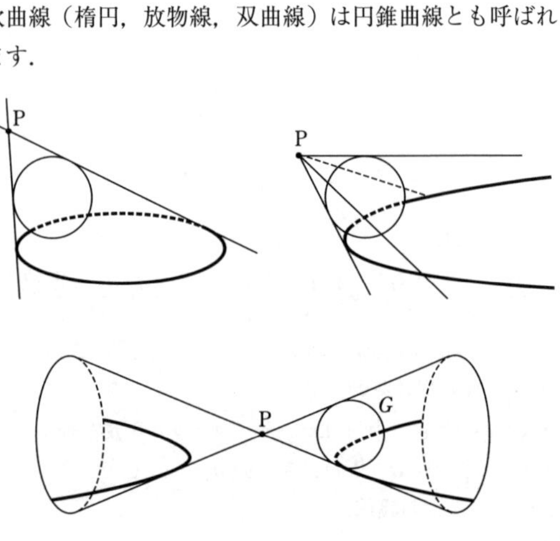

放物線になるのは，断面（この問題の xy 平面）が，円錐面に（母線で）接するある平面と平行になる場合です．この問題では，$a=2$ のとき，平面 $z=2$（xy 平面に平行）が円錐面に接する平面になっています．

この図に関連して，興味深い結果を紹介することにしましょう．

球 G と xy 平面の接点（この問題では原点O）は，断面にあらわれる2次曲線の焦点（の一つ）になっています．これはいつでも成り立ちますが，解答の計算結果を用いて，この問題について確かめてみることにします．

最初に，放物線（$a=2$）をやってみましょう．

解答の式により，放物線は $y=\frac{1}{2}x^2-\frac{1}{2}$ です．これを y 軸方向に $\frac{1}{2}$ だけ平行移動すると $y=\frac{1}{2}x^2$ ………①

になります．①は $4\cdot\frac{1}{2}y=x^2$

だから焦点は $\left(0,\ \frac{1}{2}\right)$ です．

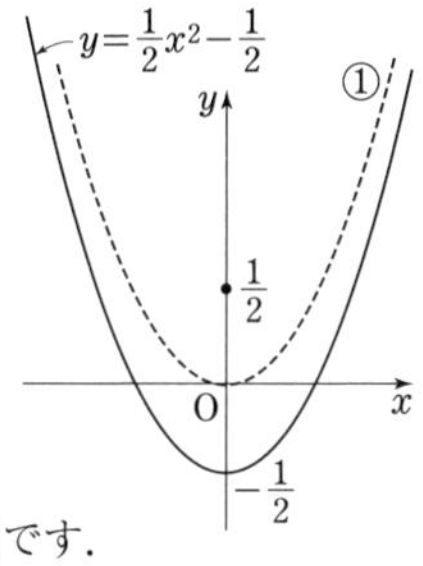

従って，元の放物線の焦点は原点です．

楕円か双曲線になる場合，解答の式より

$$\{(a-1)^2+3\}x^2+a(a-2)\left(y-\frac{2}{a-2}\right)^2=\frac{a\{(a-1)^2+3\}}{a-2}$$

右辺を1にすると，

$$\frac{x^2}{\dfrac{a}{a-2}}+\frac{1}{\dfrac{(a-1)^2+3}{(a-2)^2}}\left(y-\frac{2}{a-2}\right)^2=1 \quad\text{…………②}$$

となります．ここで

$$A=\frac{a}{a-2},\ B=\frac{(a-1)^2+3}{(a-2)^2}$$

とおくと，$B>0$ で，②は

$$\frac{x^2}{A}+\frac{1}{B}\left(y-\frac{2}{a-2}\right)^2=1 \quad\text{………………………③}$$

また，楕円・双曲線いずれの場合も中心は $\left(0,\ \frac{2}{a-2}\right)$ です．

• $a<0$ または $a>2$ のとき．

$A>0$ で，

$$B-A=\frac{a^2-2a+4-a(a-2)}{(a-2)^2}=\left(\frac{2}{a-2}\right)^2>0$$

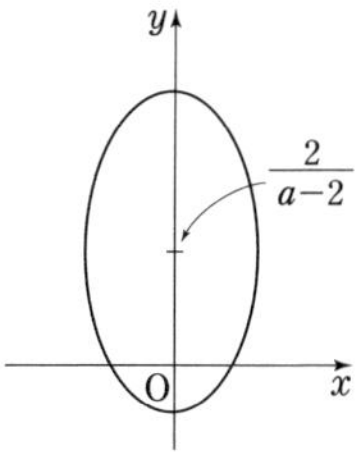

だから焦点が y 軸上にある楕円で（右図は $a>2$ の場合），焦点の y 座標は

$$\frac{2}{a-2}\pm\sqrt{B-A}=\frac{2}{a-2}\pm\left|\frac{2}{a-2}\right|$$

です．これの一方は0なので，焦点の片方は原点です．

• $0<a<2$ のとき．

$A<0$ で，③は

$$\frac{x^2}{-A}-\frac{1}{B}\left(y-\frac{2}{a-2}\right)^2=-1$$

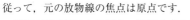

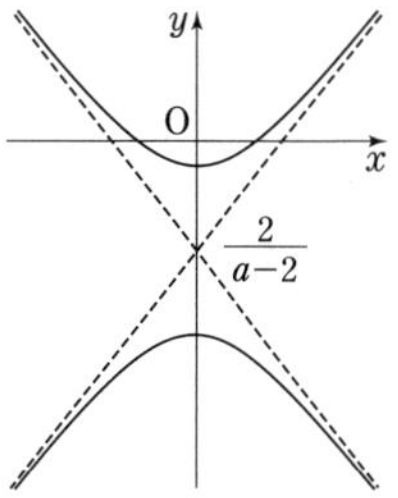

ですから，これは y 軸を主軸とする双曲線です．焦点は y 軸上にあり，その y 座標は

$$\frac{2}{a-2}\pm\sqrt{(-A)+B}$$

［楕円の結果が使えて］

$$=\frac{2}{a-2}\mp\frac{2}{a-2}$$

これの一方は0なので，焦点の片方は原点です．

コラム 等角螺線

はじめに，入試問題を紹介しましょう．

> xy 平面上を運動する点 P の時刻 t における座標を
>
> $x=e^t\cos t,\ y=e^t\sin t$
>
> とするとき，次の問いに答えよ．
>
> （1） 時刻 t における点 P の速度 $\vec{v}$ を求めよ．
>
> （2） 原点を O とするとき，ベクトル $\vec{v}$ とベクトル $\overrightarrow{\mathrm{OP}}$ のなす角 θ は一定であることを示し，θ を求めよ．　　（香川大・工／一部省略）

（1）は定義に従って計算するだけです．（2）は，$\overrightarrow{\mathrm{OP}}$ と $\vec{v}$ の内積を求めてもできますが，ここでは $\vec{v}$ の各成分を合成し，$\vec{v}$ の向きを直接とらえてみます．

解 $\mathrm{P}(x,\ y)=(e^t\cos t,\ e^t\sin t)$

（1） $\dfrac{dx}{dt}=e^t\cos t-e^t\sin t,$

$\dfrac{dy}{dt}=e^t\sin t+e^t\cos t$

より，$\boldsymbol{\vec{v}=\begin{pmatrix} e^t\cos t-e^t\sin t \\ e^t\sin t+e^t\cos t \end{pmatrix}}$

（2） $\overrightarrow{\mathrm{OP}}=e^t\begin{pmatrix}\cos t\\ \sin t\end{pmatrix}$，……………………①

$$\vec{v}=e^t\begin{pmatrix}\cos t-\sin t\\ \sin t+\cos t\end{pmatrix}$$

$$=e^t\cdot\sqrt{2}\begin{pmatrix}\cos t\cdot\dfrac{1}{\sqrt{2}}-\sin t\cdot\dfrac{1}{\sqrt{2}}\\ \sin t\cdot\dfrac{1}{\sqrt{2}}+\cos t\cdot\dfrac{1}{\sqrt{2}}\end{pmatrix}$$

$$=\sqrt{2}\,e^t\begin{pmatrix}\cos(t+45^\circ)\\ \sin(t+45^\circ)\end{pmatrix}$$

であるから，$\vec{v}$ の向きは $\overrightarrow{\mathrm{OP}}$ を 45° 回転したものである．

よって，$\vec{v}$ と $\overrightarrow{\mathrm{OP}}$ のなす角 θ は一定で $\boldsymbol{\theta=45^\circ}$

*　　　　　　*

P の軌跡を C とすると，① より，C の極方程式は

$r=e^\theta$

となります．ベクトル $\vec{v}$ は，C の P における接線と同じ方向ですから，

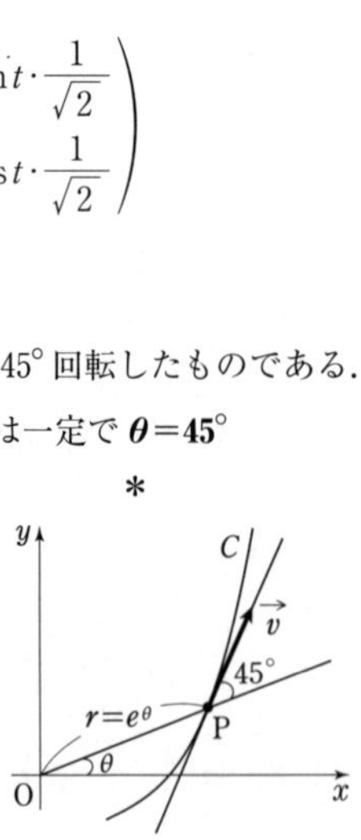

曲線 C 上の点を P，P における C の接線を l_{P} とすると，OP と l_{P} のなす角（精密には，OP から l_{P} までの回転角）は 45° で一定

ということがわかります．

この曲線 C は「等角螺線」と呼ばれていますが，上の性質が名前の由来となっています．

ここでは，このような性質をもつ曲線について，少し調べてみることにします．

まず，上記の性質（OP と接線 l_{P} のなす角が一定）の感覚的な説明をしてみましょう．

C 上に点 P，Q をとり，P の偏角を φ，Q の偏角を $\varphi+\beta$ とします．すると，C の極方程式（$r=e^\theta$）より

$\mathrm{OP}=e^\varphi$

$\mathrm{OQ}=e^{\varphi+\beta}=e^\beta\cdot e^\varphi$

ですから，OP を e^β 倍して β だけ回転したものが OQ となります．β を固定すれば，

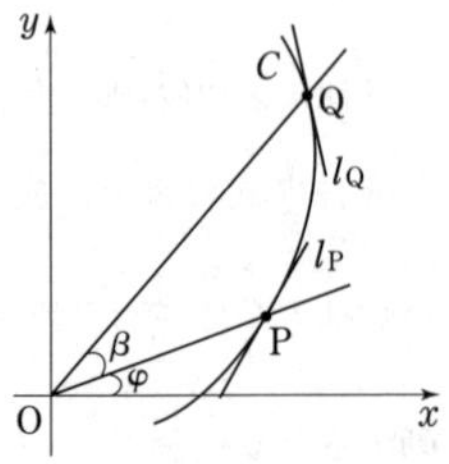

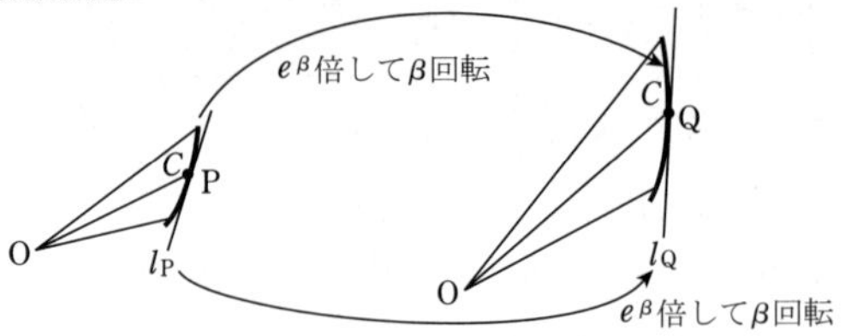

P の近くの点を 〰〰 したものが Q の近くの点となるということ（つまり，両者は相似）ですから，接線についても，l_{P} を 〰〰 すれば l_{Q} になります．ですから，

（OP と l_{P} のなす角）＝（OQ と l_{Q} のなす角）

となり，これがいつでも成り立つので OP と l_{P} のなす角は一定，というわけです．

以上のことから，一般に，極方程式が $r=e^{c\theta}$（c は実数の定数）で表される曲線はこの性質をもつことがわかるでしょう．（OP と l_{P} の）なす角の一定値は，c の値により変わります．

曲線は，$c=0$ のときは円で，それ以外のときは下のような「うずまき型」になります．例えば，下左図では $-\pi\leqq\theta\leqq0$ の部分を $e^{\frac{\pi}{5}}$ 倍して 180° 回転したものが $0\leqq\theta\leqq\pi$ の部分です．

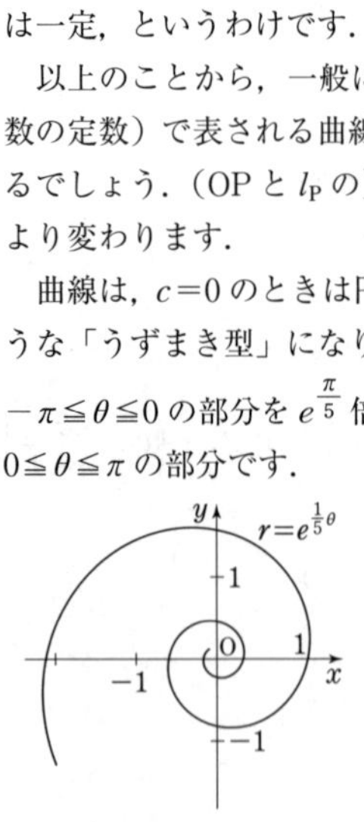

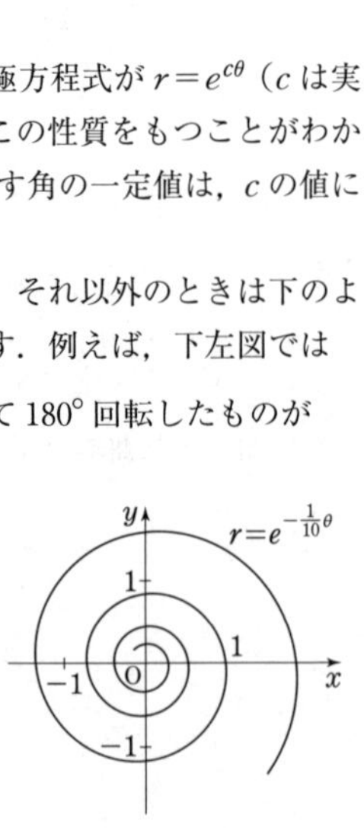

今度は，逆の問題を考えてみましょう．

$f(t)>0$ とし，点 P の時刻 t における座標が

$$\mathrm{P}(x,\ y)=(f(t)\cos t,\ f(t)\sin t) \cdots\cdots\cdots\cdots☆$$

であるとします．ここでは，$\overrightarrow{\mathrm{OP}}$ から P の速度ベクトル $\vec{v}$ までの回転角が常に $45°$ となるような $f(t)$ を求めてみます．なお，☆は，「極方程式 $r=f(\theta)$ で表される曲線の上を，原点のまわりを回る角が一定（単位時間あたり1ラジアン）であるように動く」ということです．

☆より，

$$\vec{v}=\begin{pmatrix} dx/dt \\ dy/dt \end{pmatrix}=\begin{pmatrix} f'(t)\cos t-f(t)\sin t \\ f'(t)\sin t+f(t)\cos t \end{pmatrix}$$

ですから，$\vec{v}$ が $\overrightarrow{\mathrm{OP}}=f(t)\begin{pmatrix}\cos t \\ \sin t\end{pmatrix}$ を $45°$ 回転したものと同じ向きであるならば，

$$\vec{v} /\!/ \begin{pmatrix} \cos(t+45°) \\ \sin(t+45°) \end{pmatrix}=\frac{1}{\sqrt{2}}\begin{pmatrix} \cos t-\sin t \\ \sin t+\cos t \end{pmatrix}$$

となります．よって，

$$\{f'(t)\cos t-f(t)\sin t\}(\sin t+\cos t)$$
$$-\{f'(t)\sin t+f(t)\cos t\}(\cos t-\sin t)=0$$

左辺の $f'(t)$ の係数，$f(t)$ の係数はそれぞれ

$$\cos t(\sin t+\cos t)-\sin t(\cos t-\sin t)=1,$$
$$-\sin t(\sin t+\cos t)-\cos t(\cos t-\sin t)=-1$$

なので，

$$f'(t)-f(t)=0 \cdots\cdots\cdots\cdots\cdots\cdots\cdots\cdots\cdots①$$

逆に，①のとき

$$\vec{v}=f(t)\begin{pmatrix} \cos t-\sin t \\ \sin t+\cos t \end{pmatrix}=f(t)\cdot\sqrt{2}\begin{pmatrix} \cos(t+45°) \\ \sin(t+45°) \end{pmatrix}$$

となるので，$f(t)>0$ と合わせ，$\vec{v}$ は $\overrightarrow{\mathrm{OP}}$ を $45°$ 回転した向きになります．

問題は，①を満たす関数 $f(t)$ を求めることに帰着されました．

①は $\dfrac{f'(t)}{f(t)}=1 \cdots\cdots\cdots\cdots②$ なので（この変形がポイントです），

$$\frac{d}{dt}\{\log f(t)\}=1$$

微分して定数になる関数は1次関数ですから，

$$\log f(t)=t+k \ (k \text{ は定数})$$

従って，$f(t)=e^{t+k}$

$e^k=K$ とおくと，$f(t)=Ke^t$（K は正の定数）

これが結論です．つまり，☆で定められた P について，$\overrightarrow{\mathrm{OP}}$ から $\vec{v}$ までの回転角が常に $45°$ であるならば，$f(t)=Ke^t$（K は正の定数）と書けるということです．

$45°$（回転角の一定値）を $60°$ など他の値に変えてもほとんど同じです．興味のある人は計算してみるとよいでしょう．ここでは結論だけを述べます．

①のように $f(t)$ と $f'(t)$（一般には，さらに $f''(t)$ など）が満たす関係式を微分方程式といいますが，角度の一定値を変えても微分方程式は同じ形になります．②の右辺の値（定数）が角度に応じて変わるだけで，これを c とすれば，

$$f(t)=K_1e^{ct} \ (K_1 \text{ は正の定数})$$

が得られます．従って，OP と l_{P} のなす角が一定となるような曲線は，極方程式が上記の $f(t)$ を用いて $r=f(\theta)$ と書けるものに限られる，ということがわかります．

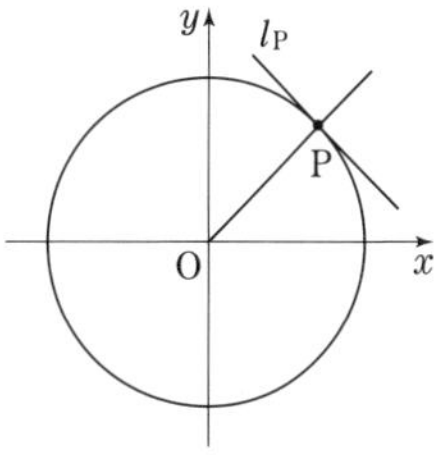

なお，角度の一定値を $90°$ にすると，①が $f'(t)=0$ になり，$f(t)=$(定数) となります．このとき，C は円ですが，結果的に上の $f(t)$ に含まれます．

最後に，動点 P の加速度ベクトルを求めてみましょう．素直に計算してもよいのですが，$\overrightarrow{\mathrm{OP}}$ から $\vec{v}$ を求めた過程を利用することができて，

$$\vec{\alpha}=\sqrt{2}\cdot\sqrt{2}\,e^t\begin{pmatrix} \cos(t+45°+45°) \\ \sin(t+45°+45°) \end{pmatrix}$$
$$=2e^t\begin{pmatrix} \cos(t+90°) \\ \sin(t+90°) \end{pmatrix}$$

となります（$\vec{v}$ の式で $u=t+45°$ とおいてみるとこのようになることが理解できるでしょう）．

この計算を見ると，$\overrightarrow{\mathrm{OP}}$ から $\vec{v}$ までの回転角と，$\vec{v}$ から $\vec{\alpha}$ までの回転角が等しくなることがわかります．この性質は，上記の P に限らず，すべての等角螺線で成り立ちます．下左図は上記の P の場合，下右図は円の場合です．

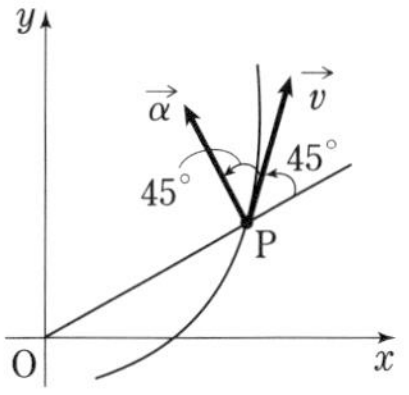

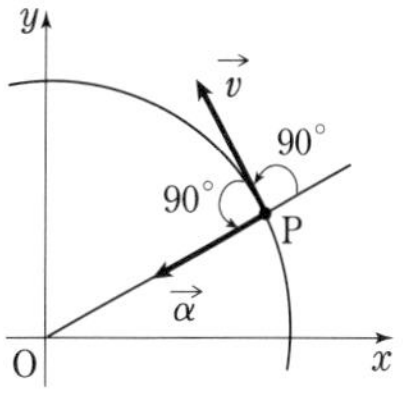

なお，接線は曲線 C と C 上の点 P で決まりますが，運動する点 P の速度・加速度は C だけでは決まらず，P の動き方によることに注意して下さい（ただし，速度ベクトル $\vec{v}$ の方向は，C の接線の方向と一致します）．$\overrightarrow{\mathrm{OP}}$，$\vec{v}$，$\vec{\alpha}$ のなす角が一定になるのは，P が $\mathrm{P}(x,\ y)=(e^t\cos t,\ e^t\sin t)$ と動く（つまり，原点のまわりを回る角が一定である）からです．

あとがき

本書は,「1対1対応の演習」数学B［新訂版］と数学Ⅲ曲線・複素数編［新訂版］を再編集し改訂したものです.

本書をはじめとする『1対1対応の演習』シリーズでは,スローガン風にいえば,

志望校へと続く
バイパスの整備された幹線道路

を目指しました.この目標に対して一応の正解のようなものが出せたとは思っていますが,100点満点だと言い切る自信はありません.まだまだ改善の余地があるかもしれません.お気づきの点があれば,どしどしご質問・ご指摘をしてください.

本書の質問や「こんな別解を見つけたがどうだろう」というものがあれば,"東京出版・大学への数学・1対1係宛(住所は下記)"にお寄せください.

質問は原則として封書(宛名を書いた,切手付の返信用封筒を同封のこと)を使用し,**1通につき1件**でお送りください(電話番号,学年を明記して,できたら在学(出身)校・志望校も書いてください).

なお,ただ漠然と'この解説が分かりません'という質問では適切な回答ができませんので,'この部分が分かりません'とか'私はこう考えたがこれでよいのか'というように具体的にポイントをしぼって質問するようにしてください(以上の約束が守られていないものにはお答えできないことがありますので注意してください).

毎月の「大学への数学」や増刊号と同様に,読者のみなさんのご意見を反映させることによって,100点満点の内容になるよう充実させていきたいと思っています.

(坪田)

大学への数学
1対1対応の演習/数学C［三訂版］

令和5年11月20日 第1刷発行
令和6年4月25日 第2刷発行

編 者 東京出版編集部
発行者 黒木憲太郎
発行所 株式会社 東京出版
〒150-0012 東京都渋谷区広尾3-12-7
電話 03-3407-3387 振替 00160-7-5286
https://www.tokyo-s.jp/

製版所 日本フィニッシュ
印刷所 光陽メディア
製本所 技秀堂

ISBN978-4-88742-277-3 (定価はカバーに表示してあります)